Introducción a la física de átomos y moléculas

Francisco Blanco Ramos

Departamento de Estructura de la Materia, Física Térmica y Electrónica
Facultad de Ciencias Físicas, Universidad Complutense de Madrid

Imagen de cubierta: Armónicos esféricos y diagramas de Jablonsky, con los espectros I, II y III del Si en la región visible como fondo.

A mis padres.

También a todos los que participan en esta apasionante carrera de relevos que es el conocimiento, en particular a mis maestros y a mis alumnos.

Índice

8

AGRADECIMIENTOS

Quiero agradecer su apoyo y colaboración a la profesora Montserrat Ortiz, con la que compartí docencia de esta materia durante varios años, y al profesor José Campos que inició mis primeros pasos en ella. Mi gratitud también al profesor Jaime Rosado, por su colaboración y sobre todo por su cuidadosa revisión del manuscrito.

Prólogo

La física atómica y molecular tiene un indudable interés formativo para un
físico, por lo que muchos planes de estudio de esta titulación incluyen ese
tipo de contenidos como parte de la formación en física cuántica o estructura
de la materia, o separados en asignaturas independientes. Los conceptos de
física atómica enlazan con otros muchos campos, como el estudio de
plasmas, sólidos, láseres, astrofísica, etc. Aparte de su papel histórico en el
desarrollo de la mecánica cuántica, átomos y moléculas proporcionan
ejemplos prácticos de las técnicas más abstractas que se plantean en ella,
siendo además excelentes campos de prueba (con objetos a veces tan poco
diminutos como las macromoléculas). En esta materia, por ocuparse de
problemas "reales", prácticamente nunca existen soluciones exactas, por lo
que además constituye magnífico ejemplo de la importancia de las
aproximaciones adecuadas.

Este texto tiene como origen los contenidos impartidos durante bastantes
cursos en asignaturas de Física Atómica y/o Molecular en la Facultad de
Físicas de la Universidad Complutense de Madrid por el autor.

Revisando la bibliografía actualmente disponible sobre física atómica o
molecular, básicamente se encuentran dos tipos de textos. Por una parte
(excelentes y muy abundantes) están los textos de introducción a la física
cuántica, en los que habitualmente se trata el átomo de hidrógeno y se
termina presentando algunas nociones elementales de átomos
polielectrónicos, moléculas, sólidos y núcleos. Por otra parte son abundantes
también los textos avanzados en física atómica o molecular (o en su
espectroscopía). Pero cada vez que un alumno con alguna formación en
mecánica cuántica (tal vez terminando una carrera de física, química o
similar) me ha preguntado por un texto en que aprender algo más sobre
átomos y moléculas (sin excesivas complicaciones ni tecnicismos), me he
visto en un apuro y he terminado por recomendarle revisar varias secciones
de distintos libros.

Pensando en cubrir ese vacío, este texto no está pensado para el
investigador en esta materia, tampoco como curso introductorio en mecánica
cuántica, pretende situarse a medio camino entre ambos límites. Por ello se
da por supuesto que el lector ya tiene una formación mínima en mecánica
cuántica, aunque el texto se ha hecho tan auto contenido como ha sido
posible. Confío en que sea especialmente útil al profesorado y alumnos

universitarios que se ocupen de esta materia a nivel de los últimos cursos de grado en Física o Química.

Probablemente se echen en falta muchos temas interesantes como las transiciones prohibidas (de tanto interés en astrofísica), los procesos de colisión (con electrones, o entre átomos / iones), algunas de sus muchas aplicaciones (como los láseres, la física de plasmas, o los relojes atómicos), o más detalles sobre moléculas poliatómicas. El motivo es que el texto pretende ser solo una introducción a la materia, básicamente al nivel de una primera asignatura de grado; teniendo en cuenta además que sobre todas esas cuestiones sí que existe abundante bibliografía específica.

Se ha procurado reducir al mínimo el formalismo matemático de todas las exposiciones, hasta el punto de que algún colega del autor haya criticado que más parezca ser un libro de divulgación que de texto. Me alegra haber logrado esa sensación de simplicidad. Creo que, para el nivel introductorio que se pretende, es preferible no oscurecer los fundamentos físicos con más herramientas matemáticas (que sí necesitará quien decida a adentrarse más en esta materia).

Al final del texto se reúne una considerable cantidad de información en forma de apéndices. En general se trata de material que se supone ya conocido por el lector, por lo que se presenta de forma muy resumida y a modo de referencia (átomo de hidrógeno, elementos de teoría de perturbaciones, armónicos esféricos, relación entre simetrías y degeneración, etc.). De esta forma se pretende reducir al mínimo las exigencias de conocimientos previos para poder seguir la parte central del texto.

Una parte importante del texto son también los problemas propuestos, resultado de muchos años de plantearlos como ejercicios de clase o exámenes. En ellos se puede apreciar de modo esencialmente práctico las técnicas descritas en el texto. Las soluciones a todos ellos están disponibles en un suplemento a este texto que se ha publicado con el mismo título.

En esta reimpresión se han corregido bastantes erratas de la primera, en general de tipo estético o tipográfico. Mi agradecimiento a Antonio Ferreiro por su cuidadosa revisión localizando la mayoría de ellas. El autor agradecerá ser avisado de cualquier otra detectada para su corrección en próximas ediciones o reimpresiones.

Introducción

El papel de átomos y moléculas en la física.

Hacia el final de sus estudios un joven físico está normalmente entusiasmado por las complejas teorías sobre las partículas más pequeñas a las más inmensas energías, o por los modelos cosmológicos que especulan sobre los posibles destinos de tal vez muchos universos, o sobre las posibilidades de la nanotecnología, o sobre todo a la vez. Si se le pregunta por la física atómica, las más de las veces pensará en algunas nociones ya clásicas surgidas a principios del siglo XX mientras se inventaba la mecánica cuántica, y raramente se imaginará un campo de investigación enormemente activo y de actualidad por su multitud de aplicaciones científicas y tecnológicas.

Intentaré situar brevemente el campo de la física atómica y molecular en algunos contextos.

Su lugar en la historia de la física

Inicialmente la física atómica se desarrolló a base de resultados empíricos, comenzando por la existencia de espectros discretos en la luz emitida por algunas sustancias o en la existencia de periodicidades en algunas propiedades de los elementos químicos. La mayoría de resultados importantes se observaron antes de conocer una explicación para ellos. Tal vez el caso más conocido sea la fórmula de Balmer para las longitudes de onda de las líneas espectrales en hidrógeno. Como otro ejemplo menos conocido pero igualmente sorprendente puede citarse la expresión

$$\Delta E_m = g_l \beta B M_J = \left\{ \frac{3}{2} + \frac{S(S+1) - L(L+1)}{2J(J+1)} \right\} \beta B M_J$$

propuesta empíricamente por A. Landé para describir el desdoblamiento de niveles espectrales bajo la acción de campos magnéticos ¡cuando aún no estaba claro el significado de los números S, L, J, ... que caprichosamente a veces eran enteros o semienteros! Nótese que se trataba de algo más complicado que ajustar un par de coeficientes de una recta.

Indudablemente la Física Atómica fue uno de los motores básicos en el desarrollo de la Mecánica Cuántica, planteando problemas unas veces y sugiriendo soluciones otras. Cualquiera que haya leído un texto sobre el desarrollo histórico de la mecánica cuántica[1] tendrá la impresión de que este libro trata casi de lo mismo pero en sentido inverso. Si históricamente se observaron fenómenos, se les buscó explicación y se llegó a la conclusión de que podían explicarse todos con muy pocas hipótesis básicas; aquí mostraremos cómo partir de muy pocos principios fundamentales para desarrollar multitud de consecuencias y resultados comprobables experimentalmente.

Algunos estudiantes que esperen encontrarse con multitud de tensores plagados de índices o algún formidable aparato matemático se verán decepcionados pues, para este recorrido al nivel que pretendemos, bastarán herramientas relativamente sencillas sin necesidad de formalismos complejos o abstractos. No podemos decir lo mismo de quien decida adentrarse como especialista en estas cuestiones.

Su lugar en la investigación actual

Básicamente las "fronteras" de la física son tres.
Lo muy grande. Una región donde las leyes que rigen aún no son bien conocidas. Es el campo de la Cosmología.
Lo muy pequeño. Otra frontera donde las leyes tampoco se conocen bien aún. Es el campo de lo que se mueve por debajo de los Quarks, las teorías de gran unificación a ultra - altas energías. Es un campo que curiosamente enlaza con el de lo muy grande a través de objetos de escala media en que precisamente se encuentran átomos y moléculas.
Lo muy complicado. La región más amplia, donde las leyes suelen ser muy bien conocidas pero de difícil aplicación. El número de campos en este grupo es inmenso: la estructura de la materia (sólidos, magnetismo, superconductores, nuevos materiales, nanotecnología...), los sistemas de muchos cuerpos (núcleos, átomos, moléculas, sistemas planetarios), los sistemas caóticos o inestables (en la meteorología, fluidos, biología, …). Prácticamente en todos estos campos las leyes que intervienen están perfectamente establecidas (básicamente electromagnetismo, mecánica cuántica y gravitación) pero su aplicación no es nada trivial. Como ejemplo piénsese en el formidable problema de predecir el comportamiento de la

---

[1] El desarrollo histórico de la teoría cuántica es sumamente interesante, entre otros motivos por no ser nada obvios los argumentos que originaron muchos de nuestros conceptos y técnicas hoy tan cotidianos. De ello se ocupan abundantes textos, entre los que recomendaría los siguientes:
-*Historia de la física cuántica, Vol.1 El período fundacional(1860-1926).* José Manuel Sánchez Ron. Barcelona, Ed. Crítica, 2001.
-*En busca del gato de Schrödinger : la fascinante historia de la mecánica cuántica.* John Gribbin. Barcelona, Ed. Salvat 1986.
-*Bohr : De la teoría atómica a la física cuántica.* Jesús Lahera. Madrid, Ed. Nívola 2011.
-*El electrón centenario.* Eugenio Ley Koo. México, Ed. FCE 1999.

atmósfera, desde luego nada trivial, a pesar de que las leyes que intervienen se conocen desde los tiempos de Euler o Newton.

En el caso de los átomos y moléculas apenas hay nada que descubrir sobre las leyes que intervienen (relatividad, mecánica cuántica y electro-magnetismo) pero su complejidad depara infinidad de sorpresas. Un átomo modesto como el de estaño neutro es un sistema de 50 electrones y un núcleo, y una molécula tan conocida como la de benceno consta de 12 núcleos y 42 electrones. En ambos casos cada partícula interacciona con todas las demás mediante leyes bien conocidas (aunque no sencillas). La dificultad no está en descubrir qué leyes rigen el sistema, sino qué efectos se encuentran de su aplicación a sistemas tan complejos y a la vez enormemente estables.

De modo exacto átomos y moléculas son sistemas intratables (ni analítica ni numéricamente). Su estudio se debe basar, un poco al estilo de la mecánica estadística, en la introducción de sucesivos conceptos aproximados cuidadosamente elegidos. En pocas áreas de la física como en esta juega un papel tan esencial el arte del "buen aproximar". Conceptos como "orbital" o "configuración" no podrían abandonarse ni aunque conociésemos soluciones exactas, a riesgo de perder gran parte de la comprensión que nos brindan sobre lo que ocurre en el sistema.

Su lugar en las aplicaciones científicas y tecnológicas

Sería difícil exagerar la cantidad de campos en que es esencial el conocimiento de las propiedades de átomos y pequeñas moléculas: láseres, plasmas, astrofísica, nuevos materiales, química, nanotecnología, microelectrónica, física médica... Por otra parte el buen conocimiento de átomos y pequeñas moléculas es el origen de las técnicas más avanzadas para el estudio de macromoléculas de enorme interés biológico o tecnológico (proteínas, polímeros...) en las cuales se está avanzando a un ritmo considerable gracias también a la mejora en las técnicas de cálculo disponibles.

En definitiva átomos y moléculas se encuentran en la frontera entre los componentes básicos (electrones, nucleones y fotones) que podemos describir con leyes relativamente sencillas, y el mundo macroscópico donde otras leyes más complejas, y solo aproximadas, emergen de aquellas casi siempre de modo estadístico.

Espero que explicado todo esto no sea de extrañar la intensa actividad investigadora que vive en la actualidad la física de átomos y moléculas.

Su lugar en la cultura general de un científico

El interés formativo de esta materia queda claro por lo ya expuesto. Átomos y moléculas proporcionan ejemplos prácticos de las técnicas más abstractas que se estudian en mecánica cuántica, y normalmente con la posibilidad de comprobar siempre experimentalmente su validez. Pocos ejemplos como aquí de la importancia de las aproximaciones adecuadas. Para cualquier físico o químico que nunca vaya a trabajar en este campo resultará una interesante "cultura general" con que entender mejor multitud de otros campos. Para quien siga trabajando en temas afines podrá ser su primer contacto con conceptos y herramientas básicos en los que aquí no será posible profundizar.

Parte I. Física Atómica

1 Introducción a los átomos polielectrónicos

1.1 Hamiltoniano puramente electrostático

Un átomo es un sistema formado por N electrones en torno a un núcleo de carga Z, de cuya masa podemos olvidarnos en una primera aproximación considerándola prácticamente infinita comparada con la de los electrones (en realidad es unas $2000\,A$ veces más pesado que ellos, siendo A el número de nucleones que contenga). Con excelente aproximación este sistema se describe cuánticamente mediante un hamiltoniano que incluya tan solo las interacciones electrostáticas. Cuando nos interesen detalles más finos será necesario incluir efectos relativistas (el más importante de ellos la interacción espín-órbita) y otros debido a la masa y/o estructura nuclear (origen de los llamados efectos isotópicos).

Dentro de este nivel de aproximación el hamiltoniano del sistema es relativamente simple:

$$H = \sum_{i=1}^{N} \left(\frac{p_i^2}{2m} - \frac{Ze^2}{r_i} \right) + \sum_{i<j}^{N} \frac{e^2}{r_{ij}} + [ef.\ relativistas] + [ef.\ isotópicos] \qquad (1.1)$$

En la anterior expresión se reconoce inmediatamente la energía cinética de cada electrón (el núcleo se está considerando como inmóvil), la energía potencial atractiva de cada electrón por el núcleo y la energía de interacción (repulsiva) entre los electrones (cada pareja contada una sola vez $i<j$).

Notación para las coordenadas electrónicas

Cabe observar en primer lugar que el aspecto inocente de ese hamiltoniano es debido a su notación abreviada, ya que su solución involucra una ecuación diferencial en $3N$ variables donde $r_i = (x_i\,y_i\,z_i)$ es la coordenada del i-ésimo electrón respecto al núcleo, y

$$p_i^2 = -\hbar^2 \left(\frac{\partial^2}{\partial x_i^2} + \frac{\partial^2}{\partial z_i^2} + \frac{\partial^2}{\partial z_i^2} \right), \quad r_i = \sqrt{x_i^2 + y_i^2 + z_i^2}, \quad r_{ij} = |r - r_j| = \sqrt{(x_i - x_j)^2 + \dots}$$

En segundo lugar las energías potenciales tienen un aspecto sospechosamente simplificado para quien esté acostumbrado a escribir

$\phi=qq'/(4\pi\varepsilon_0 r_{ij})$ en el sistema internacional. El motivo es que están escritas en el sistema de unidades Gauss, que es básicamente el CGS junto con el "Franklin" o "estatcoulombio" como "unidad electrostática de carga" que vale $3{,}336\ 641 \times 10^{-10}$ C. Puede que muchos sientan desagrado por esa "excentricidad" pero la mantendremos en este texto por varios motivos. El primero es que es lo habitual en el 90% de los textos avanzados de física atómica, y haríamos flaco favor en no ir acostumbrando a ello a sus potenciales futuros lectores. El segundo es que en realidad nunca usaremos este sistema de unidades más que para escribir expresiones como la anterior, y casi siempre trabajaremos en otro más específico de nuestra materia denominado "sistema de unidades atómicas". Como veremos al introducir este nuevo sistema de unidades, también en él la energía potencial entre dos cargas se escribirá qq'/r. De ese modo, comenzar citando el sistema CGS es realmente solo una cuestión "estética" transitoria, para evitar decir que la expresión está escrita en "unidades atómicas que se introducirán más adelante".

En tercer lugar, debería sorprendernos que las correcciones relativistas e isotópicas se escriban como algunos sumandos en vez de ser modificaciones drásticas a la expresión del hamiltoniano. El motivo de ello es que para la mayoría de aplicaciones dichas correcciones serán pequeñas y (casi siempre) podremos tratarlas como términos más o menos pequeños de algún desarrollo en teoría de perturbaciones.

Nos plantearemos como primer objetivo resolver este problema para el átomo aislado. Cuando lo hayamos logrado nos atreveremos a estudiar cómo se comporta bajo perturbaciones externas (campos eléctricos, magnéticos, electromagnéticos, otros átomos, …). Debemos anticipar dos noticias al lector. La mala es que para el anterior problema solo se conocen soluciones exactas cuando hay un único electrón ($N=1$). La buena es que, con las aproximaciones adecuadas, (casi) ningún átomo se nos resistirá.

1.2 Aproximación de Campo Central

La "aproximación de Campo Central" será la herramienta básica que nos permita enfrentarnos al formidable hamiltoniano (1.1). Podría enunciarse con palabras diciendo que "*En primera aproximación, cada electrón i ve un potencial promedio $V(r_i)$ debido al núcleo y al resto de electrones*".

Es interesante observar que, para cualquier función $V(r)$ dada, claramente (1.1) puede reescribirse (ignorando de momento correcciones relativistas o isotópicas) como

$$\mathbf{H} = \sum_{i=1}^{N}\left(\frac{p_i^2}{2m}+V(r_i)\right)+\left[\left(\sum_{i<j}^{N}\frac{e^2}{r_{ij}}-\sum_{i=1}^{N}\frac{Ze^2}{r_i}\right)-\sum_{i=1}^{N}V(r_i)\right]=\mathbf{H}_C+\mathbf{H}_{el} \quad (1.2)$$

Si realmente el potencial central[1] $V(r)$ se ha elegido de modo que sea una buena aproximación al valor efectivo del potencial nuclear combinado con la interacción entre pares de electrones, nos encontraremos con que el término denominado H_{el} será pequeño. Podríamos entonces plantearnos resolver por separado el problema de H_C (enormemente más sencillo) para tratar después el pequeño término H_{el} por teoría de perturbaciones (si ello fuese necesario).

Resulta evidente que el hamiltoniano H_C es separable en todas sus coordenadas electrónicas pudiéndose escribir $H_C = \Sigma_i H_i$ con $H_i = p^2/2m + V(r)$.[2] Lo más interesante de una situación como esta es que si somos capaces de resolver cada uno de los problemas $H_i(r)\phi_i(r) = \varepsilon_i \phi_i(r)$ automáticamente tenemos resuelto el problema $H_C(r_1 \ldots r_N)\phi(r_1 \ldots r_N) = \varepsilon\phi(r_1 \ldots r_N)$. Efectivamente, es trivial comprobar que $\phi(r_1 \ldots r_N) = \phi_1(r_1)\phi_2(r_2) \ldots \phi_N(r_N)$ es un autoestado de H_C con autovalor $\varepsilon = \varepsilon_1 + \varepsilon_2 + \ldots + \varepsilon_N$.

Debe notarse que cualquier permutación de índices en la elección de factores para construir la anterior $\phi(r_1 \ldots r_N)$ daría otra nueva solución válida, y (por linealidad del problema) cualquier combinación lineal de estas soluciones también sería otra solución válida. Veremos en su momento que esta enorme cantidad de soluciones queda drásticamente restringida por otras motivaciones físicas.

Aunque tardaremos aún algún tiempo en ocuparnos de cómo determinar esos potenciales o potencial central, es interesante hacer notar dos observaciones. En primer lugar la mera existencia de una función $V(r)$ que aproxime los términos $\Sigma_{i<j} e^2/r_{ij} - \Sigma_i Ze^2/r_i$ de (1.2) asegura que ese átomo polielectrónico se pueda describir en primera aproximación como una "superposición" de electrones independientes. En segundo lugar, con un poco de intuición física, es fácil avanzar algunas de las propiedades más básicas de esos $V(r)$, que bastarán para obtener muchos resultados interesantes.

Para ello basta recordar que, para cada electrón, el potencial $V(r)$ sustituye al resto del átomo "visto por él" y formado por un núcleo de carga Z "apantallado" por los restantes N-1 electrones. De este modo muy cerca del origen ($r \rightarrow 0$, sin apenas apantallamiento) $V(r) \approx -Z/r$, mientras que lejos del átomo ($r \rightarrow \infty$, con todos los demás N-1 electrones apantallando) $V(r) \approx -(Z-N+1)/r$. Para radios intermedios el potencial (siempre atractivo $V(r) < 0$) podría escribirse como $V(r) = -z(r)/r$ donde $z(r)$ sería una especie de carga efectiva que variaría suavemente desde el valor Z en el origen hasta $Z-N+1$ para grandes distancias. Veremos en su momento la cantidad de resultados útiles que podrán deducirse de estas propiedades tan simples de $V(r)$.

---

[1] Central en tanto se suele elegir como dependiente de $r=|r|$, independiente de la orientación.

[2] Nótese que todos los H_i serían iguales, salvo que utilizásemos distinto potencial central $V_i(r)$ para distintos electrones.

$$V(r) \approx -\frac{Z}{r}$$
$$r \to 0$$

$$V(r) \approx -\frac{Z-N+1}{r}$$
$$r \gg$$

1.1 *Comportamiento asintótico del potencial central a pequeñas y a grandes distancias.*

En el resto de este capítulo nos dedicaremos a estudiar la descripción que resulta para un átomo en aproximación de Campo Central, es decir, las soluciones del hamiltoniano $\mathbf{H}_C$. En primer lugar nos centraremos en las soluciones para un hamiltoniano de la forma genérica $\mathbf{H}=p^2/2m+V(r)$. En segundo lugar estudiaremos el efecto de las correcciones relativistas y algunas nucleares, para el caso particular $V(r)=Z/r$. Por último describiremos dos casos importantes en que esta aproximación de Campo Central resulta particularmente precisa, justificando por sí sola las principales características observadas experimentalmente (el caso de los átomos alcalinos, y el de la emisión de radiación X discreta por átomos).

1.2.1 Soluciones monoelectrónicas en aproximación de Campo Central

Para el hamiltoniano $\mathbf{H}_i=p^2/2m+V(r)$, el problema de autovalores $\mathbf{H}\Phi(r)=\varepsilon\Phi(r)$ que determina los estados estacionarios de una partícula bajo un potencial central (V solo dependiente de $r=|r|$) resulta considerablemente simplificado escrito en coordenadas esféricas. Análogamente al tratamiento de campos centrales en mecánica clásica, la definición de $\mathbf{L}=r^\wedge p$ permite separar el término de energía cinética en componentes radiales y angulares $p^2=p_r^2+L^2/r^2$. A diferencia del problema clásico estas expresiones son aquí operadores de derivación, algunas de cuyas expresiones explícitas son:

$$p = -i\hbar\nabla, \quad L = r^\wedge p = -i\hbar r^\wedge \nabla$$

$$p_r^2 = -\hbar^2\left(\frac{1}{r}\frac{\partial}{\partial r}r\right)^2, \quad L_z = -i\hbar\frac{\partial}{\partial\varphi}$$

$$L^2 \equiv L_x^2 + L_y^2 + L_z^2 = \frac{-\hbar^2}{sen^2\theta}\left[\left(sen\theta\frac{\partial}{\partial\theta}\right)^2 + \frac{\partial^2}{\partial^2\varphi}\right]$$

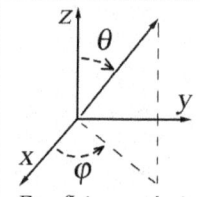

En física atómica es habitual tomar θ como el ángulo respecto a la vertical, no como la elevación respecto al plano xy.

Con esa separación, el problema de autovalores $\mathbf{H}\Phi(r)=\varepsilon\Phi(r)$ se escribe

$$\left[\frac{p_r^2}{2m} + \frac{L^2}{2mr^2} + V(r)\right]\Phi(r) = \varepsilon\Phi(r) \qquad (1.3)$$

para el cual resulta natural buscar soluciones por el método de separación de variables en la forma $\Phi(r)=R(r)\Omega(\hat{r})$, donde $\hat{r}$ representa las coordenadas angulares $(\theta\varphi)$. La exigencia de normalización para la función de ondas buscada $\int d^3r|\Phi(r)|^2=1$ queda claramente garantizada si se impone por separado la normalización de las partes radial $\int_0^\infty r^2R^2(r)dr=1$ y angular $\int sen\theta d\theta d\varphi|\Omega(\theta\varphi)|^2=1$ (basta recordar que $d^3r=r^2 drsen\theta d\theta d\varphi$).

De esta forma, teniendo en cuenta que el operador p_r^2 es solo de derivación en radios y el L^2 solo de derivación en ángulos, la ecuación (1.3) puede expandirse como

$$\Omega(\hat{r})\frac{p_r^2R(r)}{2m}+R(r)\frac{L^2\Omega(\hat{r})}{2mr^2}+V(r)R(r)\Omega(\hat{r})=\varepsilon R(r)\Omega(\hat{r}) \tag{1.4}$$

Si la expresión anterior se multiplica (por la izquierda) por la cantidad $2mr^2/R\Omega$, tras simplificar se encuentra

$$r^2\frac{p_r^2R(r)}{R(r)}+\frac{L^2\Omega(\hat{r})}{\Omega(\hat{r})}+2mr^2V(r)=2mr^2\varepsilon \tag{1.5}$$

En esa expresión $L^2\Omega/\Omega$ solo tiene dependencia en ángulos, y el resto solo en radios, de modo que ambos "bloques" deben ser realmente constantes. Así pues podemos asegurar que $L^2\Omega=k\,\Omega$.

Afortunadamente las soluciones de ese problema son bien conocidas en matemáticas, y pueden escribirse: $k=\hbar^2l(l+1)$ para $l=0,1,\ldots$ y $\Omega(\theta\varphi)=Y_{lm}(\theta\varphi)$ con $m=-l, \ldots, l$. La familia de funciones $Y_{lm}(\theta\varphi)$ son los llamados armónicos esféricos sobre los que se recomienda ver la información contenida en el apéndice A3.

De entre las propiedades de estas funciones recordaremos aquí, por su importancia, la de tener paridad bien definida $(-1)^l$ bajo cambios $r\rightarrow-r$, esto es $Y_{lm}(\pi-\theta,\pi+\varphi)=(-1)^lY_{lm}(\theta\varphi)$. Esta propiedad provocará que todo átomo polielectrónico aislado tenga siempre una paridad bien definida que resultará ser $(-1)^{\Sigma_i l_i}$ al considerar la función de onda de todos sus electrones.

Cabe observar que estas funciones vienen etiquetadas por dos índices enteros (l y m), de modo que para cada valor de l (el único que nos afecta aquí) disponemos de $2l+1$ soluciones diferentes. Más adelante comentaremos esta característica.

Una vez introducidas en (1.4) los armónicos esféricos para la dependencia angular es conveniente también realizar el cambio $R(r)=P(r)/r$ en la parte radial, con lo que resulta:

$$\left[-\frac{\hbar^2}{2m}\frac{d^2}{dr^2}+\frac{\hbar^2l(l+1)}{2mr^2}+V(r)\right]P_l(r)=\varepsilon_lP_l(r) \tag{1.6}$$

$$\int_0^\infty r^2drR(r)^2=1\Rightarrow\int_0^\infty drP(r)^2=1\cdot$$

En primer lugar debe notarse el subíndice l que aparece debido a que, tras sustituir las partes angulares por armónicos esféricos, las partes radiales dependerán del valor de l elegido. En segundo lugar nótese que la ecuación encontrada es exactamente una ecuación de Schrödinger para un problema uni-dimensional bajo un potencial central "efectivo" $V_{ef}(r)=V(r)+\hbar^2 l(l+1)/2mr^2$. De hecho la analogía es completa incluso para la condición de normalización de la función radial. El potencial efectivo, exactamente igual que en el caso clásico, consta del potencial real más un término centrífugo.

Llegados a este punto es posible ya aventurar la forma general que van a tener las soluciones.

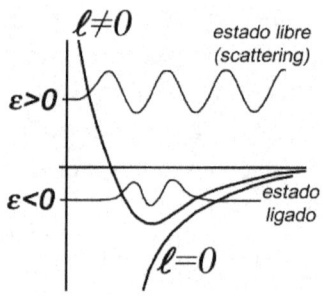

1.2 *Potencial efectivo $V_{ef}(r)$ y aspecto cualitativo de algunas soluciones para energía positiva (estados libres o del continuo) y energía negativa (estados ligados o discretos).*

En primer lugar conviene visualizar la forma cualitativa del potencial efectivo (figura 1.2). Para el caso $l=0$ $V_{ef}(r)$ se reduce al $V(r)$ que ya describimos en el apartado anterior (siempre negativo, $\approx -Z/r$ para $r\to 0$ y ≈ 0 para $r\to\infty$). En los casos $l\neq 0$ el término centrífugo lo hará algo más positivo a todas las distancias, y en particular lo hará diverger hacia $+\infty$ cerca del origen (crece como $1/r^2$ para $r\to 0$ mientras que $V(r)$ va solo como $-Z/r$). Su forma es por tanto exactamente la misma que en un problema clásico gravitatorio. Al igual que para el tratamiento clásico de un potencial central, también aquí tendremos dos tipos de soluciones bien diferenciadas: estados ligados cuando la energía total sea negativa ($\varepsilon<0$) y estados no ligados cuando esta sea positiva.

A poca experiencia que el lector tenga en resolver la ecuación de Schrödinger para pozos de potencial en una dimensión, recordará que en las zonas "clásicamente permitidas" ($\varepsilon>V_{ef}$) las soluciones tienen un carácter oscilante mientras que en las zonas clásicamente prohibidas ($\varepsilon<V_{ef}$) su comportamiento será decreciente[1] como muestra cualitativamente la figura 1.2.

La principal diferencia entre las situaciones clásica y cuántica surge para los estados ligados. Para estos las condiciones de contorno (que comentaremos a continuación) restringirán los posibles valores de la energía ε a solo algunos valores discretos. Esto no ocurrirá para estados no ligados

---

[1] Este es un resultado general. Nótese que si la ecuación (1.6) se reescribe despejando el término en derivada segunda $P_l''=\text{ctes}\cdot[V_{ef}(r)-\varepsilon]P_l(r)$ recuerda a la ecuación de una función oscilante $P''=-P$ cuando $\varepsilon>V_{ef}$, a la de una exponencial $P''=P$ cuando $\varepsilon<V_{ef}$, y tendrá un punto de inflexión $P''=0$ en los puntos clásicos de retroceso $\varepsilon=V_{ef}$.

(ε>0), para los que la energía podrá seguir tomando cualquier valor arbitrario, por lo que estos estados se denominan habitualmente "estados del continuo".

Antes de continuar será conveniente introducir algunas simplificaciones en nuestras expresiones para facilitar el manejo de las constantes involucradas. Para ilustrarlo consideremos el caso muy simple de $V(r)=-Z/r$. Una posibilidad ("al estilo" matemático) es abreviar algunas combinaciones de constantes: $A=2m\varepsilon/\hbar^2$, y $B=2mZe^2/\hbar^2$, con lo que (1.6) resultaría $P_l''+[A+B/r-l(l+1)/r^2]P_l=0$.

Otra posibilidad (de "estilo" más físico) es realizar un cambio en el sistema de unidades, eligiéndolas de forma que varias de las constantes tomen valor unidad. En particular si hiciésemos "desaparecer" las constantes $\hbar$, e y m_e, la ecuación (1.6) para un $V=-Z/r$ resultaría $P_l''+[2\varepsilon+2Z/r-l(l+1)/r^2]P_l=0$.

Esta última opción presenta varias ventajas, por lo que es la empleada de modo prácticamente universal en todos los estudios de física atómica y molecular. Se denomina "sistema de unidades atómicas" (u.a.) a aquel en que $\hbar=e=m_e=1$. Su primera ventaja es mantener a la vista el significado de cada uno de los términos manejados sin que nuevas constantes determinen el valor relativo de unos y otros. Pero la más importante es que el resultado de los cálculos en este sistema suelen ser cantidades del orden de la unidad que simplemente deben multiplicarse por la unidad adecuada en el sistema u.a. (de masa, longitud, tiempo, velocidad, energía, ...) para dar el valor correcto. Además el cambio de cualquier expresión al sistema u.a. es sencillísimo, bastando con borrar todas las constantes $\hbar$, e y m_e. Más adelante descubriremos ventajas adicionales.

Se recomienda consultar sobre este sistema de unidades el apéndice A2, donde se comentan algunas otras propiedades, mostrándose las relaciones entre los distintos sistemas de unidades y las magnitudes fundamentales del sistema u.a.

De este modo, en lo sucesivo escribiremos la ecuación de Schrödinger unidimensional (1.6) como

$$\left[\frac{-1}{2}\frac{d^2}{dr^2}+\frac{l(l+1)}{2r^2}+V(r)\right]P_l(r)=\varepsilon_l P_l(r) \tag{1.7}$$

y expresiones como "$V=qq'/r$" o "$V\to -Z/r$ para $r\to 0$" ya no se referirán al sistema CGS sino al de u.a.

Independientemente de la forma concreta del potencial $V(r)$ es posible dar aún más detalles sobre las soluciones de (1.7). Para ello basta notar que, si el potencial tiene el comportamiento asintótico descrito en el apartado anterior, la ecuación (1.7) no depende de él ni para $r\to\infty$ (donde V se anula) ni para $r\to 0$ (donde V es irrelevante frente al término centrífugo). Así pues es fácil ver que (1.7) resulta:

i. Cerca del origen $P_l'' \approx l(l+1)P_l/r$ cuyas soluciones son $P_l \propto r^{l+1}$

Otra posible solución en este caso sería $P_l \propto r^{-l}$, pero debe descartarse porque conduce a una densidad de probabilidad divergente en el origen. De este modo, para todas las soluciones $P_l(r)$ tendremos la condición de contorno de anularse en el origen. Una consecuencia interesante es notar que para las funciones $R_l(r)$ (las que realmente intervienen en la definición de la función de onda ϕ) ese comportamiento supone $R_l \propto r^l$, y significa que para $l=0$ (orbitales s) la función de onda no se anulará en el origen. Por tanto los electrones "s" (estados con $l=0$) serán los únicos con probabilidad no nula de encontrarse en el mismo núcleo $\phi(r=0)\neq0$. Por el contrario cuanto mayores sean los valores de l, mayor será el término centrífugo en el potencial efectivo, más pequeño será $P_l(r)$ cerca del origen, y más alejada del núcleo se encontrará la parte relevante de las funciones de onda.

ii. Radios grandes $P_l'' \approx -2\varepsilon P_l$ cuyas soluciones son $P_l \propto e^{-\sqrt{-2\varepsilon}r}$

Ello significará que para estados ligados y valores negativos de ε, tendremos a grandes distancias un decaimiento exponencial que depende solo de la energía de ligadura. Esta anulación de las soluciones para grandes distancias supone la segunda condición de contorno (en el infinito) que completa la ecuación diferencial (1.7). Por el contrario para estados libres, los valores positivos de ε harán que la raíz de la exponencial sea imaginaria; ello la convertiría en una combinación de funciones seno y coseno oscilantes que serían las interesantes si estuviésemos interesados en procesos de scattering.

Si bien la ecuación (1.6) por sí sola no es un problema matemáticamente bien definido, sí lo es una vez incluidas las condiciones de contorno indicadas en $r=0$ y $r=\infty$. Con todas las observaciones hechas, una vez dada la forma concreta del potencial central $V(r)$ la tarea se reduce a resolver el siguiente problema de condiciones de contorno

$$\left.\begin{array}{c}\left[-\dfrac{1}{2}\dfrac{d^2}{dr^2}+\dfrac{l(l+1)}{2r^2}+V(r)\right]P_l(r)=\varepsilon_l P_l(r)\\[2mm] P_l(0)=0\\[1mm] P_l(\infty)=0\end{array}\right\} \tag{1.8}$$

que suele ser una tarea simple de cálculo numérico, y proporciona las funciones $P_l(r)$ y los correspondientes valores permitidos de ε_l.

Llegados a este punto es claro que cada función radial $P(r)$ va asociada al valor específico de la energía que aparece en su ecuación diferencial, de modo que es más correcto denominarlas como $P_{\varepsilon,l}(r)$. Ahora bien, en el caso de estados ligados las dos condiciones de contorno $P(0)=P(\infty)=0$ suponen un requisito muy estricto que solo puede ser satisfecho por algunos valores particulares de la energía que podremos numerar con un índice entero "n" como $\{\varepsilon_{nl}\}$. Por ese motivo será preferible identificar las funciones radiales con esos dos índices enteros $P_{n,l}(r)$. Resulta muy ilustrativo constatar que tanto al resolver numéricamente el caso general $V(r)$, como al resolver analíticamente el caso $-Z/r$, es precisamente la presencia de condiciones de contorno la que discretiza los valores permitidos de la energía. (Un pequeño resumen de las soluciones analíticas para $-Z/r$ puede verse en el apéndice A6).

El índice "n" que numera las soluciones y los valores permitidos de la energía podría elegirse comenzando en 0 o en 1 o en cualquier otro valor entero arbitrario. Por convenio se elige comenzando en "$l+1$", de modo que esté relacionado con el número de ceros N_c de las soluciones[1] $P_{n,l}(r)$ según la relación $n=N_c+l$. Ese convenio para "n" tiene un origen histórico porque, en el caso de potenciales hidrogenoides, lo hace coincidir con el grado de cierto polinomio que interviene en cada solución $P_{n,l}(r)$ (apéndice A6). Para un potencial arbitrario $V(r)$ podremos escribir las correspondientes energías discretas como $\varepsilon_{nl}=-Ry\,f(n,l)$ donde Ry sea algún valor característico y $f(n,l)$ una función adimensional que solo conoceremos numéricamente. Por convenio se toma como valor de la constante Ry la mitad de la unidad atómica de energía, y se denomina "Constante de Rydberg", de modo que su valor en distintos sistemas de unidades es

$$
\begin{aligned}
Ry\ &= \tfrac{1}{2}\ \text{u.a.} = \tfrac{1}{2}\ \text{Hartree}^2 \\
&= \tfrac{1}{2}\ m e^4 / \hbar^2\ \text{erg(CGS)} \\
&= \tfrac{1}{2}\ m e^4 / (4\pi\varepsilon_0 \hbar)^2\ \text{J(S.I.)} \\
&= 13.6057\ \text{eV} = 109737.3\ \text{cm}^{-1}.
\end{aligned}
$$

Resumiendo, en la medida en que cualquier átomo lo tengamos aproximado por algún potencial central adecuado, tendremos para los estados ligados de sus electrones ($\varepsilon<0$) un conjunto de soluciones etiquetadas por tres índices $\Phi_{nlm}(r)=1/r\ P_{nl}(r)Y_{lm}(\theta\varphi)$. Más abreviadamente podremos representarlas por los números enteros que las determinan como $|nlm\rangle$. Mientras que las funciones angulares Y_{lm} son universales y se encuentran tabuladas, las radiales P_{nl} y sus energías ε_{nl} se obtendrán resolviendo el anterior problema (1.8) con las condiciones de contorno de anularse en ambos extremos del intervalo $(0,\infty)$. Por la forma en que se ha definido el llamado "número cuántico principal" n, y dado que N_c al menos vale 1 (el cero del origen para las $P_{n,l}$), existirán valores $n=1,2\ldots$ y para cada uno de ellos valores de $l=0,1,2,\ldots,n-1$.

---

[1] En este tipo de pozos unidimensionales los distintos estados ligados tienen más nodos cuanto más excitados son, de modo que el número de ceros Nc sería una forma alternativa de etiquetarlos. Este número es 1 para el más bajo de todos, que no tiene nodos intermedios pero se anula en el origen.

[2] La unidad atómica de energía tiene nombre propio "Hartree".

Es habitual representar los valores del momento angular por letras en vez de números. Por motivos históricos los valores 0/1/2/3 se representan con las letras *s/p/d/f*, continuando en orden alfabético para valores más altos de *l* (excluyendo la letra *j*)

1.2.2 Niveles de energía en aproximación de Campo Central

Como ya se habrá apreciado, para cada valor de *l* existen $2l+1$ soluciones con valores de $m=-l...l$ de los que no depende la energía ε_{nl}. Esta degeneración surge de la simetría esférica del problema y subsistirá en cualquier átomo mientras no se rompa aquella (por ejemplo por la acción de campos externos). Viene a decirnos algo que cabría esperar y es que, conocida una solución, cualquier rotación suya también debe ser solución y corresponder a la misma energía[1].

Lo anterior es consecuencia de un resultado general en mecánica cuántica, según el cual las simetrías del hamiltoniano provocan soluciones degeneradas, esto es, distintas soluciones con una misma energía (ver apéndice A8). En este caso la simetría es la invariancia del hamiltoniano de partida bajo rotaciones.

Puesto que dicho hamiltoniano tampoco depende del espín, cuando más adelante lo introduzcamos como grado de libertad extra del electrón, ello también supondrá aumentar la degeneración que se duplicará pasando a ser $2(2l+1)$. Estas degeneraciones desaparecerán cuando en el hamiltoniano incluyamos correcciones que dependan del espín (relativistas) o de la orientación (campos externos o correcciones electrostáticas).

En general $f(n,l)$ solo podrá obtenerse numéricamente, aunque se conoce de forma exacta para algunos casos muy especiales, como el potencial armónico o los ejemplos del apéndice A6. El caso hidrogenoide $V(r)=-Z/r$ es uno de ellos para el que resulta $f(n,l)=-Z^2/n^2$, de modo que $\varepsilon_{nl}=-Z^2/2n^2$ en unidades atómicas. El que dicha expresión no dependa del número cuántico *l* representa una degeneración adicional $\sum_{l=0}^{n-1} 2l+1 = n^2$, que se duplicará ($2n^2$) al incluir el espín. Esta degeneración se denomina "accidental" por no provenir de ninguna simetría particular del problema, y es específica del potencial coulombiano $1/r$.

La figura 1.3 ilustra la estructura típica de niveles energéticos en un átomo o ión polielectrónico. En general tendrá ocupados todos los niveles de más baja energía (dependiendo del número de electrones, y respetando el

---

[1] Naturalmente el número de "rotaciones diferentes" que admite cada solución depende de su simetría. Para $l=0$ solo hay $2l+1=1$, lo que indica que rotarlas no genera ninguna nueva y deben tener simetría esférica. En general, para un *l* dado, $2l+1$ indica el número de soluciones linealmente independientes que se pueden generar mediante rotaciones.

principio de exclusión que más adelante trataremos), a continuación se encontrarán estados ligados vacíos a los que esos electrones pueden excitarse (muy próximos entre sí al acercarse al límite de ionización), y finalmente los estados no ligados del continuo con energía positiva. Los niveles más difíciles de calcular serán los últimos ocupados, y los primeros excitados, dado que en ellos las interacciones con otros electrones serán complejas y muy dependientes del estado en que se encuentre cada uno de ellos. Por el contrario los niveles más internos y los más excitados admiten aproximaciones sencillas, debido a que esas interacciones individuales son menos relevantes.

En el caso de los electrones más internos la principal interacción será con el núcleo y las capas más internas completas y simétricas[1]. Aproximando para ellos el potencial como un hidrogenoide con carga efectiva la nuclear apantallada $V(r) \approx -Z^*/r = -(Z-\sigma_n)/r$, sus energías se aproximarán aceptablemente por $\varepsilon_n = -(Z-\sigma_n)^2/2n^2$, con "constantes de apantallamiento" σ_n que dependan de la capa en que nos encontremos. Efectivamente esto es lo observado, con valores típicos de esas constantes 2, 8 y 20 para n=1, 2 y 3 aunque dependientes del átomo. Como se comentará en su momento, este es el origen de las regularidades en las líneas de emisión de rayos X atómicas, empíricamente observadas mucho antes de conocerse su origen. Se trata de energías de ligadura típicamente de keV para las que las correcciones relativistas serán relevantes.

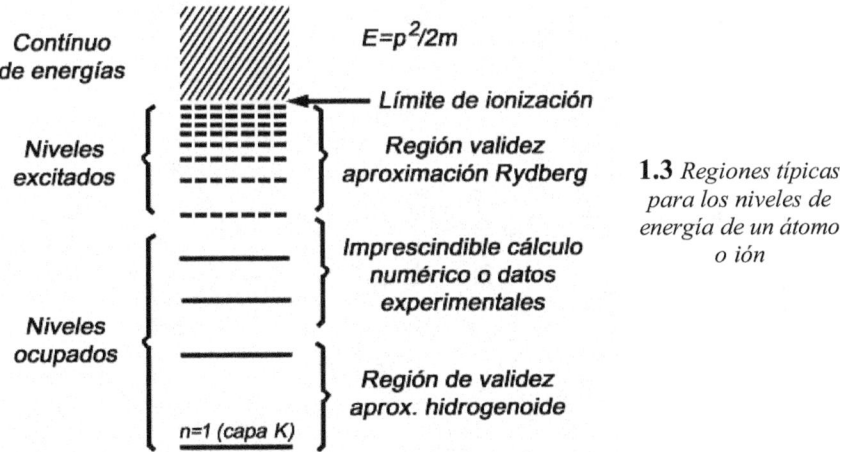

Contínuo de energías

$E=p^2/2m$

Límite de ionización

Niveles excitados

Región validez aproximación Rydberg

Imprescindible cálculo numérico o datos experimentales

Niveles ocupados

Región de validez aprox. hidrogenoide

n=1 (capa K)

1.3 *Regiones típicas para los niveles de energía de un átomo o ión*

Para los niveles más excitados, la lejanía al resto de electrones también permite aproximar su potencial por uno central. En este caso el apantallamiento será N-1 (el número de electrones que quedan en las capas internas), e independiente de n (con tal que se trate de niveles

---

[1] Veremos en su momento que un orbital completamente ocupado tiene simetría esférica y momentos angulares nulos.

suficientemente excitados). No obstante, debemos recordar que la "proximidad" al núcleo de cada solución depende de su momento angular l (llegando al origen cuando $l=0$ y estando más alejados cuanto mayor l). Cabría por tanto esperar en este caso energías por debajo de las hidrogenoides, tanto más cuanto menor sea el momento angular (más probabilidad tenga el electrón de explorar zonas más internas).

Un potencial como el $-(Z-N+1)/r-C/r^2$ ilustra este tipo de comportamiento "más atractivo que coulombiano a cortas distancias". Aunque este potencial no se pueda considerar un modelo realista para esos niveles, lo más interesante de él es que sus niveles de energía se pueden calcular analíticamente (ver apéndice A6) y tienen exactamente la dependencia en l esperada: $\varepsilon_{nl}=-\text{Ry}\ (Z-N+1)^2/(n-\delta_l)^2$. En esa expresión las cantidades δ_l se denominan "defecto cuántico" y dependen solo de l, no de n. Se suelen denominar "carga efectiva" y "número cuántico efectivo" a las cantidades $Z^*=Z-N+1$, y $n^*=n-\delta_l$, con las que la anterior expresión se puede escribir $\varepsilon_{nl}=-\text{Ry}\ (Z^*/n^*)^2$.

Esa expresión, conocida como "fórmula de Rydberg" se obtuvo por primera vez como un ajuste empírico a los niveles excitados de átomos alcalinos, pero resulta excelente para niveles suficientemente excitados de cualquier átomo o ión. Los valores de δ_l suelen disminuir rápidamente para $l>2$ (resultando energías prácticamente hidrogenoides) pero son grandes para $l=1$ y especialmente $l=0$ (por estar más ligados que el resto).

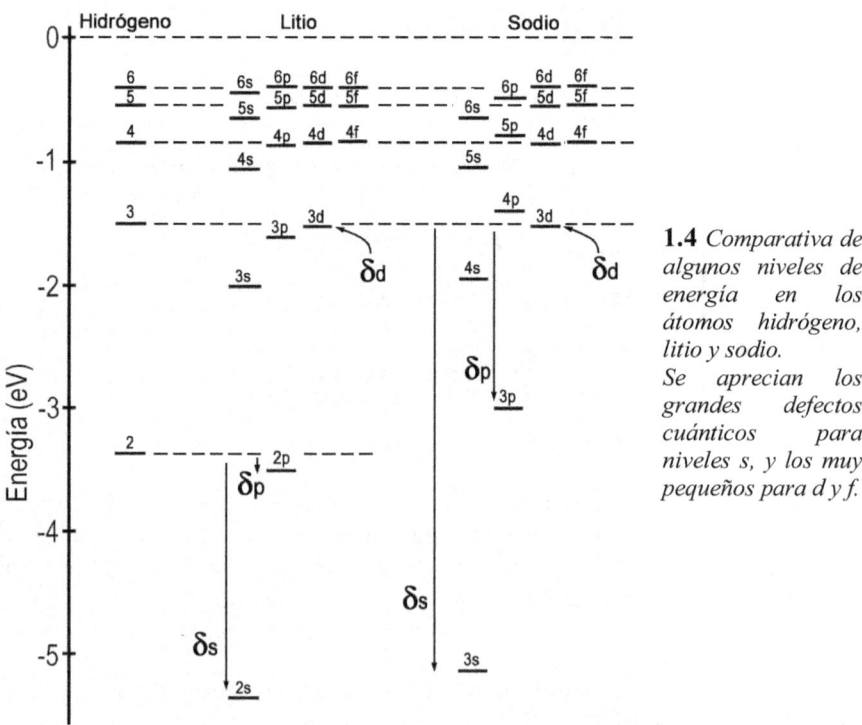

1.4 *Comparativa de algunos niveles de energía en los átomos hidrógeno, litio y sodio.*
Se aprecian los grandes defectos cuánticos para niveles s, y los muy pequeños para d y f.

La figura 1.4 compara los niveles de energía del átomo de hidrógeno con los de litio y sodio, para los que $N=Z$ por ser neutros, y por tanto les corresponde la fórmula de Rydberg $\varepsilon_{nl}=-Ry/(n-\delta_l)^2$. Es llamativo ver que los niveles de energía d y f son prácticamente idénticos a los del hidrógeno, mientras que los s y p son mucho más ligados. Como ya se ha comentado, esta dependencia en n y l es la seña de identidad de un potencial no coulombiano, y por tanto sin degeneración accidental.

Aun no siguiendo cuantitativamente la fórmula de Rydberg, el comportamiento es cualitativamente el mismo para cualquier nivel en un átomo polielectrónico, y es en última instancia el origen del sistema periódico (debido al llenado de orbitales s antes que p y d para un mismo n).

1.2.3 Distribución espacial de la probabilidad de presencia electrónica

Una vez determinada la función de onda del electrón en el seno de un potencial central $V(r)$ dado, se tiene de inmediato su distribución de probabilidad en cualquier región del espacio. Se trata simplemente de $|\Phi|^2 dv$, donde $dv=r^2 dr\,\text{sen}\theta d\theta d\varphi$, y $\Phi_{nlm_l sm_s}(r\theta\varphi\sigma)=\frac{1}{r}P_{nl}(r)Y_{lm}(\theta\varphi)\chi_\pm(\sigma)$.

En lo que resta de este apartado ignoraremos la función $\chi_\pm(\sigma)$, dado que no interviene en la distribución espacial.

Resulta ilustrativo analizar por separado la probabilidad de encontrar el electrón a determinadas distancias u orientaciones espaciales. Para ello bastará integrar la anterior probabilidad en aquellas variables que no nos interesen.

La probabilidad de encontrarse a una cierta distancia, sin importar en qué dirección, se obtiene directamente integrando a todos los ángulos

$$\text{Prob}(r)dr = R_{nl}^2(r)r^2 dr\underbrace{\int|Y_{lm}(\hat{r})|^2 d\Omega}_{1} = P_{nl}^2(r)dr$$

Esta probabilidad se anula en el origen y a otras $n-l-1$ distancias radiales, dando lugar a una estructura de capas concéntricas.

1.5 Aspecto típico de una función radial. Este ejemplo presenta un cero además del origen, por lo que podría tratarse de un orbital 3p, 4d,... (no podría ser un 2s, dado que cerca del origen no se comporta linealmente)

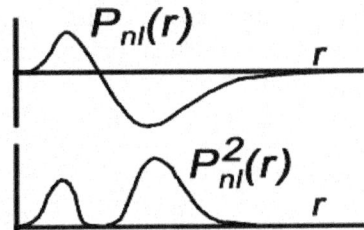

El hecho de que esta probabilidad se anule en el origen no está en contradicción con una probabilidad no nula de presencia en el origen (caso de los orbitales *s*). Nótese que la cantidad aquí introducida es una probabilidad por unidad de distancia al origen mientras que la otra se refiere a una probabilidad por unidad de volumen.

En lo que respecta a la orientación espacial, la distribución vendrá dada por las funciones Y_{lm}, pero como se indica en el apéndice A3 su elección no es única. En su versión compleja la probabilidad siempre tiene simetría de revolución en torno al eje z, mientras que en su versión real no. Podríamos hacernos la pregunta "inocente" de ¿en cuál de ellos está realmente un átomo aislado? La respuesta es que esa pregunta no tiene sentido y que ambos tipos de soluciones son descripciones perfectamente válidas del problema (todas ellas son autoestados del operador L^2). Recordando la interpretación estándar de la mecánica cuántica podríamos decir que el átomo está en parte en una forma y en parte en otra, y que no se decidirá por ninguna de ellas hasta que interaccionemos con él para observarlo.

La teoría de perturbaciones nos sugiere otra forma (similar pero más práctica) de interpretarlo: en ausencia de términos adicionales en el hamiltoniano las soluciones son degeneradas de modo que cualquiera de esas soluciones (o cualquier combinación lineal de ellas) es equivalente y tiene la misma energía. Interaccionar con el átomo significa introducir nuevos términos en su hamiltoniano que romperán esa degeneración, y determinarán qué combinaciones lineales son la descripción adecuada y cuales no bajo la perturbación. Si por ejemplo aplicamos al átomo un campo magnético externo, se perderá la simetría esférica pero se mantendrá la simetría de revolución, de modo que se romperá la degeneración en el número cuántico *m* separándose en él las energías y la descripción del átomo pasará a ser alguna de las funciones Y_{lm} complejas. Si la perturbación se produjera por la presencia de otros átomos cercanos con los que formar enlaces moleculares, entonces la descripción adecuada probablemente fuesen las funciones Y_{lm} reales, que tienen orientaciones espaciales bien definidas.

Para el caso de las funciones Y_{lm} complejas es fácil plantear la probabilidad de encontrar al electrón con cierto ángulo θ o φ simplemente integrando en el resto de variables. Así la probabilidad de encontrarlo en una cierta dirección alrededor del eje z, sin importar a qué distancia u ángulo θ, es simplemente

$$\text{Prob}(\varphi)d\varphi = \underbrace{\int_0^\infty R_{nl}^2(r)r^2dr}_{1}\underbrace{\int_0^\pi \left|Y_{lm}(\hat{r})\right|^2 sen\theta d\theta}_{1/2\pi \text{ independiente de } \phi}\ d\varphi = 1 \cdot \frac{1}{2\pi}d\varphi$$

es decir, la ya conocida simetría de revolución en torno al eje z para todos los estados.

En cuando a la probabilidad de encontrarlo con un ángulo θ dado, esta es

$$\text{Prob}(\theta)d\theta = \underbrace{\int_0^\infty R_{nl}^2(r)r^2 dr}_{1}\underbrace{\left|Y_{lm}(\hat{r})\right|^2}_{independ\varphi}sen\theta d\theta\underbrace{\int_0^{2\pi} d\varphi}_{2\pi} = \left|Y_{lm}(\hat{r})\right|^2 \underbrace{d\Omega'}$$

Ejemplos de estas distribuciones angulares, así como de las correspondientes a las funciones reales, se muestran en el apéndice A3.

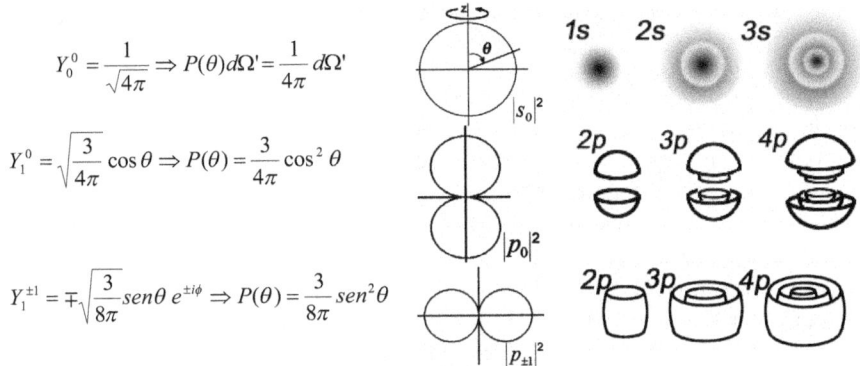

$$Y_0^0 = \frac{1}{\sqrt{4\pi}} \Rightarrow P(\theta)d\Omega' = \frac{1}{4\pi}d\Omega'$$

$$Y_1^0 = \sqrt{\frac{3}{4\pi}}\cos\theta \Rightarrow P(\theta) = \frac{3}{4\pi}\cos^2\theta$$

$$Y_1^{\pm 1} = \mp\sqrt{\frac{3}{8\pi}}sen\theta\,e^{\pm i\phi} \Rightarrow P(\theta) = \frac{3}{8\pi}sen^2\theta$$

1.6 *Distribución espacial de probabilidad para algunos orbitales ns y np.*

La descripción espacial completa de las soluciones $|nlm\rangle$ se obtiene combinando los anteriores resultados. Se trata de una estructura de capas superpuesta a la distribución angular correspondiente. La figura 1.6 ilustra algunos ejemplos para funciones Y_{lm} complejas.

1.3 Introducción fenomenológica del espín

Históricamente el número cuántico de espín fue introducido como un grado de libertad extra para el electrón, con el fin de justificar ciertas características observadas en los espectros atómicos. Tuvo que pasar bastante tiempo antes de que Dirac encontrase una interpretación sobre su origen, que veremos más adelante, basada en el planteamiento relativista de la función de ondas electrónica.

La idea básica es que el electrón es algo más complejo que un punto cuya posición se describe por una función de ondas escalar. Necesita para su descripción completa un vector en dos dimensiones, y a ese grado extra de libertad lo denominamos espín. Por su comportamiento bajo campos magnéticos dicho espín suele visualizarse como un momento angular extra de rotación interna del electrón, imagen que no debe tomarse al pie de la letra para una partícula (el electrón) que parece ser puntual.

La forma estándar de manejar el espín consiste en utilizar una función de onda extra $\chi_{s,ms}(\sigma)$ o $|sm_s\rangle$ etiquetada con esos dos nuevos números cuánticos. De ellos el primero siempre vale $s=\frac{1}{2}$ por lo que suele omitirse, y el segundo puede tomar los valores $m_s=\pm\frac{1}{2}$. El origen de esta "caprichosa" notación se encuentra en que tales funciones de onda se comportan como autoestados de un operador S tipo "momento angular". Como tal, algunas de sus relaciones de conmutación son $[S,S_z]=0$ y $[S_i,S_j]\neq0$, y de ellas se deduce la existencia de autoestados

$$S^2\chi_{sm}(\sigma)=\hbar^2\,s(s+1)\chi_{sm}(\sigma)$$
$$S_z\chi_{sm}(\sigma)=\hbar\,m\chi_{sm}(\sigma)\text{ con }s=\tfrac{1}{2}\text{ y }m,\sigma=\pm\tfrac{1}{2}.$$

Usando estas funciones de onda para el espín[1], las soluciones completas para un electrón en un campo central pasarán a ser

$$\Phi_{nlm_l sm_s}(\vec{r}\sigma) = \frac{1}{r}P_{nl}(r)Y_{lm}(\hat{r})\chi_{sm_s}(\sigma) \tag{1.7}$$

donde el número cuántico fijo $s=\frac{1}{2}$ suele sobreentenderse. Mientras el espín no aparezca en el hamiltoniano (en ausencia de efectos relativistas o campos externos) no habrá dependencia de la energía en él y hasta entonces, según ya se indicó, el principal efecto del m_s es el de aumentar la degeneración de las soluciones en un factor 2.

Como veremos en su momento, el principal efecto relativista será la aparición en el hamiltoniano de un término dependiente del espín, que para cada electrón individual supone una contribución proporcional a $l\cdot s$ (producto escalar de sus momentos angulares l y s), y que para el átomo completo podremos tratar como proporcional al producto escalar $L\cdot S$ de los momentos angulares totales del átomo $L=\Sigma_i l_i$ y $S=\Sigma_i s_i$.[2]

Desde luego la primera consecuencia de que el espín aparezca en el hamiltoniano será que los niveles de energía pasarán a depender del valor del espín, pero el que aparezca como un producto escalar $L\cdot S$ tendrá más consecuencias. Para empezar ese término representa una interacción entre los momentos angulares L y S, lo que provocará que ambos dejen de ser cantidades perfectamente conservadas. Ello nos llevará a recurrir al momento angular total del sistema $J=L+S$ que sí seguirá siendo una cantidad conservada, y por ello a introducir sus dos nuevos números cuánticos J y M_J.

En la mayoría de los casos la interacción $L\cdot S$ será pequeña, de modo que su efecto no llegará a cambiar el módulo de los vectores L y S, sino solo ligeramente su orientación (en una interpretación semiclásica, haciéndolos

---

[1] El manejo de estas funciones de espín $\chi(\sigma)$ es muy simple: Su módulo cuadrado $|\chi(\sigma)|^2$ representa la probabilidad de tener espín σ, y su variable solo toma los valores $\sigma=\pm1/2$. Los autoestados $\chi_{\pm1/2}(\sigma)$ son simplemente las funciones que cumplen $\chi_+(1/2)=1$, $\chi_+(-1/2)=0$, etc. Cualquier otro estado es combinación lineal de ellas $\chi(\sigma)=\alpha\,\chi_+(\sigma)+\beta\,\chi_-(\sigma)$, con α^2 y β^2 las probabilidades respectivas de espín "↑" o "↓". Además $\{\chi_+(\sigma),\chi_-(\sigma)\}$ son una base ortonormal, esto es $\Sigma_\sigma\chi_i(\sigma)^+\chi_j(\sigma)=\delta_{ij}$ ("$+$" representando complejo conjugado).

[2] Al tratar el momento angular de un único electrón es más o menos irrelevante representarlo por L o l, pero cuando tratemos con varios electrones utilizaremos mayúsculas para el momento angular total y minúsculas para los momentos angulares individuales.

precesionar). Como consecuencia, no podremos mantener los números cuánticos M_L y M_S pero sí en muchos casos los L y S. Eso supondrá pasar de etiquetar los estados y niveles de energía con los números cuánticos $|L,M_L,S,M_S\rangle$ a hacerlo con los $|L,S,J,M_J\rangle$.

1.4 Un reto como ejemplo, el espectro del Si I

La ecuación de Schrödinger para el potencial $1/r$ se trata en cualquier texto elemental de mecánica cuántica, y la estructura de niveles resultante para el átomo de hidrógeno es extremadamente simple. Por ello el espectro de este átomo, que se detalla en el apéndice A10, es sumamente sencillo y fue históricamente el primero en ser explicado satisfactoriamente.

Después del hidrógeno, los espectros más simples corresponden a los átomos alcalinos que, para energías no muy elevadas, provienen básicamente de la excitación de un único electrón. Todos ellos también pudieron ser explicados poco después que el de hidrógeno, incluso antes de disponer de una correcta descripción de la estructura de sus átomos. Como vimos en la figura 1.4, sus esquemas de niveles ya no tienen la degeneración accidental de un potencial Coulombiano, pero aún dan lugar a espectros en forma de varias series reconocibles que indicaremos más adelante (figura 3.1).

Poder interpretar e incluso predecir el resto de espectros atómicos requirió desarrollar todas las técnicas de mecánica cuántica que hoy nos son familiares: acoplamiento de momentos angulares, teoría de perturbaciones, concepto de espín, antisimetría de las funciones de onda, correcciones relativistas, coeficientes de Einstein... Básicamente, el objetivo de este texto es mostrar cómo la aplicación de esos conceptos a los átomos permite entender su estructura y comportamiento.

Como ejemplo de espectro óptico moderadamente complejo podría servir el del átomo de silicio neutro[1]. Dicho espectro, ilustrado en la figura 1.7 consta de unas 250 líneas en la región que va desde poco más de $0.1\mu m$ (ultravioleta) hasta algo más de $2\mu m$ (infrarrojo). De ellas solo unas 45 se encuentran en la región visible ($0.4\mu m$ a $0.7\mu m$).

Un análisis cuidadoso de ese espectro muestra que esas 250 líneas pueden justificarse como transiciones entre los solo 70 estados de excitación del átomo que se ilustran en la figura 1.8. De hecho ese análisis muestra además varias peculiaridades, que sugieren distribuir los niveles como aparecen en esa figura, separados en varias columnas, y algunas de ellas desdobladas en dos laterales. En concreto, el análisis del espectro muestra que no toda transición es posible, teniendo lugar únicamente entre esas distintas columnas, más aún, solo entre las que son contiguas. Además, en las

---

[1] En espectroscopía se denomina Si I a dicho espectro, que es el emitido por cualquier muestra conteniendo átomos de silicio con bajas energías de excitación. Para energías más altas comenzarán a aparecer iones Si+, cuyas líneas de emisión se denominan "el segundo espectro" del silicio o Si II.

columnas desdobladas, para los niveles del lado derecho solo aparecen transiciones a otros que también se encuentren al lado derecho en otra columna, y análogamente los de cada lado izquierdo.

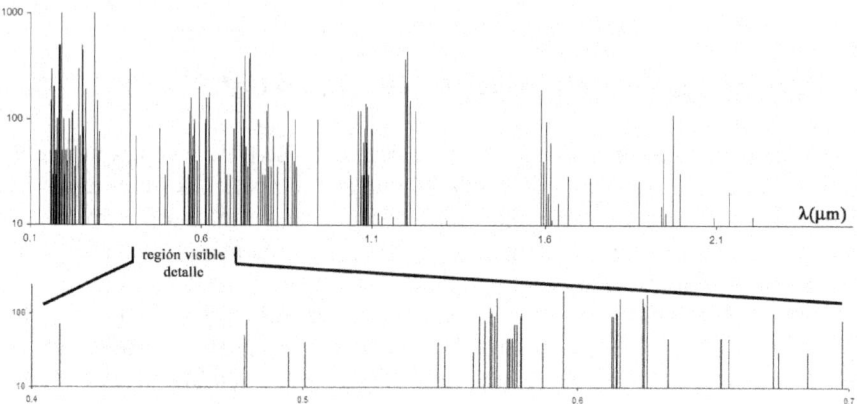

1.7 *Espectro del Si I (para energías de excitación por debajo del umbral de ionización). Se muestra la región de longitudes de onda de 0.1μm a 2.5μm, y debajo un detalle de la región visible (0.4μm a 0.7μm).*

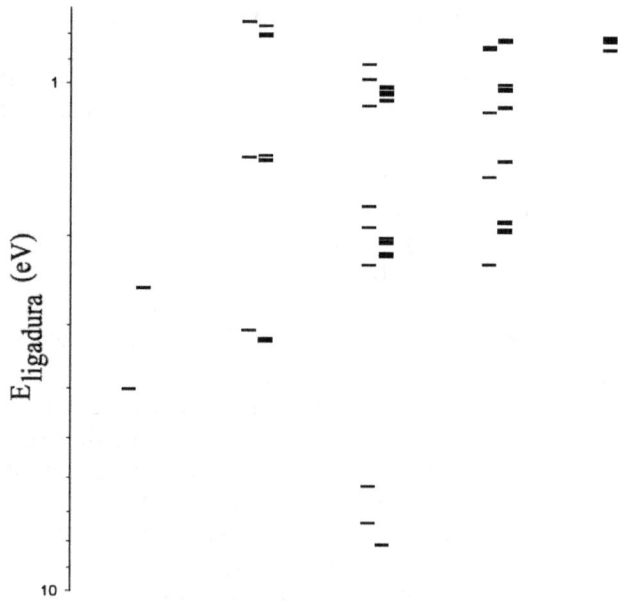

1.8 *Primeros niveles de excitación del silicio neutro. El más bajo de todos corresponde al estado fundamental, con una energía de ligadura de 8.15eV (el potencial de ionización). En total la figura muestra unos 70 niveles, aunque algunos se presentan en grupos tan próximos que no es posible distinguirlos a esta escala, y toman el aspecto de líneas más gruesas. En esta imagen se ha omitido la identificación de todos ellos, que se irá encontrando a medida que avancemos en la descripción de la estructura atómica*

Desde luego sería interesante encontrar alguna explicación a esas reglas aparentemente caprichosas, pero no solo a ellas. Si de verdad pudiésemos explicar la estructura del átomo, deberíamos ser capaces de justificar por qué algunas líneas son muy intensas mientras otras son más débiles, o por qué los niveles muestran esa caprichosa disposición (a veces más o menos aislados, otras en grupitos muy próximos, y con algunos bloques que parecen repetirse de abajo arriba.)

Como veremos a lo largo del texto, es posible justificar e incluso predecir todas esas características sin más supuestos que algunos principios cuánticos muy simples y generales. Animo al lector a considerar esta tarea como un pequeño "reto", y a ir comprobando al final de algunos capítulos cómo la teoría que iremos desarrollando nos permite ir alcanzándolo.

Problemas

1.1. Un orbital tiene dos ceros (aparte del origen), comportándose como $R_{nl}(r)=r^3$ para $r\to 0$ y como $P_{nl}(r)=e^{-5r}$ para $r\to\infty$. Determinar su energía de ligadura y números cuánticos nl.

1.2. La siguiente tabla proporciona los niveles de energía (medidos en cm^{-1} desde el límite de ionización) para el potasio neutro (K I). Determinar los valores del defecto cuántico (δ_l) que serían necesarios para justificarlos mediante una expresión de Rydberg $\varepsilon_{nl}=-Ry/n^{*2}$. ($n^*=n-\delta_l$ se denomina *número cuántico principal efectivo*).

n \ l	s	p	d	f
3			13 473	
4	35 010	21 986	7 612	6 882
5	13 984	10 296	4 826	4 408
6	7 559	6 007	3 314	3 060
7	4 737	3 936		

1.3. Al calcular numéricamente el orbital menos ligado de cierto átomo neutro en su configuración fundamental, se ha encontrado una función radial P_{nl} con las siguientes características:
   i. Comportamiento $P_{nl}(r) \sim r^2$ cerca del origen
   ii. Dos nodos (además del cero del origen)

iii. Decaimiento para radios grandes como exp(-0.66r) en unidades atómicas.

Obténganse las siguientes propiedades:

a) Los números cuánticos n y l para dicho orbital.

b) El potencial de ionización del átomo.

2 Correcciones al Hamiltoniano Electrostático

El hamiltoniano con que comenzamos el primer capítulo contiene las interacciones más intensas presentes en un átomo polielectrónico, esto es, las electrostáticas de cada electrón con el resto de electrones y el núcleo. Aún nos queda bastante por analizar de ese hamiltoniano (solo hemos descrito su solución en la aproximación más básica de Campo Central) pero antes de continuar conviene ser consciente de que en él no está "toda la física" de los átomos. Como se indicó entonces, un análisis más preciso requerirá incluir algunos efectos más débiles pero importantes, y a describirlos dedicaremos este capítulo.

Los efectos isotópicos son en general muy pequeños, pero de gran importancia por sus aplicaciones en campos como la física nuclear. Los presentaremos aquí aunque sin entrar en detalles, por corresponder a un tratamiento más avanzado del que pretende este texto.

Los efectos relativistas son normalmente más grandes y será especialmente importante la llamada interacción espín-órbita. Esa corrección solo se tratará en este capítulo en aproximación de Campo Central (y por tanto de electrones independientes), dejando para otros posteriores el tratamiento más complejo necesario para un átomo polielectrónico.

2.1 Correcciones Relativistas

2.1.1 Tratamiento relativista del electrón, ecuación de Dirac

El tratamiento completamente relativista añade considerable complejidad en el estudio de los átomos polielectrónicos. Por suerte las velocidades y energías involucradas en los átomos no suelen requerir tanto detalle, y son posibles tratamientos aproximados más sencillos. Nótese que cabe esperar aquí para los electrones velocidades del orden de la unidad atómica de velocidad αc, es decir dos órdenes de magnitud por debajo de la velocidad de la luz c^1.

Tomaremos aquí como punto de partida la ecuación de Dirac para el electrón. Aunque no sea este el lugar para entrar en los detalles de su análisis, al menos su motivación y sus principales resultados son muy sencillos de describir. Tiene además el interés de mostrar cómo surge de forma natural el espín del electrón y el valor de su factor giromagnético.

Sabemos que la ecuación de Schrödinger puede obtenerse directamente de la relación clásica $E=p^2/2m$ sustituyendo E por el operador $i\hbar\partial/\partial t$, y p por el operador $-i\hbar\nabla$. Lo primero que a uno se le puede ocurrir para encontrar una ecuación de ondas relativista del electrón es hacer lo mismo con la relación relativista $E^2=p^2c^2+m^2c^4$. Si se hace eso el resultado es la que se conoce como "Ecuación de Klein-Gordon":

$$-\hbar^2\,\partial^2\Phi/\partial t^2 = (-c^2\hbar^2\nabla^2 + m^2c^4)\Phi\,.$$

De hecho esta ecuación fue considerada por Schrödinger antes de publicar la que ahora lleva su nombre, pero la descartó por presentar bastantes inconvenientes a la hora de utilizarla y de interpretar sus resultados. Probablemente el principal inconveniente sea el de ser de segundo orden en la derivada temporal, lo que dificulta describir la evolución temporal de la función de onda (en una ecuación así la solución no queda determinada por la distribución inicial, requiere además conocer la derivada de la distribución inicial). Otro inconveniente importante es la dificultad para definir una "densidad" y una "corriente" de probabilidad que sea siempre positiva y se conserve bajo su evolución cumpliendo la ecuación de continuidad^2.

Ante esta situación, Dirac se planteó la posibilidad de encontrar una ecuación que fuese "equivalente" a ella pero de primer orden en la derivada temporal. ¿Qué tal hacerle la raíz cuadrada $i\hbar\partial/\partial t = \sqrt{-c^2\hbar^2\nabla^2 + m^2c^4}$? La raíz cuadrada de un operador no es algo trivial por supuesto, pero está bien definida. En este caso significa encontrar otro operador cuyo cuadrado (aplicación repetida) dé la ecuación de Klein-Gordon. Puestos a buscar, investigó si podría encontrarse un operador lo más sencillo posible (lineal en el momento) que tuviese esa propiedad, es decir, ¿puede encontrarse algo de la forma $\boldsymbol{a}\cdot\boldsymbol{p}+b$ cuyo cuadrado sea $-c^2\hbar^2\nabla^2 + m^2c^4$? Nótese que en caso de existir tal ecuación, sus soluciones también lo serían de la de Klein-Gordon como deseábamos.

La buena noticia es que sí es posible. La mala noticia es que no es posible con funciones escalares, es necesario considerar vectores de al menos cuatro componentes. Admitido esto resulta la denominada Ecuación de Dirac

$$i\hbar\,\partial\Phi/\partial t = (-i\hbar\,c\boldsymbol{\alpha}\cdot\nabla + mc^2\beta)\Phi$$

---

[1] Esto deja de ser válido cuando se describen átomos muy ionizados, donde las energías involucradas pueden ser de decenas o cientos de keV.

[2] Ver por ejemplo F.J.Yndurain, *Mecánica Cuántica Relativista*, Alianza Universidad Textos.

Efectivamente, no es difícil demostrar que $(c\boldsymbol{\alpha}\cdot\boldsymbol{p}+mc^2\beta)^2\Phi=(c^2\boldsymbol{p}^2+m^2c^4)\,\Phi$ con tal que Φ sea un vector de cuatro[1] componentes $\Phi=(\Phi_1\Phi_2\Phi_3\Phi_4)$, y que $\boldsymbol{\alpha}$ y β sean las matrices de 4x4

$$\alpha_i=\begin{pmatrix} 0 & \sigma_i \\ \sigma_i & 0 \end{pmatrix}\ \text{y}\ \beta=\begin{pmatrix} I & 0 \\ 0 & -I \end{pmatrix}$$

Aquí I representa la matriz identidad 2x2, y σ_i son las denominadas "matrices de Pauli"[2] también de tamaño 2x2.

Para determinar la forma que deberá tomar la ecuación en presencia potenciales o campos electromagnéticos, basta aplicar el principio de "acoplo mínimo" que tan excelentes resultados proporciona desde la mecánica clásica hasta el Modelo Estándar. Representando los campos por sus potenciales escalar y vector (ϕ,A) basta reemplazar todos los E por $E-e\phi$, y todos los p por $p-e/c\,A$.

En el caso de potenciales puramente eléctricos, donde pueden usarse $e\phi=V$ y $A=0$, esa sustitución es la que nos convierte la ecuación de Schrödinger de una partícula libre $i\hbar\,\partial\Phi/\partial t=(\boldsymbol{p}^2/2m)\Phi$ en la $i\hbar\,\partial\Phi/\partial t=(\boldsymbol{p}^2/2m+V)\Phi$. Esa misma transformación nos proporciona para la ecuación de Dirac

$$i\hbar\,\partial\Phi/\partial t=(-i\hbar\,c\boldsymbol{\alpha}\cdot\nabla+mc^2\beta+V)\Phi$$

y sugiere usar para átomos polielectrónicos el hamiltoniano

$$\mathbf{H}=\Sigma_i(c\boldsymbol{\alpha}\cdot\boldsymbol{p}_i+mc^2\beta-Ze^2/r_i)+\Sigma_{i<j}\,e^2/r_{ij}.$$

que es el denominado "hamiltoniano de Dirac-Coulomb".

En realidad, el tratamiento relativista de un átomo polielectrónico exige tener en cuenta efectos adicionales, en concreto los de retardo en la interacción electrón-electrón, e interacciones magnéticas entre pares de electrones. La inclusión de esas correcciones debidas a Breit da lugar al denominado "Hamiltoniano de Dirac-Coulomb-Breit"[3]. Consecuencia de ellos serán términos de interacción espín-espín y espín-otras órbitas que aquí no trataremos.

2.1.2 Aproximación de la ecuación de Dirac para situaciones poco relativistas

Como ya se ha comentado, en el caso atómico la ecuación de Dirac supone una complicación considerable y casi siempre innecesaria. Para la mayoría

---

[1] Esto no significa que el espín del electrón contenga cuatro grados de libertad, ya que en realidad las cuatro componentes están estrechamente relacionadas entre sí dos a dos.

[2] $\sigma_x=\begin{pmatrix} 0 & 1 \\ 1 & 0 \end{pmatrix},\sigma_y=\begin{pmatrix} 0 & -i \\ i & 0 \end{pmatrix},\sigma_z=\begin{pmatrix} 1 & 0 \\ 0 & -1 \end{pmatrix},$

[3] Más detalles sobre su expresión, técnicas para su cálculo, e importancia cuantitativa, pueden consultarse por ejemplo *Computational Atomic Structure*, C. Froese Fischer, T. Brage y P. Jönsson. IOP 2000

de las aplicaciones bastaría con introducir alguna pequeña "corrección hasta primer orden", igual que se hace en mecánica clásica cuando se sustituye la expresión para la energía cinética $E=(p^2c^2+m^2c^4)^{1/2}$ por los primeros términos de su desarrollo de Taylor. Recordemos que en aquel caso resulta

$$E \approx mc^2 + p^2/2m - p^4/8m^3c^2 + ...$$

donde se reconoce (aparte de una constante "irrelevante" mc^2) el término clásico $p^2/2m$ y la primera "corrección de masa" $p^4/8m^3c^2$.

Por suerte este procedimiento es posible también en el caso de la ecuación de Dirac, aunque con algunas complicaciones extra que enunciaremos sin entrar en ningún tipo de demostraciones.

Por una parte, para situaciones poco relativistas, dos de las cuatro componentes de la función de ondas resultan ser muy pequeñas comparadas con las otras dos, hasta el punto de ser completamente despreciables frente a ellas $\Phi \approx (\Phi_1 \Phi_2\ 0\ 0)$. A efectos prácticos esto significa que pueden manejarse como funciones de dos componentes, o más cómodamente como el producto de un escalar por un vector de dos componentes, y escribirse $\Phi \cdot (\gamma_1\gamma_2)$ o $\Phi \cdot \chi$. Este es precisamente el origen de la notación habitual para el espín electrónico (ver apéndice A4).

Por otra parte el desarrollo hasta primer orden de la ecuación de Dirac[1] resulta algo más complejo que en el caso clásico, teniendo la forma $\mathbf{H} \approx mc^2+p^2/2m+V+\mathbf{H}_M+\mathbf{H}_D+\mathbf{H}_{SO}$, con tres términos que a continuación describiremos. Este es el denominado "Hamiltoniano de Pauli".

El término $\mathbf{H}_M = -p^4/8m^3c^2$ es el mismo "termino de masa" clásico, y será en general poco relevante para la mayoría de nuestras aplicaciones.

El término $\mathbf{H}_D = -\dfrac{\hbar^2}{4m^2c^2} \nabla V \cdot \nabla$ se denomina "de Darwin" y, como puede verse, es proporcional al producto escalar $\mathbf{E} \cdot \mathbf{p}$ entre el campo eléctrico y el momento del electrón. En el caso de potenciales centrales el campo eléctrico $\mathbf{E} = -\nabla V/e$ solo tendrá componente radial, por lo que ese producto escalar podrá escribirse simplemente $\mathbf{H}_D = -\dfrac{\hbar^2}{4m^2c^2} \dfrac{dV}{dr} \dfrac{\partial}{\partial r}$. Este término, que no tiene análogo clásico, guarda cierto parecido con el término espín-órbita, al que sustituirá precisamente cuando este se anule en estados de $l=0$. Este término será también poco relevante en átomos polielectrónicos.

Por último el término $\mathbf{H}_{SO}$, para potenciales centrales, es proporcional a la expresión $(r^\wedge \nabla) \cdot \sigma$ que puede escribirse como $\mathbf{L} \cdot \mathbf{S}$ definiendo el operador $\mathbf{S} = \tfrac{\hbar}{2} \sigma$ y recordando la definición del operador $\mathbf{L} = r^\wedge p$. Con todo ello resulta

$$\mathbf{H}_{SO} = \dfrac{1}{2m^2c^2} \dfrac{1}{r} \dfrac{dV}{dr} \mathbf{L} \cdot \mathbf{S}\ .$$

---

[1] Ver por ejemplo; Mitchel Weissbluth, *Atoms and Molecules*, Academic Press.
C. Froese Fischer, T. Brage, P. Jönsson *Computacional Atomic Structure: An MCHF Approach*, CRC Press 1997

Esta será la contribución responsable de multitud de efectos muy importantes en la estructura de átomos polielectrónicos.

A consecuencia de las correcciones de Breit ya comentadas, el hamiltoniano relativista multi-electrónico incluye varias contribuciones adicionales a estas que hemos descrito. Algunas de ellas (como los términos de Darwin de dos cuerpos, espín-espín de contacto y órbita-órbita) generan ligeros desplazamientos de los niveles, por lo que su efecto suele ser poco apreciable. Otras (como las espín-espín y espín-otras-órbitas) sí que contribuyen a los desdoblamientos, pero suelen ser más pequeñas que la espín-órbita[1]. Por este motivo, estos efectos adicionales solo suelen manifestarse cuando los desdoblamientos espín-órbita son pequeños, y hacerlo en forma de anomalías en la colocación de los niveles (como de hecho ocurre para el helio).

2.1.3 Interpretación clásica del término espín-órbita. Factor giromagnético

Si bien la estructura del término H_{SO} parece sugerir una "misteriosa" interacción de origen cuántico entre los momentos angulares orbital y de espín, es posible darle una interpretación en términos completamente clásicos, con tal que "imaginemos" al electrón como una diminuta esfera cargada girando en torno a sí misma.

Para ello bastará con recordar tres resultados clásicos.

I.   Que un dipolo magnético interacciona con un campo magnético
Como es bien sabido, la energía de esa interacción, que depende de la orientación relativa del dipolo y del campo magnético, se obtiene simplemente tomando el producto escalar de ambos $E_{SO} = -\boldsymbol{\mu} \cdot \boldsymbol{B}$.

II.   Que al moverse en el seno de un campo eléctrico $\boldsymbol{E}$ se ve un campo magnético $\boldsymbol{B} = \boldsymbol{E} \wedge \boldsymbol{v}/c$.
En el caso de que el campo eléctrico proceda de un potencial central $V(r)$ dentro del cual se está moviendo el electrón, el campo eléctrico solo tendrá componente radial
$\boldsymbol{E} = \nabla V/e = (1/e)\,(dV/dr)\,(\boldsymbol{r}/r)$.
En realidad en esa expresión falta un factor 1/2 debido a que estamos en el sistema de referencia no inercial del electrón que gira alrededor del núcleo. Como consecuencia el campo magnético observado podrá escribirse (recordando $\boldsymbol{L} = \boldsymbol{r} \wedge \boldsymbol{p}$)

---

[1] El hamiltoniano incluyendo esas correcciones hasta orden $(v/c)^2$ se denomina de "Breit-Pauli".

$$B= 1/(2erc)\,(dV/dr)\mathbf{r}^\wedge\mathbf{v} = 1/(2merc)\,(dV/dr)\mathbf{L}.$$

III.　Que el giro de una masa cargada lleva asociados tanto un momento angular como un momento dipolar magnético, que básicamente están en la proporción de la masa y la carga involucradas.

Para el caso de una partícula puntual de carga q y masa m girando a velocidad v en una trayectoria circular, el cálculo de ambos momentos es muy sencillo. El momento dipolar equivale al de una espira del mismo radio con una intensidad dada por esa carga y velocidad: $\mu=rqv/2$. El momento angular es simplemente $L=rmv$. Por tanto el cociente entre ambos no depende de la velocidad de giro siendo $\mu=(q/2m)\mathbf{L}$. En el caso más general de una distribución arbitraria de materia cargada que se encuentre girando la relación entre sus momentos dipolar y angular puede escribirse $\mu=g(q/2m)\mathbf{L}$, donde intervendrá un factor geométrico que dependerá de cómo se encuentren distribuidas la carga y masa de dicho sistema, y que se denomina "factor giromagnético g".

Muchas partículas elementales poseen momento angular intrínseco (de espín) y dipolar magnético. Para ellas suele escribirse la anterior relación en la forma $\mu = -g\dfrac{|e|\hbar}{2mc}\dfrac{\mathbf{S}}{\hbar} = -g\mu_B\mathbf{S}/\hbar$, de modo que la constante $\mu_B = e\hbar/2m$ denominada "magnetón de Bohr" es la única que tiene dimensiones ($\mu_B=5.788\cdot10^{-5}\text{eV/T}=0.47\text{cm}^{-1}/\text{T}$) mientras $\mathbf{S}/\hbar$ toma valores $1/2$, 1, ..., y g (también adimensional) depende de la estructura interna de la partícula en cuestión.

Basta unir las tres "piezas" anteriores para encontrar la energía de interacción entre del momento dipolar magnético del electrón y el campo magnético que este "ve" al girar dentro del campo eléctrico atómico:

$$E_{SO}= \frac{g}{2}\frac{1}{2m^2c^2}\frac{1}{r}\frac{dV}{dr}\mathbf{L}\cdot\mathbf{S}\cdot$$

Como puede verse el resultado es exactamente el término H_{SO} que proporciona la ecuación de Dirac, salvo que aquella además nos predice para el electrón un valor de $g=2$. Las correcciones más precisas de la electrodinámica cuántica proporcionan prácticamente el mismo valor $g\approx2.002$.

2.1.4 Necesidad de introducir J acoplando momentos angulares L y S

Consideradas pequeñas las anteriores correcciones relativistas[1], su efecto sobre los niveles de energía atómicos se obtiene fácilmente por teoría de

---

[1] Para átomos pesados las correcciones pueden ser apreciables, y llega a ser preferible incluir directamente las correcciones en el hamiltoniano, que luego se resuelve numéricamente.

perturbaciones. Aunque no entremos en todos los detalles más o menos engorrosos de ese cálculo, sí resulta muy instructivo describir los principales pasos que requiere y su resultado. Antes de continuar recomendamos al alumno repasar el apéndice A7 donde se muestra un resumen de los principales resultados de la teoría de perturbaciones que necesitaremos aquí, teniendo en cuenta que se trata de un problema con degeneración.

Aunque en su momento trataremos el caso polielectrónico en más detalle, describiremos aquí el resultado en la aproximación de Campo Central, en la que cada electrón podría considerarse independiente de los demás. El resultado quedará en función de los valores esperados como $<1/r^3>$ o $<V(r)>$ que es inmediato determinar numéricamente una vez obtenidas (también numéricamente) las funciones de onda $P_{nl}(r)$ según se describía en el capítulo anterior. En el caso particular hidrogenoide $V(r)=-Z/r$ se podrán obtener analíticamente.

Consideraremos como "sistema sin perturbar" el hamiltoniano $H_0=p^2/2m+V(r)$ para el que podemos dar por conocidas sus soluciones $\phi_{nlmms}=R_{nl}Y_{lm}X_{ms}$ descritas en el capítulo anterior (autoestados de todos los operadores L^2,L_z,S^2 y S_z). La teoría de perturbaciones nos permite tomar como base esas soluciones para calcular el efecto de las correcciones relativistas H_M, H_D y H_{SO} consideradas como perturbaciones al H_0. Pero el tratamiento para todas esas correcciones no puede ser igual.

Los términos H_M, H_D no incluyen ninguna dependencia en ángulos ni espín, por lo que conmutan con los anteriores operadores L^2,L_z,S^2 y S_z, y por tanto son diagonales en nuestra base de funciones $\phi_{nlmms}=R_{nl}Y_{lm}X_{ms}$. Gracias a ello podremos calcular sus correcciones a la energía utilizando simplemente elementos de matriz diagonales, de modo que la teoría de perturbaciones con degeneración es para ellos tan simple como si no existiese degeneración, y simplemente $\Delta E_i=< \phi_i|\Delta H|\phi_i>$.

Por el contrario el término H_{SO} incluye un producto escalar $L\cdot S$ que conmuta con L^2 y S^2 pero no con L_z ni S_z. Por ello H_{SO} no es diagonal en la base formada por las funciones $\phi_{nlmms}=R_{nl}Y_{lm}X_{ms}$, y realizar el cálculo con ellas sería extremadamente laborioso. En concreto sería preciso obtener los elementos no diagonales para todos los pares posibles de funciones, y diagonalizar a continuación la matriz resultante. En lugar de ello es preferible intentar encontrar otra base de funciones (combinación lineal de las anteriores) en que H_{SO} sí sea diagonal.

La forma de hacerlo nos la indica un argumento de tipo intuitivo y tres resultados bien conocidos en mecánica cuántica. El argumento intuitivo es que en presencia de una interacción $L\cdot S$ no se conservarán los momentos angulares L ni S por separado pero tiene que seguir conservándose el momento angular total del sistema[1] $J=L+S$. De los tres resultados citados, el primero es que toda cantidad conservada conmuta con el hamiltoniano (por lo que H_{SO} que contiene $L \cdot S$ conmutará con J). El segundo, que operadores que conmutan tienen autoestados comunes (por lo que H_{SO} y J los tendrán). El tercero, que disponemos de una técnica que nos proporciona directamente los autoestados del operador J como combinación lineal de los autoestados Y_{lm} y X_{ms} que ya teníamos para los operadores L y S (la técnica denominada de "acoplamiento de momentos angulares"). Por tanto sabemos cómo generar una base de autoestados de L^2, S^2, J^2, J_z (ϕ_{nlsjmj} combinación lineal de las originales $\phi_{nlmms}=R_{nl}Y_{lm}X_{ms}$) en la que H_{SO} debe ser diagonal, y en la que por tanto podemos aplicar la teoría de perturbaciones como si no hubiese degeneración.

Como es sabido, en estos casos el cambio de la antigua familia de funciones a la nueva viene dado por los llamados "coeficientes de Clebsch-Gordan" o "3j", que pueden consultarse tabulados por ejemplo en el apéndice A5, y que el lector probablemente conocerá por asignaturas previas de mecánica cuántica. Dichas expresiones de cambio de base son:

$$| j_1 j_2 jm \rangle = \sum_{m_1 m_2} C(j_1 j_2 jm_1 m_2 m) | j_1 m_1 j_2 m_2 \rangle$$

en términos de Clebsch-Gordan, o

$$| j_1 j_2 jm \rangle = (-1)^{j_2 - j_1 - m} \sqrt{2j+1} \sum_{m_1 m_2} \begin{pmatrix} j_1 & j_2 & j \\ m_1 & m_2 & -m \end{pmatrix} | j_1 m_1 j_2 m_2 \rangle$$

en términos de símbolos 3j. En el mismo apéndice A5 se muestra como ejemplo el caso de los estados "p" ($l=1$) obteniéndose las siguientes relaciones entre las funciones de onda $\phi_{npmms}=R_{np}Y_{lm}X_{ms}$ (autoestados de L^2, L_z, S^2, S_z) y las ϕ_{npsjmj} (autoestados de L^2, S^2, J^2, J_z):

$\phi_{np,j=3/2,mj=3/2} = \phi_{np,m=1,ms=1/2} = R_{np}Y_{11}X_+$

$\phi_{np,j=3/2,mj=-3/2} = \phi_{np,m=-1,ms=-1/2} = R_{np}Y_{1-1}X_-$

$\phi_{np,j=3/2,mj=1/2} = R_{np}(\frac{1}{\sqrt{3}} Y_{11}X_- + \sqrt{\frac{2}{3}} Y_{10}X_+)$

$\phi_{np,j=3/2,mj=-1/2} = R_{np}(\frac{1}{\sqrt{3}} Y_{1-1}X_+ + \sqrt{\frac{2}{3}} Y_{10}X_-)$

$\phi_{np,j=1/2,mj=1/2} = R_{np}(\sqrt{\frac{2}{3}} Y_{11}X_- - \frac{1}{\sqrt{3}} Y_{10}X_+)$

$\phi_{np,j=1/2,mj=-1/2} = R_{np}(-\sqrt{\frac{2}{3}} Y_{1-1}X_+ + \frac{1}{\sqrt{3}} Y_{10}X_-)$

En realidad todas esas relaciones se pueden obtener a partir de los dos primeros valores m_j extremos sin el uso de coeficientes Clesbsh-Gordan o 3j, utilizando los operadores "escalera" $j_\pm$ junto con condiciones de ortonormalidad. Ese será el procedimiento que mostraremos cuando

---

[1] Ese resultado es fácil de verificar, comprobando que efectivamente el conmutador $[\vec{l} + \vec{s}, \vec{l} \cdot \vec{s}]$ es nulo.

tengamos que acoplar los momentos angulares de varios electrones para generar términos electrostáticos.

Es interesante notar que la interacción espín-órbita tendrá un efecto pequeño en las energías de los estados, pero exige un cambio importante en su descripción. En su ausencia para cada valor de n todas las funciones $R_{nl}Y_{lm}X_{ms}$ con todos los posibles valores de l, m_l y m_s eran descripciones alternativas equivalentes, pero en su presencia ya no. Ciertas combinaciones lineales de las Y_{lm} y X_{ms} pasan a ser la correcta descripción del átomo, y el resto no. Cada una de las nuevas funciones de onda tendrá un valor bien definido del nuevo momento angular j y probablemente distinta energía, por lo que se romperá parte de la degeneración.

Cabe notar que mantendremos en la nueva descripción los números cuánticos l y s a pesar de afirmar que ni L ni S se conservan bajo H_{so}. El motivo es que esos números cuánticos corresponden a los operadores L^2 y S^2 que sí son conservados[1]. Podríamos decir que la interacción H_{so} altera la orientación de los momentos angulares L y S pero mantiene sus módulos.

2.1.5 Correcciones relativistas a los niveles de energía. Fórmula de Dirac

Antes de proceder al cálculo explícito de las correcciones conviene hacer un par de observaciones. La primera es que calcularemos H_M y H_D en la primera base ϕ_{nlmms} , puesto que no teniendo dependencia angular el resultado sería el mismo que en la nueva. La segunda observación es que realmente no necesitaremos escribir explícitamente el cambio entre bases ϕ_{nlmms} y ϕ_{nlsjmj} (mediante coeficientes Clebsch-Gordan), sino que nos bastará con saber que existe tal cambio y usar las propiedades de la nueva base en que estamos describiendo al electrón.

Comenzando con H_M, salvo constantes es el operador p^4. Se trata de un objeto complicado (cuarta potencia de un operador diferencial) pero que podemos escribir como $p^4 = [2H_0 - 2V(r)]^2$, gracias a que $H_0 = p^2/2 + V(r)$. Como consecuencia es sencillo obtener $\langle p^4 \rangle$ como combinación de los valores esperados de $\langle H_0 \rangle = \varepsilon$ y $V(r)$ (simples integrales radiales). En el caso particular hidrogenoide donde $V = -Z/r$ se tratará simplemente de obtener valores esperados de $\langle 1/r \rangle$ y $\langle 1/r^2 \rangle$.

El término H_D salvo constantes es el producto $\frac{-1}{r^2}\frac{d}{dr}$, para el que es sencillo:

---

[1] Cuando tratemos el caso de varios electrones no será así, y L^2 y S^2 no serán exactamente conservados.

$$\left\langle RYX \left| \tfrac{-1}{r^2} \tfrac{d}{dr} \right| RYX \right\rangle = \underbrace{\left\langle Y | Y \right\rangle}_{1} \underbrace{\left\langle X | X \right\rangle}_{1} \int_0^\infty r^2 \tfrac{-1}{r^2} R_{nl} \tfrac{d}{dr} R_{nl} dr = \left[\tfrac{-1}{2} R_{nl}^2 \right]_0^\infty = \tfrac{1}{2} R_{nl}^2(0)$$

Esa cantidad se anula para todos los estados excepto para los de l=0. En el caso particular hidrogenoide su valor es $2(Z/na_0)^3$.

Por último el término $\mathbf{H}_{SO}$ es, salvo constantes, $1/r^3 \cdot \mathbf{L} \cdot \mathbf{S}$ que debemos evaluar en la base con autoestados de $\mathbf{J}^2$. Elevando al cuadrado la relación $\mathbf{J}=\mathbf{L}+\mathbf{S}$ es inmediato escribir el producto $\mathbf{L} \cdot \mathbf{S}$, como combinación de operadores $\mathbf{L}^2$, $\mathbf{S}^2$ y $\mathbf{J}^2$ cuyos elementos de matriz en su base de autoestados son respectivamente $l(l+1)$, $s(s+1)$ y $j(j+1)$, de modo que

$$<\mathbf{H}_{SO}> \propto \left\langle \tfrac{1}{r^3} \right\rangle \left\langle \phi_{nlsjm} \left| \mathbf{J}^2 - \mathbf{L}^2 - \mathbf{S}^2 \right| \phi_{nlsjm} \right\rangle =$$

$$= \left\langle \tfrac{1}{r^3} \right\rangle [j(j+1) - l(l+1) - \tfrac{1}{2}(\tfrac{1}{2}+1)] \quad \text{(nulo si } l\text{=0)}$$

Como indicábamos al principio, los anteriores resultados son válidos para cualquier átomo en aproximación de Campo central. En el caso hidrogenoide conocemos analíticamente las soluciones y con ello todos los valores esperados necesarios, por lo que es posible dar una expresión compacta, que resulta ser la llamada "fórmula de Dirac":

$$\varepsilon_{nj} = -\frac{Z^2}{2n^2} \left\{ 1 + \frac{\alpha^2 Z^2}{n} \left(\frac{1}{j+1/2} - \frac{3}{4n} \right) \right\}$$

Esta expresión merece varias observaciones.

La primera es que resulta una única expresión compacta, a pesar de ser la suma de tres contribuciones $\mathbf{H}_M$, $\mathbf{H}_D$ y $\mathbf{H}_{SO}$ de aspecto totalmente diferente. El motivo es que realmente las tres tienen un único origen, el efecto relativista.

La segunda que, como cabía esperar, se ha roto en parte la degeneración accidental del hidrógeno. Ahora la energía depende no solo de n sino también de j. En parte ello era esperable, dado que las correcciones relativistas hacen aparecer explícitamente el espín en el hamiltoniano, y por tanto la energía debía depender de él. No obstante la energía no depende de l o s por separado, sino de ambos conjuntamente a través de su "suma" (acoplamiento) j que es la cantidad verdaderamente conservada del sistema.

Se observa que la nueva expresión consiste en añadir un factor $(1+\alpha^2\ldots)$ a las energías sin corregir (que eran negativas). Ello significa que el efecto es hacer mayores (más negativas) esas energías de ligadura. Además las correcciones son del orden de α^2 que es $1/c^2$ en unidades atómicas, como corresponde al término de desarrollo del que provienen en la ecuación de Dirac. Como era de esperar el pequeño valor de $\alpha\approx1/137$ hace que estas correcciones sean del orden de 10^{-4} frente a 1 (salvo que Z sea grande, en cuyo caso podrían llegar a ser muy importantes, e incluso no poder tratarse por teoría de perturbaciones como ya se indicó).

La ruptura de degeneración indicada hace que estados que tendrían la misma energía sin ella ahora sean diferentes. Espectroscópicamente ello supone que líneas que hubiesen tenido la misma longitud de onda serán diferentes. Puesto que la corrección es muy pequeña, esa estructura pasó desapercibida en los primeros experimentos, y se observó más tarde como una "estructura fina" de algunas líneas que era del orden de α^2. Ese es el nombre con el que hoy conocemos a esa constante adimensional.

La figura 2.1 ilustra el esquema de niveles para un átomo hidrogenoide resultante de la fórmula de Dirac y de la nueva base con que describimos sus estados.

En esa figura las líneas de trazos horizontales marcadas como "$n=1$", "$n=2$" etc. indican la posición que tendrían los niveles sin corregir (se indican solo los primeros, puesto que hay infinitos de ellos aproximándose al límite de ionización). Para cada uno de estos valores de n sus posibles valores de $l=0$, 1, ... n-1 se han dispuesto en diferentes columnas encabezadas por las correspondientes letras s, p, d, ... Finalmente, para cada valor de l se indican los posibles valores de j tras su acoplamiento con s. En los casos de $l=0$ su acoplamiento con $s=1/2$ solo genera un posible valor de $j=1/2$, por lo que la columna "s" es única. En los casos de $l=1$ (columna "p") su acoplamiento con $s=1/2$ genera dos posibles $j=1/2$, 3/2. Para estados "d" estos son $j=3/5$, 5/2, y así sucesivamente aunque no se muestren columnas "f", "g", ...

Los pequeños trazos horizontales ilustran la posición de cada nivel según la fórmula de Dirac, siempre por debajo (más ligados) de la energía que les correspondería en ausencia de corrección relativista. El dibujo no está a escala, sino que las correcciones relativistas están exageradas para clarificar su disposición.

Recordando que en la fórmula de Dirac la energía solo depende de n y j, se aprecia que estados con la misma j provenientes de distinta l tienen la misma energía. Así por ejemplo estarán a la misma altura el j=3/2 que proviene de "p" o "d", y el j=3/2 que provenga de "d" o "f".

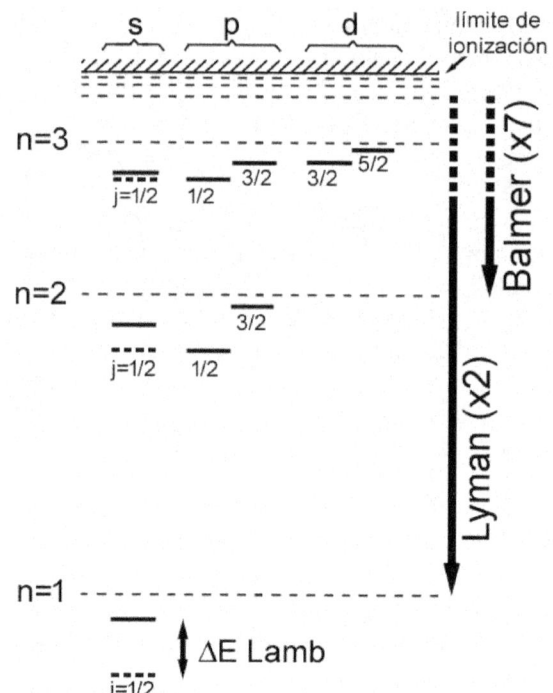

2.1 *Ilustración de los efectos relativistas y Lamb sobre los niveles de energía hidrogenoides. La imagen no está a escala: las correcciones relativistas (desviaciones respecto a las líneas marcadas n=1, n=2,...) están exageradas, pues representadas a escala real serían menores que el grosor de los trazos en la figura.*
A la derecha de la figura se indica el número de líneas "de estructura fina" en que estos efectos hacen desdoblarse cada una de las series Lyman y Balmer.

Una excepción a esta regla es la posición de los $j=1/2$ que provienen de "s" y "p", teniendo ligeramente más energía los "$s_{1/2}$". Esta anomalía, que se observa experimentalmente pero no predice la ecuación de Dirac, es el llamado "efecto Lamb". Es una corrección debida al intenso campo eléctrico en las proximidades del núcleo, que requiere de la Electrodinámica Cuántica para su justificación, y que tiene una dependencia $\Delta\varepsilon_{Lamb} \propto Z^4/n^3$. El nivel para el que mejor se conoce experimentalmente este desplazamiento es el 2s del hidrógeno, para el que la corrección vale 1057.7MHz que coincide con el valor teórico, y que permite estimar su valor en otros átomos utilizando el comportamiento indicado. Cabe observar que el efecto Lamb tiene la misma dependencia Z^4/n^3 que encontraremos para el efecto isotópico de volumen (que también afecta solo a los niveles s). El motivo de ambas coincidencias es que los electrones "s" son los únicos con probabilidad no nula de estar en el origen, y por ello los únicos influidos por esos detalles en las cercanías del núcleo.

Por último, a la derecha del diagrama se indica en cuántas líneas se observa desdoblada cada transición al observar con suficiente resolución su llamada "estructura fina", es decir, al tener en cuenta las correcciones que acabamos de describir. Como se indica, cada línea de la serie de Lyman (es decir, transiciones al estado n=1) se desdobla en dos componentes. Cada línea de la serie de Balmer (transiciones al estado n=2) lo hace en 7 componentes. Para explicar ese comportamiento es preciso tener en cuenta las llamadas "reglas de selección" que estudiaremos en su momento para transiciones dipolares eléctricas, y que determinan cuáles están permitidas de entre todas las que serían energéticamente posibles. Anticiparemos aquí las tres más básicas que nos permitirán entender este espectro y otros muchos:

1. Regla de Laporte: la paridad debe cambiar. Como dijimos en su momento esta es $(-1)^l$ dada por los armónicos esféricos.

2. $\Delta l=\pm 1$. El número cuántico l debe cambiar en + o – una unidad.

3. $\Delta j=0,\pm 1$, $0 \nrightarrow 0$. El número j puede cambiar una unidad o no cambiar, excluyendo el caso $0\rightarrow 0$.

Así por ejemplo las líneas de la serie Lyman (transiciones hacia el $1s_{1/2}$) solo pueden provenir de estados $p_{1/2}$ o $p_{3/2}$ para respetar $\Delta l=\pm 1$ y $\Delta j=\pm 1$, por lo que solo hay dos por cada nivel n.

2.2 Efectos isotópicos

Hasta ahora hemos considerado el núcleo como un punto inmóvil caracterizado únicamente por su carga. En realidad la estructura detallada del núcleo afecta a los electrones de la corteza de varias formas que se denominan "efectos isotópicos" por depender de características específicas de cada isótopo ajenas a la carga nuclear. Cabe destacar entre ellos el efecto isotópico de volumen (debido al volumen no nulo del núcleo), la estructura hiperfina (interacción con el momento magnético nuclear) y el efecto isotópico de masa (debido a la masa finita del núcleo). Históricamente estos efectos han resultado ser una valiosa fuente de información sobre la estructura nuclear. En esta sección presentaremos solo algunas nociones básicas sobre ellos ilustrando algunos resultados para el caso más sencillo hidrogenoide.

En el caso del efecto de masa aprovecharemos para comentar otras situaciones interesantes que se tratan de forma similar.

2.2.1 Efecto isotópico de masa. Positronio y átomos muónicos

Los efectos de la masa nuclear sobre los niveles de energía atómicos son en general muy pequeños, siendo más apreciables para núcleos ligeros y con pocos electrones. El caso más extremo será por tanto el del hidrógeno.

Para tratarlo en el caso de un campo central, en lugar del hamiltoniano $\mathbf{H}=p_e^2/2m+V(r)$ que ignora el movimiento nuclear (considerando infinita su masa), debemos usar $\mathbf{H}=P_N^2/2M+p_e^2/2m+V(r)$. El problema se simplifica al plantearlo en el sistema de centro de masas donde $-P_N=p_e\equiv p$ resultando $\mathbf{H}=p^2/2m'+V(r)$ en función de la masa reducida $m'<m$ definida por

$1/m'=1/m+1/M$. De ese modo, al igual que en el caso clásico, bastará con sustituir la masa del electrón por la reducida del sistema.

Recordando que, tras elegir unidades atómicas, la masa del electrón no aparece en las soluciones, ¿cómo entonces puede tener ningún efecto el cambio de la masa electrónica? La respuesta es que el cambio no afecta para nada a la forma funcional (1.7) de las soluciones, únicamente cambian los "factores de escala" del problema. Por ejemplo, observando en el apéndice A2 la expresión de las unidades atómicas, encontramos que la masa del electrón interviene dividiendo en las de longitud y tiempo, y multiplicando en las de energía. De este modo $a'_0=(m/m')a_0>a_0$, $t'_0=(m/m')t_0>t_0$, $\varepsilon'_0=(m'/m)\varepsilon_0<\varepsilon_0$. En otras palabras, todos los resultados obtenidos hasta ahora son válidos y las soluciones al problema serán idénticas salvo un factor de escala (m/m') en las distancias y tiempos resultantes, y un (m'/m) en las energías.

Para el átomo de hidrógeno ^1H el factor de corrección $m'/m=M_p/(M_p+m)=1837/(1837+1)=0.9995$, es decir solo un $0.5^0/_{00}$. Es menor para el ^2H donde resulta $m'/m=2\cdot1837/(2\cdot1837+1)=0.9997$, y aún menor para átomos más pesados.

Los argumentos del anterior apartado son inmediatamente aplicables a dos situaciones importantes en que la masa del centro atractor no es en absoluto ignorable.

Una de ellas es el caso de un muón que haya sido capturado por un núcleo atómico. El muón es una partícula prácticamente idéntica al electrón salvo por su mayor masa $m_\mu\approx212m$. En este caso $m'=Mm_\mu/(M+m_\mu)\approx200m$, y por ello las soluciones serán idénticas a las del electrón salvo por un factor de escala m'/m ($\approx\times200$) en energías y un $\approx1/200$ en longitudes. Una consecuencia interesante de este resultado es que los muones atrapados por un átomo se comportan prácticamente como si no hubiese electrones presentes, dado que se sitúan unas 200 veces más cerca que ellos del núcleo. El apantallamiento debido a los electrones resulta así ignorable y los niveles de energía son básicamente los de un átomo de hidrógeno aumentados en un factor $200Z^2$.

Otra situación similar es la de una pareja e^+/e^- "orbitando" uno en torno al otro (positronio). En este caso $m'=m/2$ y de nuevo las funciones de onda de ambos son idénticas a las de un electrón en el átomo de hidrógeno salvo por factores de escala $1/2$ en las energías y $\times2$ en las longitudes.

Por último, en el caso de un electrón ligado a un muón ("muonio") la masa reducida del par es solo un 0.5% menor que la del electrón, de modo que las soluciones serán muy similares a las del hidrógeno (salvo ese 0.5%).

2.2.2 Efecto isotópico de volumen

El potencial nuclear Z/r que hemos venido considerando ignora el tamaño nuclear considerándolo puntual. Como es sabido, los tamaños nucleares son del orden $R=r_0A^{1/3}$ con A el número de nucleones y $r_0=1.5\cdot10^{-15}$m. Dado que

r_0 es cuatro órdenes de magnitud menor que a_0, normalmente es una buena aproximación ignorar el tamaño nuclear.

El hecho de que la distancia media de los electrones al núcleo disminuya como $1/Z$ hace que esos efectos sean más importantes para núcleos más pesados (que a su vez son de mayor tamaño).

Como indicamos al describir el comportamiento de las funciones de onda radiales, las únicas soluciones que tienen una probabilidad no nula en el mismo origen son las de $l=0$. Por ello en la práctica solo es necesario considerar correcciones para los electrones s.

Un tratamiento sencillo de esta corrección consiste en considerar que el potencial real es coulombiano fuera del núcleo, y cuadrático en su interior debido a una distribución de carga nuclear aproximadamente uniforme. La diferencia entre este potencial y el que ignora el tamaño nuclear solo existe en el interior del núcleo, y puede tratarse como una perturbación al hamiltoniano. El cálculo se puede simplificar además suponiendo que las funciones de onda electrónicas atómicas apenas varían en una región tan pequeña como el núcleo, y sabiendo que en el origen valen aproximadamente $\phi_{ns}(0)=2(Z/n)^{3/2}$. De ese modo es fácil mostrar que resulta una corrección a las energías $\Delta\varepsilon_{ns}=2Z^4R^2/5n^3$ (en unidades atómicas). Estimando las energías de ligadura también de forma hidrogenoide, resulta una corrección relativa de $\Delta\varepsilon_{ns}/\varepsilon_{ns}\approx 4Z^2R^2/5n$. Dando valores a esa expresión es fácil ver que se trata siempre de una corrección pequeña que no llega ni al $0.2^0/_{00}$ para el núcleo más pesado, por depender del cuadrado del radio nuclear en unidades atómicas que es siempre muy pequeño $R\approx A^{1/3}r_0/a_0\approx 2.8\cdot10^{-5}A^{1/3}$.

En el caso de átomos muónicos, dado que las distancias involucradas son aproximadamente un factor 200 menores que para electrones, las correcciones son mucho más importantes, y las dos últimas aproximaciones pueden no ser adecuadas. En esos casos puede ser necesario resolver numéricamente la función de onda muónica en el potencial real (coulombiano fuera del núcleo y parabólico dentro).

2.2.3 Estructura Hiperfina

Se denomina así a la estructura causada por la interacción entre la corteza electrónica y el momento dipolar magnético del núcleo, que en general varía de unos a otros isótopos.

Para entenderlo debemos tener en cuenta que la mayoría de los núcleos presentan un momento dipolar magnético no nulo que puede escribirse

$$\mu = g_n\mu_n I = \tfrac{m_e}{m_p}g_n\mu_B I$$

Donde μ_n es el denominado "magnetón de Bohr nuclear", μ_B el habitual electrónico, e I el momento angular total del núcleo, que será resultado de la suma de momentos angulares de espín y orbitales de todos los nucleones en su interior.

Los momentos angulares de espín valen ½ tanto para protones como para neutrones, que tienen respectivamente factores giromagnéticos g_p=5.586 y g_n=-3.826. Consecuencia de ello es que I no es nulo en la mayoría de núcleos que tienen número impar de protones o neutrones. En concreto I es entero en núcleos con número de nucleones A par y semientero en caso de A impar. En general los factores giromagnéticos nucleares g_n suelen tomar valores de -4 a 5, y los momentos angulares nucleares I pueden llegar a ser bastante grandes (por ejemplo I=7 para [176]Lu).

Por otra parte los electrones generan un campo magnético en todo el espacio, y en particular en el núcleo, que podemos escribir como proporcional al momento angular total $B(r=0)=kJ$, dado que las componentes de $B(0)$ son nulas en promedio en las direcciones l_i y s_i (debido a sus precesiones). En general el $B(0)$ generado por capas cerradas es nulo (por tener $\Sigma m_l = \Sigma m_s = 0$), y suele ser máximo para capas semi-llenas (especialmente si se trata de orbitales s).

Aunque no sea nada trivial calcular la constante k antes indicada, una vez conocida sí es inmediato escribir el hamiltoniano para esta interacción entre núcleo y corteza como

$$\Delta H_{EHF} = -\mu \cdot B = -g_n \mu_n k I \cdot J = A' I \cdot J$$

Donde $A'=-g_n\mu_n k$ es la llamada "constante de estructura hiperfina", que es específica de cada átomo y de cada nivel. El resultado es la distinta energía del átomo para distintas orientaciones relativas entre su núcleo y su corteza.

Esta corrección que puede tratarse por teoría de perturbaciones, tiene estructura similar a la interacción espín-orbita que estudiaremos en su momento, de modo que sus consecuencias serán también similares. Ello supondrá el desdoblamiento de cada nivel J en subniveles etiquetados por un nuevo número cuántico asociado al momento angular total $F=I+J$.

A pesar de lo pequeño de estos desdoblamientos, tienen numerosas aplicaciones importantes, tanto para la determinación de estructuras nucleares, como en astrofísica (la línea H-I del hidrógeno es una transición entre dos de esos subniveles), o para la construcción de relojes atómicos (el patrón de tiempo actual se basa en una transición de [133]Cs entre dos de ellos).

Los núcleos también pueden interaccionar con el campo eléctrico generado por los electrones. Esa interacción no es posible a través del momento dipolar eléctrico nuclear que siempre es nulo, pero sí por medio de su momento cuadrupolar eléctrico. El resultado es una estructura hiperfina adicional aunque normalmente mucho más pequeña.

3 Sistemas bien descritos en aproximación de Campo Central

A pesar de su extrema simplicidad, la aproximación de Campo Central permite describir por sí sola el comportamiento de algunos sistemas atómicos. En concreto este es el caso de los átomos alcalinos e isoelectrónicos suyos, y también el caso de los niveles de energía de Rayos X. El motivo es que en ambos casos, aunque por distintos motivos, los niveles de energía son debidos a cambios de un único electrón sometido al potencial promedio del resto del átomo.

3.1 Átomos alcalinos

Los átomos alcalinos (Li, Na, K, Rb, Cs, Fr) tienen en común una estructura muy simple que suele representarse en la forma "[*gas noble*] + *electrón óptico*".

Por motivos que veremos más adelante, los gases nobles tienen una configuración extremadamente estable consistente en varias "capas completas", es decir, orbitales ocupados por todos los electrones que pueden acomodarse en ellos. El resultado es una distribución de carga completamente esférica con momentos angulares totales nulos (tanto los debidos al espín como los debidos al movimiento electrónico).

En los átomos alcalinos encontramos un electrón adicional sobre esa estructura. Dada su estabilidad, las capas internas (que normalmente denominaremos "core") prácticamente no se ven afectadas por ese electrón adicional, de modo que para él será excelente la aproximación de Campo Central.

De este modo el espectro óptico de estos átomos proviene de la excitación de ese electrón externo, lo que es el origen de su nombre. Dado que el momento angular total del core es nulo, los momentos angulares totales del átomo (que suelen representarse con letras mayúsculas) se reducen a los de su electrón óptico.

Como ejemplo, un posible estado del sodio podría representarse [Ne]$3s_{1/2}$ $^2S_{1/2}$. Así en primer lugar se indica que los primeros 10 electrones están colocados como en un átomo de neón. A continuación para el 11° electrón se indica que ocupa el estado 3s ($n=3$, $l=0$) con momento angular total $j=1/2$ (debido a su interacción espín-órbita, como ya vimos para el hidrógeno). Por último "$^2S_{1/2}$" indica los momentos angulares totales del átomo L, S y J con notación $^{2S+1}L_J$. Como ya se ha indicado, estos momentos angulares coinciden con los del electrón externo, de modo que en este ejemplo $S=s=1/2$ (por lo que el superíndice[1] toma el valor 2), $L=l=0$, y $J=j=1/2$. Normalmente la notación se abrevia como "[Ne]3s $^2S_{1/2}$" o incluso como "[Ne]3 $^2S_{1/2}$".[2]

Recomendamos al lector volver a revisar la figura 1.4, donde se mostraba el diagrama de niveles de los dos primeros átomos alcalinos comparados con los de un átomo de hidrógeno (indicándose allí únicamente los números cuánticos "nl"). En la siguiente imagen se muestran los estados de estos átomos con todos sus números cuánticos, indicando además algunas de sus transiciones más importantes.

Como ya indicamos en el capítulo 1, lo primero que destaca en estos átomos es que no presentan degeneración accidental, sino que la energía depende tanto del número cuántico n como el l del electrón óptico, debido a que el potencial $V(r)$ a que está sometido el electrón óptico no es coulombiano. Como también se indicó, esa energía puede representarse con gran precisión mediante la fórmula de Rydberg $\varepsilon_{nl}=-Ry/(n-\delta_l)^2$.

El segundo efecto importante para estos niveles de energía es la corrección espín-órbita descrita en el capítulo anterior. Como vimos allí, ello hace que los niveles de energía deban etiquetarse por el número cuántico j, resultado de acoplar los l y s. Aunque se representen para estos átomos con notación ligeramente distinta, los valores que puede tomar ese momento angular total son los mismos que vimos para el átomo de hidrógeno, dado que siguen siendo debidos a un único electrón. Estos son $^2S_{1/2}$, $^2P_{1/2,3/2}$, $^2D_{3/2,5/2}$, etc. Aunque ese desdoblamiento espín-órbita sea muy pequeño (no mostrado en las figuras, por ser menor que el grosor de los trazos), es fácilmente observable espectroscópicamente. Así el doblete amarillo del sodio proviene de la separación de energías entre sus estados 3p $^2P_{1/2}$ y 3p $^2P_{3/2}$.

La simplicidad de estos sistemas de niveles hizo que históricamente sus espectros fuesen los primeros en ser correctamente interpretados, y que parte de la terminología empleada para ellos se emplease luego en otros átomos. Así los espectroscopistas denominaron "principal" a la secuencia de líneas más intensa y llamativa en estos espectros, causada por la transición de sus

---

[1] El espín total atómico no se representa por su valor S, sino por la cantidad $2S+1$ denominada "multiplicidad" por motivos históricos cuyo origen veremos más adelante.
[2] Al tratar un único electrón es más o menos irrelevante representar sus momentos angulares por L y S, o l y s, pero cuando tratemos con varios electrones utilizaremos mayúsculas para el momento angular total del átomo y minúsculas para los momentos angulares individuales de cada electrón.

estados np^2P hacia el fundamental, y ese es el motivo histórico por el que se denominaron "p" antes de saber que correspondiesen a momentos angulares $l=1$.

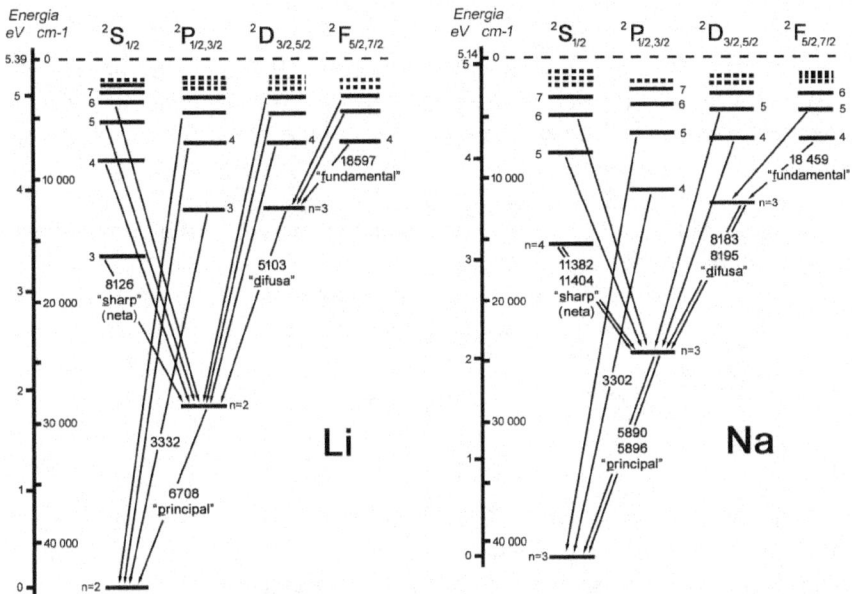

3.1 *Diagrama de niveles de Li y Na mostrando algunas de sus transiciones ópticas más importantes. La escala de energías es doble, en eV (respecto al estado fundamental) y en cm^{-1} (respecto al límite de ionización). Las denominaciones "principal", "difusa", etc., hacen referencia al aspecto de esas líneas en los espectros, y fue históricamente el origen de la actual notación "s, p, d...".*

Análogamente el origen de la notación "s", "d" y "f" para $l=0$, 2 y 3 proviene de los nombres "s̲harp", "d̲iffuse" y "f̲undamental" dado a las series que originan. Para valores de l más alto se decidió seguir ya el orden alfabético.

Como ya se ha comentado, el comportamiento es muy similar para iones isoelectrónicos de los alcalinos, salvo por la intervención de una carga efectiva mayor en la correspondiente fórmula de Rydberg. Por ejemplo los primeros niveles de energía de los iones Mg^+, Al^{2+}, Si^{3+}, etc. se ajustan muy bien a expresiones $\varepsilon_{nl}=$-Ry $Z^{*2}/(n-\delta_l)^2$ con valores de la carga efectiva $Z^*=2$, 3, 4, etc.[1]

---

[1] En física atómica es frecuente denominar los grados de ionización con numeración romana, de modo que Mg I, II, III, etc. corresponden al Mg neutro, Mg^+, Mg^{2+}, etc. El motivo es que a bajas energías se observa el espectro de la especie neutra (que en espectroscopia se denomina "el primer espectro". Para energías más elevadas aparecen líneas del primer ión que se constituyen el "II espectro", y así sucesivamente.

3.2 Niveles de rayos X atómicos

3.2.1 Espectros de emisión y absorción

Se denominan rayos X a radiación electromagnética cuyos fotones tienen energías entre los 100 eV y los 100 keV. Habitualmente se generan disparando contra un blanco electrones previamente acelerados con esas energías.

La figura 3.2(a) muestra esquemáticamente el fundamento de una lámpara empleada para generar rayos X. En ella se dispone en vacío una fuente de electrones, que puede ser un filamento incandescente, y un ánodo del material deseado que será bombardeado por los electrones. La diferencia de potencial fijada entre ambos electrodos será la energía (en eV) que adquirirán los electrones antes de chocar con el ánodo. En ese choque la energía cinética de los electrones se transforma en su mayor parte en calor (cerca del 99%), pero también en radiación de frenado (bremsstrahlung), y en excitación de los átomos del ánodo.

La radiación debida al frenado de los electrones presenta una distribución de energías continua con frecuencias desde cero hasta la que corresponde a fotones con toda la energía cinética que tenían los electrones.

Por el contrario la radiación debida a excitación de los niveles atómicos tiene una estructura de líneas discretas, con posiciones características de cada elemento. Su origen se encuentra en la extracción de algunos de los electrones más internos y fuertemente ligados del átomo, dejando vacantes a las que otros electrones menos ligados decaen en cascada. Estos espectros de emisión discretos pueden también excitarse mediante cualquier tipo de radiación suficientemente energética como para arrancar esos electrones internos (radiación gamma, alpha, etc.), y el hecho de que se origine en las capas atómicas más internas hace que sean independientes de la forma química en que se encuentre el elemento.

La figura 3.2(b) muestra un ejemplo de ese espectro de emisión combinando bremsstrahlung continuo y líneas de emisión discretas.

Un cambio en la tensión aceleradora de la lámpara cambia la energía máxima de los fotones de bremsstrahlung y su intensidad, pero no la posición de las líneas de emisión discretas. Esas posiciones corresponden a diferencias de energías entre sus niveles internos, y siguen emitiéndose con la misma energía con tal que los electrones acelerados tengan suficiente energía como para excitarlas.

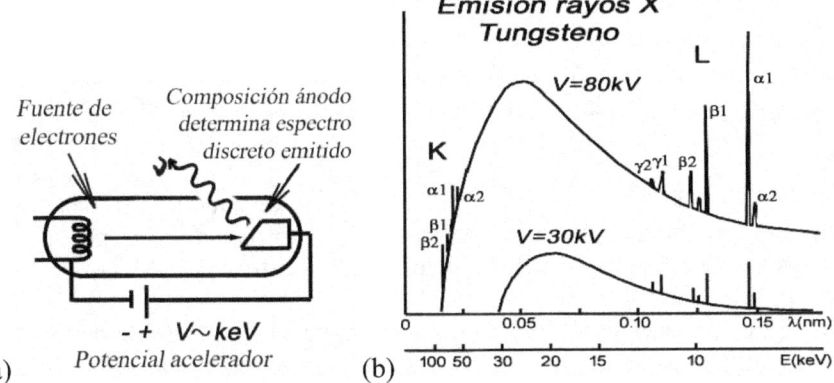

3.2 *(a) Esquema de una fuente para la producción de rayos X. (b) Espectro típico de emisión tras el bombardeo con electrones de 30eV u 80eV, mostrando las componentes continua y discreta.*

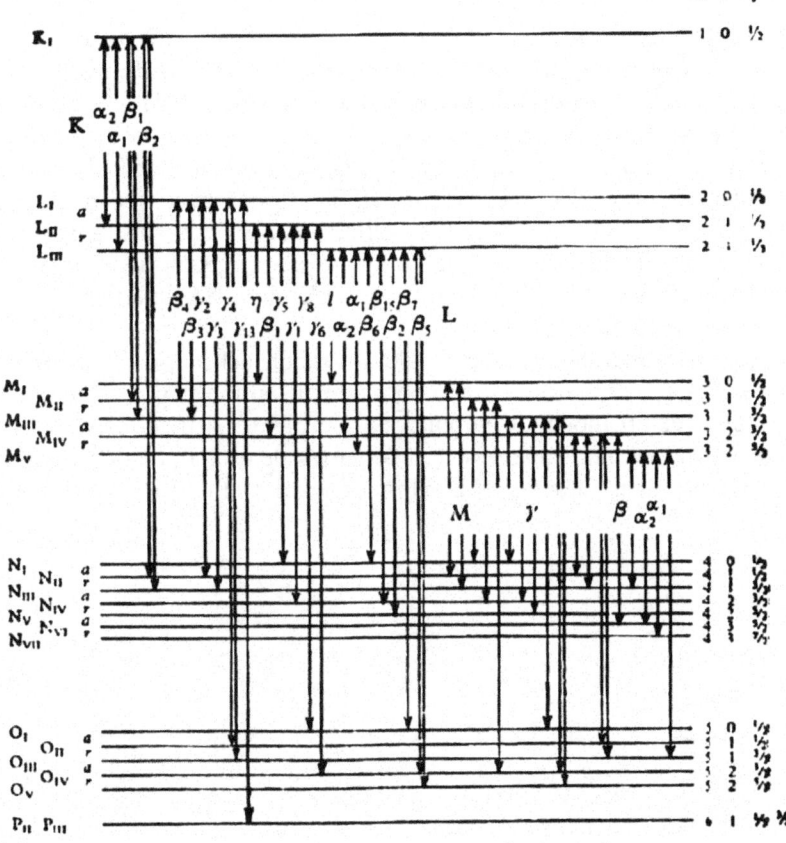

3.3 *Niveles y transiciones de rayos X. La separación de niveles no se muestra a escala. (M.Siegbahn, Spectroscopy of X-Rays, Oxford Univ. Press 1925)*

Para identificar las líneas de rayos X atómicas y los niveles que las originan, se utiliza la nomenclatura históricamente introducida cuando comenzaron a estudiarse, antes de entender su origen. Como muestra la figura 3.3, se denominan con letras K, L, M, N, … a las capas atómicas con número cuántico principal n=1, 2, 3, etc. Dentro de cada una se distinguen con números romanos las subcapas desdobladas principalmente por efectos relativistas. Así LI, LII y LIII corresponden a los tres estados $2s_{1/2}$, $2p_{1/2}$ y $2p_{3/2}$ de la capa n=2.

La figura muestra también cómo se denominan las transiciones permitidas. Así K_α, K_β, … representan transiciones hacia la capa K desde las L, M, etc., y análogamente para las demás capas. En la actualidad esa notación introducida originalmente por M. Siegbahn tiende a estar en desuso, prefiriéndose indicar para cada transición directamente los niveles de partida y llegada (por ejemplo K-L en lugar de K_α, o K-LIII en lugar de $K_{\alpha 1}$).

Los espectros de absorción de rayos X se observan interponiendo el material en estudio entre una fuente emisora y un detector, y determinando el factor en que el absorbente reduce la radiación detectada. La sección eficaz de un electrón ligado para la absorción de fotones de rayos X es nula si estos están por debajo de su energía de ligadura, y superado ese umbral decae[1] típicamente con una dependencia $1/E^3$ para energías crecientes. De este modo, representado en escala logarítmica, el espectro de absorción debido a cada estado electrónico ligado tiene un aspecto de borde triangular, denominándose "borde de absorción" a su discontinuidad (salto de nula a máxima) al superar su energía umbral.

La figura 3.4(a) muestra el espectro de absorción del Ne, con una única capa interna ($1s^2$) y con ello un único borde de absorción. Para átomos más pesados (como el Pb mostrado también en la figura 3.4(b) el espectro de absorción consiste en una superposición de varios de esos bordes, debidos a cada una de sus capas internas, y nombrados igual que los niveles que los originan.

---

[1] Ese decaimiento se mantiene hasta energías del orden del MeV. Para esas energías y mayores (que ya se denominan "rayos gamma") la absorción deja de disminuir al aumentar la energía de los fotones.

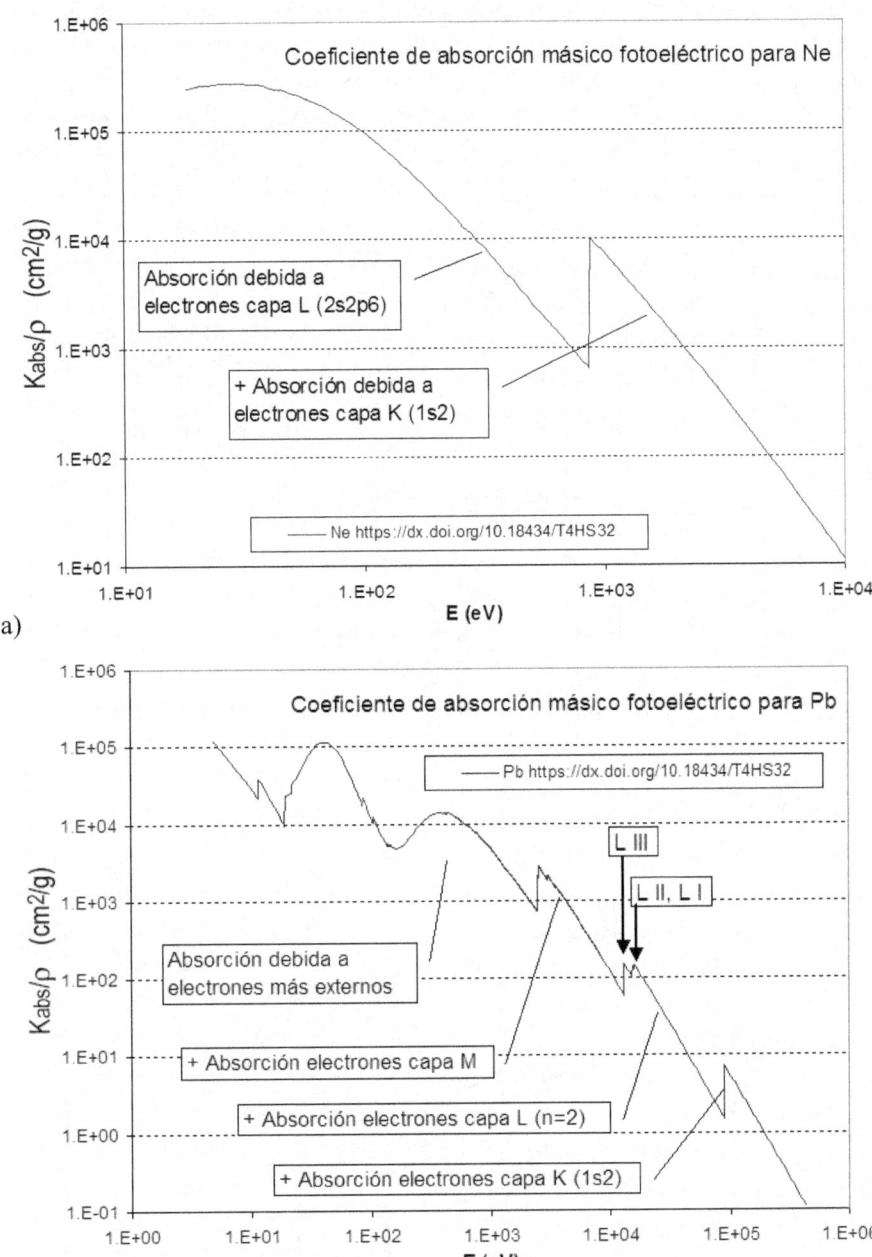

3.4 *Espectros de absorción. (a) Con un único borde de absorción para Ne, (b) con varios para Pb.*

La relación entre la posición de las líneas de emisión y los bordes de absorción es bastante evidente, teniendo en cuenta sus orígenes como ilustra la figura 3.5. Tomando como ejemplo el nivel K (n=1), la posición de su borde de absorción será la energía umbral para que uno de sus electrones pueda absorber un fotón, esto es, aproximadamente la energía de ligadura de la capa K. Por otra parte la serie de líneas de emisión K_α, K_β, K_γ, ... converge hacia esa misma energía, puesto que corresponde a transiciones hacia el nivel K desde los L, M, N, ... Por tanto la posición del borde de absorción K coincide con el final de la secuencia de líneas de emisión K.

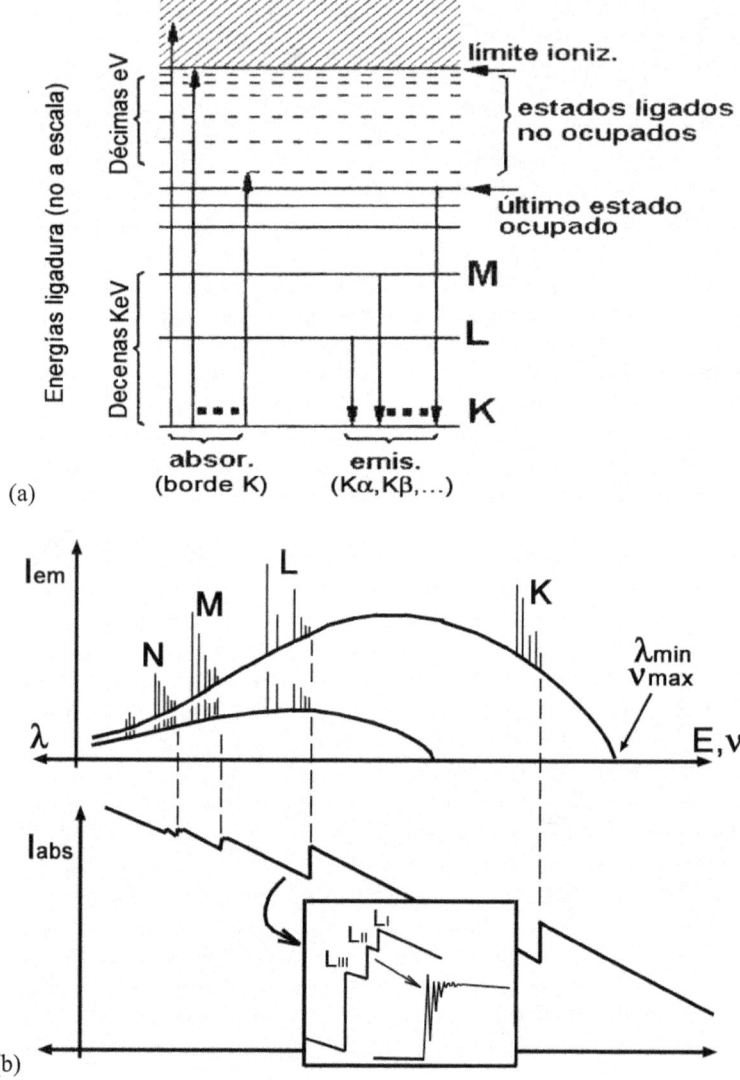

3.5 *(a) Origen de las distintas series de absorción y emisión. (b) Relación entre la posición de líneas de emisión y bordes en los respectivos espectros para un mismo material.*

Cabe hacer algunas observaciones sobre lo que acabamos de indicar. En primer lugar, salvo la capa K, todas las demás constan de varios subniveles, por lo que sus bordes de absorción muestran una estructura más compleja con varios picos. En segundo lugar, la energía umbral para absorber un fotón no es exactamente la energía de ligadura, sino que basta con la necesaria para llevarlo al primer estado excitado ligado que no se encuentre ocupado. La diferencia entre ese umbral real y la energía de ligadura suele ser pequeña (unos pocos eV de los estados externos frente a varios keV de los estados internos), y por ello en muchos casos puede ignorarse. No obstante esa excitación hacia los primeros estados excitados puede observarse en la estructura de cada borde de absorción si se dispone de suficiente resolución (ver detalle en la figura 3.5). Por depender de las condiciones en que se encuentre el átomo, esas estructuras pueden aportar información valiosa sobre enlaces químicos.

3.2.2 Regularidades en los niveles de rayos X

Los espectros de los diferentes elementos químicos en la región óptica, son en general muy complejos, y su estructura suele ser radicalmente distinta de un número atómico al siguiente. Por el contrario, como muestra la figura 3.6, los espectros de rayos X muestran una extraordinaria regularidad. El principal motivo es que el aumento de una unidad en el número atómico supone la adición de un electrón externo, cuya interacción con los ya existentes puede cambiar totalmente sus niveles de energía, mientas que las capas internas son insensibles a esas pequeñas interacciones externas y simplemente cambian por el ligero y regular aumento de la atracción nuclear.

Esta enorme regularidad en los espectros de rayos X, descubierta por H. Moseley (1887-1915) permitió en su momento clarificar algunas dudas sobre el número atómico asignado a algunos elementos, e indicar algunos que aún no se habían descubierto en el sistema periódico. De hecho, como muestra la figura 3.7(a), Moseley descubrió que la raíz cuadrada de las frecuencias se ajusta muy bien a una recta en función del número atómico.

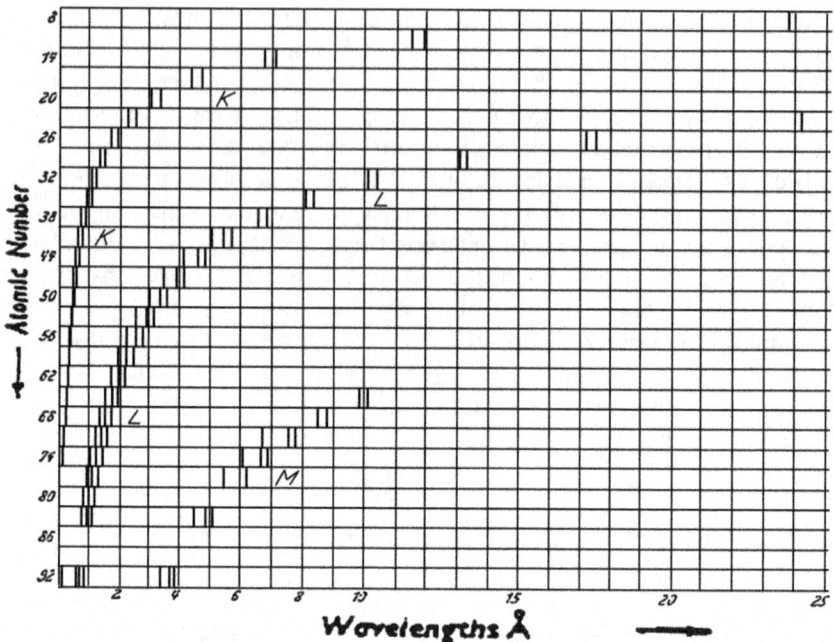

3.6 *Líneas más intensas de las series K, L y M para elementos con Z=8 (Oxígeno) a 92 (Uranio) en la región de longitudes de onda de 0.1-25 Å. Cada franja horizontal es un espectro diferente (en el eje de ordenadas los números atómicos). M.Siegbahn, Spectroscopy of X rays. Oxford Univ. Press, 1925.*

Es fácil justificar estos comportamientos en aproximación de Campo Central, teniendo en cuenta que para un electrón interno debe ser muy adecuado aproximar el efecto del núcleo y resto de electrones por un potencial promedio. Además, como vimos en su momento, los primeros niveles de energía en esas condiciones se pueden aproximar por una expresión hidrogenoide $\varepsilon_{nl}=Ry(Z-\sigma_{nl})^2/n^2$, donde la constante de apantallamiento σ_{nl} dependerá esencialmente del número cuántico principal *n*. En la práctica se encuentran para esas constantes valores del orden de $\sigma_K\approx2$, $\sigma_L\approx8$ y $\sigma_M\approx20$ para los elementos más ligeros, que solo pueden considerarse orientativos, ya que cambian bastante a lo largo del sistema periódico.

Así por ejemplo la figura 3.7a muestra que la raíz cuadrada de esas energías se comporta como una recta en función de Z solo aproximadamente.

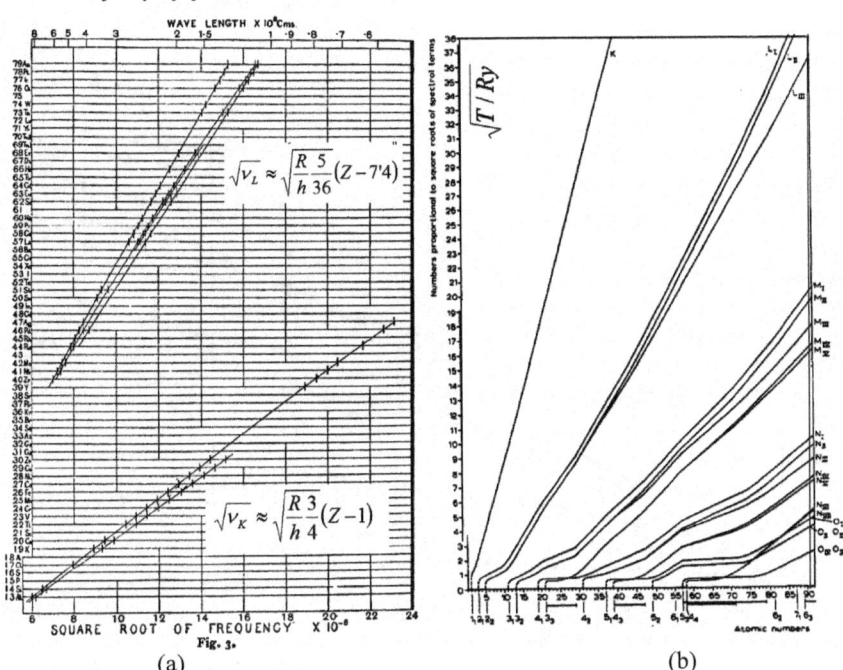

3.7 *(a) Regularidad de las energías para las líneas de rayos X en función del número atómico Z. Trabajo original de H. G. J. Moseley, Philos. Mag. (6) 77:703, 1914. (b) Regularidad de los niveles de energía atómicos en función de Z: Diagrama de Bohr-Coster. N.Bohr, The structure of the atom, Nobel Lecture 11-12-1922.*

La figura 3.8 muestra explícitamente la dependencia de esos apantallamientos σ_{nl} en los números cuánticos y su variación a lo largo de todo el sistema periódico. El que las constantes de apantallamiento de niveles internos varíen al aumentar Z y añadirse nuevos electrones es fácilmente comprensible; si uno recuerda que por ejemplo todos los electrones que ocupen orbitales "s" (incluso los más externos) tienen probabilidad no nula de estar en zonas internas del átomo, y por tanto apantallar al resto. Existen expresiones más completas que permiten ajustar bien los niveles de energía experimentales, básicamente incluyendo la dependencia de σ en Z y las correcciones relativistas, que para estos niveles de alta energía son muy importantes.

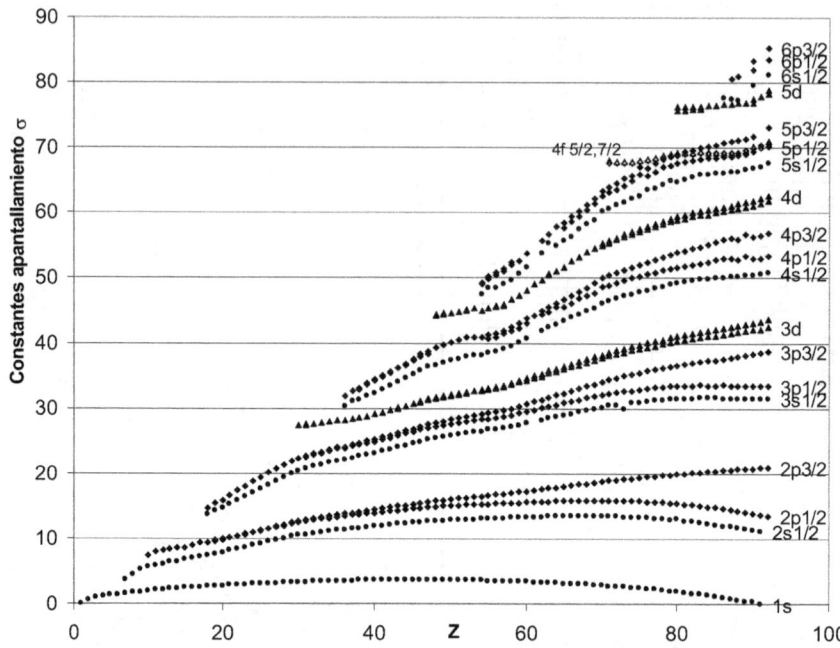

3.8 *Constantes de apantallamiento $\sigma_{nl}=Z-n(E_{nl}/Ry)^{1/2}$ deducidas de energías de ligadura E_{nl} experimentales de B. L. Henke, E. M. Gullikson, and J. C. Davis. X-ray interactions: photoabsorption, scattering, transmission, and reflection at E=50-30000 eV, Z=1-92, Atomic Data and Nuclear Data Tables Vol. 54 (no.2), p. 181-342, July 1993*

Es interesante notar que la dependencia $\sqrt{\varepsilon} \approx \sqrt{Ry}(Z-\sigma)/n$ que hemos indicado para las energías de los niveles no es lo mismo que la ley de Moseley, que es una dependencia similar pero para las energías de las líneas, es decir, para las diferencias entre energías de los niveles. Es fácil mostrar que de una se deduce la otra, aunque solo aproximadamente, y puede considerarse una casualidad afortunada el que ese ajuste a una recta descubierto por Moseley sea mejor para las energías de las líneas que para las de los niveles, debido a que las diferencias cancelan en parte la no linealidad.

Problemas

3.1. Utilizando un potencial modelo para el Zn I, se han obtenido energías de ligadura de unos -353 u.a. para el orbital 1s, y -40 u.a. para los orbitales con n=2. A partir de esos datos, estimar para este átomo la energía (en eV) de sus bordes de absorción K y L, así como la longitud de onda (en Ángstrom) de su línea Kα de rayos X.

3.2. La energía de los primeros niveles de Rayos X del Talio (Z=81) es:

Nivel	K	L I	L II	L III	M I	M II	M III	M IV	M V
E(eV)	85 530	15 346	14 697	12 657	3 704	3 415	2 956	2 485	2 389

a) Hallar las longitudes de onda de los bordes de absorción K y L de Rayos X.

b) Identificar las transiciones permitidas entre el L_{II} y el resto de la tabla.

c) Determinar la λ para las transición L_{III}-M_{IV}.

3.3. Conociendo los siguientes datos para el átomo de Cu (Z=29):

λK_{α}=1.54 Å, λK_{β}=1.39 Å, λK_{γ}=1.378 Å, borde absorción K=1.377 Å.

a) Hacer un diagrama en el que quede claro el origen de estas líneas.

b) Obtener las correspondientes constantes de apantallamiento σ_K, σ_L ...

3.4. En una lámpara de rayos X que trabaja a 7kV de tensión se ha observado la emisión de un máximo de rayos X con λ=2 Å.

a) Utilizar la ley de Moseley (o para más comodidad la colección de espectros de emisión de la figura 3.6) para identificar aproximadamente la Z del elemento que la origina, suponiendo que se trata de (i)Una línea K_{α}, (ii)Una línea L_{α}.

b) ¿Qué otras zonas del espectro de la lámpara deberíamos mirar para salir de dudas?

c) ¿Qué otras características del espectro nos distinguirían un caso de otro?

d) Por debajo de qué longitud de onda se puede asegurar que la lámpara no emite nada.

3.5. Para las capas n=1 y n=2 de un átomo sus niveles de energía pueden aproximarse por la expresión E_n=-Ry $(Z-\sigma_n)^2/n^2$. Indicar qué relación debería existir entre σ_K y σ_L para justificar la fórmula encontrada empíricamente por Moseley para la energía de las transiciones K-L: $E_{K\alpha}$=3/4·Ry $(Z-1)^2$.

3.6. Hallar el defecto cuántico de los términos ^{2}S y ^{2}P del Li, sabiendo que

a) Las primeras líneas resonantes (transiciones $1s^22p$->$1s^22s$) presentan longitudes de onda λ=670.8nm, y

b) La energía de ionización es de 5.36eV.

3.7. Sabiendo que para el Na el defecto cuántico del nivel 3p es $\delta_1=0.88$, y que la longitud de onda de la transición 3p $^2P_{3/2}$->3s $^2S_{1/2}$ es $\lambda=589$nm, estimar:

a) Su energía de ionización

b) El defecto cuántico del nivel 3s.

c) La longitud de onda de la transición 7s->4p

4 Funciones de onda polielectrónicas y Técnicas de Cálculo

Hasta ahora hemos considerado para el átomo polielectrónico la descripción más simple posible de Campo Central, en la que los electrones son independientes. Incluso aunque mantuviésemos ese nivel de aproximación, hay dos cuestiones que claramente deberían revisarse. En primer lugar los electrones son partículas indistinguibles, cosa que las soluciones producto $\Phi = \phi_1 \phi_2 \ldots$ no reflejan. En segundo lugar nos falta determinar ese potencial promedio $V(r)$ que nos permita calcular explícitamente las partes radiales. En este capítulo trataremos ambas cuestiones. De paso presentaremos el método de Hartree-Fock, que parecería reemplazar a la aproximación de Campo Central, pero que realmente se complementa con ella.

4.1 Partículas idénticas, antisimetrización

El que dos partículas sean idénticas representa una simetría para cualquier sistema que las contenga, ya que su intercambio no debe tener ningún efecto. En mecánica cuántica toda la información sobre el sistema debe estar contenida en su función de ondas Φ, y cualquier consecuencia que deduzcamos de ella debe provenir de su módulo cuadrado $|\Phi|^2$.

Una primera consecuencia de lo anterior es de tipo conceptual. Si $|\Phi|^2$ describe completamente el sistema y no depende del intercambio de dos partículas, es que tal intercambio no es realmente una característica del sistema. Por tanto ambas partículas deben considerarse como si fuesen la misma, y se denominan "indistinguibles". Esto tiene importantes consecuencias sobre los aspectos estadísticos.

Una segunda consecuencia es de tipo matemático sobre la forma que debe tener la función de ondas. Si Φ depende de las coordenadas de varias partículas indistinguibles y debe cumplirse $|\Phi(\ldots i \ldots j \ldots)|^2 = |\Phi(\ldots j \ldots i \ldots)|^2$, entonces $\Phi(\ldots i \ldots j \ldots)$ y $\Phi(\ldots j \ldots i \ldots)$ solo pueden diferir en su fase. Como además un segundo intercambio de coordenadas debe recuperar la función original, ello significa que esa fase debe ser sólo un signo, de modo que

$\Phi(...i...j...)=\pm\Phi(...j...i...)$. Para las partículas con espín entero ese signo es positivo y se denominan bosones. Para partículas con espín semientero, como nuestros electrones, ese signo es negativo y se denominan fermiones. Matemáticamente podemos decir que las funciones de onda para nuestros electrones deberán ser autoestados del operador permutación de dos cualesquiera de ellos P_{ij} con autovalor "-1": $P_{ij}\Phi=-\Phi$.

Es importante no confundir los conceptos de "simetría" y "paridad". El primero se refiere al intercambio de coordenadas (todas, espacial y espín) de ambas partículas, mientras que el segundo se refiere al cambio de signo de todas las coordenadas espaciales:

"Simetría": $\phi(r_1\sigma_1,r_2\sigma_2)=\pm\phi(r_2\sigma_2,r_1\sigma_1)$, "+" simétrica / "-" antisimétrica.
"Paridad": $\phi(\mathbf{r}_1\sigma_1,\mathbf{r}_2\sigma_2)=\pm\phi(-\mathbf{r}_1\sigma_1,-\mathbf{r}_2\sigma_2)$, "+" par / "-" impar."

4.1.1 Funciones de onda atómicas antisimétricas

Para nuestro problema de Campo Central $\mathbf{H}=\Sigma\mathbf{H}_i$ con $\mathbf{H}_i=p_i^2/2+V(r_i)$ habíamos encontrado en su momento una gran cantidad de soluciones. Entre ellas están los productos $\phi(x_1...x_N)=\phi_1(x_1)...\phi_N(x_N)$ donde cada ϕ_i es solución de un $\mathbf{H}_i$, y x_i representa de forma abreviada todas las coordenadas espaciales y de espín $r_i\sigma_i$ de cada electrón. Pero también era solución cualquier permutación de ellas (por ser iguales todos los $\mathbf{H}_i$), y cualquier combinación lineal de ellas (por la linealidad del problema).

Gracias a ello será muy sencillo generar soluciones que además cumplan la condición de ser antisimétricas, basta generar combinaciones lineales de permutaciones suyas que cumplan esa condición. En concreto las siguientes funciones la cumplen

$$\phi(x_1...x_N) = \frac{1}{\sqrt{N!}}\sum_{P_{i_1...i_N}}(-1)^{\Pi_{i_1...i_N}}\phi_1(x_{i_1})..\phi_N(x_{i_N}) = \frac{1}{\sqrt{N!}}\begin{vmatrix} \phi_1(x_1) & ... & \phi_1(x_N) \\ ... & ... & ... \\ \phi_N(x_1) & ... & \phi_N(x_N) \end{vmatrix}$$

En ellas los coeficientes de la combinación lineal dentro del sumatorio son simplemente "+1" o "-1", $P_{i1...iN}$ representa todas las permutaciones de los índices $i_1...i_N$, y $\Pi_{i1...iN}$ es el índice de cada una (es decir, el número de intercambios respecto a la original "1...N"). El representarlas como un determinante proviene de que en álgebra esa suma de productos permutados con signos es precisamente la definición de determinante. Finalmente, el factor $1/\sqrt{N!}$ se introduce porque con él la función resultante queda normalizada si lo estaba cada una de las ϕ_i.

Como puede verse esos determinantes tienen una estructura muy sencilla: una función de ondas distinta en cada fila, y una coordenada distinta en cada columna[1].

Estas nuevas funciones de onda son una descripción correcta de un átomo polielectrónico en aproximación de Campo Central, si para cada una de las ϕ_i utilizamos las $\phi_{nlmms}=R_{nl}Y_{lm}X_{ms}$ que obtuvimos en su momento. Aunque veremos más adelante algunas propiedades de estos determinantes de Slater, hay dos consecuencias que se observan de modo inmediato:

1. Dos electrones no pueden tener todos sus números cuánticos iguales. Eso significaría dos filas del determinante iguales y por tanto una función de ondas nula.

2. La probabilidad de encontrar dos electrones en el mismo punto del espacio es nula si tienen el mismo espín (pues ello significaría dos columnas iguales del determinante).

El primero de los resultados es el que se conoce como "Principio de Exclusión de Pauli", y como veremos tiene importantes consecuencias sobre la estructura de los átomos.

4.1.2 Propiedades de las funciones de onda antisimétricas

Las funciones antisimétricas que hemos introducido (determinantes de Slater) son objetos de cierta complejidad. Basta pensar que para un átomo medio de 50 electrones son determinantes de 50x50 funciones en 150 variables espaciales y 50 de espín, y por tanto sumas de 50! ($\approx 3 \cdot 10^{64}$) sumandos. Aunque su uso práctico (por ejemplo para calcular elementos de matriz) pudiese parecer desalentador, en realidad ello será bastante sencillo gracias a algunas de sus propiedades. De hecho estas funciones no serán las más utilizadas, sino que serán la base para definir otras más complejas como combinación lineal de ellas.

Veamos alguna de esas propiedades.

Autovalores de la Energía

Una de las más inmediatas es que siguen siendo autoestados del hamiltoniano en aproximación de Campo Central, y que su energía sigue estando caracterizada por su colección de números cuánticos $n_i l_i$ de cada electrón. El motivo es que para nuestras funciones producto $\phi_1 \phi_2 \ldots$ ello era cierto con autovalor $\varepsilon = \Sigma \varepsilon_{nili}$, y que ello sigue siendo cierto si las permutamos (gracias a ser iguales todos los H_i). De ese modo un

---

[1] Naturalmente pueden intercambiarse filas por columnas, dado que esa transposición no altera el resultado de un determinante.

determinante de Slater, que es una combinación lineal de autovectores con el mismo autovalor, resulta ser otro autovector con ese mismo autovalor.

Paridad

Una segunda propiedad es la de seguir teniendo paridad bien definida. Eso es cierto para las funciones producto que cambian en $(-1)^{l_1}(-1)^{l_2}...=(-1)^{\Sigma l_i}$ al cambiar todas las coordenadas espaciales $r_i \rightarrow -r_i$, y al igual que en el párrafo anterior ello se mantiene al combinarlas en un determinante de Slater.

Autovalores para l_i y s_i

A diferencia de las funciones producto, los determinantes de Slater no son autoestados de operadores individuales l o s. Así, por ejemplo es fácil comprobar con ejemplos sencillos que

$$l_{z1}(m_{l1}{}^{ms1}\ m_{l2}{}^{ms2}\ ...) \neq m_{l1}(m_{l1}{}^{ms1}\ m_{l2}{}^{ms2}\ ...)$$
$$l_{+1}(m_{l1}{}^{ms1}\ m_{l2}{}^{ms2}\ ...) \neq (m_{l1}+1^{ms1}\ m_{l2}{}^{ms2}\ ...)$$

Ello es debido a que un operador como l_{z1} actúa sobre la variable "1", no sobre una de las funciones de ondas monoelectrónicas, y a que todas las funciones que forman parte del determinante comparten todas las variables.

No obstante, sí que es fácil demostrar con generalidad que las sumas de operadores l_z , s_z , $l_\pm$ y $s_\pm$ (con tal que incluyan a todos los electrones) se comportan como si las anteriores igualdades fuesen válidas, es decir

$$(l_{z1} + l_{z2} + ...)(m_{l1}{}^{ms1}\ m_{l2}{}^{ms2}...) \text{ ``=''} (m_{l1} + m_{l2} + ...) (m_{l1}{}^{ms1}\ m_{l2}{}^{ms2}...)$$
$$(s_{+1} + s_{+2} + ...)(\ m_{l1}{}^{ms1}\ m_{l2}{}^{ms2}...) \text{ ``=''} (m_{l1}{}^{ms1+1}\ m_{l2}{}^{ms2}...) + (m_{l1}{}^{ms1}\ m_{l2}{}^{ms2+1}...) + ...$$

(entendiendo por "=" la igualdad salvo los factores de normalización de los operadores escalera).

Cálculo de elementos de matriz

Finalmente, dada la indistinguibilidad de los electrones la mayoría de operadores que manejaremos serán simétricos en todas las variables, como los anteriores Σl_{zi}, $\Sigma l_{i\pm}$, ...). Ello simplificará enormemente los resultados. En particular serán muy útiles los elementos de matriz para operadores de la forma $\Sigma_i f(x_i)$ y $\Sigma_{i<j} g(x_i, x_j)$ donde $f(x)$ y $g(x,y)$ son operadores de un solo electrón y de dos electrones respectivamente. Para ellos se puede demostrar (ver apéndice A11) que:

$$\left\langle \Psi | \Sigma_i f_i | \Psi \right\rangle = \sum_i \left\langle \varphi_i(x) | f(x) | \varphi_i(x) \right\rangle$$

$$\left\langle \Psi | \Sigma_{i<j} g_{ij} | \Psi \right\rangle = \sum_{i<j} \left\langle \varphi_i(x)\varphi_j(y) | g(x,y) | \varphi_i(x)\varphi_j(y) \right\rangle - \sum_{i<j} \left\langle \varphi_i(x)\varphi_j(y) | g(x,y) | \varphi_j(x)\varphi_i(y) \right\rangle$$

En estas expresiones las funciones a la izquierda de las igualdades involucran las complejas funciones determinante, y con ello $N \cdot N!^2$ sumandos en el primer caso y $N(N-1) \cdot N!^2 / 2$ en el segundo. Por el contrario las expresiones de la derecha son sumas de elementos de matriz relativamente simples con solo N sumandos en el primer caso y $N(N-1)/2$ en el segundo. Cada uno de esos sumandos de la derecha contiene solamente una o dos funciones de onda monoelectrónicas, interviniendo solo una o dos variables de integración mudas que hemos denominado x o y. En el caso de operadores de dos electrones aparecen dos contribuciones de signo opuesto que difieren solo en la permutación de dos índices i y j. De ese modo, calcular el elemento de matriz de $\Sigma_{ij} f(x_i)$ para 50 electrones con su determinante de Slater supone únicamente 50 sumandos.

Degeneración y "configuraciones"

Como hemos visto, en aproximación de Campo Central, y sin considerar correcciones relativistas, la energía de cada electrón ε_{nl} depende únicamente de sus números cuánticos n y l, y la de un átomo polielectrónico completo de todos los n_i y l_i involucrados $\varepsilon_{n_1 l_1, n_2 l_2, \ldots} = \sum_i \varepsilon_{n_i l_i}$. A ese conjunto de números cuánticos $(n_1 l_1, n_2 l_2, \ldots)$ se denomina "configuración", y se suele representar indicando con letras los momentos angulares y superíndices para electrones con los mismos valores. Así por ejemplo la configuración del Ne I en su estado fundamental[1] es $1s^2 2s^2 2p^6$, indicando que hay dos electrones con números cuánticos $(n=1, l=0)$, dos con $(n=2, l=0)$ y seis con $(n=2, l=1)$.

Mientras no se introduzcan correcciones adicionales, todos los estados de cada configuración (que diferirán en el resto de números cuánticos) son degenerados, es decir, todos corresponden a la misma energía. El cálculo de esa degeneración es sencillo.

En el caso de un solo electrón con nl dados, proviene de los $2l+1$ posibles valores del número cuántico m_l y los $2\tfrac{1}{2}+1=2$ posibles valores del número cuántico m_s. La degeneración es por tanto $g=2(2l+1)$.

En el caso de v electrones con nl comunes, proviene del número de formas en que pueden elegirse sin repetir los $2(2l+1)$ estados diferentes disponibles para los v electrones, es decir, el número combinatorio $g = \begin{pmatrix} 2(2l+1) \\ v \end{pmatrix}$.

Y para $n_1 l_1^{v_1} n_2 l_2^{v_2} \ldots$ electrones simplemente $g = \begin{pmatrix} 2(2l_1+1) \\ v_1 \end{pmatrix} \cdot \begin{pmatrix} 2(2l_2+1) \\ v_2 \end{pmatrix} \cdots$

Nótese que para cualquier configuración, mientras no se introduzcan otras correcciones, ese valor g es el número de determinantes de Slater diferentes que existen compartiendo la misma energía. En tal caso, cualquiera de ellos, o cualquier combinación lineal de ellos, es una descripción equivalente del átomo. Cuando se introduzcan otras correcciones (relativistas, interacción electrostática, etc.), dejarán de ser equivalentes, y aparecerán combinaciones lineales de ellos "preferentes" que describan los distintos estados del átomo (términos electrostáticos, niveles J, etc.) En general esas correcciones serán "pequeñas" comparadas con las diferencias de energías dadas por la aproximación de Campo Central, de modo que se mantendrá el concepto de

---

[1] Ne I se refiere al átomo neutro. En física atómica es habitual indicar así a los átomos neutros, con II el primer ión, con III el segundo ión, etc. La notación proviene de la espectroscopía, donde a bajas energías se observa "el primer espectro" de un elemento (debido a su estado neutro), y al aumentar la energía de excitación van apareciendo líneas del "2º, 3º, … espectros" debidos al 1º, 2º, … estados de ionización.

configuración y la separación de energía entre ellas seguirá siendo importante.

Representación abreviada

Raramente necesitaremos escribir en forma explícita un determinante de Slater, por lo que en general bastará indicar los datos necesarios para determinarlos de forma única. Esos datos son los números cuánticos de las funciones que lo componen, es decir, sus $(n_i, l_i, m_{li}, m_{si})$. Por lo dicho en el anterior apartado, es costumbre indicar por separado los números cuánticos que determinan la configuración (n_i, l_i) con notación de números y letras, y el resto de números cuánticos que especifican cada determinante concreto dentro de ella (m_{li}, m_{si}) con notación $m_{li}^{\pm}$ (teniendo en cuenta que los m_{si} solo pueden tomar valores $\pm 1/2$).

Así, por ejemplo el Li en su estado fundamental tiene una configuración $1s^2 2s$ con $g = \binom{2}{2} \cdot \binom{2}{1} = 2$ posibles determinantes de Slater que son $(0^+ 0^-, 0^+)$ y $(0^+ 0^-, 0^-)$. Si representásemos con cajas los orbitales y con flechas las terceras componentes de espín, gráficamente podríamos representar el estado de los electrones en esos dos determinantes de Slater como (⬆⬇|⬆) y (⬆⬇|⬇).

La expresión explícita para esas dos funciones de onda antisimétricas en las coordenadas de los tres electrones $\phi(\vec{r}_1 \sigma_1 \vec{r}_2 \sigma_2 \vec{r}_3 \sigma_3)$ sería naturalmente:

$$(0^+ 0^- 0^+) = \frac{1}{\sqrt{3!}} \begin{vmatrix} R_{1s}(r_1)Y_{00}(\theta_1\varphi_1)X_+(\sigma_1) & R_{1s}(r_2)Y_{00}(\theta_2\varphi_2)X_+(\sigma_2) & R_{1s}(r_3)Y_{00}(\theta_3\varphi_3)X_+(\sigma_3) \\ R_{1s}(r_1)Y_{00}(\theta_1\varphi_1)X_-(\sigma_1) & R_{1s}(r_2)Y_{00}(\theta_2\varphi_2)X_-(\sigma_2) & R_{1s}(r_3)Y_{00}(\theta_3\varphi_3)X_-(\sigma_3) \\ R_{2s}(r_1)Y_{00}(\theta_1\varphi_1)X_+(\sigma_1) & R_{2s}(r_2)Y_{00}(\theta_2\varphi_2)X_+(\sigma_2) & R_{2s}(r_3)Y_{00}(\theta_3\varphi_3)X_+(\sigma_3) \end{vmatrix}$$

$$(0^+ 0^- 0^-) = \frac{1}{\sqrt{3!}} \begin{vmatrix} R_{1s}(r_1)Y_{00}(\theta_1\varphi_1)X_+(\sigma_1) & R_{1s}(r_2)Y_{00}(\theta_2\varphi_2)X_+(\sigma_2) & R_{1s}(r_3)Y_{00}(\theta_3\varphi_3)X_+(\sigma_3) \\ R_{1s}(r_1)Y_{00}(\theta_1\varphi_1)X_-(\sigma_1) & R_{1s}(r_2)Y_{00}(\theta_2\varphi_2)X_-(\sigma_2) & R_{1s}(r_3)Y_{00}(\theta_3\varphi_3)X_-(\sigma_3) \\ R_{2s}(r_1)Y_{00}(\theta_1\varphi_1)X_-(\sigma_1) & R_{2s}(r_2)Y_{00}(\theta_2\varphi_2)X_-(\sigma_2) & R_{2s}(r_3)Y_{00}(\theta_3\varphi_3)X_-(\sigma_3) \end{vmatrix}$$

Análogamente para una configuración $1s^2 2s 2p^3$ existirían $g = \binom{2}{2} \cdot \binom{2}{1} \cdot \binom{6}{3} = 40$ determinantes de Slater diferentes, de los cuales un par de ejemplos podrían ser $(0^+ 0^-, 0^+, -1^+ 0^- 1^+)$ y $(0^+ 0^-, 0^-, 1^+ 1^- 0^+)$, que gráficamente podrían visualizarse como (⬆⬇, ⬆|⬆⬇|⬆) y (⬆⬇, ⬇|⬇ □|⬆⬆).

4.1.3 Consecuencias del principio de exclusión. El sistema periódico

La primera consecuencia del principio de exclusión es que una función de ondas con todos los números cuánticos bien especificados solo puede estar ocupada por un único electrón, de modo que en un átomo con N electrones deben encontrarse ocupadas N diferentes. Si el átomo se encuentra en su estado fundamental esas serán los N primeros estados con más baja energía teniendo en cuenta sus degeneraciones.

Como ya hemos indicado, los niveles de un potencial central V(r) vienen dados por los números cuánticos que determinan cada configuración, y en general sus energías tienen una disposición similar a la vista para los átomos alcalinos, resultado de su carácter no coulombiano[1]. En concreto, dentro de cada capa n están más ligados los electrones "s" que los "p", estos más que los "d", y así sucesivamente. Una forma muy simple de estimar ese orden de energías es escribir una tabla con filas (1s), (2s 2p), (3s 3p 3d), ... e ir cruzándolas en diagonal como muestra la figura 4.1. De ese modo, si en un átomo deseamos colocar N electrones en los N estados de más baja energía posible, bastaría seguir los trazos diagonales de esa tabla, teniendo en cuenta el número de electrones que "caben" (la degeneración) en cada orbital. Esto es lo que se conoce como "principio de aufbau[2]" o "Regla de Madelung", y es el origen del Sistema Periódico.

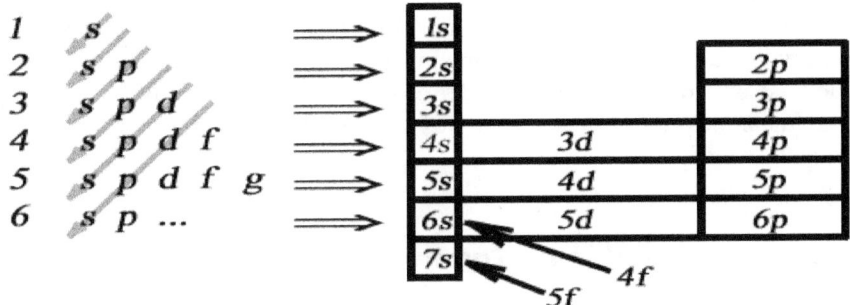

4.1 *La estructura del sistema periódico tiene su origen en el principio de aufbau, debido a la disposición de niveles de energía característica de los potenciales atómicos no coulombianos.*

Las correcciones a la aproximación de Campo Central que introduciremos más adelante, hacen que esa regularidad no siempre se respete para valores de n alto, para los que la separación de energías es más pequeña. De ese modo, aunque el principio de aufbau sea una buena regla[3] orientativa, conocer con seguridad la configuración fundamental de un átomo requiere recurrir a valores experimentales o su cálculo numérico detallado.

---

[1] Recordemos que las funciones de onda con l más bajo tienen distribuciones de probabilidad más concentrada en las cercanías del núcleo, por tener menor potencial centrífugo. Por otra parte el potencial central de un átomo polielectrónico se podía interpretar como $V(r)=Z^*(r)/r$ con una "carga efectiva" Z^* creciente hacia el interior, donde el núcleo está menos apantallado. Por ello, para cada valor de n, funciones de onda con l más bajo "frecuentan" zonas con Z^* más alta y están más ligadas de lo que correspondería a un potencial coulombiano con Z constante.

[2] En alemán "aufbau" significa "estructura".

[3] Revisando el sistema periódico, entre su más de un centenar de elementos apenas se encuentran dos o tres excepciones a esa sencilla Regla de Madelung.

4.2 Primeras técnicas de cálculo

Todo lo visto hasta ahora proporciona una justificación cualitativa satisfactoria de multitud de fenómenos, y es más o menos el estado en que se encontraba la física atómica tras la introducción de la ecuación de Schrödinger entre 1925 y 1926. Pero obtener resultados cuantitativos requiere disponer al menos de una forma explícita para los potenciales centrales $V(r)$, y las primeras propuestas surgieron rápidamente. La primera fue el modelo de Thomas-Fermi en 1927 basada en argumentos de tipo estadístico. Apenas unos meses después, también en 1927, Hartree introduce su método y el concepto de potencial autoconsistente. Hacia 1930 V. Fock y J.C. Slater ya indican cómo mejorarlo sustancialmente resultando el denominado método de Hartree-Fock que es actualmente el estándar en física atómica, aunque su aplicación tuvo que esperar más de 20 años hasta que se dispuso de ordenadores con suficiente potencia de cálculo. Por ello durante bastante tiempo se utilizaron variantes del método de Hartree y otros potenciales autoconsistentes o semiempíricos que son numéricamente más sencillos de tratar. Cada uno de esos tratamientos contiene ideas y aproximaciones interesantes, por lo que resultará instructivo hacer un pequeño recorrido por ellos.

4.2.1 Aproximación de Thomas-Fermi

Introducida de forma independiente y simultánea en 1927 por L. Thomas y E. Fermi, esta aproximación se basa en un modelo estadístico del átomo considerado como un gas de electrones libres sometidos a un potencial central. Aunque no tenga ninguna utilidad ya en su forma original, puede considerarse la precursora de variantes actuales mucho más elaboradas y bien fundamentadas (técnicas del funcional de la densidad) que son enormemente útiles en física molecular y estado sólido[1].

El carácter fermiónico de los electrones hace que si vamos introduciendo varios de ellos en una cierta región, no todos puedan ocupar el estado de más baja energía, sino que deban ir ocupando los estados disponibles cada vez con más alta energía. Para un gas de electrones independientes sometidos a un potencial constante, la estadística de Fermi-Dirac indica que la energía del último estado así ocupado es la denominada Energía de Fermi $\varepsilon_F = (3\pi^2\rho)^{2/3}\,\hbar^2/2m$, donde ρ es la densidad (número de electrones por unidad de volumen). El modelo de Thomas-Fermi propone utilizar esa descripción para los electrones de un átomo, suponiendo que esa relación (deducida para un potencial constante) seguirá siendo aproximadamente

---

[1] Ver comentario tras el "paso 3" de la sección 10.1.1

válida, al menos en regiones en que el potencial $V(r)$ al que estén sometidos no varíe demasiado rápido. De ese modo $\varepsilon_F(r) = (3\pi^2 \rho(r))^{2/3}\, \hbar^2/2m$ nos proporciona la máxima energía cinética de los electrones en cada punto r. Si a esa energía cinética máxima sumamos la potencial en ese punto, tendremos $E^{max}(r) = \varepsilon_F(r) + V(r)$ para la máxima energía total de los electrones en él.

Para un sistema en equilibrio en su estado fundamental esa energía máxima de sus componentes debe ser la misma en todos sus puntos, pues de lo contrario podrían cederla y moverse a otros lugares donde fuese menor, de modo que podemos tomar $\varepsilon_F(r) + V(r) = C$.

Por otra parte el origen del potencial electrostático $V(r)$ es la presencia del núcleo y la misma densidad de electrones, de modo que podemos escribir[1] $\nabla^2 V = -e^2 \rho / \varepsilon_0$.

De ese modo tenemos un sistema de dos ecuaciones que podemos resolver en las dos funciones desconocidas V y ρ. Considerando simetría esférica se trata de:

$$\frac{\hbar^2}{2m}(3\pi^2 \rho(r))^{2/3} + V(r) = C \text{ , y } \frac{1}{r}\frac{d^2}{dr^2}rV = -e^2 \rho / \varepsilon_0$$

Despejando ρ en la primera y sustituyendo en la segunda resulta

$$\frac{1}{r}\frac{d^2}{dr^2}r(C-V) = -\frac{(2m)^{3/2}e^2}{3\pi^2\hbar^3\varepsilon_0}(C-V)^{3/2}$$

Donde de ha reemplazado "V" por "$C-V$" en el primer término (sin consecuencias debido a la derivada). Es conveniente ahora escribir la función desconocida V y la variable r en términos de dos nuevas ϕ y x:

$$C-V \equiv \frac{Ze^2}{4\pi\varepsilon_0 r}\phi \text{ , y } r = \frac{a_0}{2Z^{1/3}}\left(\frac{3\pi}{4}\right)^{2/3}x \text{ , con lo que } \rho = \frac{32Z^2}{9\pi^3 a_0^3}\left(\frac{\phi}{x}\right)^{3/2}$$

Con ello la ecuación toma la forma especialmente sencilla $\phi'' = \phi^{3/2}/\sqrt{x}$, denominada habitualmente "ecuación de Fermi". Se trata de una única ecuación válida para cualquier átomo, cuyas soluciones (por la forma de la ecuación) deben ser positivas y cóncavas, y dependerán de las condiciones de contorno que la concreten. Una vez resuelta nos proporciona directamente el potencial y densidad de carga buscados.

La primera condición de contorno provendrá de exigir que el potencial resultante tenga en las cercanías del origen la forma asintótica que ya conocemos $V(r) \to -Z/4\pi\varepsilon_0 r$, lo que significa para la función ϕ la condición $\phi(0) = 1$.

La figura 4.2 muestra el tipo de soluciones de la ecuación diferencial que cumplen esta condición de contorno. Hay una de ellas que decae

---

[1] Estamos manejando unidades S.I. Para escribir cualquiera de estas expresiones en CGS basta con reemplazar ε_0 por $1/4\pi$, y si además eliminamos las constantes $\hbar$, e y m tendremos unidades atómicas.

acercándose asintóticamente al eje horizontal[1], una familia de ellas que decaen más rápido anulándose en algún radio finito x_0, y por último una familia de ellas que alcanzan un mínimo y luego crecen indefinidamente. Por la relación entre ϕ y ρ, es evidente que la primera solución representará un átomo cuya densidad de carga se extiende hasta el infinito, decayendo con la distancia. Las de alcance finito representan átomos en que la densidad de carga termine en algún punto finito r_0. Por el contrario las funciones con ϕ creciente corresponderían a situaciones en que la densidad de carga creciese a grandes distancias, y no representarían ninguna solución aceptable[2].

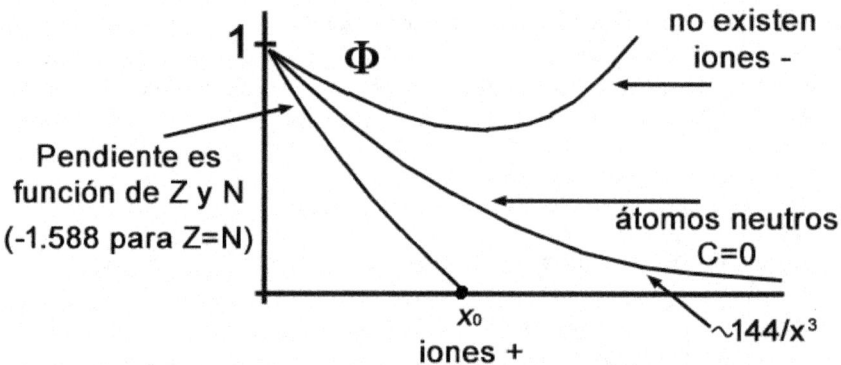

4.2 *Aspecto de las soluciones a la función de Thomas-Fermi que cumplen la condición de contorno en el origen.*

La segunda condición de contorno provendrá de exigir que la densidad de carga resultante, cuando se integre a toda la región que ocupe, proporcione el número de electrones N que nos interese $N = \int_0^{r_0} \rho(r)4\pi r^2 dr$. Escrita en términos de ϕ y tras integrar por partes, esa condición equivale a $N=Z[x_0\phi'(x_0)+1]$.

En caso de átomos neutros ($N=Z$) esa condición supone $x_0\phi'(x_0)=0$, lo cual solo ocurre para la solución que decae extendiéndose hasta el infinito. Por tanto el modelo describe los átomos neutros con una densidad de carga que decae como $\rho \propto 1/r^6$. La constante C para estos átomos debe ser nula, ya que tanto ϕ como V se anulan a distancias grandes.

En caso de iones positivos ($N<Z$) esa condición supone elegir de entre las soluciones de alcance finito la que cumpla en x_0 la condición $\phi'(x_0)=-(Z-N)/Zx_0$. El modelo asigna por tanto a estos iones tamaño finito.

---

[1] Los valores de esa solución son fáciles de obtener numéricamente, y se conocen excelentes aproximaciones analíticas a ella. Decaen como $144/x^3$ a grandes distancias.

[2] No obstante para átomos en un sólido las soluciones con ϕ creciente sí son aceptables, dado que la densidad de carga puede terminar en algún punto sin anularse para continuar en el átomo contiguo.

Puesto que en ese punto $\phi=0$, el valor del potencial allí nos determina la constante C para estos átomos $C=V(r_0)=-(Z-N)e^2/r_0$.

Para iones negativos ($N>Z$) la condición de contorno exigiría que la derivada fuese positiva en la frontera del átomo, lo cual no queda representado por ninguna de las soluciones disponibles, por lo que este modelo no puede representarlos[1].

Aunque no se conocen soluciones analíticas para esa ecuación diferencial, es muy sencillo resolverla numéricamente con las condiciones de contorno adecuadas a cada caso. De ese modo el modelo proporciona de forma numérica tanto el potencial como la densidad de carga en cada punto; con los que calcular otras cantidades (energías medias y totales, distribución de posiciones y momentos de los electrones, radios medios, etc.), y con ellas correcciones relativistas, susceptibilidades magnéticas, polarizabilidades, etc.

Las principales limitaciones del modelo provienen de las aproximaciones en que se basa. En primer lugar un modelo estadístico de "gas de electrones" no cabe esperar que sea preciso donde la densidad de electrones tienda a cero. Efectivamente, la densidad de carga es incorrecta a grandes distancias tanto para los átomos neutros (donde decae $\propto 1/r^6$) como para los iones negativos (donde termina bruscamente). Realmente la densidad de carga es proporcional al módulo cuadrado de las funciones de onda electrónica y, por la forma asintótica que vimos en su momento para ellas, debería decaer siempre de forma exponencial.

Otra aproximación del modelo fue suponer que el potencial no variase demasiado rápido, y ello claramente no se cumple en las cercanías del núcleo con su singularidad $1/r$. Así el modelo proporciona una densidad de carga infinita en el origen, aunque es integrable, de modo que no causa mayores problemas en ningún cálculo.

El modelo tampoco incluye la llamada "interacción de canje" entre electrones, debido a la antisimetría de sus funciones de onda, que veremos más adelante. Dirac mostró que esto se mejora incluyendo la contribución a la energía que puede estimarse para un gas de electrones libres, y que supone reemplazar la ecuación de Fermi por $\phi''=x\left(\sqrt{\phi/x}+b\right)^3$, con $b=(3\pi/4)^{1/3}/(2\pi Z^{2/3})$. El modelo resultante se suele denominar de "Thomas-Fermi-Dirac" y mejora los resultados haciendo posible entre otras cosas tratar iones negativos.

Otras deficiencias son considerar la carga del electrón como una cantidad continua en lugar de discreta. En particular el potencial que "ve" cada electrón no debería ser el generado por toda la densidad de electrones, sino

---

[1] Ello no es un "excesivo" defecto del modelo, teniendo en cuenta que los iones negativos aislados solo existen con carga "-1" para algunos átomos, y con energías de ligadura muy pequeñas.

por "todos menos él mismo". Eso es fácil corregir mediante un factor $(N-1)/N$ en la ecuación de Poisson (la denominada corrección de T. Fermi - E. Amaldi) lo que también permite tratar correctamente iones negativos.

Otras deficiencias son ignorar la correlación entre las posiciones de los electrones (que ya vimos se deducía de la antisimetría de sus funciones de onda) y no reproducir la estructura de capas de los átomos.

Es interesante comparar la densidad de carga Thomas-Fermi con la dada por el método de Hartree-Fock (casi exacta). En la figura 4.3(a) puede verse para He y Ne el comportamiento anómalo ya indicado a distancias muy cortas y muy grandes. No obstante las discrepancias solo son apreciables a radios muy pequeños (centésimas de a_0) o en las zonas muy exteriores del átomo donde la densidad ya ha decaído bastantes órdenes de magnitud. La figura 4.3(b) es la misma comparación con una escala diferente, que acentúa más los detalles a distancias intermedias. En ella puede apreciarse que la densidad de Thomas – Fermi no reproduce la estructura de máximos y mínimos (capas), aunque podríamos decir que la aproxima lo mejor posible a una distribución uniforme. Es remarcable que el acuerdo sea aceptable incluso para un "gas" de ¡solo dos electrones!, como es el átomo de helio.

Prácticamente todas las deficiencias indicadas se refieren a la densidad de carga obtenida, pero recuérdese que nuestro objetivo no era determinar esa cantidad, sino la forma del potencial central $V(r)$. De hecho podemos ignorar la densidad de carga sugerida por el modelo, y utilizar solo el potencial, para introducirlo en nuestra ecuación de Schrödinger y obtener los orbitales $P_{nl}(r)$. Una estimación de la "calidad" de las funciones de onda así obtenidas, se obtiene comparando la densidad de carga que proporcionan con la más exacta dada por el método de Hartree-Fock. Como ilustra la figura 4.3, los resultados son excelentes incluso para la versión extremadamente simple del modelo sin ninguna corrección.

Como se ha indicado, el modelo de Thomas – Fermi puede mejorarse de varias formas, y durante bastante tiempo siguió utilizándose para obtener muchos resultados interesantes, a pesar de que ya se habían introducido métodos más exactos tomo los de Hartree o Hartree-Fock. El motivo fue la simplicidad de su tratamiento numérico, a diferencia de los otros métodos, a los que no se pudo sacar partido hasta casi 30 años más tarde cuando ya se dispuso de ordenadores electrónicos. En la actualidad solo tiene interés didáctico e histórico, y por ser el origen del método del funcional de la densidad de enorme utilidad en física molecular[1].

---

[1] Ver comentario tras el "paso 3" de la sección 10.1.1

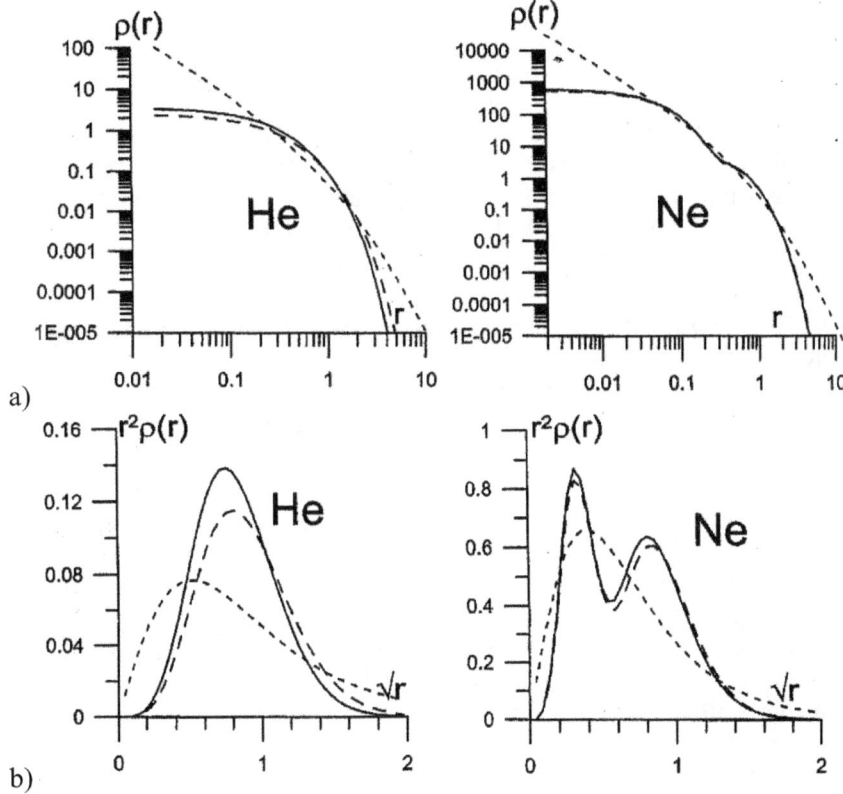

a)

b)

4.3 *Densidad de carga electrónica para He y Ne en varias aproximaciones: Hartree-Fock (línea continua), Thomas-Fermi (línea punteada) y cálculo de orbitales utilizando el V(r) de Thomas Fermi (línea de trazos). (a) La representación doble logarítmica permite cubrir un rango muy grande de distancias y valores de la densidad. (b) En la representación de r²ρ en función de √r se aprecia mejor la estructura intermedia de máximos y mínimos debida a los distintos orbitales. Claramente la "calidad" de la densidad de carga dada por el modelo de Thomas –Fermi es limitada pero los resultados utilizando su potencial son muy buenos.*

4.2.2 Aproximación de Hartree

Este método, introducido por D. Hartree se basa en considerar que el potencial central $V(r)$ "visto" por cada electrón es el que corresponde a la presencia del núcleo junto con la densidad de carga del resto de electrones dada por sus funciones de onda $\rho(r)=e\Sigma_j|\phi_j(r)|^2$. De ese modo el potencial se obtiene a partir de los orbitales mediante integrales, y los orbitales a partir del potencial resolviendo una ecuación diferencial. El conjunto supone el siguiente sistema de ecuaciones integro-diferenciales que define completamente el problema.

$$\left\{ \left[-\frac{1}{2}\nabla_i^2 + V_i(\boldsymbol{r}_i) \right] \phi_i(\boldsymbol{r}_i) = \varepsilon_i \phi_i(\boldsymbol{r}_i), \quad V_i(\boldsymbol{r}_i) = -\frac{Z}{r} + \sum_{j \neq i} \int \frac{\left| \phi_j(\boldsymbol{r}_i) \right|^2}{\left| \boldsymbol{r} - \boldsymbol{r}' \right|} d^3\boldsymbol{r}' \right\}$$

Para su solución numérica se pueden incluir varias aproximaciones, como promediar esos potenciales a todos los ángulos haciendo que sean centrales, o incluso promediarlos de forma que se utilice el mismo para todos los electrones. En cualquier caso el problema se ataca numéricamente de forma iterativa según un esquema similar al siguiente:

1. Se toma alguna estimación de partida para las funciones de onda, por ejemplo hidrogenoides.
2. Con ellas se genera el potencial.
3. Con ese potencial se generan unas mejores funciones de onda.
4. Se vuelve al punto 2.

Alternativamente se puede comenzar con una estimación de partida del potencial, por ejemplo dado por el modelo de Thomas-Fermi.

El método resulta ser convergente en la mayoría de los casos, generando funciones y potencial que cambian menos en cada iteración. El problema se considera resuelto cuando el cambio en cada iteración es ya suficientemente pequeño, y el potencial generado a partir de las funciones de onda resulta ser el mismo utilizado para calcularlas, dentro de alguna precisión fijada de antemano. Es lo que se denomina un potencial "autoconsistente", es decir, que genera las mismas funciones de onda con que él ha sido obtenido.

La solución numérica de esos sistemas de ecuaciones fue realizada por primera vez por Hartree (a mano) para un buen número de elementos. Ello permitió también por primera vez mostrar que podían justificarse la estructura y varias características del sistema periódico, que hasta entonces eran resultados puramente empíricos del campo de la química.

Como pronto indicaron J.C. Slater y V. Fock, el principal inconveniente de este planteamiento es que no incluye la antisimetría de la función de ondas electrónica, y con ello efectos de canje y correlación en las energías. El motivo es que la expresión usada para obtener el potencial a partir de las funciones de onda, equivale a considerar para los electrones funciones producto. Como veremos en el tratamiento de Hartree-Fock, el uso de determinantes de Slater para la función de ondas electrónica hace aparecer términos adicionales en el potencial que el método de Hartree no incluye.

Aunque el método se puede mejorar con algunas correcciones, en la actualidad también está en desuso, dado que el de Hartree-Fock es superior, y su mayor exigencia en potencia de cálculo numérico no es ya ningún inconveniente.

4.2.3 Potenciales autoconsistentes

Como hemos comentado, se tardó bastante desde la introducción teórica del método de Hartree-Fock hasta que se dispuso de suficiente potencia de cálculo como para sacarle partido. Por ello durante algún tiempo se propusieron otras técnicas que aunaban la simplicidad del método de Thomas – Fermi y una mayor precisión. La mayoría se basan en el uso de diversos potenciales modelo, esto es, expresiones analíticas que aproximan el potencial central $V(r)$, dependiendo de parámetros ajustables con distintos criterios.

Esos criterios pueden ser de autoconsistencia, como en el caso de Hartree, esto es, ajustarse al deducido de las funciones de onda que ellos mismos generan. El criterio también puede ser semiempírico, haciendo que los niveles de energía resultantes aproximen lo mejor posible valores experimentales conocidos. También pueden ajustarse a cálculos más detallados, con la ventaja de que una vez elegidos los parámetros estos pueden tabularse y ya no es preciso repetir todo el cálculo para aplicaciones posteriores.

Un par de ejemplos de ese tipo de potenciales podrían ser los siguientes

$$V_{SR}(r) = -\frac{1}{r}\left\{ \left(Ae^{-a_1 r} + (1-A)e^{-a_2 r} \right)\left(Z - \frac{1}{2} \right) + 1 \right\}$$

propuesto por S. del Río para átomos neutros, y cuya descripción y parámetros tabulados para varios átomos puede encontrarse en los párrafos 2-IV y 2-V del libro *"Introducción a la teoría del átomo"* de C. Sánchez del Río.

$$V_{GSZ}(r) = -\frac{1}{r}\left\{ Z - N + 1 + \frac{N-1}{1 + H(e^{r/D} - 1)} \right\}$$

propuesto por A. E. S. Green, L. Sellin A. S. Zachor, válido para átomos neutros o ionizados con cualquier número de electrones N, y cuyos parámetros tabulados y descripción puede verse en Phys. Rev. 184, p.1-9 (1969).

En general el uso de estos potenciales modelo proporciona buenos resultados con muy pocas exigencias de cálculo, aunque en la actualidad se prefiere aplicar directamente el método de Hartree-Fock.

4.3 El método de Hartree-Fock. Ecuaciones de Hartree-Fock

4.3.1 Métodos variacionales

El método de Hartree-Fock es un tratamiento variacional, por ello, antes de exponerlo, convendrá recordar muy brevemente algunos resultados básicos de estas técnicas.

Un primer teorema asegura que dado un hamiltoniano H, la cantidad $\langle\phi|H|\phi\rangle$ toma valores extremos relativos para todos los autoestados normalizados de H. Es decir, la variación producida en cantidad $\langle\phi|H|\phi\rangle$ por cambios $\phi\rightarrow\phi+\delta\phi$, es nula en primer orden si $H\phi=\varepsilon\phi$ (con tal que se mantenga $\langle\phi|\phi\rangle=1$ o se trabaje con $\langle\phi|H|\phi\rangle/\langle\phi|\phi\rangle$).

Un segundo teorema asegura que si ε_0 representa la energía del estado fundamental[1], $\langle\phi|H|\phi\rangle/\langle\phi|\phi\rangle\geq\varepsilon_0$ para ϕ arbitrarias. De ese modo dadas dos ϕ_1 y ϕ_2 arbitrarias, el menor de los valores $\langle\phi_1|H|\phi_1\rangle/\langle\phi_1|\phi_1\rangle$ y $\langle\phi_2|H|\phi_2\rangle/\langle\phi_2|\phi_2\rangle$ será la mejor aproximación a la energía exacta[2] ε_0, y ambos la acotarán por exceso.

Este segundo resultado es sumamente útil, porque raramente podremos tener resultados exactos, pero ese procedimiento nos permite conocer cotas suyas y en algunos casos decidir entre dos resultados cuál es el mejor.

El primero de los resultados significa que el problema $H\phi=\varepsilon\phi$ de buscar autoestados para un hamiltoniano, es equivalente al de encontrar los extremos de ese funcional. Por desgracia ambos problemas son matemáticamente igual de difíciles, pero el tratamiento variacional tiene una ventaja: podemos restringir el espacio de funciones entre las que buscar los extremos. Ello significará que la solución ya no sea exacta, pero nos proporcionará la mejor solución de entre las consideradas.

El procedimiento normalmente se plantea en dos pasos.
1. Se considera una familia de "funciones prueba" $\{\phi_\lambda\}$ (quizá dependientes de algunos parámetros) elegidas de forma que sean razonables y flexibles.
2. Se busca dentro de esa familia la que minimice $\langle\phi_\lambda|H|\phi_\lambda\rangle/\langle\phi_\lambda|\phi_\lambda\rangle$. Por ejemplo se puede buscar el valor de los parámetros λ que minimicen

---

[1] Este resultado puede extenderse también para estados excitados, con tal que se limite adecuadamente el espacio de funciones prueba.

[2] Aunque no pueda garantizarse que la correspondiente ϕ sea la mejor aproximación a la función de onda exacta.

$\varepsilon(\lambda) \equiv \langle \phi_\lambda | \mathbf{H} | \phi_\lambda \rangle / \langle \phi_\lambda | \phi_\lambda \rangle$, lo cual puede ser un sencillo problema de extremos para una función de una o varias variables.

Una demostración no excesivamente rigurosa del primer resultado es muy simple, y resultará de utilidad más adelante. Consideremos el problema de buscar extremos a la cantidad $\langle \phi | \mathbf{H} | \phi \rangle$ con la condición de ligadura $\langle \phi | \phi \rangle$-1=0. El método de los multiplicadores de Lagrange permite cambiar ese problema por el de buscar extremos a la expresión $\langle \phi | \mathbf{H} | \phi \rangle - \lambda[\langle \phi | \phi \rangle$-1] sin ligaduras. El parámetro λ introducido es el llamado "multiplicador de Lagrange" que se determinará finalmente de las ecuaciones resultantes y la condición de ligadura.

Es muy fácil mostrar que el cambio hasta primer orden en la anterior expresión debido a cambios $\delta \phi$ en la función ϕ puede escribirse:

$$\delta[\ \langle \phi | \mathbf{H} | \phi \rangle - \lambda \langle \phi | \phi \rangle\ ] = \langle \delta \phi | \mathbf{H} | \phi \rangle + \langle \phi | \mathbf{H} | \delta \phi \rangle - \lambda \langle \delta \phi | \phi \rangle - \lambda \langle \phi | \delta \phi \rangle =$$

$$\langle \delta \phi | [\ \mathbf{H} | \phi \rangle - \lambda | \phi \rangle\ ] + [\langle \phi | \mathbf{H} | - \lambda \langle \phi |\ ] | \delta \phi \rangle$$

(donde se ha ignorado el "1" que no afecta a las variaciones).

Considerar variaciones arbitrarias de las funciones $\delta \phi$ (complejas) significa considerar por separado variaciones arbitrarias de sus partes real e imaginaria, lo que equivale a considerar por separado variaciones arbitrarias de $\langle \delta \phi |$ y $| \delta \phi \rangle$. De ese modo, el exigir que la anterior igualdad se anule hasta primer orden para variaciones arbitrarias de $\langle \delta \phi |$ y $| \delta \phi \rangle$ equivale a exigir que se cumplan las igualdades $\mathbf{H} | \phi \rangle = \lambda | \phi \rangle$ y $\langle \phi | \mathbf{H} | = \lambda \langle \phi |$.

Ello concluye la demostración, dado que ambas igualdades son equivalentes para un hamiltoniano hermítico.

A efectos prácticos, será útil recordar la "receta" de que (para $\mathbf{H}$ hermíticos) exigir $\delta[\ \langle \phi | \mathbf{H} v \phi \rangle - \lambda \langle \phi | \phi \rangle\ ] = 0$ para variaciones arbitrarias $\delta \phi$ equivale a exigir $\langle \delta \phi | [\ \mathbf{H} | \phi \rangle - \lambda | \phi \rangle\ ] = 0$ y por tanto a que se anule la cantidad […].

4.3.2 Ecuaciones de Hartree-Fock

El método de Hartree-Fock se basa en aplicar el método variacional al hamiltoniano

$$\mathbf{H} = \sum_{i=1}^{N} \left(\frac{p_i^2}{2m} - \frac{Ze^2}{r_i} \right) + \sum_{i<j}^{N} \frac{e^2}{r_{ij}}$$

y buscar funciones de onda Ψ para todos los electrones que extremen la cantidad $\langle \Psi | \mathbf{H} | \Psi \rangle$ de entre las que tengan la forma antisimétrica de un determinante de Slater

$$\Psi = \frac{1}{\sqrt{N!}} \begin{vmatrix} \varphi_1(x_1) & \dots & \varphi_1(x_n) \\ \vdots & & \vdots \\ \varphi_n(x_1) & \dots & \varphi_n(x_n) \end{vmatrix}, \text{ con } \langle \varphi_i | \varphi_j \rangle = \delta_{ij}.$$

Como en otras ocasiones, x_i representa el conjunto de coordenadas espaciales y de espín (r_i, σ_i) para cada electrón. Como es habitual, los productos escalares $\langle ...|...\rangle$ representarán integrales $d^3 r$ sobre las variables espaciales y sumas sobre las variables de espín.

Nótese que en esa expresión en principio no hemos impuesto ninguna condición sobre las funciones de onda que forman el determinante (aparte de la trivial de normalización), de modo que contamos con infinitos grados de libertad sobre la forma de cada una de ellas.

Nótese también que, a pesar de la enorme generalidad de la función considerada, un determinante de Slater no es quizá la función antisimétrica más general concebible para un conjunto de electrones; lo que hace del método una aproximación, no un tratamiento exacto.

Dada la complejidad de los objetos $\mathbf{H}$ y Ψ, el primer paso consiste en escribir de forma manejable la cantidad $\langle \Psi|\mathbf{H}|\Psi\rangle$. Observando que $\mathbf{H}$ es una suma de operadores de uno y dos electrones, serán aplicables los resultados indicados en su momento para este tipo de elementos de matriz con determinantes de Slater. De esta forma:

$$\langle \Psi|\mathbf{H}|\Psi\rangle = \langle \Psi|\Sigma_i \mathbf{h}_i|\Psi\rangle + \langle \Psi|\Sigma_{i<j}\mathbf{h}_{ij}|\Psi\rangle =$$

$$= \sum_i \left\langle \varphi_i(x)\left| -\nabla^2/2 - Z/r \right|\varphi_i(x)\right\rangle +$$

$$+ \sum_{i<j}\left\langle \varphi_i(x_1)\varphi_j(x_2)\left|1/r_{12}\right|\varphi_i(x_1)\varphi_j(x_2)\right\rangle - \sum_{i<j}\left\langle \varphi_i(x_1)\varphi_j(x_2)\left|1/r_{12}\right|\varphi_j(x_1)\varphi_i(x_2)\right\rangle$$

Esta última expresión suele representarse como $\langle \Psi|\mathbf{H}|\Psi\rangle = \Sigma_i I_i + \Sigma_{i<j}[J_{ij} - K_{ij}]$, denominándose términos "*directos*" o "*de Coulomb*" a las integrales J_{ij}, y términos "*de canje*" a las K_{ij}.

La condición de extremo buscada se puede plantear como la exigencia de que se anule hasta primer orden $\delta[\langle \Psi|\mathbf{H}|\Psi\rangle - \Sigma_{i\leq j}\lambda_{ij}(\langle \varphi_i|\varphi_j\rangle - \delta_{ij})]$, para variaciones arbitrarias de las $\delta\varphi_i$. Los multiplicadores de Lagrange λ_{ij} introducidos permiten incluir el efecto de las ligaduras $\langle \varphi_i|\varphi_j\rangle = \delta_{ij}.$, que también deberán incluirse entre las condiciones al resolver el sistema.

No es difícil demostrar que esas ecuaciones son equivalentes a las

$\delta[\langle \Psi|\mathbf{H}|\Psi\rangle - \Sigma_i \varepsilon_i(\langle \varphi_i|\varphi_i\rangle - 1)] = 0$, $\langle \varphi_i|\varphi_j\rangle = \delta_{ij}$.

Para ello basta con observar que las cantidades λ_{ij} pueden considerarse una matriz simétrica, que por tanto podrá escribirse como diagonal ε_i mediante alguna transformación unitaria u_{ij}. Es fácil comprobar que las primeras ecuaciones se transforman en las segundas si se escriben en términos de unas nuevas $|\varphi_i'\rangle = \Sigma_j u_{ij}|\varphi_j\rangle$ usando esa misma transformación unitaria u_{ij}. Ese cambio no afecta a la función de onda resultante Ψ (y por ello tampoco a la energía total $\langle \Psi|\mathbf{H}|\Psi\rangle$) ya que la transformación unitaria de una matriz no altera su determinante[1].

---

[1] El utilizar esta versión sin los λ_{ij} simplifica algo las expresiones, pero no garantiza la exacta ortogonalidad de las soluciones obtenidas con una misma parte angular (por ejemplo 2p y 3p). Ello se puede corregir durante el cálculo numérico, aunque puede ser

Si escribimos la anterior expresión explícitamente como elementos de matriz de $(-\nabla^2/2-Z/r)$ y $1/r_{ij}$, y recordamos el resultado obtenido al repasar la teoría de perturbaciones, es inmediato mostrar que equivale a la siguiente:

$$\langle\delta\varphi_i|\cdot\left\{(-\nabla^2/2-Z/r)|\varphi_i\rangle+(\sum_{j(\neq i)}\langle\varphi_j|\tfrac{1}{r_{12}}|\varphi_j\rangle)|\varphi_i\rangle-\sum_{j(\neq i)}\langle\varphi_j|\tfrac{1}{r_{12}}|\varphi_i\rangle|\varphi_j\rangle-\varepsilon_i|\varphi_i\rangle\right\}=0$$

La exigencia de que esas cantidades se anulen para valores arbitrarios de las $\langle\delta\varphi_i|$ equivale a que sea nulo el contenido entre llaves, lo que proporciona las condiciones que buscábamos sobre las funciones de onda "óptimas" φ_i. Considerando las φ_i factorizadas en parte espacial y de espín, podemos escribir explícitamente esos elementos de matriz en forma de integrales sobre las partes espaciales, resultando el conjunto de condiciones

$$\left[-\frac{\nabla^2}{2}-\frac{Z}{r}+\sum_{j(\neq i)}\int\frac{|\varphi_j(\mathbf{r'})|^2}{|\mathbf{r}-\mathbf{r'}|}d^3r'\right]\varphi_i(\mathbf{r})-\sum_{j(\neq i)}\left[\delta_{m_sm_s}\int\frac{\varphi_j^*(\mathbf{r'})\varphi_i(\mathbf{r'})}{|\mathbf{r}-\mathbf{r'}|}d^3r'\right]\varphi_j(\mathbf{r})=\varepsilon_i\varphi_i(\mathbf{r})$$

que son las llamadas "*Ecuaciones de Hartree-Fock*". En ellas las φ_i ya representan solo las partes espaciales, y los $\delta_{mm'}$ provienen de la ortogonalidad de los espinores.

Es fácil reconocer en las anteriores ecuaciones de Hartree-Fock el potencial electrostático "clásico"

$$V_i(\mathbf{r})=-\frac{Z}{r}+\sum_{j(\neq i)}\int\frac{|\varphi_j(\mathbf{r'})|^2}{|\mathbf{r}-\mathbf{r'}|}d^3r'$$

idéntico al utilizado en las ecuaciones de Hartree. Lo que diferencia estas de aquellas es la aparición de un nuevo "potencial de canje" no local que surge de la antisimetrización (no habría aparecido de haberse usado funciones producto $\Psi=\varphi_1\varphi_2...\varphi_N$ en vez de determinantes) y carece de análogo clásico

$$V_{ij}(\mathbf{r})=\delta_{m_sm_s}\int\frac{\varphi_j^*(\mathbf{r'})\varphi_i(\mathbf{r'})}{|\mathbf{r}-\mathbf{r'}|}d^3r'$$

Con las anteriores abreviaturas, las ecuaciones Hartree-Fock pueden reescribirse

$$\left[-\frac{\nabla^2}{2}+V_i(\mathbf{r})\right]\varphi_i(\mathbf{r})-\sum_{j(\neq i)}V_{ij}(\mathbf{r})\varphi_j(\mathbf{r})=\varepsilon_i\varphi_i(\mathbf{r})\qquad(4.1).$$

Necesariamente el tratamiento de estas ecuaciones es numérico. De hecho su aplicación práctica es relativamente reciente, no habiendo sido posible hasta que se dispuso de ordenadores de mediana potencia.

Nótese que estas ecuaciones no presuponen simetría esférica, y por ello las funciones de onda consideradas en principio no tendrían por qué ser simples productos de parte radial y armónico esférico. No obstante esa generalidad complica extremadamente el tratamiento numérico, y no suele utilizarse. Lo habitual es considerar funciones de onda de la forma $\varphi_{nlmms}=R_{nl}Y_{lm}X_{ms}$ de

preferible mantener todos los multiplicadores, que simplemente aparecen entonces en las ecuaciones finales como una pequeña contribución adicional al término de canje.

forma que lo único desconocido son las partes radiales, en términos de las cuales se reescriben. Para ello en cada iteración se procede a promediar los potenciales en todas las orientaciones. En este contexto es en el que nos moveremos en lo que sigue, en el cual además será aplicable prácticamente todo lo visto en capítulos anteriores en aproximación de Campo Central.

Con ese tratamiento, en la actualidad cualquier ordenador personal puede resolverlas para un átomo de tamaño medio en unos pocos segundos. El procedimiento es muy similar al descrito para el método de Hartree[1], es decir, partir de una estimación de partida para los orbitales y proceder iterando hasta logar autoconsistencia.

4.3.3 Interpretación de las energías. Teorema de Koopmans

Comparando las ecuaciones de Hartree-Fock (4.1) con las (1.8) obtenidas en aproximación de Campo Central, las cantidades ε_i parecerían tener el mismo significado, que allí era el de "energía del electrón i-ésimo dentro del átomo". No obstante esa interpretación no es del todo correcta.

Para verlo resulta muy instructivo en primer lugar multiplicar la i-ésima ecuación de Hartree-Fock por $\langle \varphi_i |$. Recordando cómo se definieron las cantidades I_i, J_{ij} y K_{ij}, el resultado puede escribirse de forma muy abreviada simplemente como $I_i + \Sigma_{j(\neq i)}[J_{ij} - K_{ij}] = \varepsilon_i$. Si sumamos esta expresión para todos los electrones el resultado es evidentemente $\Sigma_i I_i + \Sigma_{i \neq j}[J_{ij} - K_{ij}] = \Sigma_i \varepsilon_i$. Claramente esa cantidad no coincide con la energía total del sistema que obtuvimos anteriormente $E_{tot}(\Psi) = \langle \Psi | \mathbf{H} | \Psi \rangle = \Sigma_i I_i + \Sigma_{i<j}[J_{ij} - K_{ij}]$, dado que la suma $\Sigma_{i \neq j}[J_{ij} - K_{ij}]$ es exactamente el doble que la $\Sigma_{i<j}[J_{ij} - K_{ij}]$. De esta forma la suma $\Sigma_i \varepsilon_i \neq E_{tot}$, y por tanto cada ε_i no puede interpretarse como una energía exclusiva del i-ésimo electrón.

Consideremos ahora cuánto variaría la energía del sistema si se suprimiese el electrón i-ésimo suponiendo que, aproximadamente, el resto de las funciones de onda se mantuviesen sin cambios. En la práctica la extracción de un electrón siempre provoca que todo el sistema se reacomode, aunque el cambio suele ser pequeño si el electrón extraído es uno de los más externos. Naturalmente esa variación de energía es la energía de ionización y, por motivos obvios, esta forma de estimarla se denomina "aproximación del átomo congelado". Pues bien, en aproximación del átomo congelado, la energía de ionización del electrón i-ésimo es simplemente la diferencia entre las energías del sistema para N y para N-1 electrones. Esa diferencia es inmediata de evaluar, ya que es precisamente la suma de términos en que intervenía el electrón i extraído, es decir $E(\Psi_N) - E(\Psi_{N-1}) = I_i + \Sigma_{j(\neq i)}[J_{ij} - K_{ij}]$

---

[1] Aunque la presencia de los términos de canje exija numéricamente mucha más potencia de cálculo.

Como puede verse el resultado es precisamente ε_i. Por tanto el parámetro ε_i. de las ecuaciones Hartree-Fock debe interpretarse no como la energía de ese electrón dentro del átomo, sino como su energía de ionización en aproximación del átomo congelado. Este resultado se conoce como teorema de Koopmans. El error cometido en la energía de ionización por suponer el átomo "congelado" se denomina "energía de relajación".

Es muy instructivo recordar el análogo electrostático de esta misma situación. En un sistema de cargas q_i sometidas cada una a un potencial V_i debido a las demás, la cantidad q_iV_i no puede interpretarse como la energía de esa carga en el sistema, sino como lo que variaría la energía del sistema si esa carga se extrajese. El asignar una energía q_iV_i a cada carga llevaría a una energía total del sistema ΣV_iq_i, cuando en realidad el valor correcto es precisamente la mitad. El origen de ese factor dos es el mismo que en las ecuaciones de Hartree-Fock: en la suma ΣV_iq_i está contada dos veces la energía potencial debida a cada par de cargas.

4.3.4 Elementos de matriz involucrados en el cálculo de energías

Aunque nos hayamos encontrado los elementos de matriz I_i, J_{ij} y K_{ij} al describir el tratamiento Hartree-Fock de un átomo, esta no es su única utilidad. Estas integrales serán esenciales cuando estudiemos las correcciones por interacción electrostática, que nos permitirán explicar la disposición energética de los términos electrostáticos en átomos polielectrónicos. Por ello merecerá analizar en algún detalle su estructura y la forma en que pueden evaluarse explícitamente, al menos en forma numérica.

Elementos de matriz de un solo electrón

Para calcular los elementos de matriz de la forma $I=\langle\varphi(x)|-\nabla^2/2-Z/r|\varphi(x)\rangle$ basta tener en cuenta que la notación $\langle...|...|...\rangle$ representa aquí integrales d^3x extendidas a todo el espacio (y suma en espines). Consideremos que las funciones de onda de cada electrón están factorizadas en parte angular, radial y espinorial según

$$\varphi_{nlm_lsm_s}(x) = \tfrac{1}{r}P_{nl}(r)Y_{lm}(\Omega)\chi_{sm_s}(\sigma),$$

y recordemos que $-\nabla^2 = p^2 = p_r^2 + L^2/r^2 = -\dfrac{1}{r}\dfrac{\partial^2}{\partial r^2}r + L^2/r^2$. Si bien L^2 es un operador bastante complejo, su manejo será el más sencillo puesto que actúa de forma casi trivial sobre sus autofunciones Y_{lm}.

De esta forma se trata de calcular

$$I = \langle \varphi(x) | -\nabla^2/2 - Z/r | \varphi(x) \rangle =$$

$$= \sum_{\sigma} \int_{4\pi} d\Omega \int_0^{\infty} r^2 dr \left(\frac{1}{r} P_{nl}(r) Y_{lm}^*(\Omega) \chi_{sm_s}^*(\sigma) \right) \left(-\frac{1}{2r} \frac{\partial^2}{\partial r^2} r + \frac{L^2}{2r^2} - \frac{Z}{r} \right) \left(\frac{1}{r} P_{nl}(r) Y_{lm}(\Omega) \chi_{sm_s}(\sigma) \right)$$

El cálculo resulta muy sencillo para cada sumando del paréntesis central, una vez que se separan la integración radial, la angular y la suma en espines. Como ejemplo para el Z/r resulta

$$\langle ... | -Z/r | ... \rangle =$$

$$= \sum_{\sigma} \left\langle X_{m_s} \Big| X_{m_s} \right\rangle \int_{4\pi} d\Omega Y_{lm}^*(\Omega) Y_{lm}(\Omega) \int_{-\infty}^{\infty} r^2 dr \frac{1}{r^2} P_{nl}^{\;2}(r) \frac{-Z}{r} = \int_{-\infty}^{\infty} P_{nl}^{\;2}(r) \frac{-Z}{r} dr$$

Simplificando análogamente el resto de términos es fácil ver que el resultado final es:

$$I = \langle \varphi(x) | -\nabla^2/2 - Z/r | \varphi(x) \rangle = \frac{-1}{2} \int_0^{\infty} P_{nl}(r) P_{nl}''(r) dr + \int_0^{\infty} \left(\frac{l(l+1)}{2r^2} - \frac{Z}{r} \right) P_{nl}^{\;2}(r) dr$$

Elementos de matriz de dos electrones.

Como sabemos, los elementos de matriz $\langle \Psi | \Sigma_{i<j} 1/r_{ij} | \Psi \rangle$ dan lugar a una suma de integrales directas y de canje, una para cada pareja de electrones (sin repetir).

$$\left\langle \Psi \Big| \sum_{i<j} 1/r_{ij} \Big| \Psi \right\rangle = \sum_{i<j} \left\langle \varphi_i \varphi_j | 1/r_{12} | \varphi_i \varphi_j \right\rangle - \sum_{i<j} \left\langle \varphi_i \varphi_j | 1/r_{12} | \varphi_j \varphi_i \right\rangle = \sum_{i<j} \left(J_{ij} - K_{ij} \right)$$

Para calcular cada uno de estos elementos de matriz se aprovecha una vez más el que las funciones monoelectrónicas estén factorizadas en sus variables angulares, radiales y de espín, y se escribe la función $1/r_{12}$ como su conocido desarrollo en serie de armónicos esféricos (ver apéndice A3).

$$\frac{1}{r_{12}} = \frac{1}{\sqrt{r_1^2 + r_2^2 - 2r_1 r_2 \cos\theta_{12}}} = \sum_{k=0}^{\infty} \frac{r_<^k}{r_>^{k+1}} P_k(\cos\theta_{12}) = \sum_{k=0}^{\infty} \frac{r_<^k}{r_>^{k+1}} \sum_{q=-k}^{k} \frac{4\pi}{2k+1} Y_k^{q*}(\Omega_1) Y_k^q(\Omega_2)$$

Esta especie de "desarrollo de Fourier en 6 dimensiones" tiene la enorme ventaja de que cada uno de sus sumandos tiene también factorizada la dependencia radial y angular, por lo que es idóneo para su cálculo con nuestras funciones de onda monoelectrónicas.

Como consecuencia el resultado es una suma de términos $\sum_{k=0}^{\infty}$ en cada uno de los cuales se podrá factorizar una integral radial de cantidades $r_<^k / r_>^{k+1}$ sobre funciones P_{nl}, una integral en ángulos entre varios armónicos esféricos, y un producto de funciones de espín.

El producto escalar de funciones de espín es el más simple, ya que se reduce a la unidad en la parte directa, y resulta un factor 1 o 0 en la parte de canje según ambos espines sean iguales o distintos.

Las integrales sobre ángulos mencionadas son:

$$c_k(l^m l'^{m'}) = \sqrt{\frac{4\pi}{2k+1}} \int_{4\pi} d\Omega Y_{lm}^{\;*}(\Omega) Y_{kq}(\Omega) Y_{l'm'}(\Omega) ,$$

donde $q = m - m'$, ya que otros valores anulan la integral.

Y finalmente las integrales radiales que intervienen son

$$F_{ij}^k = \int_0^\infty \int_0^\infty \frac{r_<^k}{r_>^{k+1}} P_i^2(r_1) P_j^2(r_2) dr_1 dr_2$$

$$G_{ij}^k = \int_0^\infty \int_0^\infty \frac{r_<^k}{r_>^{k+1}} P_i(r_1) P_j(r_2) P_j(r_1) P_i(r_2) dr_1 dr_2$$

que aparecen respectivamente en los términos directos y de canje[1], y difieren solo en el intercambio de una pareja de funciones P_i y P_j. Esas F^k y G^k (denominadas respectivamente *Integrales de Slater directas* y *de canje*) se pueden calcular numéricamente de forma inmediata una vez dadas las funciones radiales $P_{nl}(r)$.

Las cantidades c_k son puramente geométricas, características de los armónicos esféricos, y se encuentran tabuladas o pueden calcularse como combinación de coeficientes Clebsch-Gordan o símbolos 3j (apéndices A3, A5)

$$c_k(l^m l^{m'}) = \sqrt{\frac{(2l'+1)(2k+1)}{4\pi(2l+1)}} \, C(l'kl, m'q\text{m}) C(l'kl, 000).$$

$$c_k(l^m l^{m'}) = \sqrt{(2l+1)(2l'+1)} \begin{pmatrix} l & k & l' \\ 0 & 0 & 0 \end{pmatrix} \begin{pmatrix} l & k & l' \\ -m & q & m' \end{pmatrix}.$$

Si abreviamos $a_k(l^m l'^{\ m'}) = c_k(l^m l^m) c_k(l'^{\ m'} l'^{\ m'})$ y $b_k(l^m l'^{\ m'}) = [c_k(l^m l'^{\ m'})]^2$, el resultado final para cada pareja de electrones puede escribirse:

$$J - K = \langle \varphi(r_1) \varphi'(r_2) | 1/r_{12} | \varphi(r_1) \varphi'(r_2) \rangle - \langle \varphi(r_1) \varphi'(r_2) | 1/r_{12} | \varphi'(r_1) \varphi(r_2) \rangle =$$

$$= \sum_k a_k (l^{m_l} l'^{m_{l'}}) F_{nl,n'l'}^k - \delta_{m_s m_{s'}} \sum_k b_k (l^{m_l} l'^{m_{l'}}) G_{nl,n'l'}^k$$

De esta forma, conocidas las funciones de onda radiales, todos los elementos de matriz pueden evaluarse de forma numérica en cualquier caso práctico, cosa que nos será útil más adelante. Las cantidades a_k y b_k pueden consultarse en la tabla 4.1.

---

[1] En algunos textos (como el de R. D. Cowan citado en la bibliografía) estas integrales F^k y G^k se definen incluyendo un factor "2" adicional, dado que lo aplican al cálculo de elementos de matriz de $2/r$ en lugar del $1/r$ que estamos considerando aquí. El motivo suele ser que en tales textos utilizan como unidades de energía el Rdberg (1/2 de la unidad atómica de energía) en lugar del Hartree utilizado aquí (que es el nombre de la unidad atómica de energía).

$$c_k(l_im_{li};l_jm_{lj}),\ b_k=(c_k)^2.$$

Los signos "±" deben tomarse juntos
(los dos superiores o los dos inferiores)

	m	m'	$k=0$	$k=1$	$k=2$	$k=3$	$k=4$
ss	0	0	1	0	0	0	0
sp	0	±1	0	$-\sqrt{1/3}$	0	0	0
	±1	±1	0	$\sqrt{1/3}$	0	0	0
pp	0	0	1	0	$\sqrt{1/25}$	0	0
	±1	±1	1	0	$\sqrt{3/25}$	0	0
	±1	0	0	0	$\sqrt{6/25}$	0	0
sd	0	0	1	0	$\sqrt{4/25}$	0	0
				0	$\sqrt{1/5}$	0	0
				0	$\sqrt{1/5}$	0	0
pd	0	±2	0	$-\sqrt{6/15}$	0	$\sqrt{3/245}$	0
	±1	±2	0	$\sqrt{3/15}$	0	$-\sqrt{9/245}$	0
	±1	±1	0	$-\sqrt{1/15}$	0	$\sqrt{18/245}$	0
	±1	0	0	0	0	$-\sqrt{30/245}$	0
				$-\sqrt{3/15}$	0	$\sqrt{45/245}$	0
				$\sqrt{4/15}$	0	$-\sqrt{15/245}$	0
				0	0	$\sqrt{24/245}$	0
				0	0	$\sqrt{27/245}$	0
dd	±2	±2	1	$-\sqrt{3/15}$	$-\sqrt{4/49}$	0	$\sqrt{1/441}$
	±2	±1	0	$\sqrt{4/15}$	$\sqrt{6/49}$	0	$-\sqrt{5/441}$
	±2	0	0	0	$-\sqrt{4/49}$	0	$\sqrt{15/441}$
	±1	±1	1	0	$\sqrt{1/49}$	0	$-\sqrt{35/441}$
	±1	0	0	0	$-\sqrt{5/49}$	0	$\sqrt{70/441}$
	0	0	1	0	$\sqrt{4/49}$	0	$-\sqrt{16/441}$
							$\sqrt{49/441}$
							$\sqrt{36/441}$

$$a_k(l_im_{li};l_jm_{lj})=c_k(\ldots i\ldots i\ldots)\,c_k(\ldots j\ldots j\ldots)$$

Λοσ σιγνοσ "□±" pueden combinarse
de cualquiera de las 4 formas posibles

	m	m'	$k=0$	$k=2$	$k=4$
ss	0	0	1		
sp	0	0	1		
	±1	±1	1		
pp	0	0	1	1/25	
	±1	±1	1	-2/25	
	±1	0	1	4/25	
sd	0	0	1		
			1		
pd	±1	±2	1	2/35	
	±1	±1	1	-1/35	
	±1	0	1	-2/35	
	0	±2	1	-1/35	
	0	±1	1	2/35	
	0	0	1	4/35	
dd	±2	±2	1	4/49	1/441
	±2	±1	1	-2/49	-4/441
	±2	0	1	-4/49	6/441
	±1	±1	1	1/49	16/441
	±1	0	1	2/49	-24/441
	0	0	1	4/49	36/441

Tabla 4.1 J.C.Slater(1960) *Quantum Theory of Atomic Structure*, McGraw-Hill, New York

Algunas propiedades de las integrales de energía I, J y K

Aunque su cálculo numérico en cada caso concreto no ofrezca grandes dificultades, no es mucho lo que puede decirse con generalidad de estas cantidades. Algunas observaciones importantes sobre ellas son las siguientes:

1. Las integrales I no dependen más que de los números cuánticos n y l, por lo que son idénticas para todos los electrones de una misma configuración. Por el contrario J y K dependen de m_l (K también de m_s) por lo que serán las responsables de que se rompa la degeneración de la aproximación de Campo Central al introducir las correcciones por interacción electrostática entre pares de electrones.

2. Tanto las F^k como las G^k son siempre cantidades positivas. Esto es evidente para las F^k (por tener integrando positivo), y es un resultado no evidente aunque demostrable para el caso de las G^k.

3. Frecuentemente (aunque no siempre) los valores de F^k y G^k suelen disminuir al crecer k.

4. En los casos en que la pareja de electrones considerada pertenezca al mismo orbital ("*electrones equivalentes*") desaparece la distinción entre integrales directas y de canje, siendo $F^k = G^k$. Nótese que F^k y G^k difieren solo en el intercambio de dos funciones radiales, de modo que para un par de electrones con los con los mismos valores nl y por tanto la misma función radial $P_{nl}(r)$, ambas integrales son la misma.

5. Aunque el desarrollo de la función $1/r_{12}$ es una serie infinita en el índice k, las propiedades de ortogonalidad de los armónicos esféricos hacen que el resultado final siempre contenga solo un número finito de estos sumandos. De hecho puede demostrarse que los únicos valores de k que intervienen son $k=0,2,4,\ldots,\min(2l,2l')$ para las F^k, y $k=|l-l'|\ldots|l+l'|$ para las G^k. Puede observarse que esos son los únicos casos que contiene la tabla 4.1.

4.3.5 El caso más simple de dos electrones

Los átomos con solo dos electrones son muy interesantes desde el punto de vista didáctico, ya que aun siendo muy sencillos permiten apreciar todo lo visto para el caso general. También es un problema de interés práctico ya que, además del átomo de He, incluye muchos iones interesantes desde el más ligero H^- a otros los más pesados como Li^+, Be^{2+}, B^{3+}, …

Ecuaciones de Hartree-Fock

Particularizar las ecuaciones de Hartree-Fock para un determinante de Slater concreto es muy sencillo, basta escribir para cada electrón los términos que correspondan debidos al resto de electrones. Veamos su aspecto en el caso más sencillo de solo dos electrones en el estado fundamental, es decir la configuración $1s^2$.

Claramente el único determinante de Slater posible para esa configuración es el (0^+0^-). Dado que ambos electrones comparten la misma función de ondas espacial, solo es preciso escribir una ecuación de Hartree-Fock, la misma para los dos. Además, dado que presentan distinto espín, no intervendrán términos de canje, y la ecuación será por tanto la misma de Hartree.

$$\left[-\frac{\nabla^2}{2} - \frac{Z}{r} + \int \frac{|\varphi(\vec{r}')|^2}{|\vec{r} - \vec{r}'|} d^3\vec{r}' \right] \varphi(\vec{r}) = \varepsilon \varphi(\vec{r})$$

o lo que es igual, el par

$$\left[-\nabla^2/2 + V(\vec{r}) \right] \varphi(\vec{r}) = \varepsilon \varphi(\vec{r}), \quad V(\vec{r}) = -Z/r + \int |\varphi(\vec{r}')|^2 / |\vec{r} - \vec{r}'| d^3\vec{r}'$$

Separando la función en partes radial y angular $\varphi_{1s0}(\vec{r}) = 1/r \, P_{1s}(r) Y_{00}(\theta\phi)$, el sistema de ecuaciones integro-diferenciales resulta

$$\left. \begin{aligned} \left[-\frac{1}{2} \frac{d^2}{dr^2} + V(r) \right] P_{1s}(r) &= \varepsilon_{1s} P_{1s}(r) \\ V(r) = -Z/r + \int_0^\infty P_{1s}^2(r') / r_> dr' \end{aligned} \right\}$$

donde la primera es nuestra bien conocida ecuación de Schrödinger radial para $l=0$, y en la segunda ya se ha hecho la integral en ángulos teniendo en cuenta que $Y_{00} = 1/\sqrt{4\pi}$, y $r_>$ representa el mayor de r y r'.

El tratamiento numérico de este sistema integro-diferencial sería el ya comentado para el caso general, es decir, utilizar alguna estimación de partida para $V(r)$ o $P(r)$ e iterar el cálculo de una y otra funciones hasta lograr autoconsistencia.

Una vez resuelto el problema y obtenidas las funciones $P_{1s}(r)$, podríamos realizar las integrales necesarias para obtener la energía total del sistema mediante la expresión $E_{tot} = \langle \Psi | H | \Psi \rangle = \Sigma_i I_i + \Sigma_{i<j} [J_{ij} - K_{ij}]$, que en este caso se reduciría a $E_{tot} = 2I_1 + J_{12}$ (dado que $K_{12} = 0$ por el distinto espín de los dos electrones). Nótese que en este caso resultaría $\varepsilon_{1s} = I_1 + J_{12}$, de modo que $\varepsilon_{1s} + \varepsilon_{1s} \neq E_{tot}$ como vimos en general.

Tratamiento variacional con un único parámetro

No continuaremos aquí con la solución numérica de este problema, en lugar de ello vamos a considerar otro tratamiento para el sistema de dos electrones $1s^2$. Este consistirá en limitar aún más la forma de las soluciones, considerando para los orbitales alguna familia de funciones dependientes de un parámetro. Realmente ello significa que ya no estaremos hablando de ecuaciones de Hartree-Fock propiamente dichas, sino directamente de un tratamiento variacional. Por este procedimiento variacional se han obtenido soluciones al átomo de He que pueden considerarse prácticamente exactas, utilizando familias de funciones con multitud de grados de libertad. En lo que sigue mostraremos un ejemplo muy sencillo con un único parámetro.

Consideremos el problema de obtener variacionalmente la mejor descripción posible del estado $1s^2$ en forma de un determinante $\Psi=(0^+0^-)$, donde la función de ondas radial de cada electrón dependa de un parámetro en la forma $P_\lambda(r)=2\lambda^{3/2}re^{-\lambda r}$ (el factor $\lambda^{3/2}$ tiene la única función de que la función esté normalizada). En caso hidrogenoide ($V=-Z/r$) esa sería la solución exacta para un estado 1s tomando $\lambda=Z$, de modo que aquí ese grado de libertad podría interpretarse como la posibilidad de un apantallamiento y el valor que encontremos para ese parámetro considerarse la carga efectiva "vista" por cada electrón.

Escrita explícitamente nuestra función de ondas prueba sería

$$\Psi=(0^+0^-)=\frac{4\lambda^3}{\sqrt{2!}}\begin{vmatrix} e^{-\lambda r_1}Y_{00}X_+(\sigma_1) & e^{-\lambda r_2}Y_{00}X_+(\sigma_2) \\ e^{-\lambda r_1}Y_{00}X_-(\sigma_1) & e^{-\lambda r_2}Y_{00}X_-(\sigma_2) \end{vmatrix}=4\lambda^3 Y_{00}Y_{00}e^{-\lambda r_1}e^{-\lambda r_2}\left(\frac{X_+(1)X_-(2)-X_+(2)X_-(1)}{\sqrt{2}}\right)$$

Y buscaremos minimizar $\langle\Psi|\mathbf{H}|\Psi\rangle$ para el hamiltoniano

$$\mathbf{H}=-\frac{1}{2}\nabla_1^2-\frac{1}{2}\nabla_2^2-\frac{Z}{r_1}-\frac{Z}{r_2}+\frac{1}{r_{12}}\cdot$$

Los mismos pasos dados al plantear las ecuaciones de Hartree-Fock son válidos aquí, de modo que el desarrollo explícito de este elemento de matriz resulta

$$\langle\Psi|\mathbf{H}|\Psi\rangle=\underbrace{\sum_i\langle\varphi_i|-\nabla^2/2-Z/r|\varphi_i\rangle}_{2\,sumandos\,iguales}+\underbrace{\sum_{i<j}\langle\varphi_i\varphi_j|1/r_{12}|\varphi_i\varphi_j\rangle}_{1\,solo\,sumando\,J}-\underbrace{\sum_{i<j}\delta_+\langle\varphi_i\varphi_j|1/r_{12}|\varphi_j\varphi_i\rangle}_{1\,sumando\,K\,nulo}=2I_1+J_{12}$$

Naturalmente nos aparecen las integrales I, J y K definidas en su momento para el caso más general, y que podemos evaluar como entonces se indicó.

$$I=-\tfrac{1}{2}\int_0^\infty P_{nl}(r)P_{nl}''(r)dr+\int_0^\infty\left(\frac{0(0+1)}{r^2}-\frac{Z}{r}\right)P_{nl}^2(r)dr=\lambda^2/2-\lambda Z$$

$$J_{12}=\langle 0^+0^-|1/r_{12}|0^+0^-\rangle=a_0F_{1s,1s}^0=1\cdot\int_0^\infty\int_0^\infty\frac{1}{r_>}P_{1s}^2(r_1)P_{1s}^2(r_2)dr_1dr_2=5\lambda/8$$

Donde el último paso de cada igualdad resulta tras sustituir $P_{nl}=2\lambda^{3/2}re^{-\lambda r}$.

De este modo la cantidad que debemos extremar es simplemente $\langle\Psi|\mathbf{H}|\Psi\rangle=2[\lambda^2/2-\lambda Z]+5\lambda/8$, que toma el valor mínimo $\langle\Psi|H|\Psi\rangle_{min}=-Z^2+5Z/8-25/256$ para $\lambda=Z-5/16$. Por tanto cada electrón "apantalla" al compañero en $5/16=0.31$ cargas.

Comparación de distintas aproximaciones

Es interesante comparar este resultado con los valores prácticamente exactos[1] conocidos para los distintos iones, y con los valores que proporcionarían otras aproximaciones. En concreto en la tabla 4.2 se muestran los siguientes valores teóricos:

- El que hubiese proporcionado una aproximación de electrones independientes, cada uno sometido al mismo potencial Z/r sin interaccionar entre ellos:
  $E^0=2[-1/2 \ Z^2/1^2] = -Z^2$ (se trata de una situación hidrogenoide).
- El que proporcionaría un tratamiento por teoría de perturbaciones al incluir el término de interacción entre electrones $1/r_{12}$ sobre la anterior aproximación de electrones independientes:
  $E^1=E^0+\Delta E$ con $\Delta E=\langle\Psi|1/r_{12}|\Psi\rangle$, lo cual resulta $E^1=-Z^2+5/8Z$ (teniendo en cuenta que ese elemento de matriz lo acabamos de calcular[2])
- El que acaba de proporcionarnos el método variacional
  $E^v=\langle\Psi|\mathbf{H}|\Psi\rangle_{min}=-Z^2+5Z/8-25/256$.

Como puede verse, en todos los casos el método variacional proporciona un valor ligeramente más bajo lo cual (según los teoremas vistos en su momento) nos garantizaría que es mejor aunque no conociésemos los valores exactos, cosa que sí ocurre aquí. Aunque los cálculos variacional y perturbativo realmente involucren los mismos elementos de matriz, la ligera mejora del variacional procede casi por completo de operar sobre una función de ondas corregida, mientras que el perturbativo se realiza sobre las funciones de onda sin perturbar.

Z	E^0	E^1	E^v	E^{exacta}
1 H⁻	-1	-0.375	-0.473	-0.528
2 He	-4	-2.750	-2.848	-2.904
3 Li⁺	-9	-7.125	-7.222	-7.280
4 Be²⁺	-16	-13.50	-13.60	-13.66
5 B³⁺	-25	-21.88	-21.97	-22.03
6 C⁴⁺	-36	-32.25	-32.35	-32.41

Tabla 4.2 Energías totales para el sistema formado por dos electrones y un núcleo de carga Z, según distintos tratamientos.

---

[1] Experimentales o generados con tratamientos variacionales más refinados.
[2] Puede parecer una casualidad que el elemento de matriz que nos ha surgido en un tratamiento variacional se nos vuelva a presentar en uno perturbativo, pero no es así. En realidad los elementos de matriz $\langle 1/r_{ij}\rangle$ representan la energía de interacción entre pares de electrones y surgen en cualquier tratamiento que la considere. Veremos que ello vuelve a ocurrir de forma general más adelante.

Potencial de ionización y energía de relajación

Resulta interesante aprovechar el anterior cálculo variacional para determinar el potencial de ionización de esos átomos. Simplemente se trata de comparar las energías del estado $1s^2$ y del estado $1s$ con un solo electrón.

Como vimos en su momento, el cálculo en aproximación de átomo congelado es muy simple. Consiste en los términos de la expresión para la energía total ($E_{tot}=I_1+I_2+J_{12}$ en este caso) que incluyan a uno de los electrones. Eso significa aquí la integral J y una de las integrales I. Así pues

$$(-)\varepsilon^{c}_{ioniz} = I_1+J_{12} = -Z^2/2+5Z/8-75/512.$$

No utilizar la aproximación de átomo congelado significa considerar por separado el sistema con un electrón menos y para él repetir todo el cálculo. En nuestro caso eso significa un único electrón, para el que conocemos la energía exacta $-Z^2/2$. Así pues

$$(-)\varepsilon_{ioniz} = E_{tot}(N)\text{-}E_{tot}(N\text{-}1) =$$
$$= (-Z^2+5Z/8-25/256) - (-Z^2/2) =$$
$$= -Z^2/2+5Z/8-50/512.$$

La diferencia entre ambos valores es la que en su momento denominamos "energía de relajación", que en este caso es $\Delta\varepsilon^{relaj}=0.049$ u.a. Como indicamos entonces se trata de una cantidad pequeña comparada con las energías totales involucradas, y siendo constante resulta más insignificante cuanto mayor es la Z nuclear.

4.4 El ejemplo del Si I

Hemos visto que, en aproximación de Campo Central, la energía de los distintos estados del átomo queda determinada por el conjunto de números cuánticos n_il_i que denominamos "configuración". Para tratar el "reto" que nos propusimos en su momento de justificar los niveles excitados del Si I, podríamos comenzar por tomar para su potencial central $V(r)$ alguna de las aproximaciones que se han comentado en este capítulo. Con dicho potencial sería inmediato calcular numéricamente los orbitales y energías de ligadura de cada uno sus estados ligados ε_{nl}. Una vez hecho eso podríamos obtener la energía de cualquiera de sus configuraciones.

Según el principio de aufbau, la configuración de más baja energía (fundamental) para los 14 electrones del Si sería la $1s^2\ 2s^2p^6\ 3s^2p^2$ o [Ne]$3s^23p^2$. En aproximación de Campo Central su energía sería simplemente $E(1s^2\ 2s^2p^6\ 3s^2p^2)=2\varepsilon_{1s}+2\varepsilon_{2s}+6\varepsilon_{2p}+2\varepsilon_{3s}+2\varepsilon_{3p}$, es decir, la de los dos electrones del orbital 1s mas los dos del 2s, mas los 6 del 2p, etc. Del mismo modo podríamos considerar configuraciones en que algunos de los electrones estuviesen situados en orbitales más excitados, como las [Ne]$3s^23p4s$, [Ne]$3s3p^3$, [Ne]$3s^23p4p$, etc., y determinar también sus respectivas energías. Los valores resultantes para las configuraciones de más baja energía se muestran en la figura 4.4 representados con trazos grises gruesos.

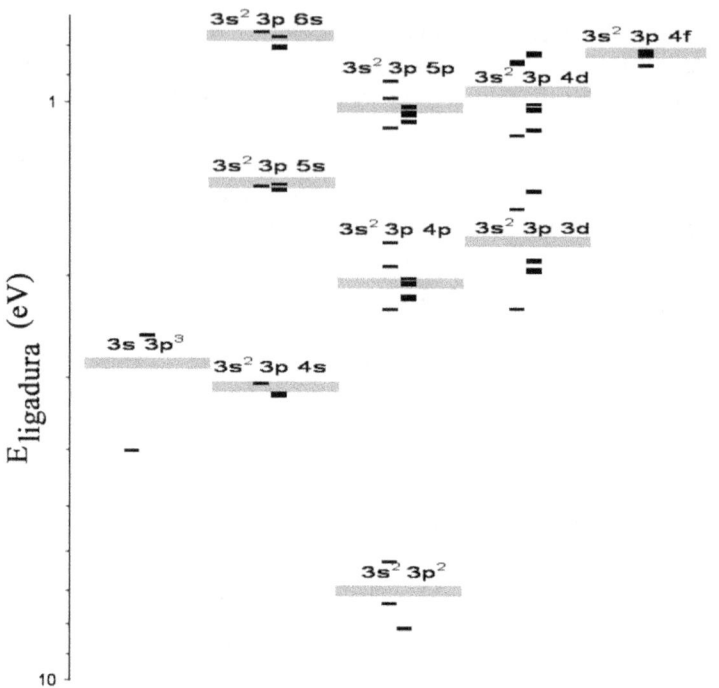

4.4 *Los trazos grises muestran la energía de la configuración fundamental y las primeras excitadas del Si I en aproximación de Campo Central. Los trazos negros pequeños son los niveles de energía experimentales que justifican el espectro óptico de este átomo.*

Como puede verse el resultado es alentador. Resulta una primera justificación "cualitativa" de la disposición de los niveles de energía experimentales del Si I, y una colección de números cuánticos que asignarles (los de cada configuración). Este es el tipo de resultado que obtuvo por primera vez Hartree con su procedimiento, y valores similares resultarían también utilizando como $V(r)$ el obtenido en aproximación de Thomas-Fermi. Experimentalmente se observa que cada configuración no se mantiene degenerada, sino que se desdobla en los niveles indicados en la figura 4.4. Como veremos en los siguientes capítulos, el origen de ese desdoblamiento serán las interacciones de cada electrón con el resto (incluidos efectos relativistas) que no pueden promediarse por un potencial $V(r)$, y que estamos ignorando aquí.

En caso de haber obtenido esas energías mediante un cálculo de Hartree-Fock la situación habría sido algo más complicada. Para empezar no habría bastado con especificar los números cuánticos $n_i l_i$ de la configuración deseada en cada caso, sino todos $n_i l_i m_{li} m_{si}$ de algún determinante de Slater concreto en ella. Además, al no utilizar la aproximación de Campo Central, la energía no solo habría dependido de los números cuánticos $n_i l_i$, sino que habría resultado en general distinta para cada determinante de Slater considerado. De ese modo se justificaría el desdoblamiento de cada configuración en varios niveles, pero seguiría sin ser posible justificar los valores experimentales, y tampoco sería claro con qué criterio elegir uno u otro de los valores calculados. Precisamente estas cuestiones son el objetivo del siguiente capítulo.

Problemas

4.1. Para el determinante de Slater $(0^+ \, 1^+ \, 1^-)$ de la configuración $1s3p^2$ en Li, un cálculo Hartree-Fock ha proporcionado los valores: $I_{1s}=-9.001$, $I_{3p}=-0.836$, $J_{1s,3p}=0.395$, $J_{3p,3p}=0.262$, $K_{1s,3p}=0.008$, donde $I_i=<-1/2\nabla_i^2-Z/r_i>$, y J_{ij} y K_{ij} son las integrales directa de Coulomb y de canje.
Calcular, para ese estado, la energía total del sistema y (en aprox. átomo congelado) la de ionización.

4.2. Continuando con el problema 3 del capítulo 1:
   c) Sabiendo que hay un único electrón en este orbital nl menos ligado, deducir la especie atómica (valor de Z) suponiendo válido el orden natural de llenado.
   d) Deducir el defecto cuántico para ese tipo de orbitales, y explicar si el resultado permitiría estimar la energía de otros orbitales ns o np.

5 Correcciones Electrostática y Espín-Órbita. Acoplamiento LS

5.1 Interacción Electrostática Residual

Recordemos que, introduciendo el concepto de "potencial central", el hamiltoniano puramente electrostático de un átomo polielectrónico $H=-\frac{1}{2}\sum_i \nabla_i^2 -\sum_i Z/r_i+\sum_{i<j} 1/r_{ij}$, lo habíamos reescrito como $H=H_0+\Delta H_{el}$, donde $H_0= \sum_i [-\frac{1}{2}\nabla_i^2+V(r_i)]$ y $\Delta H_{el} =\sum_{i<j} 1/r_{ij} -\sum_i[Z/r_i+V(r_i)]$. El papel del potencial aproximado $V(r_i)$ es representar lo mejor posible para cada electrón el efecto promedio del núcleo y resto de electrones, de modo que si está bien elegido ΔH_{el} debería ser pequeño. De hecho ΔH_{el} consistirá únicamente en aquellos efectos de la interacción electrostática electrón-electrón que no es posible promediar, y por ello se denomina interacción electrostática "residual".

Siguiendo el plan marcado en el primer capítulo, una vez bien establecida la aproximación de Campo Central y estudiadas las soluciones del H_0, procederemos a usarlas como base sobre la que tratar (mediante teoría de perturbaciones) los dos principales efectos ignorados hasta ahora, esa interacción electrostática residual y la espín-órbita.

En una mirada superficial, parecería que el método de Hartree-Fock del anterior capítulo hace ya innecesaria tanto la introducción de un potencial central aproximado, como la separación $H=H_0+\Delta H_{el}$ y su tratamiento mediante teoría de perturbaciones; puesto que en él se trata directamente el hamiltoniano electrostático completo sin necesidad de ningún $V(r)$ aproximado. En realidad ello no es así. El motivo es que la aproximación de Hartree-Fock que hemos visto toma como función de ondas de partida un determinante de Slater, pero nada nos garantiza que esa sea la mejor descripción del átomo. Y aunque lo fuese ¿cuál sería el mejor determinante de Slater posible? Para una configuración como la $1s^2 2s 2p^3$ que en algún momento vimos como ejemplo, posiblemente el método de Hartree-Fock daría distinta energía para cada uno de sus 40 determinantes de Slater posibles… ¿Cuál de ellos sería la mejor descripción del átomo? ¿Y qué ocurriría probando con combinaciones lineales de esos determinantes?

Desde luego un tanteo a ciegas de ese tipo no nos llevaría muy lejos. Pero es que, aunque eventualmente encontrásemos así alguna función óptima, tampoco nos quedaría muy claro por qué lo es. Por si eso fuera poco, el concepto de "configuración" no tendría sentido sin la existencia de un potencial central en el cual se conserve el momento angular, y aunque pueda ser solo una aproximación, es una buena primera aproximación de las energías atómicas, y justifica el sistema periódico.

En realidad la mejor estrategia es un tratamiento mixto. Por una parte, la teoría de perturbaciones, apoyada en una aproximación de Campo Central, nos revelará la importancia de cada término del hamiltoniano por separado, nos explicará la estructura de niveles atómicos, y nos marcará la forma de construir funciones de onda óptimas. Por otra parte, el método de Hartree-Fock nos permitirá optimizar esas funciones de onda y sus energías. Por ello en lo que sigue trabajaremos suponiendo el átomo ya resuelto en aproximación de Campo Central, aunque la forma óptima de las funciones de onda que usemos pueda provenir finalmente de un tratamiento Hartree-Fock.

5.1.1 Acoplamiento LS

Ruptura de degeneración y cantidades conservadas

El primer efecto de la perturbación $\Delta \mathbf{H}_{el}$ será romper la degeneración existente en aproximación de Campo Central. De modo natural, funciones de onda que diferían en la distinta orientación relativa de unos electrones respecto a otros, debían tener la misma energía si estos eran independientes, pero no si interaccionan entre sí mediante términos $1/r_{ij}$.

Como indica la figura 5.1, al aplicar la teoría de perturbaciones, los distintos componentes de $\Delta \mathbf{H}_{el}$ provocarán diferentes efectos sobre los niveles de energía.

Por una parte el término $\Sigma_i[Z/r_i + V(r_i)]$ no tiene dependencia en ángulos ni espines. Por ello conmuta con todas las funciones de onda que teníamos hasta ahora, y podría tratarse como si no hubiese degeneración. Supondrá una contribución (en general ligeramente negativa) que provocará un desplazamiento pero ningún desdoblamiento de niveles.

Por otra parte el termino $\Sigma_{i<j}1/r_{ij}$ supone un efecto repulsivo neto promedio que subirá ligeramente las energías, pero además romperá la degeneración por los motivos que hemos explicado. Por tanto supondrá un desplazamiento y desdoblamiento. Si el potencial central $V(r)$ se eligió bien, ya debería incluir toda la contribución "promediable" del término $\Sigma_{i<j}1/r_{ij}$, de modo que ambos desplazamientos se cancelarán dejando los niveles en la energía dada por $\mathbf{H}_0$ (energías medias de cada configuración E_{av}). De este modo la parte realmente interesante de $\Delta \mathbf{H}_{el}$ será la ruptura de degeneración

provocada por los términos $\Sigma_{i<j} 1/r_{ij}$, y en su tratamiento es en el que nos centraremos.

$$\mathbf{H} = \begin{cases} \mathbf{H}_0 = \sum_{i=1}^{N} \dfrac{p_i^2}{2m} + V(r_i) \\[2em] \Delta\mathbf{H}_{el} = \sum_{i<j}^{N} \dfrac{e^2}{r_{ij}} - \sum_{i=1}^{N} \left(\dfrac{Ze^2}{r_i} + V(r_i) \right) \end{cases}$$

dependencia   sin dependencia
angular r_i r_j angular, mantiene
rompe degeneración   degeneración

son los más
interesantes

5.1 *Efecto de los distintos términos de la interacción electrostática, y ruptura de simetría debida a la parte residual $\Sigma_{i<j} 1/r_{ij}$.*

Como sabemos, la mejor estrategia para tratar un problema con degeneración en teoría de perturbaciones, es encontrar una base en que la perturbación sea diagonal. La forma de lograrlo es muy similar a la empleada al tratar correcciones relativistas para un solo electrón, y se basa en argumentos físicos y resultados de mecánica cuántica.

El argumento físico es que en presencia del término $\Sigma_{i<j} 1/r_{ij}$ los electrones interaccionarán, y no se conservarán los momentos angulares individuales l_i por separado[1] pero sí debería seguir conservándose el momento angular total $L=\Sigma_i l_i$ del sistema[2]. El resto de argumentos son los mismos empleados en aquella otra ocasión: El primero que toda cantidad conservada conmuta con el hamiltoniano (por lo que $\Delta\mathbf{H}_{el}$ que contiene $\Sigma_{i<j} 1/r_{ij}$ conmutará con L). El segundo es que operadores que conmutan tienen autoestados comunes (por lo que $\Delta\mathbf{H}_{el}$ y L los tendrán). El tercero es que disponemos de una técnica que nos proporciona directamente los autoestados del operador L como combinación lineal de los autoestados Y_{lm} que ya teníamos para los operadores l_i (la denominada de "acoplamiento de momentos angulares"). Por tanto sabremos cómo generar una base de autoestados de l_i^2, L^2, L_z^2 (combinación lineal de los originales determinantes de Slater) en la que $\Delta\mathbf{H}_{el}$ debe ser diagonal, y en la que por tanto podemos aplicar la teoría de perturbaciones como si no hubiese degeneración.

Aunque en principio el anterior argumento no afecta a los momentos angulares de espín, también para ellos convendrá el mismo cambio de una descripción usando $\{s_i^2, s_{zi}\}$ a una $\{s_i^2, S^2, S_z\}$ introduciendo un "espín total" $S=\Sigma_i s_i$. Hay al menos tres motivos para hacerlo. Un motivo "estético" es que,

---

[1] Es fácil chequear que las l_i dejan de ser constantes de movimiento porque $[\Sigma_{i<j} 1/r_{ij}, l_i] \neq 0$.

[2] Que ese resultado sea correcto es fácil de verificar, comprobando que efectivamente el conmutador $[\Sigma_{i<j} 1/r_{ij}, \Sigma_i l_i]$ es nulo. Para ello puede ser útil demostrar primero que $[f(r_{ij}), l_{xi}+l_{xj}]=0$ para una componente cualquiera del momento angular de dos partículas, y cualquier función que dependa solo de la distancia entre ellas.

dado que los electrones son indistinguibles, es preferible que los operadores empleados para describir el sistema sean invariantes bajo la permutación de dos cualesquiera de ellos, cosa que sí ocurre con $L=\Sigma_i l_i$ o $S=\Sigma_i s_i$ pero no con l_i o s_i. Otro motivo es recordar que nuestras funciones antisimétricas no son autoestados de operadores individuales l_{iz} o s_{iz} pero sí de los L_z o S_z suma de ellos. Finalmente un motivo práctico es que las partes espacial y de espín están estrechamente correlacionadas en las funciones de onda electrónicas, de modo que ΔH_{el} también romperá la degeneración en espines[1].

Términos Electrostáticos

En el nivel de aproximación que estamos tratando hasta aquí, los autovalores de los operadores L^2 y S^2 determinarán completamente los niveles de energía, quedando esta degenerada en el resto de números cuánticos. Estas parejas de números cuánticos L y S se denominan "Términos Electrostáticos". El "cambio de base" de los antiguos determinantes de Slater a las nuevas funciones de onda vendrá dado por combinaciones (en general complicadas) de coeficientes de Clebsch-Gordan, dado que en este caso son varios los momentos angulares l_i y s_i que se acoplan simultáneamente.

Conviene fijar una notación con que describir estas nuevas funciones de onda. Para cada estado, los números cuánticos $n_i l_i$ que definían cada configuración seguirán siendo válidos, pero en vez de los números cuánticos (m_{li}^{msi}) con que especificábamos cada determinante de Slater, las nuevas funciones vendrán caracterizadas por los L, S, M_L y M_S, que representaremos con notación $|^{2S+1}L\ M_L\ M_S\rangle$. El motivo de utilizar "$2S+1$" en lugar del número "S" es histórico, y se comentará en la sección 5.2.3. Una de las cuestiones que deberemos resolver será especificar ese cambio de base, es decir, qué combinaciones lineales de los antiguos $n_i l_i(m_{li}^{msi})$ nos proporcionan los nuevos $n_i l_i|^{2S+1}L\ M_L\ M_S\rangle$.

Por lo visto anteriormente, distintas orientaciones de unos electrones respecto a otros darán lugar a distintas energías de interacción, a la vez que a distintos momentos angulares totales L y S. De este modo la perturbación ΔH_{el} romperá la degeneración de cada configuración, desdoblándola en nuevas energías que podemos etiquetar con los números cuánticos L y S. Nótese que parte de la degeneración aún subsistirá, ya que distintas orientaciones globales de todo el sistema deben tener la misma energía. En concreto esa degeneración vendrá dada por los números cuánticos M_L y M_S de los que la energía no dependerá. De este modo, cada uno de esos niveles de energía separados por ΔH_{el} y etiquetados con la notación ^{2S+1}L que denominaremos "Término Electrostático", corresponderá a un conjunto de $(2L+1)\cdot(2S+1)$ estados distintos degenerados. Mientras no introduzcamos

---

[1] Para un electrón el tener distinto espín implicará tener distinta distribución espacial y por ello distinta interacción electrostática con el resto.

ninguna otra perturbación, cualquiera de ellos o cualquier combinación lineal de ellos tendrá la misma energía y será una descripción equivalente del átomo.

De este modo en presencia de la perturbación $\Delta \mathbf{H}_{el}$ los antiguos determinantes de Slater dejan de ser la descripción correcta de los estados atómicos, y pasan a serlo $|^{2S+1}L \; M_L \; M_S\rangle$, que son ciertas combinaciones lineales de ellos. En esta base la perturbación $\Delta \mathbf{H}_{el}$ es diagonal, por lo que la energía de cada estado debida a ella será simplemente el correspondiente elemento de matriz diagonal $\Delta E(^{S}L)=\langle^{S}L|\Delta \mathbf{H}_{el}|^{S}L\rangle$.

Antes de continuar convienen un par de observaciones. La primera es notar que estamos manteniendo en la nueva base los números cuánticos $\{l_i, s_i\}$ a pesar de afirmar que "ni l ni s se conservan bajo $\Delta \mathbf{H}_{el}$". La justificación es que $\Delta \mathbf{H}_{el}$ es "una perturbación", no "la interacción predominante", de modo que podrá alterar los momentos angulares l_i y s_i girando su orientación, pero no "destruyéndolos". Por ello tendrá sentido mantener sus módulos aunque no se mantengan las componentes individuales.

Naturalmente esto supone una aproximación. Un tratamiento más exacto exigiría admitir que cada estado no tendrá valores l_i perfectamente definidos, sino que pueda representarse por una superposición de distintos l_i con ciertas probabilidades. Es lo que se denomina "mezcla de configuraciones". Matemáticamente, que $\Delta \mathbf{H}_{el}$ no conmute con los l significa que no será diagonal en base de sus autoestados, de modo que tendrá elementos de matriz no nulos entre distintas configuraciones. Por ello una descripción más exacta requiere describir cada estado atómico en espacios vectoriales formados por varias configuraciones simultáneamente. Es lo que se denomina tratamiento "multi-configuracional", que no describiremos aquí. Por suerte, nuestro tratamiento "mono-configuracional" es una excelente aproximación en la mayoría de los casos.

Una segunda observación tiene que ver con la interacción espín-órbita que más adelante deberemos tratar. Puesto que ella tiene la forma $l_i s_i$ para cada electrón, supone una interacción que impedirá mantener conservados por separado los momentos angulares totales $L=\Sigma_i l_i$ y $S=\Sigma_i s_i$. De ese modo ambas cantidades no pueden ser constantes del movimiento "exactas" sino solo aproximadas. Como veremos en su momento, el poderlas mantener dependerá en cada caso de la intensidad de esa interacción espín-órbita, y en general será una buena aproximación para la mayoría de los átomos ligeros. Esta descripción de un átomo basada en funciones $n_i l_i |^{2S+1}L\rangle$ es la que se denomina "Aproximación de Russell-Saunders" o "aproximación LS". De momento la supondremos válida, y en su momento veremos sus limitaciones y tratamiento necesario cuando no sea aplicable.

5.1.2 Determinación de términos electrostáticos

Planteamiento del problema

Como hemos visto, determinar en qué niveles se desdobla una configuración por interacción electrostática residual se reduce a determinar qué estados $n_i l_i |^{2S+1}L\rangle$ pueden existir para esa configuración.

En algunos casos esa tarea es trivial, en otros no lo será en absoluto. Comencemos mostrando uno de los ejemplos en que resulta trivial.

Consideremos una configuración $n_1\text{p}\ n_2\text{p}$, es decir, formada únicamente por dos electrones, cada uno en un orbital p diferente, y cuya degeneración es 6x6=36.

Ambos electrones tienen momentos angulares $l_1=l_2=1$ de modo que acoplándolos el número cuántico L del momento angular total puede tomar valores entre $|1-1|$ y $|1+1|$, es decir L= 0, 1 o 2. Del mismo modo los momentos angulares de espín $s_1=s_2=\frac{1}{2}$ únicamente pueden resultar en un número cuántico total S entre $|\frac{1}{2}-\frac{1}{2}|$ y $|\frac{1}{2}+\frac{1}{2}|$, es decir S= 0 o 1. Por tanto las únicas combinaciones ^{2S+1}L posibles (términos electrostáticos) son ^{1}S, ^{3}S, ^{1}P, ^{3}P, ^{1}D y ^{3}D. Es costumbre representar los valores de L por las letras habituales, aunque en mayúsculas, para recordar que se trata del momento angular total del átomo completo.

El anterior resultado, obtenido de modo muy simple, supone ya una predicción interesante: cualquier configuración con dos electrones del tipo $n_1\text{p}\ n_2\text{p}$ se debe desdoblar por interacción electrostática residual en 6 niveles (términos electrostáticos) que podrán etiquetarse con esos números cuánticos. Excepto el ^{1}S con $(2L+1)(2S+1)=1$ que es único, todos los demás son degenerados.

Es interesante hacer un recuento de la degeneración $(2L+1)(2S+1)$ de esos niveles, que resulta ser $1\cdot1+3\cdot1+1\cdot3+3\cdot3+1\cdot5+3\cdot5=36$, para comprobar que el número de estados totales sigue siendo el mismo que en la base original de determinantes de Slater.

Si a continuación nos planteásemos el problema (aparentemente similar) de dos electrones en una configuración $n\text{p}^2$, es decir, compartiendo el mismo orbital, la situación cambia radicalmente. En este caso el principio de exclusión prohíbe muchas de las combinaciones $m_l m_s$ en los determinantes de Slater, de modo que para esta configuración solo hay 15 permitidos (su degeneración). Por ello en la nueva base ^{2S+1}L también desaparecerán algunos estados, y no es posible averiguar los L y S permitidos como antes, a base de formar todas las combinaciones de los l_1, l_2 y s_1, s_2. Como veremos más adelante, para esta configuración solo están permitidos los términos ^{1}S, ^{3}P y ^{1}D, de modo que a diferencia de la anterior solo se desdobla en esos tres niveles por interacción electrostática.

En definitiva, describir completamente el efecto de la interacción electrostática supondrá resolver tres cuestiones:
- Procedimiento para determinar los términos electrostáticos permitidos en una configuración arbitraria.
- Procedimiento para expresar explícitamente los nuevos términos electrostáticos como combinación lineal de los antiguos determinantes de Slater.
- Procedimiento para calcular explícitamente la energía en que se desdobla cada término electrostático $\Delta E(^S L) = \langle ^S L | \Delta \mathbf{H}_{el} | ^S L \rangle$.

Determinación de los términos electrostáticos para una configuración

El procedimiento que propondremos para determinar los términos permitidos en una configuración arbitraria, se basa en comparar las dimensiones del espacio vectorial con ellos y con los determinantes de Slater, para los que es muy fácil decidir los estados permitidos. Ello se basará en la relación muy simple $M_L = \Sigma_i m_{li}$ y $M_S = \Sigma_i m_{si}$ entre ambas bases, que nos divide el espacio vectorial completo en subespacios mucho menores, invariantes bajo el cambio de base. El procedimiento es muy simple, de modo que bastará ilustrarlo con algunos ejemplos sencillos.

Consideremos una configuración de solo dos electrones "$ns\ n'p$". Para ella existen $2 \times 6 = 12$ determinantes diferentes que escribiremos explícitamente y clasificaremos en sus subespacios M_L y M_S. Nótese que esos números cuánticos solo existen realmente en la nueva base $|^S L\ M_L\ M_S \rangle$ pero son fácilmente identificables para los determinantes como sumas $\Sigma_i m_{li}$ y $\Sigma_i m_{si}$. Los pasos necesarios se ilustran en la figura 5.2 y podrían resumirse como sigue:

1. Determinar el rango máximo de valores M_L y M_S posibles. En este caso con $l_1 = 1$ y $l_2 = 0$ tendremos máximos $m_{l1} = 1$ y $m_{l2} = 0$, y por tanto máximo $M_L = 1$. Por otra parte $s_1 = s_2 = \frac{1}{2}$ determinan máximos m_{s1} y m_{s2} de $\frac{1}{2}$, y por tanto máximo $M_S = 1$.

2. Generar una tabla para todo el espacio vectorial troceada en subespacios M_L, M_S. En nuestro caso ello supondrá preparar tres columnas para $M_L = 1, 0$ y -1, y tres filas para $M_S = 1, 0$ y -1, como muestra la figura 5.2(a). Aunque en este ejemplo mostraremos la tabla completa, realmente sus columnas para valores M_L y M_S "-1" son simétricas de las marcadas "1" por lo que las marcaremos en tinta gris y en la práctica no se escriben explícitamente.

3. Generar todos los determinantes de Slater posibles para esta configuración $(m_{l1}{}^{ms1}, m_{l2}{}^{ms2})$ y colocar cada uno en la casilla (M_L, M_S) correspondiente a su $\Sigma_i m_{li}$ y $\Sigma_i m_{si}$. La figura 5.2(b) muestra el resultado con los 12 existentes.

4. "Olvidando" los determinantes de Slater, retener únicamente el número de estados en cada casilla (dimensión de cada subespacio), como en la figura 5.2(c). En ella pasaremos a plantear cómo estará ocupado cada subespacio en la nueva base $|^{S}L\ M_{L}\ M_{S}\rangle$.

5. Buscar el subespacio ocupado con máximo M_{S} y dentro de ellos máximo M_{L}. En nuestro ejemplo es la casilla superior izquierda con $M_{L}=1$ y $M_{S}=1$ sombreada.

6. Para el vector que la ocupará en la nueva base, en nuestro caso $|^{S}L\ 1\ 1\rangle$, deducir sus valores S y L, teniendo en cuenta que el máximo M_{J} de un momento angular determina su J. En esta casilla, puesto que $M_{S}=1$ es el valor máximo, debe ser $S=1$. Análogamente el máximo $M_{L}=1$ delata $L=1$. Con la notación habitual se trata por tanto del estado $|^{3}P\ 1\ 1\rangle$. Ya conocemos por tanto el ocupante de ese subespacio en la nueva base, y se ha colocado en la figura 5.2(d).

7. La existencia de un par de valores ^{S}L (término electrostático) nos determina todos sus posibles M_{L} y M_{S}. En este caso $M_{L}=1,0,-1$ consecuencia de $L=1$, y $M_{S}=1,0,-1$ consecuencia de $S=1$. Es decir, las 9 combinaciones $|^{3}P\ 1\ 1\rangle$, $|^{3}P\ 1\ 0\rangle$, $|^{3}P\ -1\ 1\rangle$, $|^{3}P\ -1\ 0\rangle$, ... que clasificaremos en sus respectivas filas y columnas como muestra la figura 5.2(e).

8. Si en todas las casillas (subespacios vectoriales) hay tantos vectores como correspondía a su dimensión, hemos terminado. Si quedan casillas con vectores aún por identificar, repetir el proceso desde al paso 5.

En nuestro ejemplo quedan tres casillas que tenían dimensión 2, y en las que un * marca la existencia de algún otro vector aún desconocido. Repitiendo el paso 5 encontramos la sombreada en la figura 5.2(f) con máximos $M_{L}=1$ y $M_{S}=0$. Repitiendo el paso 6 deducimos que esos máximos M_{L} y M_{S} deben provenir respectivamente de valores $L=1$ y $S=0$, y que por tanto el estado $|^{S}L\ 1\ 0\rangle$ que falta en ella debe ser (con la notación habitual) un $|^{1}P\ 1\ 0\rangle$ ya colocado en la figura 5.2(g). Repitiendo el paso 7, para este nuevo término ^{1}P deben existir todos los valores $M_{L}=1,0,-1$ consecuencia de $L=1$, y únicamente $M_{S}=0$ consecuencia de $S=0$. Por tanto se trata de las tres combinaciones $|^{1}P\ 1\ 0\rangle$, $|^{1}P\ 0\ 0\rangle$, $|^{1}P\ -1\ 0\rangle$ que se muestran ya colocadas en sus respectivos subespacios en la figura 5.2(h).

Después de esto, ya no queda ningún estado desconocido por determinar (asteriscos) por lo que el proceso ha concluido. De este modo hemos determinado para esta configuración la existencia de únicamente dos términos electrostáticos ^{3}P y ^{1}P. Estos han sido detectados por los valores extremos de sus $M_{L}M_{S}$, pero sus distintas combinaciones de esos números cuánticos llenan la tabla en la nueva base. Para esta configuración ese mismo resultado podría haberse obtenido mucho más rápidamente por el procedimiento de combinar los l_1l_2 y s_1s_2 de todas las formas posibles, como se hizo para el ejemplo "pp'", pero el procedimiento que acabamos de describir podremos aplicarlo a otras configuraciones como la "p^{2}" donde ello no sería posible.

5.2 Secuencia de pasos para identificar la relación entre la base de determinantes de Slater y la de términos electrostáticos en una configuración "$ns\ n'$p".

$M_S \backslash M_L$	1	0	-1
1			
0			
-1			

5.2(a) *Tabla con las dimensiones suficientes tras el paso 2.*
Filas y columnas "-1" podrían ignorarse.

$M_S \backslash M_L$	1	0	-1
1	(0^+1^+)	(0^+0^+)	$(0^-{-1}^+)$
0	$(0^+1^-)\,(0^-1^+)$	$(0^+0^-)\,(0^-0^+)$	$(0^-{-1}^-)\,(0^-{-1}^+)$
-1	(0^-1^-)	(0^-0^-)	$(0^-{-1}^-)$

5.2(b) *Todos los determinantes de Slater existentes clasificados tras el paso 3.*

$M_S \backslash M_L$	1	0	-1
1	*	*	*
0	* *	* *	* *
-1	*	*	*

5.2(c) *Información solo sobre la dimensión de cada subespacio tras el paso 4.*
Sombreada la casilla de máximos M_L y M_S tras el paso 5.

$M_S \backslash M_L$	1	0	-1
1	$|^3P\,1\,1\rangle$	*	*
0	* *	* *	* *
-1	*	*	*

5.2(d) *Identificado el primer vector de la nueva base (con L y S iguales a los máximos M_L y M_S) tras paso 6.*

$M_S \backslash M_L$	1	0	-1
1	$|^3P\,1\,1\rangle$	$|^3P\,0\,1\rangle$	$|^3P\,{-1}\,1\rangle$
0	$|^3P\,1\,0\rangle$ *	$|^3P\,0\,0\rangle$ *	$|^3P\,{-1}\,0\rangle$ *
-1	$|^3P\,1\,{-1}\rangle$	$|^3P\,0\,{-1}\rangle$	$|^3P\,{-1}\,{-1}\rangle$

5.2(e) *Todos los $M_L M_S$ existentes para un ^3P clasificados tras el paso 7.*

$M_S \backslash M_L$	1	0	-1
1	$|^3P\,1\,1\rangle$	$|^3P\,0\,1\rangle$	$|^3P\,{-1}\,1\rangle$
0	$|^3P\,1\,0\rangle$ *	$|^3P\,0\,0\rangle$ *	$|^3P\,{-1}\,0\rangle$ *
-1	$|^3P\,1\,{-1}\rangle$	$|^3P\,0\,{-1}\rangle$	$|^3P\,{-1}\,{-1}\rangle$

5.2(f) *Sombreado el espacio de máximos M_L y M_S de entre los que aún contienen vectores desconocidos, tras repetir el paso 5.*

$M_S \backslash M_L$	1	0	-1
1	$|^3P\,1\,1\rangle$	$|^3P\,0\,1\rangle$	$|^3P\,{-1}\,1\rangle$
0	$|^3P\,1\,0\rangle$ $|^1P\,1\,0\rangle$	$|^3P\,0\,0\rangle$ *	$|^3P\,{-1}\,0\rangle$ *
-1	$|^3P\,1\,{-1}\rangle$	$|^3P\,0\,{-1}\rangle$	$|^3P\,{-1}\,{-1}\rangle$

5.2(g) *Identificado el vector de la nueva base que aún faltaba en ese espacio con L y S iguales a los máximos M_L y M_S, tras repetir el paso 6.*

$M_S \backslash M_L$	1	0	-1
1	$|^3P\,1\,1\rangle$	$|^3P\,0\,1\rangle$	$|^3P\,{-1}\,1\rangle$
0	$|^3P\,1\,0\rangle$ $|^1P\,1\,0\rangle$	$|^3P\,0\,0\rangle$ $|^1P\,0\,0\rangle$	$|^3P\,{-1}\,0\rangle$ $|^1P\,{-1}\,0\rangle$
-1	$|^3P\,1\,{-1}\rangle$	$|^3P\,0\,{-1}\rangle$	$|^3P\,{-1}\,{-1}\rangle$

5.2(h) *Clasificados todos los $M_L M_S$ existentes para un ^1P tras repetir el paso 7.*

Expresiones explícitas de cambio de base

Un segundo resultado importante del anterior procedimiento es facilitarnos el cambio de base explícito entre ambas descripciones. En todas las casillas que estén ocupadas con un único vector ese cambio de base es ahora trivial, ya que se trata de espacios de dimensión 1. Así por ejemplo comparando la casilla sombreada en la figura 5.2(e) con su correspondiente en la 5.2(b), tenemos $|^3P\ 1\ 1\rangle=(0^+1^+)$, y análogamente $|^3P\ 0\ -1\rangle=(0^-0^-)$, etc.

En espacios de dimensión 2 el cambio de base aún queda por determinar. Por ejemplo, comparando la casilla sombreada en la figura 5.2(h) con su correspondiente en la 5.2(b), solo sabemos de momento que $|^1P\ 1\ 0\rangle$ debe ser alguna combinación lineal de los determinantes de Slater del mismo subespacio $|^1P\ 1\ 0\rangle=\alpha(0^+1^-)+\beta(0^-1^+)$, y el $|^3P\ 1\ 0\rangle$ otra ortogonal a ella[1]. Esos coeficientes pueden deducirse de forma muy simple; basta aplicar operadores de subida y bajada sobre relaciones conocidas, gracias a que esos operadores $L\pm$ y $S\pm$ relacionan subespacios con distintas $M_L M_S$.

Como ejemplo apliquemos el operador "bajada del espín total" $S_-=s_{1-}+s_{2-}$ a la anterior igualdad $|^3P\ 1\ 1\rangle=(0^+1^+)$. Con ello el primer miembro de la igualdad pasa a ser

$$S_-|^3P\ 1\ 1\rangle=(1\cdot2-1\cdot0)^{1/2}|^3P\ 1\ 0\rangle=\sqrt{2}|^3P\ 1\ 0\rangle$$

resultado de "bajar" su $M_S\ 1\rightarrow0$ y aplicar el habitual factor de normalización[2] $[\ S(S+1)-M_S\ M_S'\ ]^{1/2}$. En el segundo miembro de la igualdad aplicamos el mismo operador S_- pero en su forma $s_{1-}+s_{2-}$ para la que conocemos bien su actuación sobre los m_s individuales

$$(s_{1-}+s_{1-})(0^+1^+)=s_{1-}(0^+1^+)+s_{2-}(0^+1^+)=(0^-1^+)+(0^+1^-)$$

Aquí se ha tenido en cuenta que los operadores de subida/bajada para espines individuales siempre tienen factor de normalización

$$[\ s(s+1)-m_s\ m_s'\ ]^{1/2}=[½(½+1)-(½)\cdot(-½)]^{1/2}=1.$$

De este modo la igualdad original se convierte en la $\sqrt{2}|^3P\ 1\ 0\rangle=(0^-1^+)+(0^+1^-)$ que es el cambio de base buscado. El otro estado de este mismo espacio, el $|^1P\ 1\ 0\rangle$, debe ser ortogonal a ese y normalizado; de modo que, salvo un posible signo (irrelevante aquí), debe ser $\pm|^1P\ 1\ 0\rangle=1/\sqrt{2}(0^-1^+)-1/\sqrt{2}(0^+1^-)$.

Aplicación para electrones equivalentes

Veamos el resultado de aplicar el anterior procedimiento al caso ya no trivial de una configuración con dos electrones "equivalentes" como la np^2.

---

[1] En este caso los coeficientes de esa combinación lineal serán producto de dos Clebsch-Gordan o 3j, uno por el acoplamiento de los dos espines, y otro por el de los dos l_1l_2.

[2] Recordar en el apéndice A4, si es preciso, que todo operador $J_\pm$ actúa cambiando $m_j\rightarrow m_j\pm1$ y aplicando un factor de normalización $[\ j(j+1)-m_jm_j'\ ]^{1/2}$.

El primer paso nos indica que podríamos tener valores máximos de M_L hasta 2 (dado que $l_1=l_2=1$ y por tanto m_{l1} y m_{l2} máximos pueden valer 1). El máximo M_S será 1 igual que en el ejemplo anterior.

El segundo paso será reservar una tabla con esas dimensiones como la mostrada en la figura 5.3. Nótese que no necesariamente se usará toda ella, ya que algunos estados estarán prohibidos por el principio de exclusión. Como tercer paso generaremos todos los determinantes de Slater permitidos, clasificándolos por sus correspondientes Σm_l y Σm_s como también se muestra en la figura. Las filas y columnas con $M_L M_S$ negativos podrían ignorarse por ser simétricas del resto, y se han marcado en tinta gris indicando en ellas solo el número de estados que contendrían.

El tratarse de dos electrones que comparten los mismos números nl provoca en esta tabla algunas peculiaridades, que podrían considerarse consecuencia del principio de exclusión. Así se observan algunas casillas vacías, como la $M_L=2$ $M_S=1$, ya que el único determinante (1^+1^+) que la podría ocupar es nulo por tener ambos electrones la misma función de onda (mismo nl y mismos $m_l m_s$). También parecerían haberse omitido algunos determinantes de Slater como un (1^-1^+) junto al (1^+1^-), pero no es así porque realmente son el mismo salvo un cambio de signo (por ser simplemente un intercambio de sus dos funciones de onda). Un simple recuento del número total de determinantes de Slater en la tabla indica que están todos los 15 que corresponden a la degeneración de esta configuración p^2.

$M_S \backslash M_L$	2	^{1}D 1	^{3}P 0	^{1}S -1	-2
1	-	(1^+0^+)	$(1^+\text{-}1^+)$	*	-
0	(1^+1^-)	$(1^+0^-)\,(1^-0^+)$	$(0^+0^-)\,(1^+\text{-}1^-)\,(\text{-}1^+1^-)$	* *	*
-1	-	*	*	*	-

5.3 *Determinantes de Slater para una configuración p^2. Se indican las casillas en que se detecta la existencia de sus términos electrostáticos, según se detalla en el texto.*

Los pasos 5° y 6° del procedimiento general nos dirigen a la casilla con valores máximos $M_L=1$ $M_S=1$ que delatan allí la presencia de un estado con $L=1$ $S=1$, es decir, un ^{3}P. El paso 7° nos indica que debe haber variantes suyas $|^3P\ M_L\ M_S\rangle$ en todas las celdas hacia la derecha y debajo de la de partida $M_L=1$ $M_S=1$, que podríamos anotar detalladamente en una tabla paralela si nos interesase luego tener los cambios de base. En la práctica si ese no es nuestro objetivo, basta con marcar con algún "$\sqrt{}$" las casillas donde se ha identificado algún estado para llevar el recuento del número de ellos.

Lo anterior justifica 9 estados sobre otras tantas casillas de la tabla, pero quedan aún espacios con vectores sin identificar (en concreto en la fila central). Volviendo a repetir los pasos 5° y 6° para ellos, nos fijaríamos en el espacio de valores máximos $M_L=2$ $M_S=0$ que delatan allí la presencia de un estado con $L=2$ $S=0$, es decir, ^{1}D. Repitiendo para él el paso 7° anotaríamos variantes suyas $|^1\text{D}\ M_L\ 0\rangle$ en toda la fila central a la derecha de esa casilla de partida, lo cual justificaría otros 5 estados.

Finalmente en la casilla $M_L=0$ $M_S=0$ que es de dimensión tres, solo habremos anotado la presencia de un estado ^{3}P y un ^{1}D, por lo que hay otro estado aún desconocido. Aplicándole los pasos 5º y 6º debe corresponder a un término ^{1}S que es el único que justifica tener solamente valores $M_L=M_S=0$.

De este modo encontramos para esta configuración únicamente tres términos electrostáticos ^{1}S, ^{3}P y ^{1}D que justifican todos los estados de la tabla. De haber anotado cada una de sus variantes M_LM_S en una tabla paralela podríamos escribir explícitamente también el cambio entre ambas bases.

Como último ejemplo, la figura 5.4 corresponde a una configuración $n\text{p}^2n'\text{s}$, para la que el "recuento" total de estados debe ser 15x2=30, indicándose las casillas en que se detectan sus cuatro términos electrostáticos ^{2}S, ^{2}P, ^{4}P y ^{2}D. Para una configuración como esta es importante cuidar el orden de los electrones al escribir cada determinante de Slater (aquí los dos primeros son del orbital p y el tercero del s).

$M_S \backslash M_L$	2	1	^{4}P	0	-1	-2
3/2	-	$(1^+0^+,0^+)$		$(1^+\text{-}1^+,0^+)$	1	-
1/2	$(1^+1^-,0^+)$	$(1^+0^-,0^+)(1^-0^+,0^+)$ $(1^+0^+,0^-)$		$(0^+0^-,0^+)(1^-\text{-}1^+,0^+)$ $(0^+\text{-}1^-,0^+)(1^+\text{-}1^-,0^-)$	3	1
-1/2	1	3		4	3	1
-3/2	-	1 ^{2}D	1 ^{2}P	1	^{2}S	-

5.4 *Estados posibles para una configuración p^2s. Las filas y columnas simétricas (en tinta gris) podrían haberse ignorado, y en ellas solo se indica el número de estados.*

Para ellos las precauciones necesarias con electrones equivalentes solo afectan a los dos primeros. De este modo, por ejemplo, no encontraremos determinantes de Slater $(0^+0^+,0^-)$ pero sí $(0^+0^-,0^+)$. Así también un $(0^+0^-,0^+)$ sería el mismo que un $(0^-0^+,0^+)$ salvo signo, pero son diferentes un $(1^+0^-,0^+)$ y un $(1^+0^+,0^-)$.

Algunas propiedades

El procedimiento anterior, aunque laborioso, puede aplicarse a configuraciones arbitrarias para determinar términos electrostáticos y algunos cambios de base. En muchos casos puede evitarse ese tratamiento tan detallado si únicamente interesa determinar los términos electrostáticos, haciendo uso de los siguientes resultados.

1. Las configuraciones con un único electrón nl tienen un único término electrostático ^{2}L (con $L=l$).

Desde luego para un único electrón el L total es el mismo l, y el S total su $s=1/2$. Aunque no tiene sentido hablar de interacción electrostática para un único electrón, estos casos sí son interesantes como parte de otras configuraciones, y lo encontramos al describir los átomos alcalinos.

2. Para configuraciones de solo dos electrones, en el cambio $nln'l \rightarrow nl^2$ solo sobreviven los términos con $L+S$ par.

Efectivamente eso ha ocurrido en los anteriores ejemplos $npn'p$ y np^2, y es un resultado general para configuraciones nl^2, de modo que sus términos pueden deducirse de los de otra $nln'l$ eliminando los de $L+S$ impar.

3. Orbitales completos s^2, p^6, d^{10}, f^{14}, ...tienen un único término ^1S.

De este modo esas configuraciones no tienen desdoblamiento por interacción electrostática. El motivo es que para ellas hay tantos electrones como funciones de onda disponibles, de modo que solo es posible un único determinante de Slater. Como además ese determinante incluye todos los valores m_l y m_s tanto positivos como negativos $\Sigma m_l = \Sigma m_s = 0$, de modo que en base LS con $M_L = M_S = 0$ solo aparece ^1S. Para el tratamiento de configuraciones complejas, ello nos permite ignorar las capas completas, ya que contribuyen con todos sus momentos angulares 0. Este es el motivo de que los momentos angulares de los átomos alcalinos se reduzcan a los de su único electrón óptico.

4. Configuraciones con electrones o "huecos" (complementarias) dan lugar a los mismos términos electrostáticos (p/p^5, p^2/p^4, d^3/d^7).

El motivo es que por cada determinante de Slater en una configuración nl^v existe otro en su complementaria (intercambiando huecos por electrones en ambas). De ese modo las tablas de configuraciones complementarias tienen las mismas dimensiones, que es lo que determina sus términos electrostáticos. Ello, por ejemplo, nos permite afirmar que los términos electrostáticos de la configuración p^4 deben ser los mismos ^1S, ^3P y ^1D de la p^2, aunque su separación en energías será en general muy diferente.

5. Los términos electrostáticos de configuraciones $n_1l_1^{v1} \, n_2l_2^{v2}$ ... pueden obtenerse acoplando directamente los términos de cada $n_il_i^{vi}$.

Puesto que para electrones en distinto orbital nl el resto de números cuánticos no están restringidos por el principio de exclusión, todas sus combinaciones están permitidas, y ello facilita determinar sus términos electrostáticos.

De este modo, si en la configuración del ejemplo anterior $np^2n's$ solo nos hubiesen interesado sus términos electrostáticos, estos se podrían haber obtenido fácilmente a partir de los conocidos para una configuración s^1 (^2S) y una p^2 (^1S, ^3P, ^1D), sin más que generar todos los valores posibles al acoplar los $L_1 \oplus L_2$ y $S_1 \oplus S_2$ en cada caso: ^{2}S (de ^{2}S$\oplus^1$S), ^{2}P^{4}P (de ^{2}S$\oplus^3$P), y ^{2}D (de ^{2}S$\oplus^1$D).

Del mismo modo partiendo de los términos electrostáticos para una configuración p^1 (^{2}P) y una p^2 (^{1}S, ^{3}P, ^{1}D) es inmediato obtener los de una 3p^{2}4p: ^{2}P (de ^{2}P$\oplus^1$S), ^{2}S^{2}P^{2}D y ^{4}S^{4}P^{4}D (de ^{2}P$\oplus^3$P), y ^{2}P^{2}D^{2}F (de ^{2}P$\oplus^1$D).

Como puede verse en este último ejemplo, aparecen algunos términos "repetidos" (en concreto tres ^{2}P y dos ^{2}D). Se trata de funciones de onda diferentes (seguramente con energías diferentes) que coinciden en sus L y S totales. Ello es frecuente en configuraciones medianamente complejas, y significa que en ocasiones los momentos angulares totales L y S no bastan por sí solos para especificar completamente el estado. En esos casos será preciso especificar detalles adicionales de cada función de onda (básicamente sumas parciales de momentos angulares) dando lugar a los llamados "coeficientes genealógicos" que no trataremos aquí.

5.1.3 Correcciones a la energía por interacción electrostática residual

Reglas de Hund

El desdoblamiento de energías en términos electrostáticos para cada configuración fue originalmente una observación empírica en los primeros estudios espectroscópicos. Así, en 1927 F. Hund enunció las siguientes reglas:

"Para los términos de una configuración
- Los de máximo S son los de menor energía
- De entre ellos el de mayor L es el más bajo."

Ambas reglas parecían cumplirse sin excepción para la limitada casuística disponible en aquella época, pero en la actualidad se conocen muchas excepciones a ellas. Mediante las técnicas que veremos a continuación veremos su justificación, y puede demostrarse que sí son fiables en algunas condiciones. En concreto **las reglas de Hund son seguras para determinar el nivel más bajo de configuraciones l^m o sl^m**, que se encuentran entre las más frecuentes.

Hund enunció otra regla empírica adicional sobre el desdoblamiento de cada término electrostático. Como hemos visto, la interacción electrostática mantiene degenerados todos los estados de un mismo término electrostático, pero esta degeneración se romperá al introducir la interacción espín-órbita, que estudiaremos más adelante. De ese modo cada término electrostático dará lugar a un grupo de niveles muy juntos, siendo el motivo por el que los términos electrostáticos también se denominan "multipletes". Solo adelantaremos aquí que tratamiento y resultado serán muy similares a lo encontrado cuando aplicamos esa corrección relativista a un único electrón: introducir un nuevo número cuántico J (momento angular total del sistema, resultado de acoplar los L y S) que tomará valores entre $|L\text{-}S|$ y $|L\text{+}S|$. Pues bien, Hund observó lo siguiente para las componentes J en que se separa cada término electrostático:

- para configuraciones l^m menos que medio-llenas ($m<2l+1$) el nivel de más baja energía es el de mínima J (denominados "multipletes normales").
- para configuraciones l^m más que medio-llenas ($m>2l+1$) el nivel de más baja energía es el de máxima J (denominados "multipletes invertidos").
- configuraciones l^m medio-llenas ($m=2l+1$) no se desdoblan.

(Los resultados son también válidos para configuraciones del tipo sl^m).

Estas sencillas reglas son interesantes, porque permiten determinar el estado de más baja energía de muchas configuraciones, y en particular de la mayoría de ellas para el estado fundamental de átomos e iones.

Como ejemplo consideremos determinar el estado fundamental del N neutro (Z=7). En primer lugar el principio de aufbau nos indica que su configuración fundamental será la $1s^2 2s^2 2p^3$. Determinar todos los términos electrostáticos de esta configuración supondría aplicar el procedimiento ya conocido para los tres electrones equivalentes p^3, pero ello no es preciso si únicamente deseamos el de máximos S y L según las reglas de Hund. Efectivamente el término de máximo espín (y dentro de ellos el de máximo L) aparecerá en nuestras tablas $M_L M_S$ en la casilla con el determinante de máximo Σm_s permitido (y dentro de ellos el máximo Σm_l posible), cosa muy fácil de determinar.

En efecto, el máximo Σm_s tendrá la forma $(\overset{+}{.}\overset{+}{.}\overset{+}{.})$ si es que existe. Fijados esos m_s basta buscar entre los m_l posibles (1,0,-1 en un orbital p) los que maximicen Σm_l. Desde luego el máximo sería $(1^+1^+1^+)$, pero está prohibido. En realidad solo puede elegirse el máximo m_l para el primer electrón $(1^+\overset{+}{.}\overset{+}{.})$, a continuación el máximo de los m_l restantes (0 y -1) para el segundo $(1^+0^+\overset{+}{.})$, y por último el único valor restante para el tercero $(1^+0^+\text{-}1^+)$. Por tanto este será el determinante de Slater en la casilla de máximos M_L=0 y M_S =3/2, delatando un término ^4S. Finalmente, por ser una configuración "medio llena" este término no se desdoblará por interacción espín-órbita. Efectivamente ese es el estado fundamental encontrado experimentalmente para el N.

La siguiente tabla muestra otros ejemplos similares. En cada caso se indica el átomo, la configuración fundamental según las reglas de aufbau, el determinante de Slater con máximos $M_L M_S$ y el término y la J de más baja energía. Nótese que en casos como el de la configuración p^4 del O, el máximo M_S provendría de un $(\overset{+}{.}\overset{+}{.}\overset{+}{.}\overset{+}{.})$, pero tras utilizar todos los m_l posibles para los tres primeros electrones (1^+0^+-1^+.$^+$), solo es posible asignar valores al 4º cambiando su m_s a (1^+0^+-1^+.$^-$), tras lo cual resulta (1^+0^+-1^+1^-).

Este procedimiento es válido para la mayor parte del sistema periódico, dado que el principio de aufbau propone "ir llenando" orbitales una vez completos todos los anteriores. No puede aplicarse por ejemplo para excepciones como el Gd, para el que la configuración fundamental es [Rn]$4f^7 5d 6s^2$, ya que la combinación df^7 no es de los tipos l^m o sl^m para los que son fiables las reglas de Hund.

Átomo	Config. fundamental	Máx Σm_s	Máx Σm_l	Térm. fund.	J fundamental	Tipo multiplete
N Z=7	$1s^2 2s^2 2p^3$	$(.\overset{+}{.}\overset{+}{.}\overset{+}{.})$	$(1^+0^+$-$1^+)$	^{4}S	$L+S$=0+3/2=3/2	No desdobl.
O Z=8	$1s^2 2s^2 2p^4$	$(\overset{+}{.}\overset{+}{.}\overset{+}{.}\overset{+}{.})$	$(1^+0^+$-$1^+1^-)$	^{3}P	$L+S$=1+1=2	Invertido
W Z=74	[Xe]$4f^{14} 5d^4 6s^2$	$(.\overset{+}{.}\overset{+}{.}\overset{+}{.}\overset{+}{.})$	$(2^+1^+0^+$-$1^+)$	^{5}D	$|L$-$S|$=2-2=0	Normal
Zr Z=40	[Kr]$4d^2 5s^2$	$(.\overset{+}{.}\overset{+}{.})$	(2^+1^+)	^{3}F	$|L$-$S|$=3-1=2	Normal
Mn Z=25	[Ar]$3d^5 4s^2$	$(.\overset{+}{.}\overset{+}{.}\overset{+}{.}\overset{+}{.}\overset{+}{.})$	$(2^+1^+0^+$-1^+-$2^+)$	^{6}S	$L+S$=0+5/2=5/2	No desdobl.

5.5 *Ejemplos de aplicación de las reglas de Hund para determinar el estado fundamental de algunos átomos.*

Técnicas de cálculo

Como ya se indicó, las funciones $|^S L M_L M_S\rangle$ se han construido de forma que diagonalicen la perturbación ΔH_{el} , de modo que el cálculo de sus correcciones a la energía mediante teoría de perturbaciones se reduce a evaluar elementos de matriz diagonales $\Delta E(^S L)=\langle^S L|\Delta H_{el}|^S L\rangle$. En estos elementos de matriz, las funciones $|^S L\rangle$ son simples combinaciones lineales de determinantes de Slater, y ΔH_{el} una mera suma de términos $1/r_{ij}$, de modo que el cálculo se reduce a evaluar los mismos elementos de matriz $\langle 1/r_{ij}\rangle$ entre determinantes de Slater que ya aparecieron al tratar el método de Hartree-Fock. Aunque en principio ello requeriría escribir explícitamente las funciones $|^S L M_L M_S\rangle$ como combinación de determinantes de Slater, en la práctica raramente será necesario. El motivo es que estamos evaluando solo elementos de matriz diagonales, y sus sumas (traza del operador ΔH_{el}) son invariantes bajo cambios de base, de modo que en cada subespacio vectorial (cada casilla de M_L y M_S dados) podremos igualar

$$\Sigma\langle^S L M_L M_S|\Delta H_{el}|^S L M_L M_S\rangle= \Sigma\langle m_{li}^{\ msi}|\Delta H_{el}|m_{li}^{\ msi}\rangle.$$

Como ejemplo veamos su uso para la configuración p^3, cuya tabla de subespacios $M_L M_S$ muestra la figura 5.6. Fijándonos en cada uno de ellos, son inmediatas las igualdades

M_L=2 M_S=1/2: $\Delta E(^2D)=\langle^2D|\Delta H_{el}|^2D\rangle=\langle 1^+1^-0^+|\Delta H_{el}|1^+1^-0^+\rangle$.

M_L=0 M_S=3/2: $\Delta E(^4S)=\langle^4S|\Delta H_{el}|^4S\rangle=\langle 1^+0^+$-$1^+|\Delta H_{el}|1^+0^+$-$1^+\rangle$.

M_L=1 M_S=1/2: $\Delta E(^2D)+\Delta E(^2P)=\langle 1^+0^+0^-|\Delta H_{el}|1^+0^+0^-\rangle+\langle 1^+0^-$-$1^+|\Delta H_{el}|1^+0^-$-$1^+\rangle$.

La tercera igualdad proviene de la invariancia de traza antes indicada y, sustituida en ella el valor para $\Delta E(^2D)$ obtenido en la primera, permite despejar $\Delta E(^2P)$. Naturalmente podríamos aplicar también la invariancia de la traza al subespacio de dimensión tres $M_L=0$ $M_S=1/2$, obteniendo otra relación (innecesaria ya) para la suma $\Delta E(^2D)+\Delta E(^2P)+\Delta E(^2S)$.

$M_S \backslash M_L$	3	2	^2D	1	^2P	0	^4S
3/2	-	-		-		$(1^+0^+\text{-}1^+)$	
1/2	-	$(1^+1^-0^+)$		$(1^+0^+0^-)$ $(1^+0^-\text{-}1^+)$		$(1^+0^+\text{-}1^-)$ $(1^-0^+\text{-}1^+)$ $(1^+0^-\text{-}1^+)$	

5.6 *Posibles determinantes de Slater y términos electrostáticos para una configuración p^3. Las filas y columnas simétricas se han ignorado.*

Por último, para cada determinante de Slater, las expresiones obtenidas en el apartado 4.3.4 del capítulo anterior nos permiten escribir explícitamente esos elementos de matriz en términos de integrales radiales:

$$\langle\Phi|\Sigma_{i<j}1/r_{ij}|\Phi\rangle = \Sigma_{i<j}\langle\phi_i\phi_j|1/r_{12}|\phi_i\phi_j\rangle - \Sigma_{i<j}\langle\phi_i\phi_j|1/r_{12}|\phi_j\phi_i\rangle = \Sigma_{i<j}(J_{ij}-K_{ij})=$$
$$= \Sigma_{i<j}[\ \Sigma_k a_k(l^{ml}l^{,ml'})F^k_{nl,n'l'}-\delta_{ms,ms'}\ \Sigma_k b_k(l^{ml}l^{,ml'})G^k_{nl,n'l'}\ ].$$

Donde $\Sigma_{i<j}$ indica un sumando por cada pareja de electrones sin repetir, y los coeficientes a^k y b^k se dieron tabulados en aquel apartado 3.4.

Propiedades generales

En la mayoría de configuraciones sencillas[1] los anteriores resultados permiten calcular el desdoblamiento en energías por $\Delta\mathbf{H}_{el}$ en términos de integrales radiales F^k y G^k que es inmediato obtener numéricamente a partir de las respectivas funciones radiales $P_{nl}(r)$. No obstante, en ocasiones será preferible utilizar para esas cantidades F^k y G^k valores semiempíricos, es decir, deducidos de valores experimentales para los niveles de energía. Dado lo variado de la casuística que puede presentarse, apenas pueden darse resultados generales, salvo las siguientes propiedades.

- Las integrales F^k y G^k son cantidades siempre positivas y suelen disminuir con k.

Ello ya se comentó al definirlas, y es un resultado muy interesante, puesto que en algunos casos permite obtener resultados sobre la posición de los niveles de energía incluso sin necesidad de conocer los valores detallados de F^k y G^k.

---

[1] Para configuraciones más complicadas (con más orbitales incompletos) pueden ser necesarios resultados más sofisticados basados en el álgebra de Racah que no detallaremos aquí y pueden consultarse en la bibliografía recomendada.

- Las sumas Σ_k son siempre finitas. En particular para las F^k toman únicamente los valores pares k=0, 2, 4, ... , $min(2l_1, 2l_2)$, y para las G^k únicamente los valores k=$|l_1-l_2|$ ... $|l_1+l_2|$.

Ello puede observarse directamente en las tablas de coeficientes a_k y b_k , y hace que las sumas Σ_k incluyan siempre muy pocos sumandos.

- En caso de electrones equivalentes $F^k_{nl,n'l} = G^k_{nl,n'l}$.

Como ya se comentó en su momento, ello es debido a que F^k y G^k solo difieren en el intercambio de funciones de onda $P_{nl}(r)$ de los dos electrones, que en tales casos son la misma.

- $\Delta E_{el}(^S L)$ depende de L y S pero no de M_L o M_S.

Como ya se comentó, cada término electrostático $^S L$ mantiene una degeneración $(2S+1)(2L+1)$ en $M_L M_S$.

Intuitivamente era bastante esperable que $\Delta \mathbf{H}_{el}$ hiciese depender ΔE_{el} de la distribución espacial de los electrones, y por ello del número cuántico L. Lo sorprendente es que ΔE_{el} también dependa del número cuántico S a pesar de que $\Delta \mathbf{H}_{el}$ no tenga ninguna dependencia en los espines. El motivo es la estrecha correlación ente partes espaciales y espinoriales en las funciones de onda antisimetrizadas. Recordando que la única dependencia en los espines proviene del factor $\delta_{ms,ms'}$ en las integrales K_{ij}, puede demostrarse que las separaciones debidas a los diferentes valores de L solo provienen de las integrales directas F^k, mientras que la separación debida a distintos valores de S solo proviene de las integrales de canje G^k.

La presencia de sumados "$-\delta_{ms,ms'} \cdot b_k(l^{ml} l'^{ml'}) G^k_{nl,n'l}$" en las correcciones a la energía tiene consecuencias interesantes, debido a que solo aparecen cuando los espines son iguales ($m_s = m_s'$) y a que siempre son negativos (tanto los coeficientes b_k como los G^k son cantidades positivas). En efecto, los términos electrostáticos con mayores espines S suelen provenir de determinantes de Slater con más espines iguales, y por tanto contener en su energía más de estos sumandos negativos, resultando energías más bajas. Ello justifica la regla de Hund de que los más altos espines correspondan a las más bajas energías. Aunque ello no pueda garantizarse para todos los términos electrostáticos, sí puede demostrarse que es cierto para los de máximo S y L de configuraciones sencillas (tipo l^v o sl^v) como ya se adelantó.

Algunos ejemplos

Veamos el resultado de aplicar los anteriores resultados para algunas de las configuraciones ya conocidas.

- **Configuraciones ps**

Como vimos en su momento, estas configuraciones presentan únicamente dos términos electrostáticos ^1P y ^3P. A la vista de la tabla M_L M_S que obtuvimos para ellas en el apartado 5.1.2, es obvio que $\Delta E_{el}(^3P)=\langle 1^+0^+|\Delta H_{el}|1^+0^+\rangle$, y puesto que en este caso ΔH_{el} contiene un único par de electrones $1/r_{12}$, resulta inmediato

$$\Delta E_{el}(^3P)=\langle 1^+0^+|1/r_{12}|1^+0^+\rangle=F^0_{ps}\text{-}1/3\ G^1_{ps}$$

simplemente localizando en la tabla de coeficientes a_k b_k los únicos a_0 y b_1 no nulos.

Por otra parte, gracias a la invariancia de traza, podemos asegurar que

$$\Delta E_{el}(^1P)+\Delta E_{el}(^3P)=\langle 1^+0^-|1/r_{12}|1^+0^-\rangle+\langle 1^-0^+|1/r_{12}|1^-0^+\rangle$$

que podemos escribir

$$\Delta E_{el}(^1P) + F^0_{ps}\text{-}1/3\ G^1_{ps} = F^0_{ps} + F^0_{ps}\ ,$$

donde se ha utilizado el resultado anterior y se han evaluado los otros dos elementos de matriz. Estos son idénticos al $\langle 1^+0^+|1/r_{12}|1^+0^+\rangle$ en su parte directa por tener los mismos m_l, pero sin parte de canje por tener distintos m_s. Así pues $\Delta E_{el}(^1P) = F^0_{ps}+1/3\ G^1_{ps}$.

Aún sin conocer el valor de las integrales que F^k y G^k, el saber que son cantidades positivas nos permite asegurar que los términos de esta configuración se dispondrán como indica la figura 5.7. La contribución directa F^k desplazará ambos niveles por igual (mismo L) y la contribución de canje G^k los separará, dejando con más baja energía el ^3P como cabría esperar según las reglas de Hund.

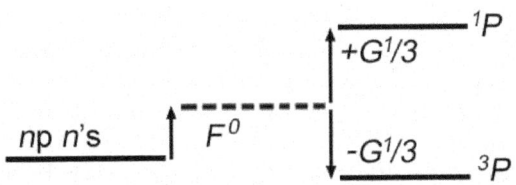

5.7 *Disposición de los dos términos electrostáticos para una configuración ps.*

- **Configuraciones np^3.**

Como también vimos en un ejemplo anterior, estas configuraciones presentan tres términos electrostáticos. La evaluación de los elementos de matriz que ya indicamos es también muy simple, aunque teniendo en cuenta que ahora los sumandos $\Sigma_{i<j}$ incluyen tres parejas de electrones. Así

$$\Delta E(^4S)=\langle 1^+0^+\text{-}1^+|\Sigma_{i<j}1/r_{ij}|1^+0^+\text{-}1^+\rangle=$$

$= (F^0_{pp}\text{-}2/25\ F^2_{pp}\text{-}3/25\ G^2_{pp}) +$ *(por la pareja de electrones 1^+0^+)*
$+ (F^0_{pp}+1/25\ F^2_{pp}\text{-}6/25\ G^2_{pp}) +$ *(por la pareja de electrones $1^+\text{-}1^+$)*
$+ (F^0_{pp}\text{-}2/25\ F^2_{pp}\text{-}3/25\ G^2_{pp}) =$ *(por la pareja de electrones $0^+\text{-}1^+$)*
$= 3F^0_{pp}\text{-}15/25\ F^2_{pp}$ *(teniendo en cuenta que $F^2=G^2$ aquí)*

Análogamente se obtiene
$$\Delta E(^2D) = \langle 1^+1^-0^+ | \Sigma_{i\leq j} 1/r_{ij} | 1^+1^-0^+\rangle = \dots = 3F^0_{pp} - 6/25\ F^2_{pp}$$

Y finalmente, mediante la conservación de la traza
$$\Delta E(^2D) + \Delta E(^2P) = \langle 1^+0^+0^- | \Sigma_{i\leq j} 1/r_{ij} | 1^+0^+0^-\rangle + \langle 1^+0^-\text{-}1^+ | \Sigma_{i\leq j} 1/r_{ij} | 1^+0^-\text{-}1^+\rangle$$

Donde, evaluados los dos elementos de matriz y sustituido el valor anterior para $\Delta E(^2D)$, se encuentra $\Delta E(^2P) = 3F^0_{pp}$.

De nuevo, aun sin conocer el valor de las integrales que F^k y G^k , podemos asegurar que los tres términos se dispondrán como indica la figura 5.8, con el ^4S como estado fundamental confirmando también aquí la validez de la regla de Hund. Este cálculo predice además que para estas configuraciones el nivel ^2D debe encontrarse entre los ^2P y ^4S, más cerca del primero que del segundo. En concreto deberá cumplirse que
$$[\ E(^2P) - E(^2D)\ ] / [\ E(^2D) - E(^4S)\ ] = 2/3.$$
Ello es una relación adimensional, que puede chequearse muy fácilmente con valores experimentales, para verificar en casos concretos si se cumple la aproximación Russell-Saunders en que está basada.

$$
^2P \qquad \downarrow\ -{}^6\!/_{25}F^2
$$
$$
3F^0 \qquad {}^2D
$$
$$
np^3
$$
$$
^4S \qquad -{}^{15}\!/_{25}F^2
$$

5.8 *Disposición de los tres términos electrostáticos de una configuración p^3.*

- **Configuraciones $ns\ n'l$.**
  Dada su simplicidad este caso puede tratarse con cierta generalidad para valores arbitrarios del número cuántico l, e incluye como caso particular el anterior "ps".

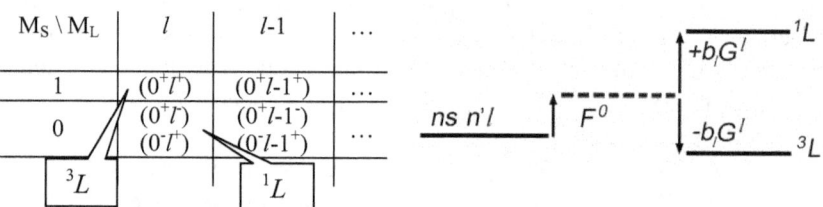

$M_S \setminus M_L$	l	$l-1$	...
1	(0^+l^+)	$(0^+l\text{-}1^+)$	...
0	(0^+l^-)	$(0^+l\text{-}1^-)$	...
	(0^-l^+)	$(0^-l\text{-}1^+)$	...
	^3L	^1L	

$ns\ n'l \qquad F^0 \qquad \begin{array}{l} +b_lG^l \quad {}^1L \\ -b_lG^l \quad {}^3L \end{array}$

5.9 *Tabla $M_L M_S$ para una configuración ns $n'l$, y situación energética de sus dos términos electrostáticos.*

La tabla M_L M_S para este tipo de configuraciones se muestra en la figura 5.9, y consta de las dos filas indicadas, y un número de columnas que dependerá del valor de l, llegando hasta $M_L = -l$. Todos sus determinantes de Slater quedan justificados por dos únicos términos electrostáticos: un ^3L detectado en la casilla superior izquierda (que tendrá representantes en todas las celdas de la tabla) y un ^1L detectado debajo del anterior que justifica el segundo estado en todas las celdas de la fila $M_S = 0$. En ambos casos naturalmente el número cuántico L toma el mismo valor l. En el caso particular "sp" visto antes con $l=1$, se trataba en efecto de los dos términos ^3P y ^1P.

Partiendo de las mismas celdillas en que han sido detectados ambos términos electrostáticos, resulta inmediato deducir primero que

$$\Delta E_{el}(^3L) = \langle 0^+ l^+ | 1/r_{12} | 0^+ l^+ \rangle = F^0_{sl} - b_l\, G^l_{sl}.$$

En esa expresión se ha tenido en cuenta para la parte directa que k solo puede tomar el valor 0 (según las propiedades indicadas en un apartado anterior) y que $a_0 = 1$ (según la tabla de valores). Igualmente para la parte de canje las mismas propiedades restringen k únicamente al valor $k=l$, y de b_l solo podemos asegurar que será algún número positivo.

Por otra parte la conservación de la traza en la segunda celdilla nos indica que

$$\Delta E_{el}(^1L) + \Delta E_{el}(^3L) = \langle 0^+ l^- | 1/r_{12} | 0^+ l^- \rangle + \langle 0^- l^+ | 1/r_{12} | 0^- l^+ \rangle$$

que, al igual que para el caso "ps" podemos escribir

$$\Delta E_{el}(^1L) + F^0_{sl} - b_l\, G^l_{sl} = F^0_{sl} + F^0_{sl}, \Rightarrow \Delta E_{el}(^1L) = F^0_{sl} + b_l\, G^l_{sl}.$$

De este modo resulta una disposición para los niveles de energía que confirma la regla de Hund para estas configuraciones, y generaliza lo encontrado en el caso "ps".

Este tipo de configuraciones aparece en los estados excitados de muchos átomos e iones, como son los alcalino-térreos y cualquier ión isoelectrónico con ellos. La presentan también otros muchos, como es el caso de los niveles excitados del mercurio con configuración $[Xe]4f^{14}5d^{10}6snl$.

El ejemplo más simple es el átomo de helio, que sirve como prototipo de todos ellos, y cuyo diagrama de niveles se muestra en la figura 5.10. En dicho diagrama se aprecia la típica disposición en función de los números cuánticos n y l, que ya vimos para los alcalinos pero es general (debida a un potencial central no coulombiano).

Consecuencia de lo que acabamos de ver es que todos los niveles del átomo aparecen "por duplicado" en versiones singlete y triplete, siendo el triplete el de menor energía (excepto la configuración fundamental $1s^2$ que solo presenta término ^1S).

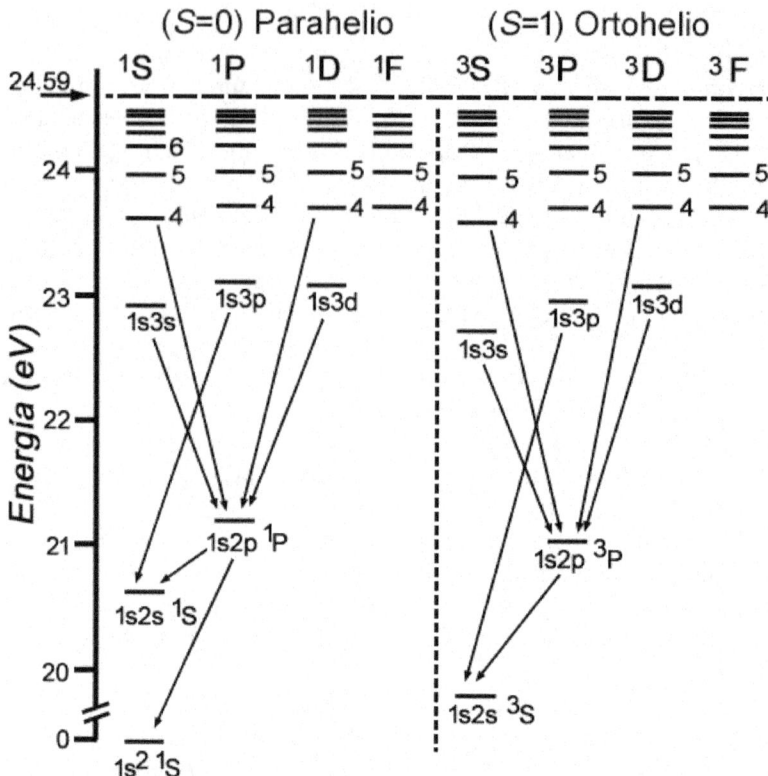

5.10 *Primeros niveles excitados del helio. La escala de energías se ha elegido tomando como origen la del estado fundamental (E=0 para el $1s^2$ ^1S), indicándose el límite de ionización en 24.59eV. Se indican algunas transiciones observadas entre ellos, que no cambian de espín total, por lo que el diagrama se separa en estados singletes (parahelio) y tripletes (ortohelio). Todos ellos son configuraciones 1snl, dado que estados doblemente excitados (como 2s2p) se encuentran por encima de este "primer límite de ionización".*

Cabe destacar que el diagrama se muestra como dos tablas que pareciesen duplicadas, una con todas las versiones singlete y otra con las versiones triplete. El motivo es que una regla de selección para transiciones radiativas, que veremos en su momento, prohíbe la emisión/absorción de fotones cambiando el espín total del átomo. De ese modo, para un átomo aislado (interaccionando únicamente con radiación electromagnética) no sería posible pasar de una a otra tabla, y permanecerá indefinidamente en uno de los denominados estados "Parahelio" y "Ortohelio".

5.2 Interacción Espín-órbita

En átomos polielectrónicos la interacción espín-órbita es la más relevante de las correcciones relativistas que encontramos a partir de la ecuación de Dirac. El principal motivo de ello es que las otras correcciones relativistas (de Darwin y de masas) provocan desplazamientos pero no desdoblamientos de los niveles de energía, y por ello pueden considerarse englobadas en la energía media de las configuraciones. Existen también otras contribuciones (espín-espín, espín-otras órbitas) que no trataremos aquí, porque suelen ser menores y relevantes solo cuando la espín-órbita es muy pequeña.

De este modo la principal corrección que nos falta por considerar es la siguiente, que trataremos por teoría de perturbaciones sobre las últimas funciones de onda de que disponemos.

$$\Delta \mathbf{H}_{SO} = \frac{1}{2m^2 c^2} \sum_i \frac{1}{r_i} \frac{dV(r_i)}{dr_i} \, \boldsymbol{l}_i \cdot \boldsymbol{s}_i \equiv \sum_i \xi_i \boldsymbol{l}_i \cdot \boldsymbol{s}_i$$

5.2.1 Aproximación Russell-Saunders

Dado que nuestros niveles son degenerados, el tratamiento directo de esta nueva contribución $\Delta \mathbf{H}_{SO}$ por teoría de perturbaciones consistiría en evaluar sus elementos de matriz en nuestra base actual $|{}^S L \, M_L \, M_S\rangle$, y resolver el problema de autovalores comenzando por la ecuación secular

$$\det| \, \langle {}^S L \, M_L M_S | \mathbf{H} | {}^{S'} L' \, M_L' M_S' \rangle - \lambda \mathbf{I} \, | = 0$$

El resultado serían autovectores (combinación lineal de esas funciones $|{}^S L \, M_L \, M_S\rangle$) que describirían los nuevos estados del sistema, y sus correspondientes autovalores (niveles de energía). Nótese que cada uno de esos autovectores, combinación lineal de distintas funciones ${}^S L$, representará estados en que el sistema pueda tener varios valores de los números cuánticos ${}^S L$. Ello no será de extrañar, teniendo en cuenta que los momentos angulares L y S que hasta ahora eran conservados, dejarán de serlo por la interacción entre ambos para cada electrón, y por tanto el sistema podrá no tener valores bien definidos de sus correspondientes números cuánticos.

Sabemos que en estos casos el problema se simplifica si podemos encontrar una base en la que perturbación sea diagonal, y efectivamente ello será posible con argumentos similares a casos anteriores. En concreto, cabe esperar que el momento angular total del átomo $J=L+S$ sí se conserve bajo $\Delta \mathbf{H}_{SO}$. Efectivamente ese es el caso[1] y significa que $\Delta \mathbf{H}_{SO}$ y J conmutan, por lo que $\Delta \mathbf{H}_{SO}$ será diagonal y más sencillo de tratar en base de autoestados de J. Como en otros casos, esos autoestados nos los proporciona el procedimiento de "acoplamiento de momentos angulares" a partir de los

---

[1] Recordemos que para cada electrón $[\boldsymbol{l} \cdot \boldsymbol{s}, \boldsymbol{l} + \boldsymbol{s}] = 0$, resultado que sumado para todos electrones provoca $[\Delta \mathbf{H}_{SO}, J] = 0$.

conocidos para L y S, y supondrá cambiar la última base que habíamos introducido $|^{S}L\ M_L\ M_S\rangle$ por una nueva $|^{S}L\ J\ M_J\rangle$. Es costumbre representar el número cuántico J en las nuevas funciones de onda como subíndice $^{S}L_J$.

Ahora bien, a pesar de introducir un nuevo número cuántico J en que $\Delta\mathbf{H}_{SO}$ es diagonal, la nueva base mantiene los ^{S}L en que no lo es, debido a que $\Delta\mathbf{H}_{SO}$ no conmuta ni con L ni con S. De ese modo la matriz de $\Delta\mathbf{H}_{SO}$ en base $|^{S}L\ J\ M_J\rangle$ será solo diagonal por cajas de J, pero para cada una de ellas seguirá siendo preciso resolver el problema de autovalores y autovectores.

Por suerte, en la mayoría de átomos ligeros la perturbación espín-órbita es mucho menor que la electrostática residual, lo cual permite una considerable simplificación adicional. En efecto, en los casos en que $\Delta\mathbf{H}_{SO}\!<\!<\!\Delta\mathbf{H}_{el}$, la matriz del hamiltoniano completo será ya "aproximadamente diagonal" en base $|^{S}L_J\ M_J\rangle$, puesto que sus elementos no diagonales (debidos a $\Delta\mathbf{H}_{SO}$) serán muy pequeños comparados con los diagonales (debidos a $\Delta\mathbf{H}_{SO}+\Delta\mathbf{H}_{el}$). Que la matriz ya sea aproximadamente diagonal, significa que sus autovectores serán aproximadamente la misma base en que está escrita, y sus autovalores aproximadamente los elementos de su diagonal.

De ese modo, en el caso (frecuente) de que los elementos de matriz cumplan $\langle\Delta\mathbf{H}_{SO}\rangle\!<\!<\!\langle\Delta\mathbf{H}_{el}\rangle$, los estados atómicos se pueden aproximar por $|^{S}L_J\ M_J\rangle$ y sus energías por $\langle ^{S}L_J|\mathbf{H}|^{S}L_J\rangle$. Es la denominada aproximación Russell-Saunders, que supondremos aplicable en el resto de esta sección 5.2. En la sección 5.3 describiremos el tratamiento cuando ello no sea posible.

De este modo, tratar la corrección espín-órbita en aproximación Russell-Saunders, supondrá pasar de describir el átomo con las funciones de onda $|^{S}L\ M_L\ M_S\rangle$ a hacerlo con las $|^{S}L\ J\ M_J\rangle$, lo cual significa "desechar" las terceras componentes de L y S ($M_L\ M_S$) pero seguir manteniendo sus módulos (^{S}L) como números cuánticos válidos. Intuitivamente ello será razonable mientras la corrección espín-órbita sea pequeña y altere poco esos momentos angulares, de modo que "no conservarlos" significará hacerlos cambiar de dirección pero no "destruirlos" por completo.

5.2.2 Cálculo de las perturbaciones espín-órbita

El principal efecto de la interacción espín-órbita será el de romper parte de la degeneración que la interacción electrostática mantenía en los números cuánticos $M_L M_S$. Ello es fácil de interpretar intuitivamente: antes la energía solo dependía de los módulos L y S pero no de sus orientaciones. Ahora los factores $l_i\!\cdot\!s_i$ harán que sí dependa de la orientación relativa de L respecto a S. Esas distintas orientaciones relativas también dan lugar a distintos valores de su suma J, de modo que a cada J diferente etiquetará una energía diferente. En aproximación Russell-Saunders cada una de ellas se obtendrá como el valor diagonal de $\Delta \mathbf{H}_{SO}$ en su correspondiente estado $|^{S}L_{J} M_{J}\rangle$.

Por otra parte debe subsistir parte de la degeneración, en concreto $2J+1$ en el número cuántico M_{J}, debido a la invariancia bajo rotaciones del hamiltoniano. Esa no desaparecerá hasta que no se rompa la simetría esférica del sistema, como ocurrirá por ejemplo al aplicar campos externos eléctricos o magnéticos.

Nótese que, sin haber hecho aún ningún cálculo con $\Delta \mathbf{H}_{SO}$, lo anterior ya nos aporta un resultado interesante sobre la estructura de los niveles de energía. En aproximación Russell-Saunders cada término electrostático ^{S}L debe aparecer finamente desdoblado ($\Delta \mathbf{H}_{SO}$ pequeña) en un grupo de niveles próximos. Además el número de ellos serán los posibles valores de J entre $|L$-$S|$ y L+S.

Calcular cuantitativamente ese desdoblamiento en aproximación de Russell-Saunders será sencillo con algunos argumentos adicionales. En concreto un primer resultado es el siguiente, que muestra una dependencia cuadrática en J para las componentes de cada multiplete:

$$\Delta E_{SO}(^{S}L_{J}) \overset{(1)}{\cong} \left\langle {}^{S}L_{J}\left|\sum_{i}\xi_{i}\boldsymbol{l}_{i}\cdot\boldsymbol{s}_{i}\right|{}^{S}L_{J}\right\rangle \overset{(2)}{=} A(n_{i}l_{i},{}^{S}L)\left\langle {}^{S}L_{J}\left|\boldsymbol{L}\cdot\boldsymbol{S}\right|{}^{S}L_{J}\right\rangle \overset{(3)}{=} \tfrac{1}{2}A\big[J(J+1)-L(L+1)-S(S+1)\big]$$

En esa expresión el paso (1) es la aproximación de Russell-Saunders que acabamos de describir, es decir, aplicar la teoría de perturbaciones a $\Delta \mathbf{H}_{SO}$ en una base $|^{S}L_{J}\rangle$ en que es aproximadamente diagonal. Nótese que no estamos escribiendo explícitamente los números cuánticos M_{J}, dado que la energía no depende de ellos.

El paso (2) es un resultado basado en el teorema de Wigner Eckart, según el cual todos los elementos de matriz de productos escalares de ese tipo tienen la misma dependencia en J, de modo que podemos reemplazar el de los $l_{i}s_{i}$ por el de $\boldsymbol{L}\cdot\boldsymbol{S}$ introduciendo una cantidad A que incluya toda la dependencia en el resto de detalles.

Finalmente el paso (3) se basa en la igualdad $\boldsymbol{L}\cdot\boldsymbol{S}=(\boldsymbol{J}^{2}\text{-}\boldsymbol{L}^{2}\text{-}\boldsymbol{S}^{2})/2$ que resulta de elevar al cuadrado $\boldsymbol{L}$+$\boldsymbol{S}$=$\boldsymbol{J}$, y en recordar que los $|^{S}L_{J}\rangle$ son autoestados del cuadrado de los tres momentos angulares con esos autovalores.

Puede demostrarse que esas constantes de desdoblamiento espín-órbita se pueden expresar explícitamente como

$$A(n_{i}l_{i},{}^{S}L) = \tfrac{1}{(2L+1)(2S+1)}\sum_{i}\zeta_{i}\big\langle L\|l_{i}\|L\big\rangle\big\langle S\|s_{i}\|S\big\rangle$$

en términos de las integrales radiales

$$\zeta_{i} = \int_{0}^{\infty} \xi_{i}(r)P_{n_{i}l_{i}}^{2}(r)dr$$

y los elementos de matriz reducidos $\langle L\|l_{i}\|L\rangle$ y $\langle S\|s_{i}\|S\rangle$. No obstante en muchos casos puede evitarse ese cálculo con un resultado basado en la forma que toman los elementos de matriz diagonales de $\Delta \mathbf{H}_{SO}$ en nuestras antiguas bases $|n_{i}l_{i}\, m_{l_{i}}^{ms_{i}}\rangle$ y $|^{S}L\, M_{L}M_{S}\rangle$.

En concreto los elementos de matriz diagonales en la primera de ellas pueden escribirse:

$$\left\langle n_i l_i m_{li}^{m_{si}} \left| \sum_i \xi_i \mathbf{l}_i \cdot \mathbf{s}_i \right| n_i l_i m_{li}^{m_{si}} \right\rangle = \sum_i \zeta_i \left\langle l_i m_{li}^{m_{si}} \left| \mathbf{l}_i \cdot \mathbf{s}_i \right| l_i m_{li}^{m_{si}} \right\rangle = \sum_i \zeta_i m_{li} m_{si}$$

Donde el primer paso hace uso del teorema que separa elementos de matriz entre determinantes de Slater en una suma de contribuciones para cada electrón[1], y en cada una simplemente se ha separado la integral radial de la angular. El segundo paso se basa en escribir el producto escalar en coordenadas circulares

$$\mathbf{l} \cdot \mathbf{s} = \tfrac{1}{2} \, l_+ s_- + \tfrac{1}{2} \, l_- s_+ + l_z s_z$$

y recordar que los elementos de matriz de esos tres sumandos son respectivamente 0, 0 y $m_l m_s$ en esa base[2].

Por otra parte, para los elementos de matriz diagonales de $\Delta \mathbf{H}_{SO}$ en base $\left| ^S L M_L M_S \right\rangle$ se tiene:

$$\left\langle n_i l_i {}^S L M_L M_S \left| \sum_i \xi_i \mathbf{l}_i \cdot \mathbf{s}_i \right| n_i l_i {}^S L M_L M_S \right\rangle = A(n_i l_i {}^S L) \left\langle ^S L M_L M_S \left| \mathbf{L} \cdot \mathbf{S} \right| ^S L M_L M_S \right\rangle = A M_L M_S$$

donde el primer paso utiliza el mismo argumento usado anteriormente para reemplazar los productos escalares $\mathbf{l}_i \cdot \mathbf{s}_i$ por el $\mathbf{L} \cdot \mathbf{S}$ introduciendo la misma constante A, y el segundo paso utiliza el mismo argumento de escribir el producto escalar en coordenadas circulares cuyos elementos de matriz conocemos en esa base.

Aunque ninguna de las dos bases anteriores sea de utilidad para describir los estados atómicos, la suma de esos elementos de matriz diagonales obtenidos en una y otra constituyen dos expresiones de la traza del operador $\Delta \mathbf{H}_{SO}$ que debe ser la misma, de modo que debe cumplirse

$$\boxed{\sum_{\text{Dets.Slater}} \sum_i \zeta_i m_{li} m_{si} = \sum_{SL} A(^S L) \, M_L M_S}$$

Esas sumas se extienden a todos los estados que participen en el cambio de base (realmente a cada casilla de nuestras tablas $M_L M_S$) y relacionan de forma muy simple las constantes $A(^S L)$ que describen el desdoblamiento de cada multiplete, con las integrales radiales ζ_i que pueden evaluarse numéricamente.

5.2.3 Propiedades del desdoblamiento espín-órbita

Las principales características de la interacción espín-órbita podrían resumirse como sigue:

---

[1] Nótese cierto abuso en la notación, para no complicar esta. En el primer término de la igualdad $|n_i l_i \, m_{li}^{msi}\rangle$ representa un determinante de Slater en todos los electrones, que podría haberse escrito más claramente como $|n_1 l_1 \, m_{l1}^{ms1} \, n_2 l_2 \, m_{l2}^{ms2} \ldots\rangle$. En el segundo término de la igualdad $|l_i \, m_{li}^{msi}\rangle$ representa la parte angular para la función de ondas de un solo electrón, la i-ésima de esa suma (la parte radial ya ha sido integrada dando ζ_i).

[2] Puesto que para cualquier momento angular $j_{\pm}|m_j\rangle \propto |m_j \pm 1\rangle$ y $j_z|m_j\rangle = m_j|m_j\rangle$, tendremos por ejemplo $\langle m_l m_s|l_+ s_-|m_l m_s\rangle = \langle m_l|l_+|m_l\rangle \langle m_s|s_-|m_s\rangle \propto \langle m_l|m_l+1\rangle \langle m_s|m_s-1\rangle = 0 \cdot 0$, y $\langle m_l m_s|l_z s_z|m_l m_s\rangle = \langle m_l|l_z|m_l\rangle \langle m_s|s_z|m_s\rangle = m_l \langle m_l|m_l\rangle \, m_s \langle m_s|m_s\rangle = m_l m_s \cdot 1 \cdot 1$.

- Cada término electrostático se separa en componentes etiquetables con J según $\Delta E_{SO}=A(^{S}L)[J(J+1)-L(L+1)-S(S+1)]/2$.

En esas expresiones A es una constante característica de cada término y cada átomo, pudiéndose calcular numéricamente si se dispone de las funciones radiales de los electrones involucrados, o pudiéndose ajustar como parámetro a los valores experimentales de los niveles de energía.

- Las integrales radiales $\zeta(n_i l_i)$ son siempre cantidades positivas.

No es difícil demostrar esta afirmación a partir de la forma en que están definidas, y de la forma típica de los potenciales centrales. En algunos casos el hecho de que sean positivas permite hacer afirmaciones sobre el signo de las constantes A, aun sin conocer sus valores concretos.

- Para configuraciones l^m las constantes A son positivas, negativas o nulas dependiendo de que estén menos que, más que, o justo "medio llenas"

Ello puede demostrarse[1] a partir de los resultados que hemos descrito, y el hecho de que las integrales $\zeta(n_i l_i)$ siempre sean cantidades positivas. Significa que los multipletes en esos casos sean respectivamente normales, invertidos, o no se desdoblen, como ya se anticipó al describir las reglas de Hund.

- La separación entre componentes de estructura fina es proporcional al mayor de los valores J.

Lo anterior fue originalmente un resultado empírico que se conoce como "regla de los intervalos de Landé", y que se justifica perfectamente a partir de las expresiones que hemos descrito. En efecto, utilizando la expresión para la energía de cada componente J en un multiplete, si evaluamos la diferencia entre dos cualesquiera consecutivas J y $J+1$ resulta de inmediato $\Delta E_{SO}(J+1)- \Delta E_{SO}(J)=A(J+1)$. Ello proporciona una forma inmediata de determinar experimentalmente las constantes A, y un modo extremadamente simple de comprobar la validez de la teoría.

- Los multipletes con $S \leq L$ se desdoblan en $2S+1$ componentes, y los de $L\leq S$ lo hacen en $2L+1$ componentes.

Ello es resultado inmediato de los valores que puede recorrer J entre $|L-S|$ y $L+S$). Históricamente los multipletes se descubrieron en espectroscopía como grupos de niveles muy próximos, y se representaba con un superíndice su multiplicidad (su número de componentes). Cuando se entendió el origen de esa estructura, se encontró que muy a menudo ese número es $2S+1$, porque el número cuántico L suele ser mayor que el S. De ese modo se decidió mantener la notación "$2S+1$" como superíndice para representar el número cuántico S, siendo conscientes de que solo representa el número de componentes cuando $S \leq L$.

---

[1] R. D. Cowan *The theory of atomic structure and spectra* (Univ. California Press)

- El centro de gravedad del desdoblamiento espín-órbita coincide con la posición sin desdoblar.

Ello es una consecuencia también inmediata de la expresión que describe los desdoblamientos. Efectivamente, es inmediato comprobar que

$$\sum_{J=|L-S|}^{L+S} g_J \Delta E_{SO}(J) = \sum_{J=|L-S|}^{L+S} (2J+1)A[J(J+1)-L(L+1)-S(S+1)]/2 = 0$$

Donde g_J representa el "peso estadístico" o degeneración de cada nivel J. Ello es una propiedad muy útil, ya que permite "borrar" de los datos experimentales el efecto de la interacción espín-órbita, cuando ella no interese, o cuando se desee comparar con la teoría dónde estarían los niveles de no existir esa corrección.

Veamos, para terminar esta sección, algunos ejemplos.

Desdoblamiento espín –órbita para configuraciones "sl"

Como vimos en su momento estas configuraciones únicamente presentan dos términos, ^1L y ^3L. El ^1L no se desdobla por interacción espín-órbita, y el ^3L solo lo hace si $l\neq0$. Para estudiar ese desdoblamiento podemos volver a la figura 5.9 que en su momento preparamos para este tipo de configuraciones, aunque en este caso nos basta con fijarnos en la primera celda $M_L=l$ $M_S=1$ en que detectamos ese término electrostático ^3L, y en la que aparecía el único determinante de Slater (0^+l^+). Puesto que este subespacio contiene un único vector, la regla de conservación de traza para $\Delta\mathbf{H}_{SO}$

$$\Sigma_{\text{Dets.Slater}}\Sigma_i\zeta_i m_{li}m_{si}= \Sigma_{SL}A(^SL) \, M_L M_S$$

se reduce a

$$\zeta_s \, 0 \cdot 1/2+\zeta_l \, l \cdot 1/2=A(^3L)\cdot l \cdot 1$$

de donde deducimos que $A(^3L)=\zeta_l/2$. Puesto que la integral radial es positiva, todos los multipletes de esas configuraciones serán normales. Puesto que estamos considerando que $1\leq L$ se desdoblarán siempre en tres componentes con $J=L-1,L,L+1$ separadas (según la regla de los intervalos de Landé) en proporción $L+1/L$.

Como ya dijimos son muchos los ejemplos de sistemas con este tipo de configuraciones, pero curiosamente el He no es un buen ejemplo de este desdoblamiento espín-órbita. El motivo es que para el He la constante espín-órbita es extremadamente pequeña, de modo que en su tratamiento deben considerarse las correcciones espín-espín y espín-otras órbitas que no trataremos aquí, y que hacen que sus multipletes sean invertidos y no respeten la regla de los intervalos de Landé.

Desdoblamiento espín –órbita para una configuración " dd′ "

Dado que los dos electrones de esta configuración están en distinto orbital, es fácil predecir que contendrá estados $^1S^1P^1D^1F^1G$ y $^3S^3P^3D^3F^3G$.

Puesto que solo se desdoblan los estados tripletes (excluido el ^3S), basta con construir la parte de la tabla indicada en la figura 5.11.

Aplicando la regla de conservación de traza a la primera celda $M_L=4$ $M_S=1$ con un único vector encontramos $\zeta_d \cdot 2 \cdot \frac{1}{2} + \zeta_{d'} \cdot 2 \cdot \frac{1}{2} = A(^3G) \cdot 4 \cdot 1$, de donde $A(^3G)= \zeta_d/4+\zeta_{d'}/4$. Se tratará por tanto de un multiplete normal.

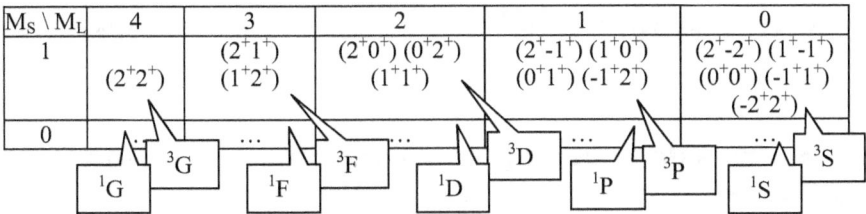

$M_S \backslash M_L$	4	3	2	1	0
1	(2^+2^+)	(2^+1^+) (1^+2^+)	(2^+0^+) (0^+2^+) (1^+1^+)	$(2^+\text{-}1^+)$ (1^+0^+) (0^+1^+) $(\text{-}1^+2^+)$	$(2^+\text{-}2^+)$ $(1^+\text{-}1^+)$ (0^+0^+) $(\text{-}1^+1^+)$ $(\text{-}2^+2^+)$
0	... ^1G ^3G	... ^1F ^3F	... ^1D ^3D	... ^1P ^3P	... ^1S ^3S

5.11 *Estados posibles para una configuración dd' mostrando solo los determinantes de Slater en las celdas no simétricas que generan estados triplete.*

Aplicando la misma regla a la segunda celda $M_L=3$ $M_S=1$ con dos vectores encontramos $(\zeta_d \cdot 2 \cdot \frac{1}{2} + \zeta_{d'} \cdot 1 \cdot \frac{1}{2}) + (\zeta_d \cdot 1 \cdot \frac{1}{2} + \zeta_{d'} \cdot 2 \cdot \frac{1}{2}) = [A(^3F)+A(^3G)] \cdot 3 \cdot 1$, donde ahora hemos tenido en cuenta que en ese subespacio se encuentran los términos ^3F y ^3G. Dado que $A(^3G)$ ya era conocida, podemos despejar $A(^3F)= \zeta_d/4+\zeta_{d'}/4$.

Operando análogamente con las siguientes dos celdas se encuentran también $A(^3P)$ y $A(^3D)$ que resultan tener el mismo valor que las dos anteriores.

Como puede verse los cuatro multipletes $^3P^3D^3F^3G$ resultan ser normales (ya que sus constantes A son combinación de integrales ζ_{nl} positivas), y casualmente todos ellos se desdoblan con una misma constante espín-órbita (cosa poco habitual).

Estados de máximos S y L en una configuración "p^2d"

Una configuración p^2d tiene una degeneración de $15 \times 10 = 150$ estados, de modo que construir su tabla $M_L M_S$ completa sería laborioso. No obstante si solo estamos interesados en los términos de máximos S y L la tarea es muy simple, ya que se reduce a las dos celdas extremas, como muestra la figura 5.12.

$M_S \backslash M_L$	4	3	2	...
3/2	-	$(1^+0^+,2^+)$	...	...
1/2	$(1^+1^-,2^+)$	...	...	...

(Con etiquetas ^2G sobre columna 4 y ^4F sobre columna 3)

5.12 *Estados de máximo S y L para una configuración p^2d. (Nótese que no necesariamente serán los de más baja energía, dado que no es del tipo de configuraciones para los que está asegurada la validez de las reglas de Hund)*

Aplicando la regla de conservación de traza en ellas encontramos:
Para $M_L=3$ $M_S=3/2$, $\zeta_p \cdot 1 \cdot \frac{1}{2} + \zeta_p \cdot 0 \cdot \frac{1}{2} + \zeta_d \cdot 2 \cdot \frac{1}{2} = A(^4F) \cdot 3 \cdot 3/2 \Rightarrow A(^4F)= \zeta_p/9+\zeta_d \cdot 2/9$.

Para M_L=4 M_S=1/2, $\zeta_p \cdot 1 \cdot \frac{1}{2} - \zeta_p \cdot 1 \cdot \frac{1}{2} + \zeta_d \cdot 2 \cdot \frac{1}{2} = A(^2G) \cdot 4 \cdot 1/2 \Rightarrow A(^2G) = \zeta_d/2$.

De este modo se tratará de dos multipletes normales. Nótese que no podemos asegurar si alguno de ellos será el estado fundamental, ya que las reglas de Hund no son fiables para este tipo de configuraciones. Para averiguarlo sería preciso calcular explícitamente la corrección por interacción electrostática residual para cada uno de los términos, y comparar sus energías.

5.3 Modelos de acoplamiento puros y acoplamiento intermedio

5.3.1 Otros modelos de acoplamiento puro

Como hemos visto en la sección anterior, la aproximación de Russell-Saunders simplifica la descripción de un átomo cuando $\Delta H_{SO} \ll \Delta H_{el}$, haciendo uso de los momentos angulares $L=\Sigma_i l_i$ y $S=\Sigma_i s_i$, aproximadamente conservados en esas condiciones. Para una configuración con solo dos electrones el esquema de acoplamientos involucrado se suele representar con la expresión $[(l_1 l_2)L\ (s_1 s_2)S]J$. Experimentalmente esa situación se manifiesta por una estructura de niveles muy característica como la ilustrada en la figura 5.13(a). En ella se observan grupos de niveles (términos electrostáticos) finamente desdoblados debido a la pequeña ΔH_{SO}, pero bastante separados entre sí debido a la gran ΔH_{el}.

Cuando esas condiciones no se cumplan en general será preciso el tratamiento perturbativo habitual, calculando las matrices $\Delta H_{SO} + \Delta H_{el}$ completas y diagonalizándolas. No obstante, en algunos casos ello puede evitarse, aplicando argumentos similares al de la aproximación Russell-Saunders.

Supongamos que para el mismo ejemplo de dos electrones la situación fuese $\Delta H_{SO} \gg \Delta H_{el}$, lo cual es frecuente en átomos pesados o muy ionizados.

En tal situación, opuesta a la que hace válida la aproximación Russell-Saunders, es preferible partir de la aproximación de Campo Central, y considerar en primer lugar la corrección dominante ΔH_{SO}. Ella, para cada electrón, altera sus l_i y s_i pero conserva sus momentos angulares totales $j_1 = l_1 + s_1$ y $j_2 = l_2 + s_2$. De ese modo, acoplando por separado los momentos angulares de cada electrón l_i y s_i obtendremos una base de autoestados $|j_1\ m_{j1}\ j_2\ m_{j2}\rangle$ en que ΔH_{SO} es diagonal y sencilla de calcular, con energías etiquetadas por el par de números cuánticos $j_1 j_2$.

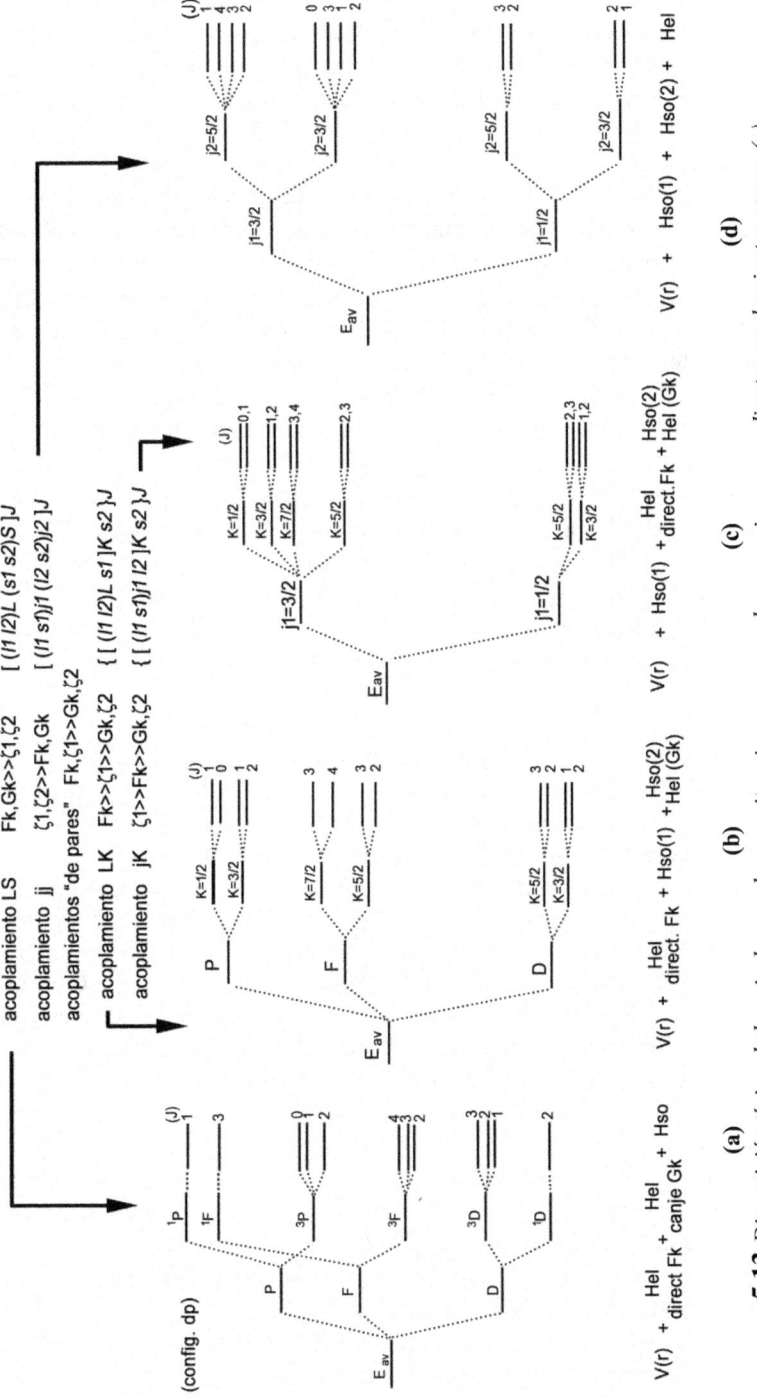

5.13 *Disposición típica de los niveles en algunas situaciones que pueden aproximarse mediante acoplamientos puros. (a) Acoplamiento LS. (d) Acoplamiento jj. (b), (c) Acoplamiento LS. (d) Acoplamiento jj. (b), (c) Se denominan "acoplamientos de pares" porque un espín electrónico es el último en acoplarse, resultando una estructura de dobletes muy próximos.*

A continuación consideraríamos la corrección (en este caso pequeña) ΔH_{el}. Su interacción $1/r_{12}$ entre los electrones alterará ambos momentos angulares j_1 y j_2, pero conservará el momento angular total $J=j_1+j_2$ (y aproximadamente los módulos j_1 y j_2 dado que es poco intensa). Por ello serán útiles las funciones $|j_1 j_2 J M_J\rangle$ obtenidas acoplando j_1 y j_2.

De ese modo obtendríamos una base en que la matriz del hamiltoniano completo será de nuevo "aproximadamente diagonal", puesto que sus elementos no diagonales (debidos a la ahora débil ΔH_{el}) serán muy pequeños comparados con los diagonales (debidos a la ahora intensa $\Delta H_{SO}+\Delta H_{el}$). Como ocurrió en la aproximación Russell-Saunders, que la matriz ya sea aproximadamente diagonal, significa que sus autovectores (estados del sistema) son aproximadamente la misma base $|j_1 j_2 J M_J\rangle$ en que está escrita, y que sus autovalores (niveles de energía) sean aproximadamente sus elementos diagonales en esa base $\langle j_1 j_2 J|H|j_1 j_2 J\rangle$.

Esta descripción es la denominada "acoplamiento jj" que suele representarse como $[(l_1 s_1)j_1 (l_2 s_2)j_2]J$. Cuando esto ocurre en un átomo, se manifiesta experimentalmente por una estructura de niveles como la ilustrada en la figura 5.13(d). En ella se observan grupos de niveles "términos jj" finamente desdoblados en J debido a la pequeña ΔH_{el}, pero bastante separados unos de otros con distintos números cuánticos $j_1 j_2$ debido a la gran ΔH_{SO}.

Como puede verse, tanto el acoplamiento LS como el jj se basan en valorar cuáles son las interacciones más relevantes en el sistema, en función de ellas elegir qué cantidades se conservan en él, y construir funciones de onda etiquetadas con ellas que lo describirán aproximadamente.

Otro ejemplo importante de esta técnica es el caso (algo más complejo) de los niveles excitados en gases nobles, cuyas configuraciones son de tipo $p^5 nl$. Para ellos la interacción más intensa es la electrostática y espín-órbita de los electrones p^5 (denominados "core") que se aproxima muy bien en acoplamiento LS, siendo mucho más pequeña la interacción con el electrón externo nl. De ese modo el sistema se puede describir considerando por orden de relevancia las sucesivas interacciones, introduciendo en cada paso cantidades que una conserva y las siguientes más débiles mantienen aproximadamente:

1º. Se considera la ΔH_{el} de los 5 electrones p^5. Esta conserva sus momentos angulares totales, por lo que es diagonal tomando como base los autoestados de esos operadores L_c y S_c ("c" por "core").

2º. Se considera la ΔH_{SO} de los electrones p^5. Esta conserva $J_c=L_c+S_c$, en cuya base será aproximadamente diagonal.

3º. Se considera la ΔH_{el} entre los electrones p^5 y el nl. Esta conserva $K=J_c+l$, en cuya base será aproximadamente diagonal.

4º. Se considera la ΔH_{SO} del electrón nl. Esta conserva $J=K+s$, en cuya base será aproximadamente diagonal.

En conjunto se trata de un esquema $\{[(L_cS_c)J_c \; l]K,s\}J$. Como ilustra la figura 5.13(c), en estos casos los correspondientes niveles tienen una estructura de bloques muy separados según el número cuántico J_c, dentro de cada uno de ellos aparecen separaciones aún apreciables en el número cuántico K, y finalmente muy pequeños desdoblamientos en J formando parejas.

En general la posibilidad de utilizar alguno de estos "acoplamientos puros" dependerá de la intensidad de las distintas interacciones presentes, y normalmente puede estimarse comparando los valores de las integrales radiales F^k, G^k y ζ_{nl} que las determinan. Siempre que sean posibles, este tipo de descripciones son muy interesantes. Aunque solo sean aproximadas, permiten asignar números cuánticos con que nombrar los niveles, entender su disposición relativa, y en su momento justificar algunas reglas de selección para transiciones radiativas. Las propiedades de los distintos tipos de acoplamiento son importantes para muchas aplicaciones espectroscópicas prácticas, pero su análisis excedería el objetivo de este texto introductorio.

5.3.2 Concepto de Acoplamiento Intermedio

Como hemos visto en los anteriores apartados, en muchos casos es posible construir funciones de onda que aproximan los estados atómicos. Cuando ello no sea posible, o cuando se necesite una descripción más exacta, simplemente se deberá aplicar la teoría de perturbaciones sin despreciar términos no diagonales. Ello significa simplemente calcular las matrices $\Delta H_{SO}+\Delta H_{el}$ completas y diagonalizarlas. Puesto que autovectores y autovalores de una matriz son independientes de la base en que se calculen, podremos utilizar para ello cualquiera de las que hayamos descrito, pero la más cómoda suele ser la ^SL_J, en que ΔH_{el} ya es diagonal y ΔH_{SO} es al menos diagonal por cajas de J. Nótese que de esas matrices nos faltaría describir cómo obtener la parte no diagonal de la interacción espín-órbita (el resto son elementos diagonales ya descritos en las secciones 5.1 y 5.2). Dado el objetivo introductorio de este texto, no nos ocuparemos aquí de esa cuestión que es de cierta complejidad, y que puede verse tratada en cualquiera de los textos indicados en la bibliografía como más avanzados[1].

La figura 5.14(a) ilustra el aspecto de esas matrices para una configuración "ps", para la que ya hemos visto en algún ejemplo que solo posee los términos electrostáticos ^1P y ^3P. Considerando todos los posibles valores J de cada uno, resultan los 4 vectores ^SL_J de su base $\{^3P_0, \; ^1P_1, \; ^3P_1, \; ^3P_2\}$, que tomamos ordenados por orden creciente de J, para poder apreciar las tres cajas de J en que la matriz es diagonal. Como ya hemos indicado,

---

[1] Sí es interesante comentar que una de las formas de obtener esos elementos no diagonales de ΔH_{so} es calcular su matriz en la base jj (en la que es diagonal y bastante sencilla) y luego realizar un cambio a la base LS.

esta estructura diagonal por cajas significa que todos los estados tendrán valores de J bien definidos (como corresponde a ser una cantidad perfectamente conservada), al contrario que los números cuánticos ^{S}L que pueden no estar bien definidos. Por ejemplo, el subespacio con $J=1$ tiene dimensión 2, dada por los vectores $^{1}P_1$ y $^{3}P_1$, de modo que tras diagonalizar obtendremos en él dos autovectores de la forma $\alpha^{1}P_1+\beta^{3}P_1$. Estos representan estados con probabilidad α^2 de que sus valores ^{S}L sean ^{1}P, y probabilidad β^2 de que sean ^{3}P, pero la seguridad de que $J=1$.

Este tipo de descripción es el denominado "acoplamiento intermedio", y es el más exacto y general, dado que no hace suposición alguna sobre la intensidad relativa de las correcciones ΔH_{el} y ΔH_{SO}, ni sobre la conservación o no de distintos momentos angulares intermedios. Nótese que en esta descripción, ninguna de las funciones $^{S}L_J$ utilizadas pretende aproximar a los estados atómicos, sino simplemente servir como base del espacio vectorial en que los describimos en detalle.

Casualmente pueden existir subespacios de dimensión 1, como en este caso lo son los de $J=0$ y $J=2$. Eso indica que algunos estados pueden coincidir con funciones de onda puras LS con números cuánticos $^{S}L_J$ bien definidos.

Como hemos comentado, para este tratamiento podría haberse utilizado cualquier otra base (funciones jj, jK, …), y de hecho expresar los resultados en una u otra es una simple cuestión de aplicar el cambio de base adecuado[1] entre unos y otros vectores.

Es instructivo analizar los niveles de energía que se obtienen en esta descripción, esto es, los autovalores de esa matriz que proporciona su ecuación secular $\det|\langle ^{S}L_J|\mathbf{H}|^{S'}L'_{J'}\rangle -\lambda\mathbf{I}|=0$. En los dos subespacios de dimensión 1 se trata directamente de los valores que encontramos en la diagonal, y en la caja de dimensión 2 es muy sencillo escribir el correspondiente determinante y resolver la ecuación de segundo grado resultante obteniendo sus dos raíces. Los resultados se muestran en la figura 5.14(b).

Resulta especialmente interesante analizar a qué valores se aproximan esos cuatro niveles de energía en las situaciones límite $\Delta H_{el}\ll\Delta H_{SO}$ y $\Delta H_{el}\gg\Delta H_{SO}$, que en este caso equivalen[2] a $G^{1}_{ps}\ll\zeta_p$ y $G^{1}_{ps}\gg\zeta_p$. La figura 5.14(b) muestra los valores resultantes, y la 5.14(c) su disposición relativa.

---

[1] El cambio de base entre distintos modelos de acoplamiento involucra coeficientes puramente "geométricos", que son combinaciones complejas de coeficientes Clebsch-Gordan. Estos pueden encontrarse tabulados o calcularse con expresiones explícitas. En la bibliografía recomendada específica sobre física atómica pueden verse más ejemplos y detalles en los que no entraremos aquí.

[2] Para ello basta con expresarlas en función del cociente $x\equiv G^{1}_{ps}/\zeta_p$ o el $x\equiv\zeta_p/G^{1}_{ps}$ y tomar un desarrollo de Taylor en él.

En el caso $G^1_{ps} \gg \zeta_p$ obtenemos tres valores muy próximos entre sí (E_1, E_3 y E_4 con la misma "$-G^1_{ps}/3$" y separados por pequeñas contribuciones ζ_p) y otro bastante separado de ellos (E_2 con "$+G^1_{ps}/3$"). Esas cantidades son exactamente las que hubiésemos obtenido en aproximación Russell-Saunders para las tres componentes del triplete $^3P_{0,1,2}$ (muy próximas entre sí por la pequeña ΔH_{SO}) y el estado singlete $^1P_1$ (muy separado de las anteriores por la gran ΔH_{el}).

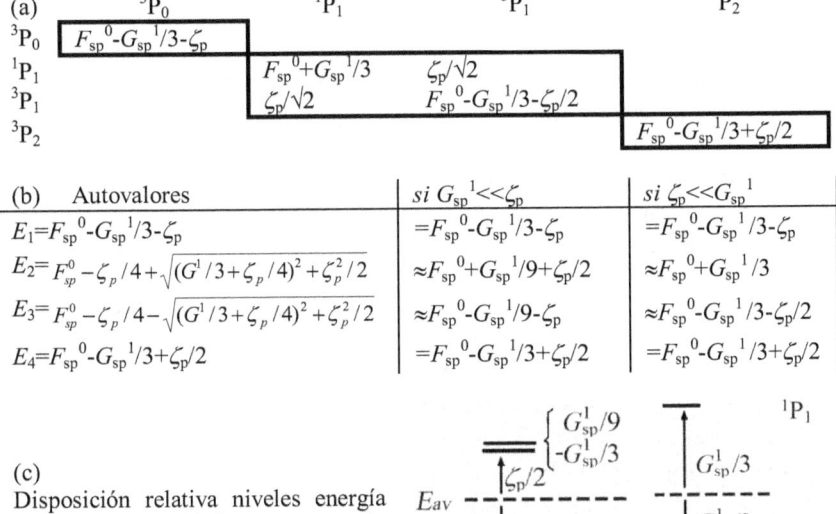

5.14 *(a) Matriz de $\Delta H_{SO}+\Delta H_{el}$ para la configuración sp en base LS. Se aprecia cómo en esta base ΔH_{el} es diagonal (integrales $F^k G^k$ únicamente en la diagonal) pero no ΔH_{SO} (integrales espín-órbita tanto en la diagonal como fuera de ella).*
(b) Autovalores de esa matriz, y expresiones que los aproximan hasta primer orden en los casos $\Delta H_{el} \ll \Delta H_{SO}$ y $\Delta H_{el} \gg \Delta H_{SO}$.
(c) Disposición de los niveles en los casos límite $G^1_{ps} \ll \zeta_p$ y $G^1_{ps} \gg \zeta_p$. que corresponderían respectivamente a descripciones jj y LS.

Por el contrario, en el caso $G^1_{ps} \ll \zeta_p$ encontramos un par de niveles $E_1 E_3$ con "$-\zeta_p$" muy separado del otro par $E_2 E_4$ con "$+\zeta_p/2$" por la ahora gran ΔH_{SO}, pero muy finamente desdoblados en cantidades del orden de G^1_{ps} por la ahora pequeña ΔH_{el}. Efectivamente, esa es la situación en que podría aproximarse el átomo por un acoplamiento jj, y esas hubiesen sido exactamente las energías obtenidas calculando únicamente elementos de matriz diagonales en una base jj.

En cada caso particular (conocidas las integrales radiales F^k, G^k y ζ) es también inmediato determinar los autovectores para cada uno de esos niveles de energía. Como ejemplo, para el átomo de mercurio en su configuración $[Xe]4f^{14}5d^{10}6s6p$, en la que ζ_p/G^1_{ps} =0.24, se encuentran las cuatro funciones de onda:

$$\psi_1 = {}^3P_0.$$
$$\psi_2 = 0.98\ {}^1P_1 + 0.20\ {}^3P_1.$$
$$\psi_3 = 0.20\ {}^1P_1 - 0.98\ {}^3P_1.$$
$$\psi_4 = {}^3P_2.$$

Como puede verse, el hecho de que ζ_p sea aquí cuatro veces menor que G^1_{ps} hace que no estemos muy lejos de una descripción pura LS. Por ejemplo el estado ψ_2 es un ${}^1P_1$ con probabilidad $(0.98)^2$=96% y solo tiene un 4%=$(0.20)^2$ de ${}^3P_1$. No obstante ello es suficiente para hacer que en el espectro de este átomo aparezcan con enorme intensidad transiciones que estarían prohibidas de no existir tal mezcla, y que por tanto solo pueden explicarse en acoplamiento intermedio.

Un caso interesante de este mismo tipo de configuraciones lo constituyen los niveles p^5ns de los gases nobles Ne, Ar, …. En el caso del Ne por ejemplo, para sus dos niveles con J=1 de la configuración $2p^5 5s$ se encuentran las dos funciones de onda:

$$\psi_2 = 0.764\ {}^1P_1 + 0.645\ {}^3P_1 \qquad \psi_3 = 0.645\ {}^1P_1 - 0.764\ {}^3P_1.$$

Claramente su mezcla en base LS es casi completa (cercana al 50% entre ${}^1P$ y ${}^3P$). Ahora bien, si utilizásemos un cambio de base (que no detallaremos aquí) para escribir esos dos vectores en base jK, encontraríamos que sus coordenadas en ella son:

$$\psi_2 = 0.996\ {}^{3/2}[3/2]_1 + 0.086\ {}^{1/2}[1/2]_1 \qquad \psi_3 = 0.086\ {}^{3/2}[3/2]_1 - 0.996\ {}^{1/2}[1/2]_1.$$

(con la notación ${}^{jc}[K]_J$, habitual en base jK). Nótese que en esta base los estados ψ_2 y ψ_3 son casi exactamente (en un 0.996^2=99.2%) los puros ${}^{3/2}[3/2]_1$ y ${}^{1/2}[1/2]_1$ respectivamente, con solo un 0.8% de mezcla. Ello significa que describir estos niveles utilizando estados puros jK será una excelente aproximación.

5.3.3 Indicios de fallo de la aproximación Russell-Saunders

En la mayoría de los casos es posible describir aproximadamente los estados atómicos por algún modelo de acoplamiento puro, de modo que se puede evitar la mayor complejidad (y exactitud) del acoplamiento intermedio.

Para la mayoría de átomos ligeros[1] el modelo de acoplamiento más aproximado es el LS, gracias a que la interacción espín-órbita suele ser

---

[1] Y también para algunos estados poco excitados de átomos de tamaño medio.

pequeña comparada con la electrostática residual. No obstante siempre que se detecten algún tipo de anomalías en esa descripción debe sospecharse la necesidad de una descripción más detallada en acoplamiento intermedio que las pueda justificar.

Las anomalías que pueden delatar efectos de acoplamiento intermedio son cualesquiera desviaciones respecto a los resultados obtenidos en aproximación Russell-Saunders. Las siguientes suelen ser las más habituales.

• No cumplirse la regla de los intervalos de Landé.

Ese resultado, obtenido en aproximación Russell-Saunders, es muy sencillo de chequear si se dispone de los valores experimentales para las componentes J de cualquier multiplete, dado que para cada par de niveles el cociente $A = (E_{J+1} - E_J)/(J+1)$ debería ser una misma constante. Como ejemplo, en la figura 5.15 se comparan estos cocientes para las componentes del ^3P en algunas configuraciones $nsn'p$ de la secuencia isoelectrónica de átomos Zn, Cd y Hg.

Como cabía esperar en estos casos, la interacción espín-órbita crece al movernos hacia elementos más pesados y se apartan cada vez más de la descripción LS.

átomo	configuración	J y E_J (cm^{-1})	$A(^3P)=$ $(E_{J+1}-E_J)/(J+1)$	cumplimiento
Zn	[Ar]$3d^{10}4s4p$	J=2 E=194 J=1 E=-195 J=0 E=-385	195 190	bueno, 2.6%
Cd	[Kr]$4d^{10}5s5p$	J=2 E=581 J=1 E=-590 J=0 E=-1133	586 543	aceptable
Hg	[Xe]$4f^{14}5d^{10}6s6p$	J=2 E=2228 J=1 E=-2342 J=0 E=-4113	2285 1771	no

5.15 *Chequeo de la regla de los intervalos de Landé para algunos niveles de la secuencia isoelectrónica Zn, Cd y Hg. Los valores de energía están dados respecto a la energía media del término electrostático.*

• Alteraciones en la posición relativa de los términos electrostáticos.

La aproximación Russell-Saunders permite calcular la energía de los términos electrostáticos en función de integrales radiales F^k y G^k. Como vimos en algún ejemplo, en algunos casos permite predecir qué proporción debe existir entre sus separaciones, independientemente del valor de esas integrales. En el caso de la configuración p^2 los términos ^1S y ^1D están separados por 9/25 F^2_{pp}, mientras que los ^1D y ^3P están separados por 6/25 F^2_{pp}, de modo que el cociente $\rho \equiv [\ E(^1S)-E(^1D)\ ]/[\ E(^1D)-E(^3P)\ ]$ debería tomar el valor de 3/2=1.5 La tabla 5.16 muestra los valores encontrados para algunos átomos e iones, indicando el comportamiento anómalo de varios de ellos.

Átomo	Config.	ρ	Átomo	Config.	ρ
C I	$2p^2$	1.13	Ge I	$4p^2$	1.50
N II	$2p^2$	1.14	Sn I	$5p^2$	1.39
O III	$2p^2$	1.14	La II	$6p^2$	18.43
Si I	$3p^2$	1.48	Pb I	$6p^2$	0.62

5.16 *Posición relativa de los términos electrostáticos en configuraciones p^2. $\rho \equiv [\, E(^1S) - E(^1D)\,]/[\, E(^1D) - E(^3P)\,]$. El caso del La II es especialmente anómalo debido a la presencia adicional de mezcla de configuraciones que no tratamos en este texto.*

• Aparición de transiciones prohibidas en los espectros atómicos, u otras desviaciones de las intensidades esperadas según una descripción LS.

Veremos en su momento que la transición radiativa entre niveles atómicos (mediante la emisión o absorción de fotones) está sujeta a ciertas restricciones, debidas a la conservación de momentos angulares o distintos motivos de simetría. En particular veremos que no es posible el cambio de espín total en una transición radiativa. Ello ya se comentó al describir el diagrama de niveles del helio, que por tal motivo se separa en estados singlete y triplete. Observar en un espectro transiciones entre estados con distinto espín indica que esos valores de espín solo pueden ser aproximados, y que los estados deben ser mezcla de funciones de onda con distintos espines en acoplamiento intermedio.

Un ejemplo interesante de este tipo es el espectro del Hg. Como se muestra en la figura 5.17, sus primeros niveles excitados corresponden a configuraciones $[Xe]4f^{14}5d^{10}6snl$. El tratarse de dos electrones fuera de capas completas hace que su disposición sea muy similar a la encontrada en helio. La principal diferencia respecto al He es la aparición de algunas transiciones "prohibidas" marcadas con "*" en la figura. En espectroscopía el término "prohibida" se refiere a transiciones que se observan pero no deberían aparecer según la descripción usada. En este caso el motivo de todas las transiciones prohibidas indicadas es ese 4% de mezcla que ya vimos entre niveles ^1P y ^3P para los estados 6s6p.

Es interesante notar que los tres átomos de la secuencia Zn, Cd y Hg comparten ese mismo tipo de configuraciones y estructura de niveles, y muestran esas mismas transiciones prohibidas. Ahora bien, como hemos visto en otros casos los efectos de acoplamiento intermedio suelen aumentar para átomos más pesados, y así es en este caso. Esas líneas prohibidas son apenas apreciables para Zn, fácilmente detectables para Cd, y las más intensas de todo su espectro para Hg. De hecho esas líneas en la región ultravioleta son las que permiten usarlo para fabricar lámparas fluorescentes. El motivo es que una descarga conteniendo mercurio es muy eficiente en convertir energía eléctrica en radiante, debido a que un porcentaje muy elevado de la energía escapa en forma de radiación en esas líneas. No deja de ser llamativo que esas líneas sean precisamente prohibidas, causadas por solo un 4% de mezcla en acoplamiento intermedio.

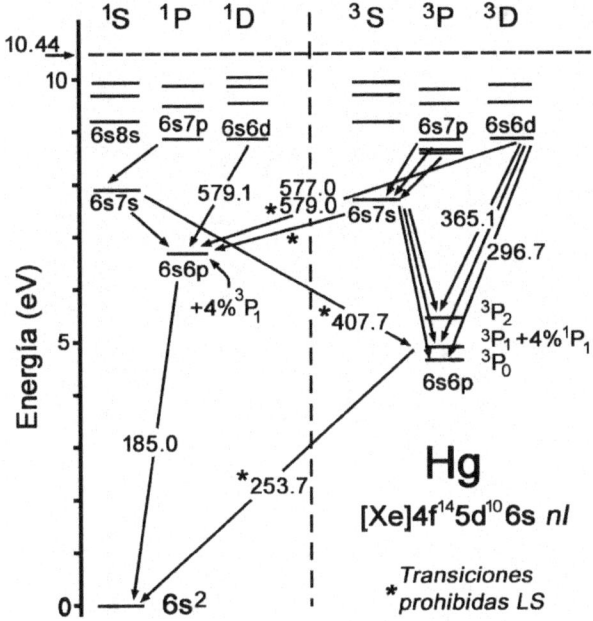

5.17 *Diagrama de niveles para Hg, muy similar al de He. Se indican con "*" las transiciones prohibidas debidas a la mezcla entre ^1P y ^3P en acoplamiento intermedio para la configuración 6s6p.*

5.4 El ejemplo del Si I

Volviendo al ejemplo del Si I que hemos comentado en capítulos anteriores, ahora es ya muy sencillo entender cómo se desdobla cada configuración en sus términos electrostáticos. De este modo, como ilustra la figura 5.18, es fácil determinar de qué niveles consta cada una, y entender por qué algunos son "aislados" (singletes) y otros aparecen como grupitos muy próximos (multipletes). Es posible entender además cuántos niveles (valores distintos de J) aparecen en cada una de esas agrupaciones.

Más adelante (sección 7.4) estudiaremos en detalle las reglas de selección para transiciones dipolares eléctricas, pero con lo que hemos comentado ya sobre ellas se justifican el tipo de transiciones posibles dentro de ese diagrama de niveles. El hecho de que solo existan transiciones entre columnas contiguas corresponde a la condición de que debe cambiar la paridad y no más de una unidad el número cuántico l. Las dos "mitades" en que se dividían algunas columnas corresponden a estados singlete y triplete. El que no pueda cambiar el espín total es el motivo por el que niveles "a la izquierda" de cada columna solo puedan pasar a otros niveles también "a la izquierda" (singletes), y análogamente los tripletes.

Finalmente, algunos niveles aparecen ligeramente "descolocados", como por ejemplo las tres componentes de los $3s^2\,3p\,ns\;^3P$. En particular los más excitados mostrados en la figura, que son los $3s^2\,3p\,6s$, que claramente no cumplen la regla de los intervalos de Landé. El motivo son efectos de acoplamiento intermedio (y en algún caso de mezcla de configuraciones).

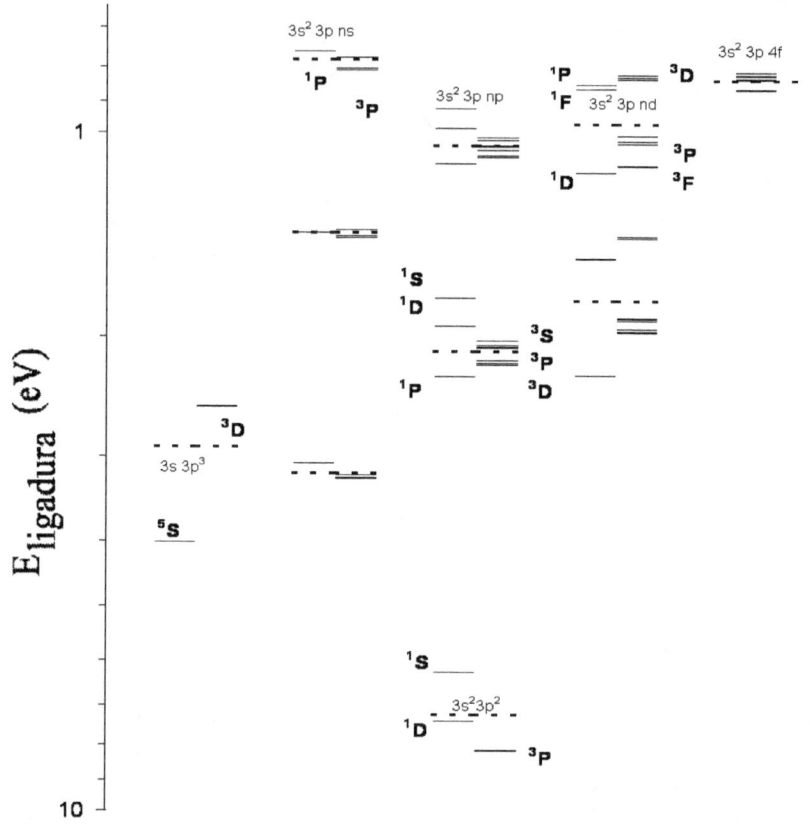

5.18 *Diagrama de niveles para las primeras configuraciones excitadas del Si I. Las líneas de trazos indican la energía media de cada configuración (la obtenida en aproximación de Campo Central), respecto a las cuales se desdoblan los distintos términos electrostáticos. A su vez, cada término electrostático se desdobla (más finamente) en los correspondientes niveles J debido a la interacción espín-órbita (más pequeña aquí).*

En la práctica, cuando se desea calcular y predecir teóricamente la posición de niveles de energía atómicos, un buen procedimiento consiste en realizar un cálculo Hartree-Fock extremando la energía de cada término electrostático. Esto es, no la $\langle\Psi|\mathbf{H}|\Psi\rangle=\Sigma_i I_i+\Sigma_{i<j}[J_{ij}-K_{ij}]$ de un determinante de Slater concreto (comentada al presentar el método de Hartree-Fock) sino la $\Sigma_i I_i+\langle^S L|\Sigma_{i<j}1/r_{ij}|^S L\rangle=\Sigma_i I_i+\Sigma_k(f_k F^k_{nl,n'l'}+g_k G^k_{nl,n'l'})$ que corresponda a cada término electrostático $^S L$ por separado. En ocasiones es mejor aún considerar para cada configuración un cálculo de Hartree-Fock que extreme su energía media (el promedio de correcciones electrostáticas para todos sus términos), a continuación (con los orbitales obtenidos) calcular numéricamente las

integrales $F^k_{nl,n'l'}$, $G^k_{nl,n'l'}$ y ζ_{nl} que intervengan en dicha configuración, con ellas construir su matriz $\Delta H_{el}+\Delta H_{SO}$, y finalmente diagonalizarla obteniendo una descripción en acoplamiento intermedio.

Problemas

5.1. Determinar los términos electrostáticos permitidos para las configuraciones:
   s p d, d^2, p^6, p^2d, p^2f, [Kr]$4d^2 5s^2$ y $1s2s3p^2$.

5.2. Para la configuración 1s 2p del Li^+ escribir explícitamente los estados $|^3P\ M_L=1\ M_S=1\rangle$ y $|^1P\ M_L=1\ M_S=0\rangle$ en términos de funciones R_{nl}, Y_{lm}, X_{ms}.

5.3. Para la configuración p^2 s:
   a) Determinar los posibles términos electrostáticos.
   b) Describir como combinación de determinantes de Slater los estados $|^4P\ M_L=1\ M_S S=3/2\rangle$, $|^4P\ M_L=1\ M_S=1/2\rangle$, $|^2D\ M_L=2\ M_S=1/2\rangle$ $|^2D\ M_L=1\ M_S=1/2\rangle$ y $|^2P\ M_L=1\ M_S=1/2\rangle$.
   c) Expresar, en función de integrales de Slater, la diferencia de energía entre los términos ^4P y ^2D.

5.4. Un cálculo Hartree-Fock para el determinante de Slater 1s4p (0^+1^+) del Be III ha proporcionado las siguientes integrales: I_{1s}= -8.00, I_{4p}= -0.499, J_{1s4p}= 0.216 y K_{1s4p}= 0.0038 (en u.a.)
   a) ¿Se corresponde ese determinante de Slater con algún término electrostático de esa configuración?
   b) Determinar para ese estado, en aproximación de orbitales congelados, la energía necesaria para arrancar el electrón 1s, el 4p o ambos.
   c) Teniendo en cuenta la relación entre integrales de Slater (F^k,G^k) e integrales de Coulomb (J_{ij},K_{ij}), determinar la diferencia de energía entre los estados 1s4p ^1P y 1s4p ^3P.

5.5. Aplicar las Reglas de Hund para determinar cuál es el estado fundamental de los siguientes átomos o iones: C $2s^2 2p^2$, F $2s^2 2p^5$, Sc $3d4s^2$, Ti $3d^2 4s^2$, Cr $3d^5 4s$, Ni $3d^8 4s^2$, Fe^+ $3d^6 4s$.

5.6. Para la configuración d^3, calcular la perturbación debida a interacción electrostática residual para el término de más baja energía.

5.7. Para la configuración $1s^2 2s^2 2p 3p$ ¿Cabe esperar que sean válidas las reglas de Hund?

a) Determinar cuál sería su término de más baja energía según esas reglas, y calcular su corrección por interacción electrostática residual $\Delta E_{el}(^3D)$ como combinación de integrales de Slater.

b) Sabiendo que $\Delta E_{el}(^1P) = F^0_{pp'} - 1/5\, F^2_{pp'} - G^0_{pp'} + 1/5 G^2_{pp'}$, determinar para qué valores de la integrales radiales $F^2_{pp'}$ y $G^2_{pp'}$ cumplen las reglas de Hund las posiciones relativas de los términos ^1P y ^3D.

5.8. Obtener la relación entre las constantes A y ζ para los términos de las configuraciones dp y d^2.

5.9. En el Ti I (config. $[Ar]3d^2 4s^2$) el 1er nivel excitado está $170 cm^{-1}$ por encima del fundamental.

a) ¿Qué energía cabe esperar para el $2°$ excitado?

b) ¿Qué separación cabe esperar entre los niveles $3d^2 4s^2\ ^3P$ con $J=0,1,2$?

c) Compárense esas predicciones con los valores experimentales.

5.10. Para la configuración excitada $[Ar]\, 3d^3\, 4s$ del V II.

a) Calcular la degeneración de la configuración.

b) ¿Cabe esperar que sean aplicables las reglas de Hund para esta configuración?

c) Obtener el término de más baja energía suponiendo válidas las reglas de Hund, y expresar su estado con máximas M_L y M_S en base de determinantes de Slater.

d) Expresar la corrección a la energía electrostática de ese término como elementos de matriz de esos determinantes de Slater y, para alguna pareja de electrones, explicitar el resultado en términos de integrales de Slater y los coeficientes correspondientes.

e) Determinar la constante de espín-órbita A para el término del apartado c) en función de integrales radiales ζ_{3d}.

Esa misma configuración presenta un término ^1F con energía $34\,228.82$, y un ^3F cuyas tres componentes de estructura fina tienen energías 8640.21, 8841.97 y $9\,097.81$ (todas en cm^{-1}).

f) A la vista de los valores de esas energías, razonar si cabe esperar que sea aplicable la aproximación Russell-Saunders para estos niveles.

g) Asignar valores de J a cada uno de esos niveles suponiendo válidas las reglas de Hund.

h) Comprobar si se cumple aproximadamente la regla de los intervalos de Landé para el ^3F.

i) Determinar cuál es la energía del ^3F por interacción electrostática, es decir, la que tendría si no existiese interacción espín-órbita.

5.11. La configuración fundamental del Ni I es [Ar] $3d^8 4s^2$.

a) ¿Cuáles son sus posibles términos electrostáticos?

b) ¿Cuál sería el nivel fundamental según las reglas de Hund?

c) Determinar la constante espín-órbita A para el término fundamental en función de la integral radial ζ_{3d}.

d) Calcular la energía del primer nivel excitado en función de ζ_{3d}.

Para la configuración excitada del mismo átomo [Ar] $3d^9 4s$

e) Determinar la corrección a la energía por interacción electrostática residual de los términos ^1D y ^3D en función de integrales de Slater. Sugerencia: Realizar ese cálculo como si se tratase de una configuración 3d 4s (en general la energía electrostática de configuraciones complementarias es diferente, pero en este caso particular la separación entre ambos términos resulta ser la misma).

f) Suponiendo válidas la aproximación Russell-Saunders y las reglas de Hund, representar en un esquema de niveles las posiciones de estos dos términos incluyendo sus componentes de estructura fina en el orden de energía correspondiente (indicando la J de cada nivel).

g) Conocidos los siguientes elementos de matriz para la corrección espín-órbita en base $^{2S+1}L_J$: $<^1D_2|\Delta H_{SO}|^1D_2>=0$, $<^3D_2|\Delta H_{SO}|^3D_2>=1/2\ \zeta_{3d}$, $<^3D_2|\Delta H_{SO}|^1D_2>= -2/\sqrt{3}\ \zeta_{3d}$.

Escribir explícitamente la matriz $\Delta H_{el}+\Delta H_{SO}$ completa para todos niveles con J=2 (es decir, una matriz que incluya también la contribución por interacción electrostática en función de integrales de Slater).

h) De esa matriz ¿Qué energías se deducirían para los niveles en aproximación de Russell-Saunders?

¿Qué condiciones deberían cumplir las integrales de Slater y de espín-órbita para que fuese posible aplicar esa aproximación?

6 Perturbación por campos externos estáticos. Efectos Zeeman y Stark

6.1 Perturbación por campos magnéticos

Cualquier partícula con carga y masa que sigue un movimiento de giro presenta un momento un momento dipolar magnético y un momento angular, que se encontrarán en la proporción de su carga y su masa. De este modo cada electrón atómico presenta un momento dipolar magnético, resultado de sus momentos angulares orbital y de espín que podemos escribir $\mu = -\mu_B(l+gs)$, teniendo en cuenta la carga negativa electrónica y su factor giromagnético g.

En esa expresión la constante $\mu_B = e\hbar/2m$ =5.788·10^{-5}eV/T=0.47cm^{-1}/T es el denominado "magnetón de Bohr", que ya vimos al interpretar el origen de la interacción espín-órbita, y es básicamente ese cociente entre carga y masa electrónica. Incluye además la constante de Planck, con el fin de que en dicha expresión las cantidades l y s sean adimensionales y del orden de la unidad.

La energía de un dipolo magnético en presencia de un campo magnético uniforme depende únicamente de su orientación, y viene dada simplemente por el producto escalar de ambos. De ese modo el hamiltoniano para la interacción de un electrón con un campo B puede escribirse como $\Delta H_m = -\mu \cdot B = \mu_B B \cdot (l+gs)$, y para un átomo polielectrónico resulta:

$$\Delta H_m \approx \Sigma_i \mu_B B \cdot (l_i+2s_i) = \mu_B B \cdot (L+2S) = \mu_B B(L_z+2S_z)$$

En la primera igualdad de esa expresión se ha aproximado $g \approx 2$ para simplificar las expresiones, en la segunda se ha aprovechado la forma en que tenemos definidos los operadores momento angular total, y en la última se ha tomado como eje z la dirección en que se encuentre aplicado el campo magnético[1].

---

[1] En realidad todas las anteriores expresiones deberían escribirse incluyendo un factor $\hbar$, en la forma $\mu = -\mu_B(l/\hbar+gs/\hbar)$, $\mu_B B(L_z+2S_z)/\hbar$, etc. El no hacerlo así equivale a suponer que se están expresando en el sistema de unidades atómicas donde $\hbar = 1$. El motivo es que el magnetón de Bohr ya incluye en su expresión un factor $\hbar$ precisamente para que no aparezca en las expresiones finales, y sólo intervengan en ellas números cuánticos adimensionales m_l, m_s, M_J, etc., (autovalores de los operadores $l_z/\hbar$, $s_z/\hbar$, $J_z/\hbar$, etc.).

6.1.1 Efectos del campo magnético sobre los niveles atómicos

Para describir el efecto de un campo magnético sobre un átomo tendremos que analizar las consecuencias de añadir ese término a nuestro hamiltoniano, cosa que haremos por teoría de perturbaciones. La principal consecuencia será la ruptura de la degeneración en M_J que se mantenía gracias a la simetría esférica del problema.

Es fácil verificar que el operador J^2 no conmuta con los L_z ni S_z, mientras que J_z sí conmuta con ambos. El resultado es que J^2 no conmutará con $\Delta\mathbf{H}_m$ y por tanto no será conservado bajo un campo magnético, aunque sí lo será su componente J_z paralela al campo. No obstante, para campos magnéticos débiles podremos considerar que la no conservación de J es debida a que gira lentamente en torno a la dirección del campo $\mathbf{B}$, de modo que al menos sí se mantiene su módulo dado por el número cuántico J; será la denominada aproximación Zeeman.

Consecuencia de lo anterior, los elementos de matriz de $\Delta\mathbf{H}_m$ expresados en base $|^SL_JM_J\rangle$ no serán diagonales en valores de J pero sí en valores de M_J. Por el contrario en la base anterior $|^SLM_LM_S\rangle$, $\Delta\mathbf{H}_m$ sí es completamente diagonal. Dado que $\Delta\mathbf{H}_{SO}$ tiene el comportamiento contrario (diagonal en la primera pero no en la segunda) el aspecto de la matriz $\Delta\mathbf{H}_{SO}+\Delta\mathbf{H}_m$ en ambas bases sería el mostrado en la figura 6.1.

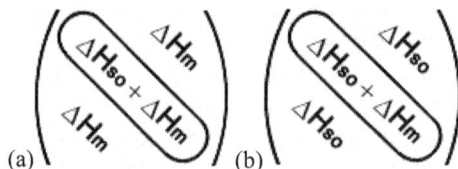

(a)   (b)

6.1 *Aspecto de las matrices $\Delta H_{SO}+\Delta H_m$, (las dos más débiles habitualmente) respectivamente en bases*
(a) $|^SL_JM_J\rangle$ y (b) $|^SLM_LM_S\rangle$.

Para valores arbitrarios del campo magnético simplemente tendremos que evaluar todos los elementos de matriz en cualquiera de esas bases y diagonalizar. En tal caso suele ser más cómodo trabajar en la $|^SLM_LM_S\rangle$ que contiene un acoplamiento menos de momentos angulares.

No obstante hay dos situaciones interesantes en que es posible una descripción aproximada sin necesidad de diagonalizar matrices. Para ello basta tener en cuenta que los elementos de matriz de $\Delta\mathbf{H}_m$ serán del orden de $\mu_B B$, mientras que los de $\Delta\mathbf{H}_{SO}$, serán del orden[1] de las constantes espín órbita A.

De ese modo, para campos tan débiles que cumplan $\mu_B B \ll A$, la matriz será aproximadamente diagonal en base $|^SL_JM_J\rangle$, dado que fuera de la diagonal solo habrá contribuciones de $\Delta\mathbf{H}_m$ muy pequeñas comparadas con las $\Delta\mathbf{H}_{SO}+\Delta\mathbf{H}_m$ diagonales. El que la matriz sea aproximadamente diagonal

---

[1] Multiplicados por números cuánticos adimensionales y del orden de la unidad.

en esa base significa que podemos tomar aproximadamente los vectores $|^{S}L_J M_J\rangle$ en que está escrita como sus autoestados, y sus elementos diagonales $\langle^{S}L_J M_J|\Delta\mathbf{H}|^{S}L_J M_J\rangle$ como sus autovalores. A esta descripción aproximada manteniendo la base $|^{S}L_J M_J\rangle$ se denomina aproximación Zeeman.

Por el contrario en caso de campos tan intensos que cumplan $\mu_B B >> A$ será en la base $|^{S}L M_L M_S\rangle$ en la que la matriz será aproximadamente diagonal. En consecuencia los estados podrán describirse aproximadamente en esa base y sus energías aproximarse por elementos de matriz $\langle^{S}L M_L M_S|\Delta\mathbf{H}|^{S}L M_L M_S\rangle$. Es la denominada aproximación Paschen-Back.

Nótese que en esas situaciones el concepto de campo débil o intenso no se refiere a nuestra apreciación subjetiva, sino a su comparación con la constante espín-órbita A involucrada, en concreto con la cantidad A/μ_B. Ello significará que los campos magnéticos para los que sea aplicable una u otra aproximación dependerán de cada átomo concreto y podrán ser distintos para cada uno de sus términos electrostáticos.

Para evaluar los elementos de matriz antes indicados de $\Delta\mathbf{H}_m$ será útil la siguiente expresión denominada "fórmula de Landé"

$$\langle jm|\mathbf{A}|jm'\rangle = \frac{\langle j|\mathbf{A}\cdot\mathbf{j}|j\rangle}{j(j+1)}\langle jm|\mathbf{j}|jm'\rangle \text{ y en particular } \langle jm|A_z|jm\rangle = \langle j|\mathbf{A}\cdot\mathbf{j}|j\rangle\frac{m}{j(j+1)}$$

Dicha expresión es consecuencia del teorema de Wigner-Eckart, y asegura que el elemento de matriz de cualquier operador vectorial evaluado en una base de estados $|jm_j\rangle$, tiene la misma dependencia[1] en "m_j" que el mismo operador $\mathbf{j}$. Clásicamente puede interpretarse como el valor promedio de cualquier vector que gira en torno al J, que sería su proyección sobre él, es decir

$$\langle\mathbf{A}\rangle = \left(\mathbf{A}\frac{\mathbf{j}}{|\mathbf{j}|}\right)\frac{\mathbf{j}}{|\mathbf{j}|} = \frac{\mathbf{A}\cdot\mathbf{j}}{|\mathbf{j}|^2}\mathbf{j}\ .$$

6.1.2 Cálculo y aproximaciones Zeeman y Parchen-Back

Aproximación Zeeman, campos débiles

Como hemos indicado, para campos débiles en el sentido de $\mu_B B << A$, podemos describir el sistema por las funciones de onda $|^{S}L_J M_J\rangle$ y evaluar las correcciones magnéticas a la energía por los elementos diagonales, cuyo resultado es el siguiente:

$$\Delta E_m \overset{(1)}{\cong} \mu_B B\langle JM_J|J_z+S_z|JM_J\rangle \overset{(2)}{=} \mu_B B\left(M_J+\frac{\langle JM_J|\mathbf{S}\cdot\mathbf{J}|JM_J\rangle}{J(J+1)}M_J\right) \overset{(3)}{=} \mu_B B M_J\left(\frac{3}{2}+\frac{S(S+1)-L(L+1)}{2J(J+1)}\right) \overset{(4)}{=} \mu_B B g_L M_J$$

---

[1] No se ha escrito la variable "m_j" en el elemento de matriz de $A\cdot J$ para indicar que no depende de ella.

En el paso (1) se ha reemplazado L_z+2S_z por J_z+S_z. En el (2) se ha aplicado la fórmula de Landé antes descrita tomando $A=S$ particularizando a la componente z. En (3) se utiliza la igualdad $SJ=(J^2+S^2-L^2)/2$ que resulta de elevar al cuadrado $L=J-S$, y que los $|^SL_J\rangle$ son autoestados del cuadrado de los tres momentos angulares con esos autovalores. La última igualdad simplemente define el denominado "factor de Landé" g_L

Como puede verse, en esta aproximación las componentes M_J se desdoblan proporcionalmente al campo magnético manteniéndose equidistantes (desdoblamiento también proporcional a M_J). La constante de proporcionalidad es el factor de Landé g_L que, como vemos, es una cantidad específica de cada nivel (función de sus números cuánticos ^SL_J) y es $g_L=1$ para estados singlete.

La correspondiente estructura de niveles tendrá el aspecto indicado en la figura 6.2, donde las $\Delta E_m=\mu_B B g_L M_J$ se superponen a las $\Delta E_{SO}=A[J(J+1)-L(L+1)-S(S+1)]/2$. Como ya hemos comentado, podemos interpretar que se mantienen bien conservados el módulo y tercera componente del momento angular total, y por ello bien definidos ambos números cuánticos J y M_J. Esta descripción será sostenible mientras la separación entre componentes M_J sea pequeña comparada con la separación entre distintos J. La aproximación dejará de ser aplicable cuando los campos sean más intensos ($\mu_B B \sim A$) y se mezclen estados de diferente J. El criterio habitual es considerar aplicable la aproximación Zeeman cuando $\mu_B B/A \le 1/10$.

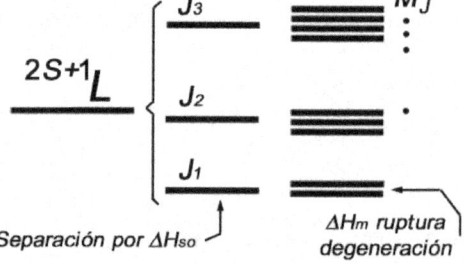

6.2 *Efecto de un campo magnético débil sobre los niveles de energía (aproximación Zeeman): los números cuánticos J se pueden mantener y se rompe la degeneración en M_J.*

Resulta notable indicar que la anterior expresión se obtuvo por primera vez de modo empírico. En concreto el desdoblamiento puede interpretarse clásicamente para los estados singlete para los que $g_L=1$, lo cual se denominó históricamente "efecto Zeeman normal". El resto de casos se denominaron "efecto Zeeman anómalo", y fue A. Landé el primero que logró describirlos correctamente en 1921. En concreto Landé introdujo la fórmula anterior como el promedio de un vector girando alrededor del J, por lo que el resultado final obtenido era $g_L=[3/2+(S^2-L^2)/J^2]$, y descubrió empíricamente que el ajuste era mejor cambiando los cuadrados como S^2 por $S(S+1)$. Merece notar que en esa época el espín era solo un número sin interpretación, que simplemente facilitaba el análisis de los espectros. Nuestra visión actual surgió bastante después, con el experimento de Stern Gerlach en 1922, la interpretación del espín como momento angular del electrón en 1925 por R. Kronig, G. Uhlenbeck y S. Goudsmit, y su justificación teórica por Dirac y su ecuación en 1928.

Aproximación Paschen-Back, campos intensos

Como hemos indicado, para campos tan intensos que cumplan $\mu_B B >> A$, podremos describir el sistema por las funciones de onda $|{}^S L M_L M_S\rangle$ y evaluar las correcciones a la energía como los elementos diagonales en esa base. De este modo en aproximación Paschen-Back el desdoblamiento de los niveles de energía resulta:

$$\Delta E \cong \left\langle {}^S L M_L M_S \middle| \boldsymbol{AL \cdot S} + \mu_B (L_z + 2 S_z) \middle| {}^S L M_L M_S \right\rangle = A M_L M_S + \mu_B B (M_L + 2 M_S)$$

Para ello basta escribir el producto escalar de la parte espín-órbita en coordenadas circulares, y recordar que los vectores usados son autoestados de todos los operadores que aparecen.

El criterio habitual es considerar aplicable la aproximación Paschen-Back cuando $\mu_B B / A \geq 10$. En la práctica ello suele suponer campos muy grandes, por lo que esta situación raramente se alcanza, salvo de forma asintótica.

Campos intermedios, transición entre límites Zeeman y Paschen-Back

Como ya hemos indicado, cuando no resulta aplicable ninguna de las anteriores aproximaciones ($\mu_B B \sim A$) es preciso escribir la matriz completa y diagonalizarla, cosa que será preferible hacer en la base $|{}^S L M_L M_S\rangle$ más sencilla. Este procedimiento no hace ninguna suposición sobre la intensidad del campo magnético, por lo que será más exacto, e incluirá como casos particulares los anteriores límites Zeeman y Paschen-Back.

Conviene recordar que el hamiltoniano completo $\Delta \mathbf{H}_{SO} + \Delta \mathbf{H}_m$ es diagonal en los números cuánticos M_J. Aunque ellos no estén definidos en base $|{}^S L M_L M_S\rangle$, sabemos que equivalen simplemente a $M_L + M_S$, de modo que ordenando los vectores de la base en función de esa suma, la matriz completa será diagonal por cajas.

La figura 6.3 ilustra los resultados para una configuración sencilla (np) y su término ^{2}P. En primer lugar 6.3(a) muestra la matriz completa para $\Delta \mathbf{H}_{SO} + \Delta \mathbf{H}_m$ en base $|{}^2 P M_L M_S\rangle$. Por simplicidad solo se muestran los dos números cuánticos $|M_L M_S\rangle$ clasificados por orden creciente de $M_J = M_L + M_S$, gracias a lo cual se aprecia la estructura diagonal por cajas de distinto M_J. La obtención de los elementos diagonales en esta base es la descrita en el caso Paschen-Back, y los no diagonales (solo existentes para $\Delta \mathbf{H}_{SO}$) son muy sencillos de generar escribiéndolos como

$$\langle {}^S L M_L M_S | \boldsymbol{AL \cdot S} | {}^S L M_L M_S \rangle = A \langle {}^S L M_L M_S | \tfrac{1}{2} L_+ S_- + \tfrac{1}{2} L_- S_+ + L_z S_z | {}^S L M_L M_S \rangle$$

y aplicando el comportamiento de los operadores de subida y bajada, junto con $\langle M_L M_S | M'_L M'_S \rangle = \delta_{M_L M'_L} \delta_{M_S M'_S}$.

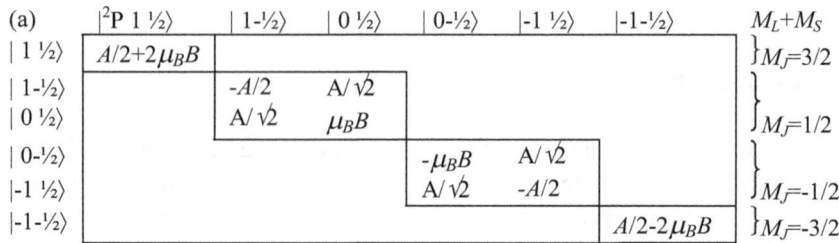

(a)

$|^2P\ 1\ \tfrac12\rangle$	$|1\text{-}\tfrac12\rangle$	$|0\ \tfrac12\rangle$	$|0\text{-}\tfrac12\rangle$	$|\text{-}1\ \tfrac12\rangle$	$|\text{-}1\text{-}\tfrac12\rangle$	M_L+M_S
$|1\ \tfrac12\rangle$ $A/2+2\mu_B B$						$\}\,M_J=3/2$
$|1\text{-}\tfrac12\rangle$	$-A/2$	$A/\sqrt2$				
$|0\ \tfrac12\rangle$	$A/\sqrt2$	$\mu_B B$				$\}\,M_J=1/2$
$|0\text{-}\tfrac12\rangle$			$-\mu_B B$	$A/\sqrt2$		
$|\text{-}1\ \tfrac12\rangle$			$A/\sqrt2$	$-A/2$		$\}\,M_J=\text{-}1/2$
$|\text{-}1\text{-}\tfrac12\rangle$					$A/2-2\mu_B B$	$\}\,M_J=\text{-}3/2$

(b)

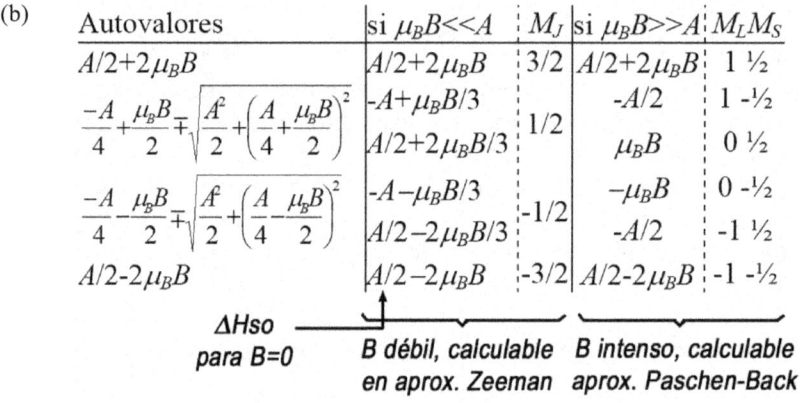

Autovalores	si $\mu_B B\ll A$	M_J	si $\mu_B B\gg A$	$M_L M_S$
$A/2+2\mu_B B$	$A/2+2\mu_B B$	3/2	$A/2+2\mu_B B$	1 ½
$\dfrac{-A}{4}+\dfrac{\mu_B B}{2}\mp\sqrt{\dfrac{A^2}{2}+\left(\dfrac{A}{4}+\dfrac{\mu_B B}{2}\right)^2}$	$-A+\mu_B B/3$	(1/2)	$-A/2$	1 -½
	$A/2+2\mu_B B/3$		$\mu_B B$	0 ½
$\dfrac{-A}{4}-\dfrac{\mu_B B}{2}\mp\sqrt{\dfrac{A^2}{2}+\left(\dfrac{A}{4}-\dfrac{\mu_B B}{2}\right)^2}$	$-A-\mu_B B/3$	(-1/2)	$-\mu_B B$	0 -½
	$A/2-2\mu_B B/3$		$-A/2$	-1 ½
$A/2-2\mu_B B$	$A/2-2\mu_B B$	-3/2	$A/2-2\mu_B B$	-1 -½

ΔHso para B=0   B débil, calculable en aprox. Zeeman   B intenso, calculable aprox. Paschen-Back

(c)

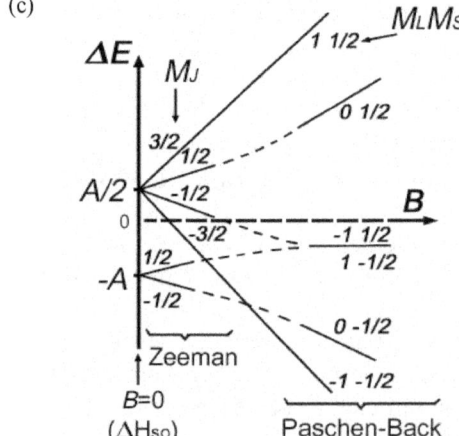

6.3 *Análisis del efecto de un campo magnético de intensidad arbitraria sobre niveles np ^2P. (a) Matriz completa para ΔHso+ΔHm. (b) Autovalores de la matriz indicando sus expresiones aproximadas en los casos $\mu_B B\ll A$ y $\mu_B B\gg A$ que coinciden respectivamente con los tratamientos Zeeman y Paschen-Back. El gráfico representa los autovalores en función de la intensidad del campo B, ilustrando los comportamientos asintóticos y números cuánticos que permiten etiquetar los niveles en ambos extremos.*

En 6.3(b) la primera columna muestra los 6 autovalores de la matriz, lo que requiere simplemente resolver la ecuación secular para las dos cajas de 2x2. Las otras dos columnas muestran los valores a los que se aproximan esas expresiones en los límites $\mu_B B \ll A$ y $\mu_B B \gg A$, que coinciden con lo que resultaría respectivamente en aproximaciones Zeeman y Paschen-Back.

Finalmente 6.3(c) muestra esas expresiones representadas en función del campo magnético B. Los tramos con línea punteada corresponden a la región de campos intermedios en que ninguna de los dos tratamientos aproximados sería aplicable.

Cabe observar que algunos estados tienen el mismo comportamiento para todos los valores del campo magnético. Se trata de aquellos que son únicos para un valor de M_J dado, de modo que no hay distintos J que puedan mezclarse.

En situaciones prácticas que no requieren el cálculo detallado, suele bastar con calcular los límites Zeeman y Paschen-Back, e interpolar aproximadamente para campos intermedios, haciendo corresponder curvas con los mismos M_J y $M_L + M_S$. Al hacerlo puede surgir la duda de qué curvas se corresponden cuando hay varios M_J iguales, pero en tal caso basta aplicar una sencilla regla: curvas de un mismo M_J no pueden cruzarse. El motivo es simplemente que corresponden a una misma caja de la matriz, y todo operador simétrico tiene distintos autovalores para autovectores diferentes.

6.1.3 Observación espectroscópica del efecto Zeeman

El desdoblamiento de los niveles en presencia de un campo magnético espectroscópicamente se observa como el desdoblamiento de cada línea en varias transiciones entre las componentes M_J. Dichas transiciones respetan una "regla de selección" que justificaremos en la sección 7.4, y que puede resumirse como:

$\Delta M_J = 0$ para las llamadas transiciones tipo "π" (estando prohibido $0 \to 0$ si $\Delta J = 0$)

$\Delta M_J = \pm 1$ para las llamadas transiciones tipo "$\sigma_\pm$"

Quizá la característica más interesante del efecto Zeeman sea que nos informa del número cuántico J de cada nivel. Ello puede decidirse en primer lugar por el número de componentes M_J en que se desdobla ($2J+1$), pero también por la polarización con que se emite cada línea, y que identifica los valores de M_J entre los que ocurre. En concreto puede demostrarse que un átomo que sufre una transición π emite radiación como lo haría un dipolo clásico oscilante según el eje Z, mientras que la radiación emitida en una transición $\sigma_\pm$ es la correspondiente a un dipolo clásico que girase en el plano XY. La figura 6.4 muestra algunas características de estos dos tipos de radiación.

Como consecuencia, basta medir el tipo de polarización observada en algunas direcciones para determinar el tipo de transición. Para ello experimentalmente suelen emplearse electroimanes con los polos perforados, lo que permite la observación tanto en dirección perpendicular al campo magnético, como a lo largo de esa misma dirección.

Cambio M_J	0	±1
Tipo de transición	π	$\sigma_\pm$
Comportamiento dipolo clásico	Oscilación según eje Z	Giro en plano XY
Distribución angular de la radiación emitida $I(\theta)$	$I_0 \dfrac{3}{8\pi} \mathrm{sen}^2\theta$	$I_0 \dfrac{3}{16\pi}(1+\cos^2\theta)$
Intensidad y polarización observada en cada dirección		

6.4 *Radiación emitida por transiciones σ y π. En todos los casos el eje vertical es la dirección del campo magnético. Para transiciones π la polarización es lineal en todas las direcciones, no observándose en dirección z. Para transiciones $\sigma_\pm$ la polarización observada cambia de ser circular (a derechas o izquierdas) en la dirección del eje z, a ser lineal en dirección perpendicular(siendo elíptica en direcciones intermedias).*

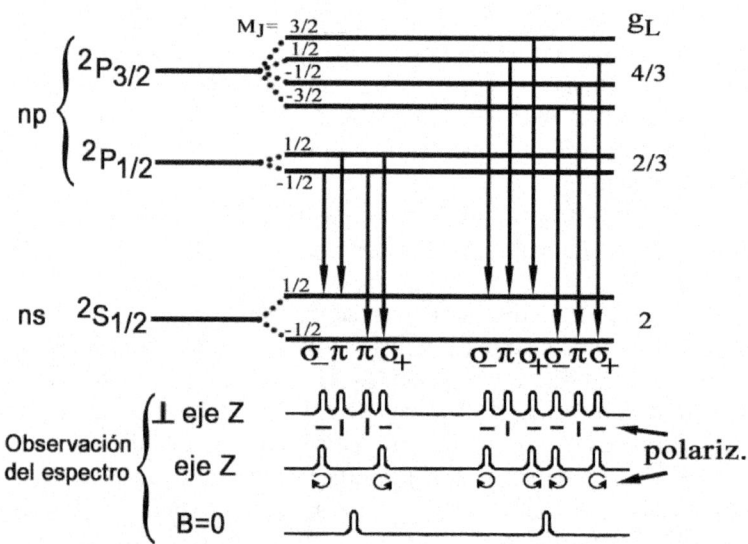

6.5 *Esquema de desdoblamiento Zeeman para dos transiciones $^2P_{1/2,3/2} \rightarrow {}^2S_{1/2}$, indicando las componentes en que se desdobla cada línea y sus polarizaciones observadas en direcciones paralela y perpendicular al eje del campo magnético. El esquema solo ilustra la posición que tendrían las líneas en el espectro (en una escala de energías o frecuencias crecientes), no sus intensidades.*

La figura 6.5 muestra un ejemplo del desdoblamiento Zeeman para dos transiciones $^2P_{1/2,3/2} \rightarrow {}^2S_{1/2}$, indicando las componentes en que aparecería desdoblada cada línea, y la polarización con que aparecerá cada componente en función de la dirección de observación. En este caso los factores de Landé g_L de los términos superior e inferior son diferentes, cosa que ilustra la figura, por lo que todas las líneas tendrán distinta longitud de onda. Cuando (como en el caso de singletes) los factores de Landé coinciden, varias líneas pueden coincidir en longitud de onda y observarse menos componentes.

6.2 Perturbación por campos eléctricos

En general se denomina "Efecto Stark" al resultante de someter un átomo a campos eléctricos externos. La presencia de un campo uniforme E equivale a introducir la presencia de un potencial lineal. Si tomamos como eje z la dirección del campo, ese potencial es simplemente $V_S = -z \cdot E$, de modo que el hamiltoniano resultante es $\Delta H_S = ezE$.

La contribución de esta corrección en primer orden por teoría de perturbaciones $\Delta E_S^{(1)} = eE \langle \phi | z | \phi \rangle$ es nula para cualquier configuración atómica, dado que todas tienen paridad bien definida y "z" en esos elementos de matriz es un operador impar que los anula. Ello hace que el tratamiento de este efecto sea más complicado que el de campos magnéticos, y no lo trataremos aquí.

Debido a lo anterior el efecto Stark se manifiesta en primer orden (efecto Stark lineal) solo cuando tenemos más de una configuración con distinta paridad y la misma energía[1], y en el resto de casos requiere un tratamiento en segundo orden de teoría de perturbaciones (efecto Stark cuadrático).

Tener más de una configuración con distinta paridad y la misma energía prácticamente solo ocurre en el hidrógeno, gracias a su degeneración accidental, por lo que ese átomo es el prototipo de comportamiento lineal. No obstante, también podemos encontrarnos aproximadamente en esa situación cuando tengamos configuraciones con pequeña separación energética comparada con la intensidad de la perturbación, lo cual puede ocurrir asintóticamente el caso de campos eléctricos muy intensos y configuraciones excitadas.

En el resto de átomos el tratamiento requiere aplicar la teoría de perturbaciones en segundo orden. Su principal efecto es que las correcciones a un nivel no dependen únicamente de los detalles de ese nivel, como ocurría en el caso del campo magnético, sino de la posición y detalles de todos los demás niveles del átomo. Ello hace que puedan darse pocos resultados con generalidad, y cada caso deba tratarse de forma particular.

El efecto Stark tiene en común con el Zeeman la ruptura que supone de la simetría esférica del átomo. Al igual que aquel, cuando no es demasiado intenso, eso supone el desdoblamiento de cada nivel J en sus componentes

---

[1] Considerar la mezcla de configuraciones no cambia esta situación, ya que dicha mezcla solo tiene lugar entre configuraciones con la misma paridad.

M_J. A diferencia del Zeeman, el operador "z" es invariante bajo reflexiones, lo cual hace que tomen los mismos valores de energía los estados con $\pm M_J$, de modo que los desdoblamientos solo dependen de $|M_J|$ y por efecto Stark solo se rompe la mitad de la degeneración. Como consecuencia en los espectros no se observan separadas las distintas transiciones "σ" ni muestran polarización al ser observadas longitudinalmente.

El estudio de los espectros atómicos en presencia de campos eléctricos aplicados proporcionó históricamente información importante sobre la identificación y designación de niveles atómicos, pero no es la situación más frecuente en la práctica. Los casos prácticos de mayor interés aparecen en la física de plasmas y en la física del estado sólido.

En el caso de plasmas la presencia de cargas libres rodeando al átomo lo someten a campos eléctricos aleatoriamente cambiantes, de modo que observar su efecto sobre los niveles de energía aporta información sobre la densidad de cargas y su distribución de energías.

El caso de átomos situados en una red cristalina como una "impureza" es también de enorme importancia por sus aplicaciones al diseño de láseres y medios ópticamente activos; y en ese caso son esenciales las consideraciones de simetría debidas a la red cristalina.

Problemas

6.1. Para la configuración $1s^2\ 2s^2p^6\ 3s^2p^6d^{10}\ 4s4d$ del Zn I se conocen las integrales radiales $G^2_{4s4d}=787.8\,cm^{-1}$ y $\zeta_{4d}=3.3\,cm^{-1}$. Con esos valores

    a)   ¿Cabe esperar que sea válida la aproximación Russell-Saunders para estos niveles?

    b)   Calcular la separación de energía entre sus niveles $^1D_2$ y $^3D_2$.

    c)   Si tuviese que calcular el efecto de un campo magnético de 3 tesla sobre el nivel $^3D_2$ ¿Debería utilizarse el tratamiento Zeeman o el Paschen-Back?

6.2. Estudiar los efectos Zeeman y Paschen - Back en los términos ^2D y ^4D.

6.3. Se pretende estudiar el efecto de un campo magnético sobre la transición $3s^23d\ ^2D_{3/2} \rightarrow 3s^23p\ ^2P_{3/2}$ en Al I. Con los datos de la tabla:

Término	J	E(cm^{-1})
$3s^23d\ ^2D$	5/2	32 436.80
	3/2	32 435.45
$3s^23p\ ^2P$	3/2	112.06
	1/2	0.00

    a) Explicar si en aproximación Zeeman se separarán más las componentes del nivel $^2D_{3/2}$ o las del $^2P_{3/2}$.

    b) Para un campo aplicado de B=15 tesla, discutir si convendrá utilizar las aproximaciones Zeeman o Paschen-Back para los distintos niveles involucrados.

7 Interacción con la radiación

El estudio de la radiación emitida por átomos y moléculas, y su análisis en frecuencias (denominado espectroscopía), es una de las principales fuentes de información sobre su estructura, y sobre las condiciones de su entorno. Por otra parte la posibilidad de excitar sus niveles aplicándoles radiación, supone un enorme campo de posibilidades para su manipulación. En esta sección describiremos las ideas básicas que permiten entender los principales procesos de emisión y absorción, así como su descripción y cálculo.

7.1 Distintos niveles de aproximación a la interacción con la radiación

Básicamente podríamos distinguir tres niveles de aproximación al estudio de la interacción de átomos con el campo electromagnético, dependiendo de la descripción utilizada para el átomo y para la radiación.

La descripción más simple sería un **tratamiento clásico**. En ella, el átomo se considera como un simple dipolo clásico oscilante. Dichas oscilaciones serían debidas al desplazamiento de su distribución de carga eléctrica respecto al núcleo, en respuesta a campos externos, con la inercia de los electrones. En ese tratamiento la presencia de longitudes de onda características se interpretaría como la existencia de frecuencias de resonancia características para tal oscilador, que el modelo no justificaría.
Como vimos al describir la polarización de las componentes Zeeman, en algunos casos un átomo se comporta como lo haría un dipolo clásico oscilante. Gracias a ello, este tratamiento tan simple proporciona resultados correctos para la distribución angular de la radiación emitida, y para algunas propiedades del índice de refracción, polarizabilidad y dispersión de la luz.

Una descripción más precisa es el denominado **tratamiento semiclásico**. En él, los átomos se describen cuánticamente, como hemos visto hasta ahora, y la radiación se describe como un campo electromagnético clásico descrito por las ecuaciones de Maxwell. Este tratamiento es suficiente para la mayoría de aplicaciones en física atómica, molecular y de plasmas. Permite explicar correctamente todas las características de los espectros, y calcular todos los coeficientes de Einstein necesarios.

La descripción más detallada consistiría en un **tratamiento completamente cuántico** tanto del átomo como de la radiación electromagnética. De hecho, la correspondiente electrodinámica cuántica es una de las teorías físicas comprobadas con un grado de precisión más alto. Por suerte, puede demostrarse que la mayoría de resultados prácticos (en concreto el cálculo de coeficientes de Einstein) coinciden con los obtenidos en un tratamiento semiclásico, por lo que podremos utilizar este (mucho más sencillo) con coda confianza.

Dado que los tres tratamientos descritos coinciden en las situaciones más sencillas, es habitual elegir el más simple posible en cada aplicación concreta, y en el caso de la espectroscopía atómica basta con una descripción semiclásica.

7.2 Definición de coeficientes de Einstein

Los sistemas cuánticos (ya sean núcleos, átomos, moléculas, sólidos, etc.) presentan en general estados de energía bien definidos, de modo que el cambio de uno a otro estado supone intercambiar con su entorno las correspondientes diferencias de energías. Una de las formas de transferir esa energía (la única en el caso de sistemas aislados) es en forma de radiación electromagnética, por medio de absorción o emisión de fotones, cuya frecuencia viene determinada por el correspondiente salto energético $\Delta E = h\nu$. Básicamente son tres los procesos posibles en este caso, y pueden ilustrarse considerando dos niveles cualesquiera de energía de un sistema cuántico, como los E_1 y E_2 mostrados en la figura 7.1 ($E_2 > E_1$).

7.1 *Los coeficientes de Einstein son característicos de cada par de niveles de un sistema cuántico. En la ilustración se muestran los coeficientes correspondientes a los tres procesos básicos: (a) Emisión espontánea, (b) Absorción y (c) Emisión estimulada.*

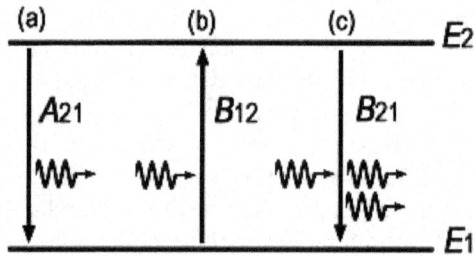

El primer proceso es el denominado "**Emisión Espontánea**". Tiene lugar cuando el sistema pasa espontáneamente de un estado con más energía a otro con menos, emitiendo la diferencia de energía en forma de un fotón con $E_2-E_1=h\nu$. En este caso la mecánica cuántica nos asegura que es completamente impredecible el momento en que ocurrirá, y solo podemos conocer su probabilidad (por unidad de tiempo). De este modo, si en el estado E_2 tenemos cierto número de átomos N_2, pasado un pequeño tiempo Δt lo habrá abandonado un número ΔN_2 de ellos proporcional al tiempo transcurrido y al número de candidatos. Esto es $\Delta N_2=-A_{21}N_2\Delta t$, o en forma diferencial $dN_2/dt=-A_{21}N_2$. En esa expresión el signo "-" simplemente indica la disminución de N_2 con el transcurso del tiempo, y la constante de proporcionalidad A_{21} es el denominado "coeficiente de Einstein de emisión espontánea". En cualquier sistema cuántico, esta constante A_{21} depende de las características de los dos estados E_1 y E_2 involucrados pero no depende del tiempo, lo que significa que cada suceso tiene la misma probabilidad de ocurrir tanto si el sistema acaba de llegar al estado E_2 como si lleva ya mucho tiempo en él.

El segundo proceso básico es la "**Absorción**" de fotones con la energía adecuada $E_2-E_1=h\nu$, pasando del estado inferior al superior. También aquí es impredecible cada suceso, y la probabilidad de ocurrir por unidad de tiempo es simplemente proporcional a la densidad de fotones adecuados presentes[1] ρ, y al número de estados candidatos N_1, de modo que puede escribirse $dN_1/dt=-B_{12}\rho N_1$. La constante de proporcionalidad B_{12} es el denominado "coeficiente de Einstein de absorción" y al igual que el A_{21} es característico de los dos estados E_1 y E_2 involucrados e independiente del tiempo.

El tercer proceso básico es el denominado "**Emisión Estimulada**". Este consiste en la emisión de un fotón provocada por la presencia de otro. Por ello, como en el caso anterior, la probabilidad es proporcional a la densidad de fotones adecuados presentes ρ, y al número de estados candidatos N_2, es decir, $dN_2/dt=-B_{21}\rho N_2$. La constante de proporcionalidad B_{21} es el denominado "coeficiente de Einstein de emisión estimulada". Este es un proceso especialmente curioso, porque el fotón incidente continúa sin alterarse, y simplemente el segundo se emite en su mismo estado, como si fuese un "clon" suyo. Ello permite por tanto "amplificar" luz, porque el nuevo fotón no viene a "añadir otra onda luminosa" sino que se incorpora a la incidente haciéndola más intensa. Ello permite llegar a generar campos electromagnéticos coherentes muy intensos, siendo el fundamento de la emisión láser (en la región visible) y máser (en la de microondas).

En este proceso uno podría dudar si realmente la emisión la causó el fotón incidente, puesto que su papel simplemente fue el de estar presente sin intervenir, pero experimentalmente es muy sencillo comprobar su realidad. Es fácil preparar átomos en estados excitados, que tardarían tiempos muy largos en decaer espontáneamente, pero que lo hacen de modo casi

---

[1] Nótese que la frecuencia de la radiación puede tomar cualquier valor continuo, de modo que una densidad de radiación ρ debe especificarse por intervalo de frecuencia, o de longitudes de onda, o de energías, etc. En lo que sigue consideraremos ρ definida como densidad de energía por unidad de intervalo de frecuencia.

instantáneo al iluminarlos con los fotones adecuados. De hecho en ello consiste precisamente la inversión[1] de población necesaria para generar amplificación láser.

La población de cada nivel para un sistema cuántico en presencia de radiación, viene determinada por la combinación de los tres procesos, de modo que puede escribirse para el estado superior $dN_2/dt=-A_{21}N_2-B_{21}N_2\rho+B_{12}N_1\rho$, y análogamente para el inferior. Es la denominada "ecuación del láser", que en situaciones realistas debe incluir las transiciones hacia otros niveles presentes, y la contribución de procesos no radiativos.

Como ya hemos indicado, esos tres coeficientes son característicos de cada átomo y cada par de niveles, y según descubrió Einstein están relacionados entre sí. En concreto en la forma[2] $A_{21}=B_{21}v_{21}{}^3 8\pi h/c^3$ y $g_2B_{21}=g_1B_{12}$, de modo que conocido cualquiera de ellos quedan determinados los otros dos. En particular esas relaciones indican que los coeficientes de absorción y de emisión estimulada son el mismo, salvo por los factores estadísticos g_1 y g_2 (el número de estados en los niveles 1 y 2 si son degenerados).

Aunque en la actualidad disponemos de técnicas para calcular los tres coeficientes y comprobar que cumplen esas relaciones, es curioso indicar que en la época en que Einstein las dedujo ello no era posible, por lo que las obtuvo basándose en argumentos de tipo termodinámico. En efecto, en el caso en que el sistema se encuentre en equilibrio termodinámico con una radiación de cuerpo negro, en la ecuación anterior tendremos $dN_2/dt=0$, y además conocemos la densidad de radiación $\rho(\omega)$ y la proporción entre las poblaciones N_2/N_1 . Imponiendo que ese equilibrio sea posible a cualquier temperatura es inmediato deducir las tres relaciones anteriores. Desde luego lo anterior no significa que esas relaciones sean válidas solo en equilibrio termodinámico: los tres coeficientes son constantes características de cada par de niveles en un sistema cuántico, de modo que esas relaciones se mantienen en cualquier circunstancia, y en particular en equilibrio termodinámico.

Otra consecuencia de las anteriores relaciones es que basta con tabular solo uno de los tres coeficientes, y este suele ser el A por un motivo que se aprecia en cuanto nos fijamos en sus unidades. Para él basta escribir su ecuación como $-(\Delta N_2/N_2)/\Delta t=A_{21}$ para apreciar claramente que se trata de

---

[1] Para lograr que el proceso de emisión estimulada sea el dominante es preciso tener más poblados los niveles superiores que los inferiores de la transición. A esta situación se denomina "inversión de población", ya que lo habitual (por motivos termodinámicos) es encontrar más poblados los niveles de más baja energía.

[2] La definición de los coeficientes B y la expresión que los relaciona con los A depende de cómo se defina la densidad de radiación. Como hemos indicado, aquí estamos suponiendo $\rho(\omega)$ definida como densidad de energía por unidad de intervalo de frecuencia.

una probabilidad de decaer ($\Delta N_2/N_2$) por unidad de tiempo. De ese modo sus unidades son simplemente "s^{-1}".

El análogo para los otros dos coeficientes $\pm(\Delta N/N)/\Delta t/\rho=B$ indica que se trata de probabilidades por unidad de tiempo y de densidad de radiación. Pero ello supone una enorme variedad de posibilidades para sus unidades, según la densidad de radiación se mida en fotones o energía por unidad de volumen, y según se especifique su distribución espectral de energía por unidad de longitud de onda, o de frecuencias, o de energías, etc. Por ese motivo únicamente se tabulan los coeficientes A, y se deducen los B en las unidades necesarias para cada aplicación.

Los coeficientes A por sí solos determinan además dos procesos especialmente interesantes en el caso de átomos o moléculas aislados.

Por una parte **determinan la vida media** de sus estados. Efectivamente, en esas condiciones, si un nivel "i" puede decaer a varios estados con coeficientes de Einstein A_{i1}, A_{i2}, ..., entonces podemos escribir para él

$$dN_i/dt = -A_{i1}N_i - A_{i2}N_i \ldots = -A_i N_i, \text{ donde } A_i \equiv \Sigma_f A_{if}$$

cuya solución indica un decaimiento exponencial $N_i(t) = N_i(0)e^{-A_i t}$ para su población. Es muy sencillo calcular en tal caso el "tiempo promedio" que ha durado cada nivel antes de decaer, que resulta ser $\tau_i=1/A_i=1/\Sigma_f A_{if}$ y se denomina su "vida media".

Por otra parte los coeficientes A de Einstein, junto con las poblaciones de cada nivel, **determinan la intensidad de las líneas espectrales** emitidas[1] $I_{if}=N_i A_{if}$.

En el caso de transiciones "$i \to 1$" e "$i \to 2$" que comparten un mismo nivel superior "i", ello significa que sus intensidades deben ser proporcionales a sus respectivos coeficientes de Einstein $I_{i1}/I_{i2}=(N_i A_{i1})/(N_i A_{i2})=A_{i1}/A_{i2}$. En tal caso se denominan "razones de ramificación" ("branching ratios" en inglés) a las fracciones $B_{if}=A_{if}/\Sigma_f A_{if}$ de niveles "i" que decaen por cada camino "f" (figura 7.2). Naturalmente, en ambos casos la presencia de otros átomos puede alterar esas vidas medias y razones de ramificación, pero para concentraciones de ellos suficientemente bajas (como en el caso de gases a baja presión) son una excelente aproximación.

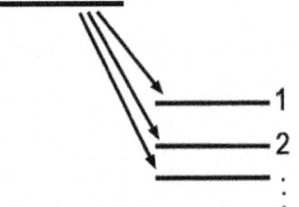

7.2 *Para transiciones que comparten un mismo nivel superior, la relación de intensidades emitidas queda determinada por la relación de sus coeficientes de emisión espontánea (razones de ramificación)*

---

[1] En la aproximación de que el medio sea ópticamente delgado, es decir, supuesto que no sean importantes efectos de absorción ni emisión estimulada.

7.3 Cálculo de coeficientes de Einstein

Como anunciamos al principio, utilizaremos un tratamiento semiclásico para obtener los coeficientes de Einstein. Aunque tal procedimiento no permite obtener los coeficientes de emisión espontánea, ellos pueden deducirse de su relación con los otros dos. En este tratamiento:

- El átomo se describe cuánticamente, por su hamiltoniano **H** y estados obtenidos en capítulos anteriores $|\psi_1\rangle$, $|\psi_2\rangle$, ...
- El campo electromagnético se describe clásicamente, mediante sus ecuaciones de Maxwell.
- La interacción entre ambos nos la proporciona la electrodinámica clásica, según la cual el hamiltoniano de una partícula con carga "q" en presencia de un campo electromagnético descrito por potenciales escalar ϕ y vectorial A es para un electrón:

$$\mathbf{H}_{ED} = \tfrac{1}{2m}(\mathbf{p} - q\mathbf{A})^2 + q\phi = \mathbf{p}^2/2m + q\phi - \tfrac{q}{m}\mathbf{p}\cdot\mathbf{A} + \tfrac{q^2}{2m}\mathbf{A}^2$$

Sobre esa expresión[1] caben varias observaciones. En primer lugar, para nuestro tratamiento, A será un campo vectorial, pero p es el operador gradiente, y como $\nabla(Af)=(\nabla A)f+A\nabla f$ ambos no conmutan salvo que $\nabla A=0$. Ello queda garantizado tanto en el gauge de Lorentz como en el de Gauss, gracias a lo cual hemos tomado en el desarrollo del cuadrado $Ap+pA=2pA$.

En segundo lugar, puede describirse la radiación en el vacío con solo el potencial vector A, de modo que el potencial escalar ϕ podemos considerarlo íntegramente debido a la interacción del electrón con el núcleo. De ese modo en la anterior expresión podemos considerar los dos primeros sumandos $\mathbf{H}_0 = p^2/2m + q\phi$ como los debidos al átomo aislado, y el resto $\mathbf{H}_R = -\tfrac{q}{m}\,p\cdot A + \tfrac{q^2}{2m}A^2$ como la perturbación que supone para él la presencia de un campo electromagnético, que trataremos por teoría de perturbaciones.

Por último, para una partícula con espín como el electrón, $\mathbf{H}_R$ debería incluir un término adicional de interacción $-\mu(\nabla^\wedge A)$, que ya nos encontramos en forma $-\mu B$ al tratar el efecto de campos magnéticos estáticos externos. Ignoraremos ese término aquí, aunque debe tenerse en cuenta al considerar las distintas contribuciones multipolares magnéticas.

Para nuestro objetivo, consideraremos al átomo sometido a una radiación electromagnética externa en forma de onda plana, esto es

$$A(x,t)=A_0\text{sen}(\omega t-kr)=\varepsilon A_0\text{sen}(\omega t-kr)$$

donde el vector "ε" es la polarización (dirección de oscilación)[2]. En esa

---

[1] Clásicamente, para incluir la interacción de una partícula cargada con el campo electromagnético basta sumar a su hamiltoniano H=$p^2/2m$ el término $q\phi$ y reemplazar p por p-qA.

[2] Nótese que ese vector ε debe ser perpendicular a la dirección de propagación k para que el campo $A(x,t)$ cumpla $\nabla A=0$.

expresión el cuadrado de la amplitud A_0^2 determina la intensidad del campo electromagnético y con ello su densidad de energía. Esta es inmediato obtenerla deduciendo de A los correspondientes valores de E=$-\nabla\phi-\partial_t A$ y B=$\nabla^\wedge A$, e introduciéndolos en la expresión W=½$(\varepsilon_0 E^2+B^2/\mu_0)$. El resultado es una densidad de energía promedio[1] por unidad de volumen W=$\varepsilon_0\omega^2 A_0^2/2$, o $\rho(\omega)d\omega$=$\varepsilon_0\omega^2 A_0^2(\omega)/2$ $d\omega$ en términos de la densidad de radiación por intervalo de frecuencia si la señal no fuese monocromática.

El tratamiento perturbativo que nos proponemos estará justificado si dicha perturbación es pequeña, por lo cual convendrá estimar de qué orden son esos términos en una situación típica, que para nuestros objetivos será la absorción/emisión de un fotón en la región óptica.

Comenzando con los términos $p^2/2m$ o $\mathbf{H}_0$, que determinan la energía de los niveles atómicos, para esos procesos podemos estimarlos del orden del cambio de energía que sufrirá el sistema $\hbar\omega$. Para estimar las cantidades involucradas en las condiciones que nos interesan consideremos una radiación de λ=550nm (el centro de la región óptica) y densidad de energía W=(1kW/m^2)/c (la de la radiación solar). Sustituyendo valores es inmediato deducir que en ese caso $\hbar\omega\approx$2.3eV, y $A_0^2\approx$6.5·10^{-26}Vs/m, de donde $e^2/2m$ $A_0^2\approx$9.2·10^{-34}J=5.7·10^{-15}eV. De este modo los términos $\mathbf{H}_0(\approx p^2/2m)$, pAe/m y $A^2e^2/2m$ se pueden estimar[2] en la proporción 1:10^{-7}:3·10^{-15}.

Por ello estará completamente justificado considerar $\mathbf{H}_R$ como una "pequeña perturbación" al $\mathbf{H}_0$, e incluso ignorar el término $e^2/2m$ A^2 frente al e/m pA en la perturbación[3] $\mathbf{H}_R$. Aun para densidades de radiación tan grandes como 10MW/cm^2, accesibles mediante láseres pulsados, $\mathbf{H}_R$ seguiría siendo tres órdenes de magnitud menor que $\mathbf{H}_0$. No obstante en esas condiciones los procesos multifotónicos son ya muy importantes, descritos por sucesivos órdenes en teoría de perturbaciones.

Aunque el procedimiento que estamos aplicando sea similar al empleado para tratar la perturbación de los niveles atómicos por campos eléctricos o magnéticos externos estáticos, la principal diferencia aquí es la dependencia explícita de la perturbación con el tiempo $\mathbf{H}_R$=e/m pA_0sen(ωt-kr). El principal resultado que necesitaremos de la teoría de perturbaciones dependientes del tiempo (en primer orden[4]) se denomina "regla de oro de Fermi", y su deducción puede consultarse en el apéndice A8. Esta afirma

---

[1] Ya promediado $<\cos^2()>$=1/2

[2] Nótese que las cantidades $p^2/2m$, pAe/m y $A^2e^2/2m$ están en progresión geométrica salvo factores 2.

[3] El término $A^2e^2/2m$, por ser cuadrático en A, justifica procesos con absorción/emisión simultánea de pares de fotones sin pasar por estados intermedios. Aunque lo ignoremos para los procesos que aquí nos interesan, es el que permite justificar procesos de dispersión de fotones como el Thomson (elástico) y el Compton (inelástico).

[4] Los órdenes más altos en teoría de perturbaciones justifican la absorción/emisión simultánea de varios fotones, pasando por estados intermedios. Estos órdenes llegan a ser los dominantes para densidades de fotones muy elevadas.

que si el sistema se encuentra inicialmente en un estado $|\psi_i\rangle$, tras un cierto tiempo "t" de estar sometido a la perturbación $\mathbf{H}_R$ es posible que ya no se encuentre en ese estado, sino en otro $|\psi_f\rangle$, siendo la probabilidad de que ello ocurra:

$$P_{i\rightarrow f}(t) \approx \frac{1}{\hbar^2}\left|\int_0^t \langle \psi_f |\frac{e}{m}\, \boldsymbol{p\varepsilon}A_0 sen(\omega\tau - \boldsymbol{kr})|\psi_i\rangle e^{-i(E_i-E_f)\tau/\hbar}\, d\tau\right|^2$$

Antes de continuar, esta expresión ya nos anuncia algunos resultados interesantes. En primer lugar la constante A_0 una vez sacada fuera del $|...|^2$ nos indica una probabilidad de transición proporcional a la densidad de radiación, por lo que podremos obtener cualquiera de los coeficientes B de Einstein: el de absorción si $E_f>E_i$, y el de emisión si $E_f<E_i$. De hecho la expresión es la misma sin importar cual de esos valores sea mayor, lo que nos confirma que ambos coeficientes sean esencialmente el mismo.

También queda patente que este procedimiento no justificaría la existencia de emisión espontánea, ya que para el átomo aislado en ausencia de radiación deberíamos tomar $A_0=0$, y sin perturbación no habría transición. La electrodinámica cuántica sí es capaz de justificar la emisión espontánea, porque incluso en ausencia de radiación hay radiación: el estado del vacío. De ese modo la emisión espontánea realmente proviene de una interacción entre el sistema y el estado de vacío del campo de radiación.

Para continuar con el cálculo, consideraremos en lo que sigue $E_f>E_i$ (absorción), y es inmediato calcular la integral en $d\tau$ escribiendo

$$sen(\omega\tau\text{-}\boldsymbol{kr})=[e^{i(\omega\tau\text{-}\boldsymbol{kr})}\text{-}e^{-i(\omega\tau\text{-}\boldsymbol{kr})}]/2i$$

y abreviando $\omega_{fi} \equiv (E_f - E_i)/\hbar$. El resultado son los dos sumandos

$$e^{-i\boldsymbol{kr}}\frac{1-e^{i(\omega_{fi}+\omega)t}}{2(\omega_{if}+\omega)} - e^{i\boldsymbol{kr}}\frac{1-e^{i(\omega_{fi}-\omega)t}}{2(\omega_{if}-\omega)}$$

Para frecuencias de la radiación ω próximas a la característica de la transición ω_{if}, los denominadores hacen que el primero de ellos sea despreciable frente al segundo[1], de modo que obtenemos

$$P_{i\rightarrow f}(t) \approx \frac{e^2}{4m^2\hbar^2}\left|\langle\psi_f|\boldsymbol{p\varepsilon}e^{i\boldsymbol{kr}}|\psi_i\rangle\right|^2 A_0^2\left(\frac{sen(\omega_{fi}-\omega)t/2}{(\omega_{fi}-\omega)/2}\right)^2$$

Antes de continuar debemos tener en cuenta que esa expresión se ha obtenido para una onda perfectamente monocromática, mientras que en la definición de los coeficientes B_{ij} interviene la densidad de radiación por unidad de intervalo de frecuencias. Para ello debemos considerar una distribución de frecuencias $A_0(\omega)$, relacionada con la densidad de energía radiante por unidad de frecuencia por $\rho(\omega)d\omega=\varepsilon_0\omega^2 A_0^2(\omega)/2\,d\omega$ como hemos

---

[1] Es la denominada "rotating wave approximation" que podría traducirse como "aproximación de rotación en fase".

visto antes. Escrita en términos de esta densidad de radiación, la anterior expresión resulta

$$P_{i \to f}(t) \approx \frac{e^2}{4m^2\hbar^2}\left|\left\langle \psi_f \left| \boldsymbol{p\varepsilon}e^{ikr} \right| \psi_i \right\rangle\right|^2 \frac{2}{\varepsilon_0} \int_0^\infty \frac{\rho(\omega)}{\omega^2}\left(\frac{sen(\omega_{fi}-\omega)t/2}{(\omega_{fi}-\omega)/2}\right)^2 d\omega$$

donde ya integramos la contribución de todas las frecuencias distribuidas según $\rho(\omega)$. Como se indica en la figura 7.3, la forma de la distribución de frecuencias $\rho(\omega)$ empleada es casi irrelevante, porque ese cociente $(sen.../...)^2$ es la llamada función "sinc" que prácticamente coincide con la función delta de Dirac $2\pi t\delta(\omega - \omega_{fi})$.

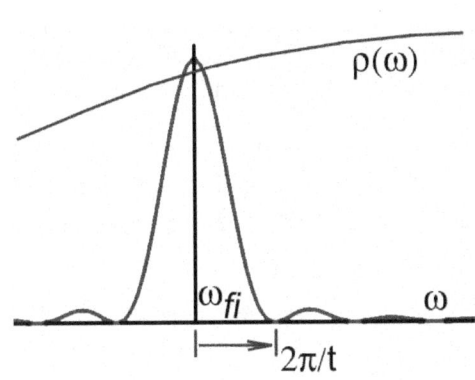

7.3 *La función* $\left(\frac{sen(\omega_{fi}-\omega)t/2}{(\omega_{fi}-\omega)t/2}\right)^2$ *se aproxima a la δ de Dirac, con tal que el tiempo considerado sea suficientemente largo, o $\rho(\omega)$ aproximadamente constante en el intervalo $2\pi/t$. También estamos considerando los niveles atómicos como perfectamente definidos, a esa anchura debería añadirse la de los niveles si la hubiese. Por ello este tratamiento no sería válido si empleamos un láser pulsado de duración t extremadamente corta o distribución de radiación $\rho(\omega)$ extremadamente monocromática.*

Teniendo esto en cuenta, la integral se reduce a

$$P_{i \to f}(t) \approx \frac{e^2}{4m^2\hbar^2}\left|\left\langle \psi_f \left| \boldsymbol{p\varepsilon}e^{ikr} \right| \psi_i \right\rangle\right|^2 \frac{4\pi t}{\varepsilon_0}\frac{\rho(\omega_{fi})}{\omega_{fi}^2}$$

por lo que, según la definición de coeficiente de absorción B_{if} de Einstein, tenemos

$$B_{if} = \frac{P_{i \to f}(t)}{t\rho(\omega_{fi})} = \frac{\pi e^2}{2\varepsilon_0 m^2\hbar^2\omega_{fi}^2}\left|\left\langle \psi_f \left| \boldsymbol{p\varepsilon}e^{ikr} \right| \psi_i \right\rangle\right|^2$$

y por tanto para el de emisión espontánea

$$A_{if} = \frac{1}{4\pi\varepsilon_0}\frac{4e^2\omega_{if}}{m^2\hbar c^3}\left|\left\langle \psi_f \left| p_\varepsilon e^{ikr} \right| \psi_i \right\rangle\right|^2$$

donde $p_\varepsilon = \boldsymbol{p \cdot \varepsilon}$ representa la componente de $\boldsymbol{p}$ en la dirección de la polarización $\boldsymbol{\varepsilon}$, y hemos separado el factor $1/4\pi\varepsilon_0$ para facilitar (suprimiéndolo) el paso a unidades CGS o atómicas.

Para calcular estos elementos de matriz conviene tomar un desarrollo en serie de la exponencial $e^{ikr} = 1 + ikr + ... + (ikr)^p / p! + ...$ Puede demostrarse que cada término de este desarrollo representa la contribución del átomo comportándose como un multipolo eléctrico de orden 2^{p+1} y magnético[1] de orden 2^p, de modo que el primer término del desarrollo se denomina "contribución dipolar eléctrica" o "E1".

$$A_{if}^{E1} = \frac{1}{4\pi\varepsilon_0} \frac{4e^2\omega}{m^2\hbar c^3} \left|\left\langle \psi_f \left| p_\varepsilon \right| \psi_i \right\rangle\right|^2$$

Mantener únicamente ese primer término resulta ser una excelente aproximación para átomos y moléculas en la región óptica, debido a que el resto de ellos decaen muy rápidamente. Para ello basta observar que en esa región ($\lambda \approx 550$nm) y para esos sistemas ($r \approx a_0 = 0.053$nm), cada término es menor que el anterior en un factor $kr \approx 2\pi r/\lambda < 10^{-3}$ (al que se añade un $|...|^2$). La aproximación equivale a tomar como constante la onda electromagnética en la región ocupada por el átomo, lo cual es bastante razonable a la vista de esa relación de tamaños a_0/λ. Naturalmente ese no es el caso de otros sistemas como los núcleos, donde kr puede ser muy grande para los tamaños y energías típicas, de modo que son frecuentes multipolaridades muy altas.

Finalmente, es posible reemplazar el cálculo de elementos de matriz del operador p por los del operador r mucho más sencillo. Para ello basta recordar que ambos no conmutan, sino que $rp - pr = i\hbar$, de donde es fácil deducir para $H_0 = p^2/2m + V(r)$ que $im/\hbar (H_0 r - r H_0) = p$. Así

$$\left|\left\langle \psi_f | p | \psi_i \right\rangle\right|^2 = \frac{m^2}{\hbar^2}\left|\left\langle \psi_f | H_0 r - r H_0 | \psi_i \right\rangle\right|^2 = \frac{m^2}{\hbar^2}(E_f - E_i)^2 \left|\left\langle \psi_f | r | \psi_i \right\rangle\right|^2 = m^2\omega^2 \left|\left\langle \psi_f | r | \psi_i \right\rangle\right|^2$$

de modo que

$$A_{if}^{E1} = \frac{1}{4\pi\varepsilon_0} \frac{4\omega^3}{\hbar c^3} \left|\left\langle \psi_f \left| e r_\varepsilon \right| \psi_i \right\rangle\right|^2$$

para luz polarizada en dirección ε, o

$$A_{if}^{E1} = \frac{1}{4\pi\varepsilon_0} \frac{1}{3} \frac{4\omega^3}{\hbar c^3} \left|\left\langle \psi_f \left| e r \right| \psi_i \right\rangle\right|^2$$

para luz sin polarizar, con $\left|\left\langle . | r | . \right\rangle\right|^2 \equiv \left|\left\langle . | x | . \right\rangle\right|^2 + \left|\left\langle . | y | . \right\rangle\right|^2 + \left|\left\langle . | z | . \right\rangle\right|^2$.

7.4 Reglas de Selección para transiciones dipolares eléctricas

Cabe notar que todo el tratamiento anterior se ha hecho para un único electrón, por lo que en la expresión final en aproximación dipolar eléctrica, el "er" debe reemplazarse por $D = \Sigma_i e r_i$ para átomos polielectrónicos, que es

---

[1] De haber mantenido la interacción debida al espín $H_R = -q/m\ p \cdot A - \mu(\nabla^\wedge A)$, habríamos obtenido un elemento de matriz $|\langle \psi_f | [e/m\ p_\varepsilon - \mu(ik^\wedge\varepsilon)] e^{ikr} | \psi_i \rangle|^2$ que supone una contribución dipolar magnética ya en primer orden de desarrollo de la exponencial. Esta es menor que la E1 por la presencia del factor k, por lo que no es preciso tratarla en primer orden y se incluye junto con la E2.

la definición de momento dipolar para una distribución arbitraria de cargas. Ello justifica el nombre de esta contribución $A_{if}^{E1} \propto \left| \langle \psi_f | \boldsymbol{D} | \psi_i \rangle \right|^2$.

El cálculo explícito de estos coeficientes pasa por separar la dependencia radial y angular de ese operador y funciones de onda. Ello tiene cierta complejidad, por lo que solo describiremos aquí los principales resultados. En cuanto a la dependencia radial, esta se reduce en última instancia a una integral del operador r entre las funciones de onda radiales $P_{nl}(r)$ de los estados inicial y final[1], que podremos evaluar numéricamente. Por otra parte, las integrales sobre ángulos serán combinaciones (complejas debidas a los varios acoplamientos involucrados) de integrales entre armónicos esféricos. Esas (siendo puramente "geométricas") pueden tabularse o incluso calcularse en forma de expresiones explícitas. En general el resultado podrá escribirse de la forma

$$A_{if}^{E1} = \frac{Ctes.\,num\acute{e}ricas}{\lambda^3} \cdot [Integrales\,sobre\,angulos\,(tabuladas)] \cdot \left| \int_0^\infty P_i(r)P_f(r)r\,dr \right|^2$$

En esa expresión las constantes numéricas dependerán del sistema de unidades empleadas, y el factor que incluya toda la parte angular de la transición dependerá de todos los números cuánticos de los estados involucrados. Como ejemplo, en el caso particular de transiciones entre niveles del tipo[2] $(L_cS_c)nl\,^SL_J \rightarrow (L_cS_c)n'l'\,^SL'_{J'}$ descritos en acoplamiento LS, puede demostrarse que la expresión explícita es la siguiente:

$$A_{JJ'}^{E1} = \frac{2.026 \cdot 10^{15}}{\lambda^3}(2L+1)(2L'+1)(2J'+1)\begin{Bmatrix} L & J & S \\ J' & L' & 1 \end{Bmatrix}^2 \begin{Bmatrix} l & L\,L_c \\ L'\,l' & 1 \end{Bmatrix}^2 max(l,l') \left| \int_0^\infty P_{nl}(r)P_{n'l'}(r)r\,dr \right|^2$$

Que proporciona A^{E1} en s^{-1} si introducimos λ en nm, y donde los $\{:::\}$ son funciones de 6 variables denominados "coeficientes 6j" para los que existen expresiones explícitas de cierta complejidad (aunque suelen manejarse tabulados)[3].

Aunque no analicemos en detalle esas expresiones, es sencillo justificar por motivos de simetría que esos elementos de matriz se deben anular (transiciones prohibidas) si no se cumplen ciertas condiciones, que se denominan "reglas de selección". Las principales son las siguientes.

1. Por ser $\boldsymbol{D} = \Sigma_i e r_i$ un operador impar el átomo debe cambiar de paridad $\Pi_i \neq \Pi_f$. *(Regla de Laporte).*

---

[1] Como se comenta más adelante, en esta aproximación solo son posibles transiciones en que ψ_i y ψ_f difieran en un único electrón.

[2] Situación muy frecuente en que una parte interna del átomo ("core" con momentos angulares L_cS_c) permanece invariable mientras solo un electrón externo cambia de estado.

[3] Este tipo de coeficientes son combinaciones de varios Clebsch-Gordan. Surgen en situaciones que involucran varios momentos angulares y sus acoplamientos, por lo que su uso es muy frecuente en física atómica. Aunque apenas los describiremos aquí, sus propiedades pueden consultarse prácticamente en cualquiera de los textos clasificados como "nivel avanzado" en la bibliografía.

Si $|\psi_i\rangle$ y $|\psi_f\rangle$ tuviesen la misma paridad, el conjunto $\langle\psi_f|D|\psi_i\rangle$ sería básicamente un integrando (en muchas dimensiones) impar, y por lo tanto nulo. Recordemos que la paridad de un único electrón viene dada por el valor l de su armónico esférico según $(-1)^l$, y que para un átomo polielectrónico siempre está bien definida y viene dada por todos los l de su configuración según $\Pi=(-1)^{\Sigma l_i}$. De este modo las transiciones solo son posibles cambiando de una configuración a otra con distinta paridad.

2. *Por ser* D *suma de operadores de "un solo electrón" "r_i", en el paso de* $|\psi_i\rangle$ *a* $|\psi_f\rangle$ *solo puede cambiar un único electrón.*

Nótese que las $|\psi\rangle$ son básicamente combinaciones lineales de funciones producto de cada electrón, de modo que en última instancia el elemento de matriz completo es suma de muchos de la forma

$$\int\phi_1(r_1)..\phi_N(r_N)r_i\phi'_1(r_1)..\phi'_N(r_N)dr_1..dr_N = \int\phi_1(r_1)\phi'_1(r_1)dr_1...\int\phi_i(r_i)r_i\phi'_i(r_i)dr_i...\int\phi_N(r_N)\phi'_N(r_N)dr_N$$

Por ortogonalidad, un solo par de esas funciones individuales pueden ser diferentes, contribuyendo con $\int\phi r\cdot\phi'dr$. Todos los productos se anularían si hubiese algún otro par de $\phi\phi'$ diferentes.

3. *Por no tener* D *dependencia en espines,* $\Delta S=0$.

Efectivamente, a efectos de las funciones de espín, el elemento de matriz es de la forma $\langle\psi_f|1|\psi_i\rangle$, de modo que (cuando esté bien definido) el espín debe ser igual en los estados inicial y final. Como indicamos en su momento, esto hace que en el helio solo sean posibles transiciones entre tripletes o entre singletes, estando prohibido el paso de unos a otros. Pero como también vimos, esta regla puede violarse en caso de que el espín no esté bien definido por efectos de acoplamiento intermedio.

4. *Por ser* D *un vector (tensor de rango 1)* $\Delta l=\pm1$, $\Delta L=0,\pm1(0\nrightarrow0)$, $\Delta J=0,\pm1(0\nrightarrow0)$, y $\Delta M_J=0,\pm1$.

En esas expresiones $0\nrightarrow0$ significa que está prohibido pasar, por ejemplo, de un estado $L=0$ a otro con $L=0$, aunque $\Delta L=0$ sí permite pasar de un $L=3$ a otro $L=3$. En el caso de "l" queda excluido el caso $\Delta l=0$ porque supondría no cambiar de paridad. Esos resultados son consecuencia de aplicar el teorema de Wigner-Eckart, y no entraremos aquí en su demostración. Pueden visualizarse intuitivamente como el hecho de que esos fotones llevan asociado un momento angular unidad, de modo que los momentos angulares del átomo no pueden cambiar en más de una unidad al emitirlo o absorberlo. De esas condiciones únicamente se respetan universalmente las relacionadas con Π, J y M_J, que son los únicos números cuánticos bien definidos en todo sistema aislado, los demás pueden violarse como ocurría con la regla sobre el espín.

Se denominan "transiciones prohibidas" a aquellas que se observan experimentalmente y no respetan alguna de las anteriores reglas. Ello puede ocurrir por múltiples motivos, siendo el más frecuente la presencia de acoplamiento intermedio que únicamente puede violar reglas sobre ΔL y ΔS, por no estar en tal caso bien definidos esos números cuánticos.

Las multipolaridades superiores a la E1 son raras en física atómica, y para ellas el operador que interviene en la transición es distinto, con lo que sus reglas de selección también cambiarán. Por ejemplo en el caso de transiciones dipolares magnéticas el operador que interviene es el dipolo magnético que es un operador par, de modo que para ellas la regla de selección sobre la paridad es $\Pi_i = \Pi_f$. Para ellas además puede demostrarse que $\Delta L = \Delta S = \Delta l = 0$. En el caso de transiciones cuadrupolares eléctricas el operador cuadrupolo eléctrico que interviene es un tensor par de orden 2, por lo que sus reglas de selección para paridad y momento angular son $\Pi_i = \Pi_f$, y $\Delta J = 0, \pm 1, \pm 2$ ($0 \nrightarrow 0$, $0 \nrightarrow 1$, $1/2 \nrightarrow 1/2$).

El hecho de que esas multipolaridades tengan distintas reglas de selección que la E1 hace que, a pesar de ser mucho más débiles, no "compitan" con ella, de modo que se manifiestan en casos en que la E1 no participa. Por ello se detectan en algunos casos interesantes, denominándose también "transiciones prohibidas".

7.5 Intensidad de líneas espectrales

La intensidad de las líneas espectrales emitidas por átomos y moléculas depende de forma muy simple de la población de los niveles y el coeficiente de Einstein A para cada transición. En concreto para una transición dada $i \rightarrow f$, el número de fotones emitidos por unidad de tiempo y unidad de volumen del medio emisor es el producto del número de átomos por unidad de volumen en el estado superior, y el correspondiente coeficiente de Einstein: $I_{if} = N_i A_{if}$. De ese modo, conocidos los coeficientes de Einstein, se puede obtener importante información sobre las condiciones del medio y la población de sus niveles, por la simple observación de la radiación emitida. Por ese motivo las técnicas espectroscópicas se encuentran entre las más útiles para el análisis y diagnóstico, y por ello también conocer y tabular los coeficientes de Einstein es de suma utilidad.

En la práctica hay varios procesos que pueden alterar esas intensidades, en concreto los de emisión estimulada (poco relevantes en plasmas habituales) y los de absorción (muy relevantes para transiciones al estado fundamental, que suele ser el más poblado).

Una consecuencia de lo anterior es que no es posible predecir ni tabular la intensidad de las líneas espectrales de una sustancia, puesto que estas no solo dependen de sus coeficientes de Einstein, sino también de sus condiciones, y los mecanismos que pueblen los distintos niveles. Las situaciones en que podemos predecir con cierta fiabilidad esas intensidades se reducen básicamente a las tres que describiremos a continuación.

Líneas que parten de un mismo nivel

Ese caso ya fue comentado al describir los coeficientes de Einstein A. Para líneas que comparten un mismo nivel superior "$i{\to}1$" e "$i{\to}2$" las intensidades se emiten en la proporción de los respectivos coeficientes de Einstein $I_{i1}/I_{i2}=(N_iA_{i1})/(N_iA_{i2})=A_{i1}/A_{i2}$, que se denomina "razón de ramificación". Experimentalmente ello ha permitido determinar algunos coeficientes de Einstein cuando se han combinado con medidas de vidas medias.

Conocimiento aproximado de la población de los niveles

En general la población de los niveles depende del mecanismo (o mecanismos) de excitación dominantes en cada caso (colisionales, radiativos, reacciones, etc.). Por suerte en multitud de situaciones el medio puede considerarse aproximadamente en equilibrio termodinámico, de modo que sus poblaciones pueden aproximarse por la sencilla expresión $N_i=C\ g_i\ e^{-E_i/k_BT}$, donde g_i es el "peso estadístico" de cada nivel (su degeneración, habitualmente $2J+1$). En estos casos la anterior expresión permite predecir que las intensidades se observarán en la proporción $I_{if}=N_iA_{if}=C\ A_{if}\ g_i\ e^{-E_i/k_BT}$, que pueden predecirse para cada temperatura en función de datos tabulados.

Es interesante observar que, tomando logaritmos, la anterior expresión puede escribirse como $\ln(I_{if}/A_{if}\ g_i)=C'-E_i/k_BT$. Eso significa que si medimos algunas líneas de un espectro, y conocemos sus coeficientes de Einstein y niveles de energía, la representación de $\ln(I_{if}/A_{if}\ g_i)$ en función de cada energía E_i debe resultar una recta con pendiente $1/k_BT$. Ello permite confirmar si efectivamente el medio se encuentra aproximadamente en equilibrio termodinámico, y en caso afirmativo determinar la temperatura. Ese tipo de gráficos se denominan "de Boltzmann", y son un método de diagnóstico habitual en el estudio de plasmas.

Al contrario, supuesto que hemos confirmado en un medio su situación de equilibrio termodinámico, esta técnica nos permite determinar coeficientes A de Einstein a partir de medidas espectroscópicas. Una técnica habitual es introducir pequeñas impurezas de un elemento en un plasma de hidrógeno: para el hidrógeno son bien conocidos multitud de coeficientes A, de modo que es fácil determinar con ellos si el plasma está en equilibrio y a qué temperatura. A continuación, una vez confirmado eso, podemos determinar los coeficientes A de Einstein de la impureza a partir de sus líneas de emisión.

Transiciones entre multipletes

Este podría considerarse un caso particular del anterior, aplicado a las transiciones entre componentes J de multipletes electrostáticos $^{S}L_J \to ^{S}L'_{J'}$. En estos casos la pequeña separación de energía entre las componentes J hace que podamos aproximar el mismo factor de Boltzmann e^{-E_i/k_BT} para todos ellos, siendo incluso mucho más fácil encontrarlos poblados por igual aunque el medio no se encuentre realmente en equilibrio termodinámico. De ese modo cabe esperar $I_{JJ'} \propto A_{JJ'} g_J$ con $g_J = 2J+1$. Esas transiciones comparten los mismos valores de ^{S}L, las mismas configuraciones, e incluso similares longitudes de onda, de modo que observando la expresión explícita que dimos en la sección 7.4 para los $A_{JJ'}$, toda la dependencia en los números cuánticos J se reduce en este caso a un factor $(2J'+1)$ y al primero de los coeficientes 6j. De ese modo podemos escribir para ellas

$$I_{JJ'} \propto (2J+1)(2J'+1) \begin{Bmatrix} L & J & S \\ J' & L' & 1 \end{Bmatrix}^2$$

expresiones que, como ya hemos comentado, se encuentran tabuladas o pueden calcularse fácilmente[1].

Entre las muchas propiedades de esos "coeficientes 6j", una de ellas[2] permite deducir el siguiente resultado: *"La intensidad que parte o llega a cada nivel es proporcional a su peso estadístico"*. Esta propiedad fue originalmente descubierta empíricamente (1924), y se conoce como *"regla de Ornstein-Burger-Dorgelo"*. En casos sencillos esa propiedad permite por sí sola determinar la relación de intensidades, como en los dos ejemplos mostrados en la figura 7.4.

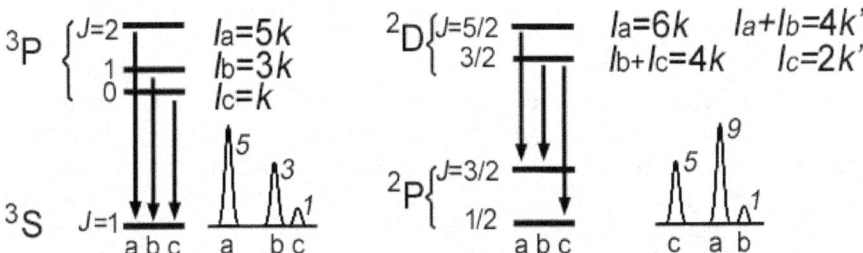

7.4 *Dos ejemplos de multipletes, y la relación de intensidades que puede predecirse para ellos mediante la regla de Ornstein-Burger-Dorgelo. El primero corresponde a transiciones entre un ^3P y un ^3S, que aparecen en el helio, pero también en muchos otros átomos como los alcalinotérreos, la secuencia Zn-Cd-Hg, etc. El segundo ejemplo es una transición entre dobletes, típica de átomos alcalinos, pero también presente en cualquier átomo o ión con un solo electrón fuera de capas completas.*

---

[1] Por ejemplo, en Internet, basta introducir en cualquier buscador "3nj calculator" para encontrar páginas con aplicaciones que proporcionan cualquier valor deseado de esas cantidades.

[2] Las reglas de Ornstein-Burguer-Dorgelo provienen de la propiedad $\sum_{J'} \begin{Bmatrix} L & J & S \\ J' & L' & 1 \end{Bmatrix}^2 = 1/(2L+1)$ de los coeficientes 6j, de donde además se deduce la relación $K/K' = (2L'+1)/(2L+1)$ entre las constantes de proporcionalidad para los niveles de partida y llegada.

En su momento resultó una gran sorpresa encontrar experimentalmente que espectros completamente diferentes de elementos tan distintos como Magnesio, Cromo o Selenio presentasen patrones idénticos formados por estos grupos de líneas, que aparecían siempre en las mismas proporciones de intensidad. El primero en descubrir e interpretar estos patrones fue el español Miguel Catalán (1894-1957), y su interpretación condujo a la introducción del concepto de espín, y la posibilidad de analizar espectros más complejos de los que hasta entonces era posible interpretar.

7.6 El ejemplo del Si I

Volviendo al ejemplo del Si I que hemos comentado en capítulos anteriores, con lo visto en este capítulo es muy claro el origen de las reglas de selección que determinan las transiciones permitidas entre los distintos niveles de energía, y con ello inmediato justificar individualmente todas las líneas observadas en su espectro a partir de su diagrama de niveles.

Conocidos los coeficientes de Einstein de algunas transiciones, de sus intensidades podríamos incluso deducir si el Si se encuentra en la muestra emisora aproximadamente en equilibrio termodinámico y a qué temperatura. Alternativamente, conocida esa temperatura, sería posible predecir la intensidad de todas las líneas espectrales para las que conociésemos sus coeficientes de Einstein.

Incluso sin esa información, podemos justificar numerosas características de esas líneas espectrales. Como ejemplo consideremos un grupito de líneas que aparece en la región ultravioleta, correspondiente a transiciones entre el triplete $3s3p^3\ ^3D$ y el $3s^23p^2\ ^3P$.

La observación de esas líneas, emitidas por una lámpara de cátodo hueco, y su análisis es una práctica habitual y muy instructiva propuesta a nuestros alumnos. Una sección del espectro así obtenido se muestra en la figura 7.5. Como puede verse, la disposición de las líneas presenta regularidades que reflejan la regla de los intervalos de Landé, que en este caso se cumple bastante bien para ambos multipletes (ver también figura 7.6a).

Por otra parte, las intensidades de las líneas tampoco son arbitrarias en absoluto. Estimadas por sus alturas es fácil comprobar que cumplen muy bien las reglas de Ornstein-Burger-Dorgelo. Más aún, según la expresión dada en el anterior apartado y evaluando el símbolo 6j $\{:::\}$, deberían estar en la proporción 20/45/15/84/15/1 (en el orden de longitudes de onda creciente). Como muestra la figura 7.6b, efectivamente se ajustan muy bien a esas proporciones.

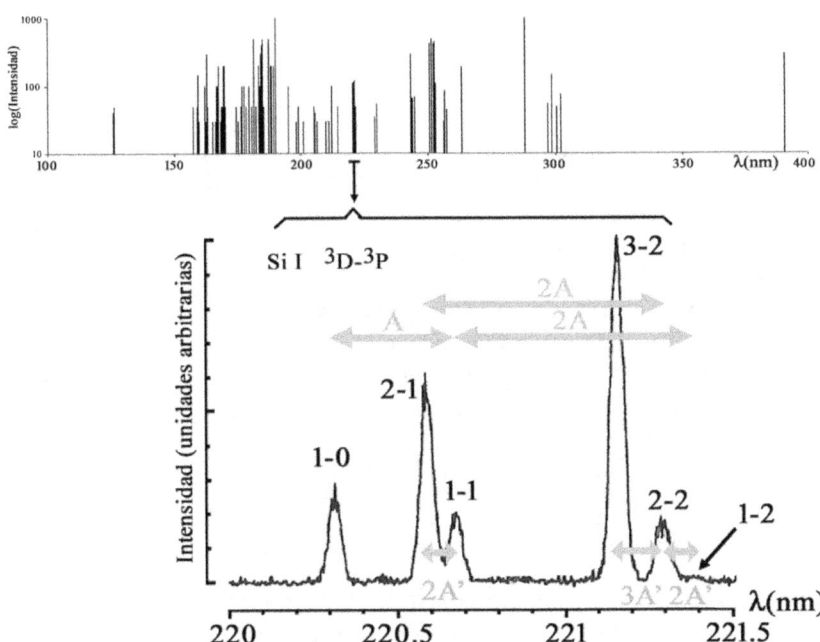

7.5 *Región ultravioleta (100nm a 400nm) del espectro del Si I, y detalle de uno de sus multipletes correspondiente a las transiciones $3s3p^3\ ^3D \to 3s^23p^2\ ^3P$. Se indican los números cuánticos J'-J de cada línea y las separaciones debidas a las constantes espín-órbita del nivel superior $A'(^3D)$ e inferior $A(^3P)$.*

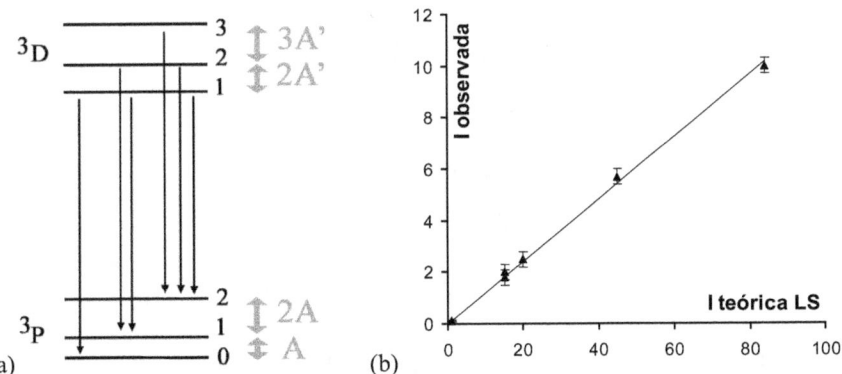

7.6 *(a) Identificación de las transiciones presentes en el multiplete $3s3p^3\ ^3D - 3s^23p^2\ ^3P$ del Si I. Se indica la relación esperada entre las separaciones espín-orbita en caso de cumplirse la "regla de los intervalos" de Landé. (b) Comparación entre las intensidades (relativas) observadas y las esperadas según la expresión dada en el apartado 7.5*

Problemas

7.1. En el átomo de Ca II se observan sus transiciones $3p^6 4p\ ^2P - 3p^6 4s\ ^2S$ con $\lambda_0 = 393.37$ y 396.85 nm.
   a) ¿Cuál de ellas procede del estado J=1/2 y cuál del J=3/2?
   b) ¿En qué proporción estarían sus intensidades según las reglas de Ornstein – Burger – Dorgelo?
   c) Para la que parte del estado J=1/2, ¿cuántas componentes serán visibles al aplicar un campo magnético débil, si se observan en la dirección paralela a dicho campo?
   d) ¿Hasta qué intensidad del campo B será aplicable aquí la aproximación Zeeman?, ¿A partir de qué intensidad B se manifestará efecto Paschen-Back?
   e) Para la misma línea del apartado (c), calcular el desplazamiento de cada componente respecto a la λ_0 sin perturbar, en presencia de un campo de 10 000 gauss.

7.2. La probabilidad de desexcitación radiativa por unidad de tiempo (Coeficiente de Einstein) para cierto nivel atómico es $A=10^8 s^{-1}$. ¿Cuál es su vida media?
   ¿Cuál es la probabilidad de que el nivel haya decaído pasado 1ns? ¿Y pasados 20 ns?

7.3. El diagrama muestra para el átomo Sc I su estado fundamental ($3d4s^2\ ^2D_{3/2}$) y primeros excitados.

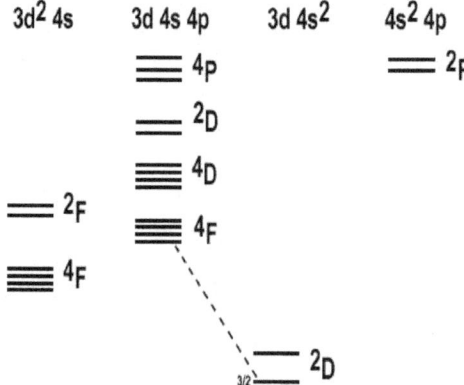

   a) Indicar la paridad de todos los niveles.
   b) Indicar todas las transiciones permitidas entre ellos en aproximación dipolar eléctrica (solo transiciones entre los términos, sin especificar los niveles)
   c) Indicar las transiciones resonantes, especificando el valor J de todos los niveles resonantes.

d) La transición marcada con trazo punteado se observa experimentalmente. Indicar si puede tratarse de una transición dipolar eléctrica y si su presencia aporta alguna información relevante sobre la descripción LS de estos niveles.

7.4. En un espectro se han observado las intensidades de las transiciones entre dos términos ^3D-^3P en las proporciones que muestra la tabla. Comprobar si se cumplen las reglas de Ornstein-Burger-Dorgelo para los niveles ^3P.

$^3P \setminus {}^3D$	J=1	J=2	J=3
J=0	23.5	0	0
J=1	17.9	53.6	0
J=2	1.2	17.9	100

7.5. La tabla muestra los primeros niveles del átomo de Sc I. Para ellos:

Configuración	Término	J	E(cm^{-1})
3d4s^2	^2D	3/2	0
		5/2	168.3
3d^{2}4s	^4F	3/2	11 520.0
		5/2	11 557.7
		7/2	11 610.3
		9/2	11 677.4
3d^{2}4s	^2F	5/2	14 926.7
		7/2	15 041.9
3d4s4p	$^4D^o$	1/2	15 672.6
		3/2	15 756.6
		5/2	15 881.8
		7/2	16 026.6

a) Suponiendo válido el acoplamiento LS, indicar todas las transiciones dipolares eléctricas permitidas entre esos términos electrostáticos, y al menos cuatro transiciones entre sus niveles.

b) Indicar las transiciones resonantes y niveles metaestables (si los hay).

c) Obtener una expresión que proporcione (en aproximación Zeeman) el desdoblamiento del nivel $^2F_{5/2}$ bajo un campo magnético, en función de su intensidad. Indicar hasta qué intensidad del campo magnético será válida dicha expresión. Utilizarla para determinar la separación entre las componentes de M_J=1/2 y -1/2 para B=1 tesla, si fuese aplicable para dicha intensidad de campo B.

7.6. El diagrama de la figura muestra los primeros niveles de energía del C I, incluido el estado fundamental que pertenece a la configuración $2s^2 2p^2$.

a) Indicar todas las transiciones dipolares eléctricas permitidas entre esos términos, sin detallar niveles J.

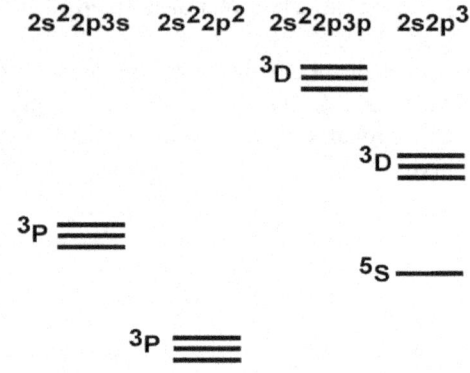

b) Indicar alguna transición prohibida que pudiese observarse en caso de no ser exacta la aproximación Russell-Saunders, explicando qué la haría posible.

c) Determinar el valor de J del estado fundamental, e indicar alguna transición resonante detallando sus valores J de partida y llegada.

d) ¿Existe algún nivel metaestable?

7.7. En el espectro del sodio emitido por cierta lámpara de descarga se observan las líneas correspondientes a las tres transiciones $ns\ ^2S_{1/2} \to 3p$ $^2P_{3/2}$ (n=6,7,8) con intensidades respectivas de 1040, 112 y 17. Las probabilidades de emisión espontánea A para esas tres transiciones son conocidas, y se encuentran tabulados los valores respectivos $2.2\ 10^6 s^{-1}$, $1.2\ 10^6 s^{-1}$ y $0.36\ 10^6 s^{-1}$. Las energías de ligadura de los niveles 6s, 7s y 8s también son conocidas, y valen 0.631, 0.428 y 0.309eV respectivamente.

a) Analizar si puede considerarse que el plasma se encuentra aproximadamente en equilibrio termodinámico, y en caso afirmativo estimar su temperatura.

b) Estimar el coeficiente de Einstein A para la transición 6d $^2D_{5/2} \to 3p$ $^2P_{3/2}$ sabiendo que, en las mismas condiciones, se observa esa línea espectral con una intensidad de 560. (La energía de ligadura del nivel 6d es de 0.38eV)

(Será útil el valor de la constante de Boltzmann $k_B = 8.62\ 10^{-5}$ eV/K)

(Problema recopilatorio: cubre todos los temas tratados de Física Atómica)
7.8. Considérese el nivel $1s^2\, 2s2p^2\, {}^4P_{1/2}$ del átomo C II (Z=6) .

a) En aproximación de Campo Central, ignorando el resto de correcciones:
- Indicar cuál sería su degeneración (de la configuración).
- Justificar qué valores podrían estimarse para las energías de ligadura de los electrones 1s y 2p en unidades atómicas (suponer aplicable para el 2p la fórmula de Rydberg, ignorando el defecto cuántico involucrado, pero indicando cuál sería su efecto).
- Indicar cuál será el comportamiento del orbital $P_{2p}(r)$ para distancias muy próximas al origen, y para distancias muy grandes (suponer como energía de ligadura la estimada en el apartado anterior).

b) Introducida la corrección por interacción electrostática residual:
- Indicar cuál será la degeneración resultante (del término electrostático).
- Calcular las correcciones a su energía respecto a la anterior aproximación (expresarlas en términos de las integrales radiales $F^K_{n'l'nl}$ y $G^K_{n'l'nl}$ necesarias)
- Determinar el resto de términos electrostáticos en que se desdobla esta configuración.
- Explicar si cabe esperar que el término electrostático dado sea el de más baja energía de la configuración.

c) Introducida además la corrección por interacción espín - órbita:
- Indicar cuál será la degeneración resultante (del nivel).
- Determinar para el ${}^4P$ la constante A de espín-órbita en términos de integrales ζ_{nl} , y expresar en función de ella cuánto vale esta corrección para el nivel dado.
- A la vista del anterior resultado explicar si este multiplete es normal o invertido, y si esto podría haberse sabido antes de hacer dicho cálculo.

d) Sabiendo que para esta configuración $\zeta_{2p}=39\,cm^{-1}$ y que la separación entre sus términos electrostáticos es del orden de $30\,000\,cm^{-1}$ ¿cabe esperar que sean importantes los efectos de acoplamiento intermedio?

e) Sobre el efecto de aplicar un campo magnético B=1 tesla a ese nivel
- Explicar si será aplicable alguno de los tratamientos aproximados Zeeman o Paschen-Back.
- Suponiendo válida la aproximación Zeeman, calcular la separación de energía entre las componentes M_J resultantes.

f) Sabiendo que el estado fundamental de este ión es el $1s^2\, 2s^2\, 2p\, {}^2P_{1/2}$
- ¿Es permitida la transición resonante desde el nivel ${}^4P_{1/2}$ dado?
- Indicar si hay transiciones resonantes permitidas desde los niveles del término $1s^2\, 2s\, 2p^2\, {}^2D$.

Parte II. Física Molecular

8 Estructura de moléculas diatómicas

Las moléculas muestran una extraordinaria diversidad, desde las diatómicas hasta las mayores macromoléculas biológicas. Incluso la más sencilla de ellas es un sistema más complejo que un átomo, de modo que no pretenderemos aquí llegar al nivel de detalle visto para aquellos. Ello no nos impedirá obtener multitud de resultados interesantes con las aproximaciones adecuadas. Comenzaremos por plantear el problema con toda su generalidad para una molécula poliatómica, y las principales aproximaciones válidas para cualquiera de ellas. A continuación nos centraremos en el caso diatómico, por ser sistemas relativamente sencillos que podremos estudiar con detalle, y muchas de cuyas características nos permitirán entender las estructuras más complejas.

8.1 Hamiltoniano molecular

Una molécula es un sistema de núcleos (al menos dos) y electrones (al menos uno) que se mantienen unidos de forma estable por fuerzas eléctricas y comportamientos cuánticos. Al igual que en el caso atómico, nuestro punto de partida para estudiarlas será plantear el hamiltoniano del sistema. Ignorando de momento efectos relativistas y correcciones nucleares, el hamiltoniano de una molécula poliatómica es básicamente el siguiente:

$$\mathbf{H} = -\frac{\hbar^2}{2}\sum_{\alpha}\frac{1}{M_\alpha}\nabla_\alpha^2 - \frac{\hbar^2}{2m}\sum_{i}\nabla_i^2 + \sum_{\alpha<\beta}\sum\frac{Z_\alpha Z_\beta e^2}{R_{\alpha\beta}} + \sum_{i<j}\sum\frac{e^2}{r_{ij}} - \sum_\alpha\sum_i\frac{Z_\alpha e^2}{r_{i\alpha}}$$

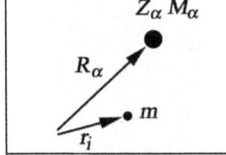

8.1 *Notación sobre los índices y coordenadas para las partículas que intervienen en una molécula.*

En él, como indica la figura 8.1, etiquetamos los núcleos con el índice "α" (cada uno con su masa M_α, carga $Z_\alpha e$ y posición R_α), y los electrones con índices "*i*" (todos con la misma masa *m* y posiciones r_i). En esa expresión $R_{\alpha\beta}$, $r_{i\alpha}$ y r_{ij} representan respectivamente distancias entre núcleos, entre núcleos y electrones, y entre electrones. El hamiltoniano contiene un término de energía cinética por cada núcleo (cada uno con su masa M_α) y uno por cada electrón (todos con la misma masa *m*). Incluye tres términos de energía potencial respectivamente uno repulsivo entre núcleos, otro también repulsivo entre electrones, y uno atractivo entre núcleos y electrones.

Podríamos comenzar con una mala noticia, y es que así planteado el problema, la complejidad de ese hamiltoniano lo hace intratable (tanto analítica como numéricamente) incluso para el caso más simple de solo dos núcleos y un único electrón. La buena noticia es que, con las aproximaciones adecuadas, podremos deducir multitud de resultados y propiedades interesantes incluso para las moléculas más complejas. Para ello el punto de partida básico será la denominada "aproximación de Born-Oppenheimer".

8.1.1 Aproximación de Born – Oppenheimer moléculas poliatómicas

La aproximación de Born-Oppenheimer se basa en la enorme diferencia entre las masas nucleares M_α y las electrónicas *m* , que es cerca de un factor 2000 para el núcleo más ligero, y mucho mayor aún para la mayoría de átomos. Ello significa que para energías cinéticas comparables los electrones se moverán con velocidades enormemente mayores que los núcleos. De ese modo, en tiempos en que los núcleos apenas han podido cambiar de posición, los electrones pueden formar en torno a ellos orbitales, sufrir transiciones, etc. Ello nos permite desacoplar las "historias" de unos y otros usando el siguiente criterio:

- *Al considerar el movimiento electrónico podemos aproximar los núcleos como inmóviles en cada instante.*
- *Al considerar el movimiento nuclear podemos considerar que la nube electrónica los sigue reajustándose a ellos "instantáneamente".*

Ello permite factorizar la función de ondas del sistema completo en una parte electrónica y otra nuclear, y replantear el anterior hamiltoniano en forma de dos problemas separados:

Una ecuación de Schrödinger para los electrones

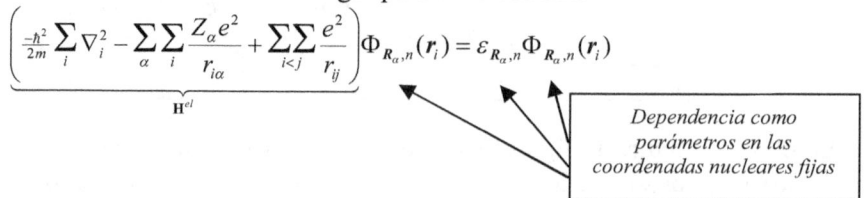

$$\underbrace{\left(\frac{-\hbar^2}{2m}\sum_i \nabla_i^2 - \sum_\alpha\sum_i \frac{Z_\alpha e^2}{r_{i\alpha}} + \sum_{i<j} \frac{e^2}{r_{ij}} \right)}_{\mathbf{H}^{el}} \Phi_{R_\alpha,n}(\boldsymbol{r}_i) = \varepsilon_{R_\alpha,n} \Phi_{R_\alpha,n}(\boldsymbol{r}_i)$$

Dependencia como parámetros en las coordenadas nucleares fijas

Una ecuación de Schrödinger para los núcleos

$$\underbrace{\left(\frac{-\hbar^2}{2}\sum_\alpha \frac{1}{M_\alpha}\nabla^2_\alpha + \sum_{\alpha<\beta}\frac{Z_\alpha Z_\beta e^2}{R_{\alpha\beta}} + \varepsilon_{R_\alpha,n}\right)}_{\mathbf{H}^N}F_{n,v}(\boldsymbol{R}_\alpha) = E_{n,v}F_{n,v}(\boldsymbol{R}_\alpha)$$

En la primera las posiciones nucleares $\boldsymbol{R}_\alpha$ son fijas, y es un problema puramente electrónico, similar al de un átomo salvo por tener varios centros de fuerza en lugar de uno solo como ilustra la figura 8.2. Ello lo hará algo más complicado, al no presentar simetría esférica, pero en cualquier caso habrá una serie de soluciones ϕ_n, ε_n que etiquetaremos con ciertos números cuánticos "n".

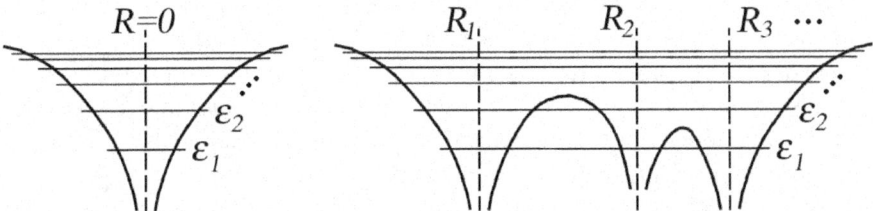

8.2 *Comparativa entre el potencial y niveles de energía para un problema atómico (un solo centro de fuerzas) y el caso molecular (varios centros de fuerzas en posiciones $\boldsymbol{R}_\alpha$). En ambos casos existirán estados estacionarios ε_n, que en el caso molecular dependerán de las posiciones $\boldsymbol{R}_\alpha$ de los núcleos inmóviles, pero solo como parámetros. Nótese que no se trata de una representación realista, sino solo esquemática: idealiza un corte en una sola dimensión, los niveles de energía no estarán nunca tan "uniformemente" separados, y el "número" cuántico n=1,2,... en realidad será un conjunto de números cuánticos y simetrías que describa los distintos estados de los N electrones en esos pozos.*

Al menos en principio, para cada posición dada de los núcleos $\boldsymbol{R}_\alpha$ podremos repetir la solución del problema obteniendo funciones de ondas y energías electrónicas. Ello supondrá una "colección de soluciones" del estado electrónico para todas las posiciones nucleares posibles que, al menos en el caso de los niveles de energía $\varepsilon_{R\alpha,n}$, podríamos representar en función de ellas como sugiere la figura 8.3.

La segunda ecuación simplemente describe el movimiento de los núcleos sometidos a sus fuerzas de repulsión mutua, y a un potencial que es precisamente la energía electrónica obtenida en el problema anterior $\varepsilon_{R\alpha,n}$.

8.3 *Repitiendo la solución del problema electrónico para cada posible colocación de los núcleos R_α, podríamos representar cómo dependen esas $\varepsilon_{R\alpha,n}$ de sus posiciones. Realmente se trataría de superficies en varias dimensiones (todos los grados de libertad R_α). Cada una de esas curvas será parte de un posible potencial que determine el movimiento nuclear. Recuérdese que el "número" cuántico n=1,2,... en realidad será un conjunto de números cuánticos y simetrías que describa los distintos estados de los N electrones.*

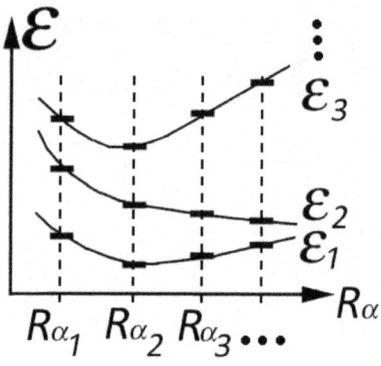

Basta tener en cuenta que para una molécula aislada, por muy separadas historias que sigan núcleos y electrones, el que la energía $\varepsilon_{R\alpha,n}$ de unos (electrones) dependa de las posiciones R_α de los otros (núcleos) representa para estos últimos un potencial[1]. Esa segunda ecuación por tanto describe los núcleos moviéndose en un potencial efectivo $V_n(R_\alpha)=\Sigma_{\alpha<\beta}Z_\alpha Z_\beta e^2/R_{\alpha\beta}+\varepsilon_{R\alpha,n}$ suma de sus repulsiones mutuas y las $\varepsilon_{R\alpha,n}$ electrónicas (y por tanto dependiente del estado electrónico "n"). En cada uno de esos potenciales "n", que ilustra la figura 8.4, podremos buscar y etiquetar con números cuánticos "v" sus soluciones $F_{n,v}(R_\alpha)$ y $E_{n,v}$. La existencia de tales soluciones (estados estacionarios nucleares) naturalmente dependerá de que esas superficies de potencial $V_n(R_\alpha)$ tengan forma de "pozos" adecuada como para mantener estados ligados. Nótese que en esas soluciones los números "n" no son números cuánticos suyos, simplemente especifican en qué estado están los electrones, y por ello en cuál de las superficies de potencial se están moviendo los núcleos.

Es importante observar que esos potenciales V_n tienen un origen puramente electrostático y cuántico, de modo que no intervienen para nada en ellos las masas nucleares (en nuestra aproximación de mantenerse inmóviles). Nótese también que son simplemente suma de $\varepsilon_{R\alpha,n}$ (obtenidas de la ecuación electrónica donde las masas nucleares no intervienen) y los términos $Z_\alpha Z_\beta/R_{\alpha\beta}$ que solo dependen de las cargas nucleares. Ello significa que serán exactamente las mismas sin importar qué isótopo intervenga de cualquiera de los átomos. Naturalmente los movimientos nucleares bajo esos potenciales sí que dependerán de sus masas, pero características como las distancias de enlace no.

---

[1] El lector podría imaginar una caja conteniendo cierta cantidad de energía que dependiese de la posición en que él se encontrase. En un sistema aislado, por conservación de energía, cualquier cambio en el contenido de la caja porque el lector cambiase de lugar sería a su costa, y por tanto esa caja sería para él un potencial, sin importar los mecanismos que les relacionen.

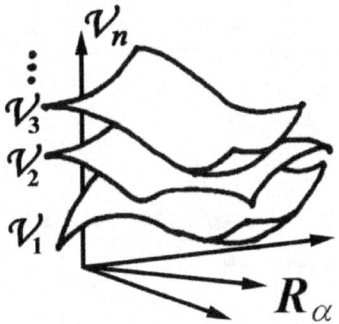

8.4 *Cada estado electrónico "n" supondrá para los núcleos un potencial efectivo diferente $\mathcal{V}_n(\boldsymbol{R}_\alpha)=\varepsilon_{R_\alpha,n}+\Sigma_{\alpha<\beta}Z_\alpha Z_\beta/R_{\alpha\beta}$ en que moverse, suma del electrónico (que representábamos en la figura anterior) y de sus repulsiones electrostáticas. Se trata de superficies de potencial en varias dimensiones (todas las variables $\boldsymbol{R}_\alpha$) dentro de las cuales puede (o no) haber estados ligados $F_{n,v}(\boldsymbol{R}_\alpha)$ $E_{n,v}$ dependiendo de su forma (de la existencia de mínimos adecuados).*

Una vez elegido un estado electrónico, y determinado dentro de él el estado nuclear, la función de ondas molecular completa resultaría simplemente

$$\Psi_{n,v}(\boldsymbol{r}_i,\boldsymbol{R}_\alpha)=\Phi_{R_\alpha,n}(\boldsymbol{r}_i)F_{n,v}(\boldsymbol{R}_\alpha)$$

etiquetada por números cuánticos "*n*" que describen los estados electrónicos y "*v*" describiendo los nucleares.

Desde luego hay pocas esperanzas de que ninguno de los anteriores pasos pueda tratarse analíticamente, pero en principio no será problema hacerlo numéricamente con la potencia de cálculo suficiente. Como muestra su uso, la anterior aproximación (de Born-Oppenheimer) resulta ser excelente en la inmensa mayoría de situaciones. Solo en algunos casos de movimiento nuclear muy rápido se aprecian pequeños efectos de desacoplo entre los movimientos nucleares y electrónicos.

Aunque confío en que el planteamiento expuesto resulte bastante intuitivo, hay que reconocer que matemáticamente no es nada riguroso, ya que parece basarse en un "principio" del tipo "los electrones ven esto y los núcleos ven lo otro". Desde luego sería preferible un tratamiento más objetivo que partiese del hamiltoniano original, y proporcionase las dos ecuaciones anteriores tras despreciar en algún paso la masa electrónica m frente a las nucleares M_α. Efectivamente ello es posible aunque la aproximación necesaria no es tan simple. En concreto puede utilizarse el método de separación de variables para buscar soluciones a la ecuación de Schrödinger del hamiltoniano original en la forma $\phi_{R_\alpha,n}(\boldsymbol{r}_i)F_{n,v}(\boldsymbol{R}_\alpha)$. Al hacerlo se encuentra que, efectivamente la ecuación puede separarse en las dos anteriores desacopladas para las partes electrónica y nuclear, a condición de que podamos despreciar términos $|\nabla_{R_\alpha}\phi_{R_\alpha}(\boldsymbol{r}_i)|$ frente a otros $|\nabla_{R_\alpha}F(\boldsymbol{R}_\alpha)|$. ¡Desde luego ello no es tan obvio ni intuitivo como despreciar m frente a M_α! Dicha condición significa que las funciones de onda electrónicas dependan de las posiciones de los núcleos más débilmente que las funciones de onda nucleares.

Aunque lo poco intuitivo de esa condición pueda parecer un inconveniente, realmente tiene sus ventajas. En primer lugar, si se calcula la molécula utilizando la aproximación Born-Oppenheimer, el calcular y comparar las cantidades $|\nabla_R \phi_R|$ y $|\nabla_R F(R)|$ proporciona un criterio objetivo para estimar la precisión del resultado. En segundo lugar, si se encuentra que la aproximación no es suficientemente buena, pueden tratarse por teoría de perturbaciones los términos despreciados y con ello mejorar el resultado.

8.1.2 Aproximación de Born – Oppenheimer moléculas diatómicas

Como indicamos en su momento, comenzaremos por tratar en cierto detalle el caso de moléculas diatómicas, por su sencillez y porque la mayoría de sus características nos permitirán entender luego otras más complejas.

El sistema que nos ocupará constará de solo dos núcleos en posiciones R_α y R_β, y en general varios electrones en posiciones r_i, como ilustra la figura 8.5. Normalmente será preferible referir todas las posiciones al centro de masas de la molécula, que (ignorando las masas electrónicas) podrá tomarse como el centro de masas de ambos núcleos. El primer paso será particularizar para este sistema las anteriores ecuaciones de Schrödinger separadas para núcleos y electrones.

8.5 *Una molécula diatómica tendrá solo dos núcleos pero un número arbitrario de electrones. Normalmente referiremos todas las coordenadas al centro de masas (determinado aproximadamente por los núcleos), y **R** será la posición de un núcleo respecto al otro.*

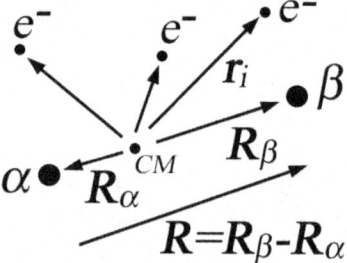

Para el caso electrónico ello simplemente resulta

$$\left(\frac{-\hbar^2}{2m} \sum_i \nabla_i^2 - \sum_i \left[\frac{Z_\alpha e^2}{|r_i - R_\alpha|} + \frac{Z_\beta e^2}{|r_i - R_\beta|} \right] + \sum_i \sum_{j} \frac{e^2}{r_{ij}} \right) \Phi_{R,n}(r_i) = \varepsilon_{R,n} \Phi_{R,n}(r_i)$$

El problema es muy similar al de un átomo, salvo por la presencia de dos centros de fuerza, lo que impedirá contar con simetría esférica. Aunque la anterior ecuación parece depender explícitamente de las posiciones de cada núcleo R_α y R_β, realmente no es así, sino que únicamente depende de la distancia entre ellos $R=|R_\beta-R_\alpha|$. Nótese que fijada esa distancia R, el problema electrónico queda completamente determinado salvo una posible rotación o traslación de la molécula en bloque. Por ello, en este caso, las $\varepsilon_{R,n}$ pueden representarse fácilmente en función de una única variable R, como ilustra la figura 8.6. Las correspondientes funciones de onda electrónicas, que obtendremos en su momento, dependerán de la distancia R como parámetro y deberán ser antisimétricas y normalizadas igual que en el caso atómico $\int dr_1...dr_N \phi^*_{R,n}(r_i)\phi_{R,m}(r_i) = \delta_{n,m}$

8.6 *Para una molécula diatómica, la distancia internuclear determina completamente el problema electrónico, de modo que en este caso las energías ε_n dependen de una sola variable R. Obtener las curvas completas $\varepsilon_{R,n}$, solo requiere resolver el problema electrónico para cada posible valor de la distancia R entre los dos núcleos inmóviles.*

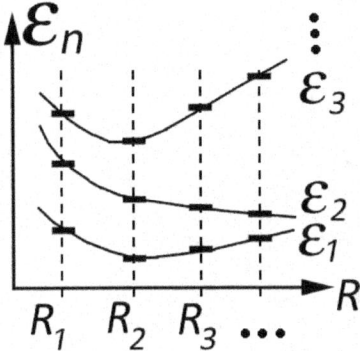

Para los núcleos, el tratarse de solo dos permite simplificar su tratamiento refiriéndolo a su centro de masas. Como es bien sabido, en mecánica clásica, el movimiento de dos partículas puede separarse en el movimiento de su centro de masas y el de una respecto a la otra con la masa reducida de ambas. Cuánticamente se tiene el mismo resultado, de modo que la energía cinética de ambos núcleos puede re-escribirse según

$$\frac{-\hbar^2}{2M_\alpha}\nabla^2_{R_\alpha} + \frac{-\hbar^2}{2M_\beta}\nabla^2_{R_\beta} = \frac{-\hbar^2}{2(M_\alpha+M_\alpha)}\nabla^2_{CM} + \frac{-\hbar^2}{2\mu}\nabla^2_R,$$

en términos de la masa reducida $\mu = M_\alpha M_\beta/(M_\alpha+M_\beta)$, y las posiciones del Centro de Masas y relativas $\boldsymbol{R}$.

Reescribiendo de ese modo la ecuación de Schrödinger para los núcleos, e ignorando el movimiento conjunto de la molécula (es decir suponiendo inmóvil su centro de masas, o tomándolo como sistema de referencia) resulta

$$(-\frac{\hbar^2}{2\mu}\nabla^2_{\boldsymbol{R}} + \underbrace{\frac{Z_\alpha Z_\beta e^2}{R} + \varepsilon_{R,n}}_{\mathcal{V}_n(R)})F_{n,v}(\boldsymbol{R}) = E_{n,v}F_{n,v}(\boldsymbol{R})$$

Nótese que tanto la repulsión electrostática entre los núcleos como la energía electrónica $\varepsilon_{R,n}$ dependen únicamente del módulo de la distancia entre núcleos, de modo que la anterior ecuación es la más sencilla que podríamos encontrarnos: se trata del movimiento de una única partícula (de masa μ) ¡en un potencial $\mathcal{V}_n(R)$ central!

Naturalmente el aspecto de las soluciones dependerá de la forma de las curvas $\mathcal{V}_n(R)$, que en este caso son fáciles de representar en su única variable R. Como indica la figura 8.7, todas esas curvas de potencial efectivo tendrán en común el crecer rápidamente para R pequeños debido a la repulsión nuclear, y su forma a grandes distancias dependerá totalmente de la forma de las funciones $\varepsilon_{R,n}$. En los casos en que esas curvas presenten un mínimo podremos esperar estados estacionarios, que representarán estados ligados de ambos núcleos en la molécula. En los casos en que no presenten tal mínimo no existirán tales estados y representarán situaciones en que simplemente los núcleos se alejan y la molécula se disocia. De este modo, cada estado "*n*" en que los electrones deciden situarse determina completamente el comportamiento que podrán tener los núcleos y "el futuro" de la molécula.

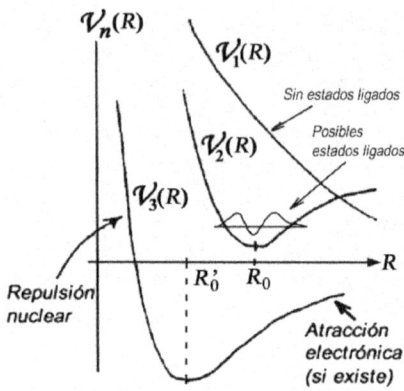

8.7 *Aspecto típico de los potenciales efectivos $\mathcal{V}_n(R)=\varepsilon_{R,n}+Z_\alpha Z_\beta e^2/R$ bajo los cuales se mueven los núcleos (en realidad la masa reducida de ambos). Se trata de potenciales centrales que, cuando presenten mínimos, permitirán estados estacionarios (estados ligados de ambos núcleos)*

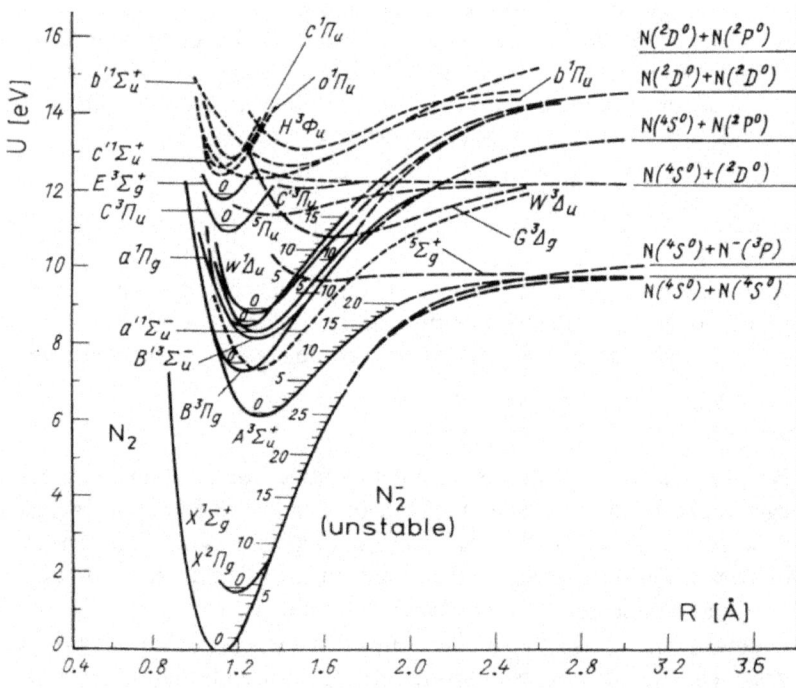

Gilmore, F. R., Laher, R. R., & Espy, P. J. 1992, J. Phys. Chem. Ref. Data,21,1005

8.8 *Curvas de potencial para la molécula N_2 neutra (y algún estado de la N_2^-), indicando los estados vibracionales. Por convenio se reserva el nombre "X" para el estado fundamental, no habiendo criterio fijo para el resto. Nótese la complejidad de los "números cuánticos electrónicos" $a^3\Sigma_u$, $B^3\Pi_g$,... que al introducir la aproximación de Born-Oppenheimer simplemente representábamos como "n=1,2,3..."*

La figura 8.8 muestra varias curvas de potencial $\mathcal{V}_n(R)$ reales para la molécula de nitrógeno. Como puede verse todas ellas tienen en común un rápido crecimiento para $R\to 0$ debido a la repulsión nuclear. Muchas de ellas presentan mínimos en los que esperaremos estados nucleares ligados. Para grandes distancias todas ellas tienden asintóticamente a valores constantes que son los niveles de energía atómicos, dado que a esas distancias la repulsión nuclear desaparece y en lugar de la molécula tenemos las funciones de onda y niveles de energía de los átomos.

Aparte de sus números cuánticos $^S\Lambda$ que más adelante describiremos, es habitual nombrar los estados utilizando distintas letras (A, B, C, a, b, a', c', …) sin ningún convenio especial[1], salvo el de reservar la letra "X" para el estado fundamental.

8.2 Movimiento nuclear en moléculas diatómicas

Siguiendo el procedimiento dado por la aproximación de Born-Oppenheimer, el primer paso para resolver la molécula sería tratar el problema electrónico para obtener las curvas de potencial $\mathcal{V}_n(R)$ en que calcular luego el movimiento nuclear. No obstante, el movimiento nuclear, por ser un problema central, es tan simple que podremos resolverlo casi por completo con poquísima información sobre esos potenciales.

En primer lugar sabemos de inmediato que las soluciones podrán separarse en la forma $F_{n,N}(\boldsymbol{R})=1/R\ \mathcal{F}^n_{v,N}(R)Y_{NM}(\theta\phi)$ (con N=0, 1, 2, …) como producto de un armónico esférico, que incluye toda la dependencia angular del movimiento, y una función radial que describe cómo varía la distancia internuclear, y que básicamente resultará ser una vibración. Sería tentador representar en ese armónico esférico el momento angular de los núcleos como J,M_J, pero preferiremos utilizar la notación N,M_N reservando la letra J para representar más adelante el momento angular total de la molécula (suma de este nuclear, y el electrónico).

Sustituida esa expresión en la anterior ecuación de Schrödinger, resulta para la parte radial la ecuación

$$[-\frac{\hbar^2}{2\mu}\frac{d^2}{dR^2} + \frac{\hbar^2 N(N+1)}{2\mu R^2} + \mathcal{V}_n(R)]\mathcal{F}^n_{v,N}(R) = E_{n,v,N}\mathcal{F}^n_{v,N}(R)$$

que, como es habitual en un problema de Campo Central, corresponde al movimiento unidimensional de una partícula de masa μ sometida al potencial de partida $\mathcal{V}_n(R)$ más el centrífugo $\hbar^2 N(N+1)/2\mu R^2$.

---

[1] Pueden hacer referencia a su orden de energías, o fecha de descubrimiento, o cualqier otro criterio elegido por los primeros autores que las hayan estudiado.

8.2.1 Aproximación armónica

Aunque la anterior ecuación para el movimiento nuclear sea muy similar a la encontrada al tratar el movimiento de un electrón en aproximación de Campo Central, presenta una diferencia importante respecto a aquella: allí el único término repulsivo era el centrífugo, mientras que aquí los potenciales $V_n(R)$ ya contienen un término repulsivo para $R \to 0$. Por ese motivo en los átomos las funciones de onda electrónicas se concentraban en torno al origen, teniendo allí una fuerte dependencia en el momento angular. Por el contrario ahora las soluciones se concentrarán en torno al mínimo R_0 de las curvas $V_n(R)$, donde el término centrífugo ya es mucho menor, y este pasará a ser solo una pequeña corrección a un movimiento "oscilante" en torno a esa posición de equilibrio.

De hecho, en primera aproximación podemos reemplazar el término centrífugo por su valor en torno a esa posición de equilibrio, obteniendo $E_{rot} = \hbar^2 N(N+1)/2\mu R_0^2$, que representa la contribución a la energía por la rotación de los núcleos, y que simplemente pasa a sumarse a la energía total $E_{n,v,N} = E_{n,v} + E_{rot}$. Es habitual escribir esa energía rotacional en la forma $E_{rot} = B_r N(N+1)$ donde $B_r = \hbar^2/2\mu R_0^2$ es la llamada "constante rotacional", que también puede expresarse $B_r = \hbar^2/2I_0$ notando que $I_0 = \mu R_0^2$ es el momento de inercia del par de núcleos en torno a su centro de masas.

Hecha la anterior aproximación, bastará con ocuparse de resolver la ecuación de Schrödinger nuclear únicamente para el potencial efectivo $V_n(R)$. Para obtener soluciones en las cercanías del mínimo de potencial R_0, parecería razonable probar a reemplazar el potencial por su desarrollo de Taylor en torno a ese punto, que es

$$V_n(R) = V_n(R_0) + 1/2 \; k_e(R-R_0)^2 + \ldots \text{ (con } k_e \equiv d^2 V_n(R)/dR^2 \, |_{R=R_0})$$

dado que la derivada primera es nula por tratarse de un mínimo.

Si ignorásemos todos los términos del desarrollo superiores al segundo reemplazando $V_n(R)$ por esa aproximación cuadrática, desde luego las soluciones al problema serían inmediatas, ya que se trataría simplemente de un oscilador armónico. En tal caso las funciones de onda ya serían conocidas, y las energías vibracionales serían simplemente

$$E_v = \hbar \, \omega_0(v+1/2) = h\nu_0(v+1/2), \text{ con } \omega_0 = (k_e/\mu)^{1/2} \text{ y } \nu_0 = \omega_0/2\pi.$$

De este modo, aproximando el problema por el de un oscilador armónico, el movimiento nuclear consistiría simplemente en vibraciones de los núcleos en torno a su distancia de equilibrio R_0, y sus niveles de energía podrían separarse en contribuciones electrónica, vibracional y rotacional según

$$E_{n,v,N} = E_n^{el} + E_v^{vib} + E_N^{rot} = V_n(R_0) + \hbar \, \omega_0(v+1/2) + B_r N(N+1)$$

Aunque esas aproximaciones puedan parecer simplificaciones excesivas, en la práctica resultan ser excelentes, y bastan solo pequeñas correcciones a ellas para describir con gran precisión los niveles de energía reales.

En particular la aproximación de ignorar en el desarrollo de Taylor del potencial todos los términos superiores al cuadrático, conduce a niveles vibracionales equidistantes. Como puede verse en la figura 8.8 esa es muy aproximadamente la situación, en ella se indican varios niveles vibracionales sobre las curvas reales para la molécula de nitrógeno. Esta aproximación del pozo de potencial por uno cuadrático se denomina "armónica", y los términos de orden más alto que hemos ignorado se denominan "anarmonicidades", que podremos tratar más adelante por teoría de perturbaciones.

La figura 8.9 muestra los valores típicos y con ello la disposición habitual que encontraremos para los niveles moleculares. Las energías electrónicas son del mismo orden que las atómicas (algunos eV), a la vibración nuclear corresponden energías típicamente uno o dos órdenes de magnitud menores, y por último la rotación nuclear supone energías aún menores también uno o dos órdenes de magnitud. De este modo, típicamente las vibraciones moleculares serán más rápidas que sus rotaciones, pudiendo realizar entre 10 y 100 oscilaciones en el tiempo que da una vuelta completa.

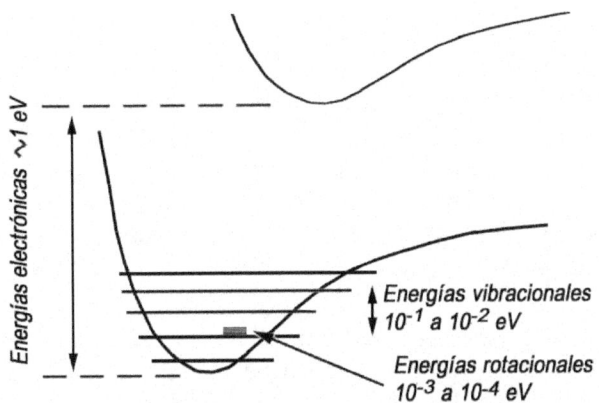

8.9 *Disposición típica de niveles de energía en una molécula diatómica, con una apreciable separación entre distintos estados electrónicos comparada con la pequeña energía rotacional en cada uno de ellos, y las mucho menores energías rotacionales. Isótopos diferentes tendrán las mismas curvas, pero ligeramente distinta posición de los niveles vibracionales y rotacionales.*

Como ya indicamos en su momento, en aproximación Born-Oppenheimer las curvas de potencial $V_n(R)$ dependen solo de las cargas nucleares, no de sus masas. Por ello características como R_0 (posición de sus mínimos) o k_e (derivada 2ª en ellos) serán independientes de los isótopos involucrados. Por el contrario el movimiento de los núcleos en esos pozos sí que dependerá de sus masas. En particular las constantes vibracionales y rotacionales de moléculas con masas reducidas diferentes μ y μ' estarán relacionadas por $\hbar\,\omega_0'/\hbar\,\omega_0=(\mu'/\mu)^{-1/2}$, y $B_r'/B_r=(\mu'/\mu)^{-1}$, como resulta obvio a partir de sus definiciones.

8.2.2 Correcciones por anarmonicidad

Como hemos indicado, las anarmonicidades (términos superiores al cuadrático en el potencial) pueden tratarse por teoría de perturbaciones sobre las funciones de onda obtenidas en aproximación armónica.

Aunque no entremos aquí en los detalles, puede demostrarse que ello conduce a correcciones de los niveles de energía de la forma $E_v=\hbar\,\omega_0(v+\tfrac{1}{2})-\hbar\,\omega_0\beta(v+\tfrac{1}{2})^2+\ldots$, siendo suficiente considerar la primera corrección $\hbar\,\beta\omega_0(v+\tfrac{1}{2})^2$ para la mayoría de las aplicaciones. El producto $\hbar\,\beta\omega_0$ se denomina constante de anarmonicidad. Es interesante indicar que esta corrección es siempre negativa, cosa fácil de entender observando la figura 8.10. Normalmente el potencial real difiere poco de su aproximación cuadrática en la región de cortas distancias, pero queda claramente por debajo de él en la región más extensa de radios grandes. Ello provoca que los niveles de energía reales se encuentren por debajo de los equidistantes dados por su aproximación armónica. El efecto de esta corrección es hacer que los niveles se encuentren ligeramente más próximos entre sí a medida que aumenta su número cuántico v.

Otra característica relacionada con lo anterior es que los pozos reales siempre tienen un número finito de estados ligados, a diferencia de un oscilador armónico ideal que posee infinitos. De hecho si la expresión $E_v=\hbar\,\omega_0(v+\tfrac{1}{2})-\hbar\,\omega_0\beta(v+\tfrac{1}{2})^2$ fuese válida para todos los niveles vibracionales, el último de ellos coincidiría con la profundidad del pozo $E_{vmax}=D_e$ de lo cual puede estimarse que el número de ellos debe ser $v_{max}\approx 1/(2\beta)$, y que $\beta=\hbar\,\omega_0/4D_e$.

En la misma figura se aprecia también la diferencia entre la profundidad del pozo D_e que representa la contribución electrónica a la energía de ligadura, y la energía de disociación del estado fundamental D_0 que difiere de la anterior en la energía en reposo del oscilador armónico: $D_0=D_e-\hbar\,\omega_0/2$.

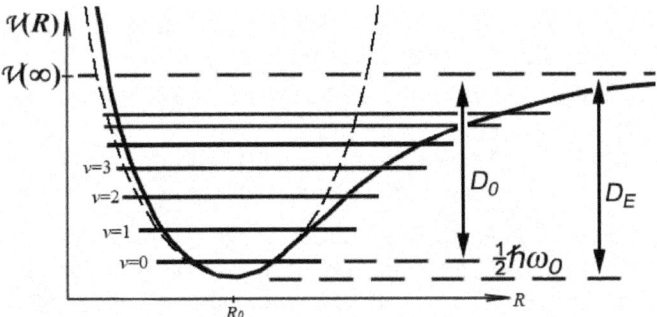

8.10 *Comparación entre el potencial nuclear real y su aproximación armónica. La diferencia justifica el valor negativo de las correcciones por anarmonicidad que hacen aproximarse entre sí los niveles más excitados. Se aprecia también la diferencia entre las energías D_0 y D_e.*

8.2.3 Correcciones al rotor rígido

La energía rotacional que obtuvimos en su momento es la correspondiente a un rotor rígido de momento de inercia μR_0^2, pero una molécula diatómica no se ajusta exactamente a esa descripción por dos motivos.

El primero tiene que ver con un análisis más detallado del término centrífugo. Como ilustra la figura 8.11, el efecto de una contribución $N(N+1)/R^2$ sobre el potencial es irrelevante a grandes distancias, pero lo hace crecer a cortas distancias. Ello supone una distorsión del pozo que desplaza ligeramente su posición de equilibrio R_0, haciendo que pase a depender del momento angular nuclear según $R_N \approx R_0 + 2B_r N(N+1)/k_e R_0$.

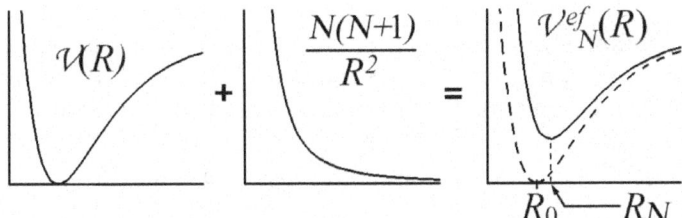

8.11 *Distorsión centrífuga: desplazamiento de la posición de equilibrio en función del momento angular, debido al término de energía rotacional en el potencial.*

Esa dependencia de la distancia de enlace con el momento angular nuclear es solo importante para valores grandes del momento angular N, y puede claramente interpretarse como una deformación centrífuga de la molécula. Se trata simplemente de un estiramiento causado por la fuerza centrífuga (proporcional al cuadrado de su velocidad de giro) que depende de su elasticidad (dada por su constante elástica k_e). El que la distancia de enlace (y con ello el momento de inercia) dependa de la velocidad de rotación, supone una corrección a la energía rotacional que se denomina "distorsión centrífuga", y un tratamiento por teoría de perturbaciones muestra que se puede escribir $-bN^2(N+1)^2$ con $b=2B_r^2/k_eR_0^2=4B_r^3/\hbar^2\omega_0^2$.

Otra corrección adicional proviene del hecho de que la molécula vibra, de modo que la distancia que hemos utilizado al definir su constante rotacional $B_r=\hbar^2/2\mu R_0^2$ realmente no es fija, sino que oscila en torno al valor R_0. Como hemos indicado, suelen ocurrir muchas vibraciones por cada rotación, de modo que será más exacto calcular B_r utilizando el promedio $<1/R^2>$ en lugar del valor $1/R_0^2$. De ese modo la constante rotacional depende ligeramente del estado de vibración en que se encuentre la molécula, cosa que representaremos por B_v. Debido a la forma asimétrica del pozo de potencial, las funciones de onda de los estados vibracionales se extienden más hacia radios mayores cuanto más excitados son, de modo que estados vibracionales más excitados tienen en promedio mayores distancias de enlace, y con ello mayores momentos de inercia y menores constantes rotacionales. En concreto puede demostrarse que esa dependencia puede aproximarse por $B_v=B_r-a(v+1/2)$, donde la constante "a" es siempre positiva y depende de la forma detallada de $\mathcal{V}_n(R)$.

En consecuencia la energía rotacional se puede expresar más exactamente como $B_vN(N+1)=B_rN(N+1)-a(v+1/2)N(N+1)$, motivo por el cual se denomina "de interacción vibración-rotación" a la constante "a" y la corrección resultante a la energía.

Combinando todo lo anterior se tiene para los niveles de energía la expresión

$$E_{n,v,N} = \underbrace{\mathcal{V}_n(R_0)}_{electrónica} + \underbrace{\hbar\omega_0\left(v+\tfrac{1}{2}\right)}_{oscilador\ armónico} + \underbrace{B_rN(N+1)}_{rotor\ rígido} - \underbrace{\hbar\omega_0\beta\left(v+\tfrac{1}{2}\right)^2}_{anarmonicidad} - \underbrace{a\left(v+\tfrac{1}{2}\right)N(N+1)}_{interacción\ vibración-rotación} - \underbrace{bN^2\left(N+1\right)^2}_{distorsión\ centrífuga}$$

que proporciona suficiente precisión para la mayoría de las aplicaciones. No obstante, esa expresión puede mejorarse con la inclusión de órdenes superiores en las anteriores correcciones, lo cual puede demostrarse que da lugar a una suma de contribuciones con la forma general $E_{n,v,N} = \Sigma_{ij} y_{ij} (v+1/2)^i N^j (N+1)^j$, donde los y_{ij} se denominan coeficientes de Durham[1].

8.2.4 Potenciales aproximados

La forma explícita de los potenciales efectivos en que se mueven los núcleos solo será posible conocerla en cada caso numéricamente. No obstante resulta útil disponer de expresiones analíticas que los aproximen,

---

[1] En particular es claro que $y_{00}=\mathcal{V}_n(R_0)$, $y_{10}=\hbar\omega_0$, $y_{20}=-\hbar\omega_0\beta$, $y_{01}=B_r$, $y_{02}=-b$, $y_{11}=-a$.

por ejemplo para calcular con ellos la forma detallada de las funciones de onda más allá de su aproximación armónica. Se han propuesto para ello multitud de expresiones que permiten ajustarlos por medio de varios parámetros.

Una de las más populares, fue propuesta tan pronto como 1929 por R.P. Morse, y tiene la forma $\mathcal{V}^{Morse}(R)=D_e[1-e^{-\alpha(R-R_0)}]^2$ tomando como origen de energías el mínimo del pozo. A su sencillez aúna la gran ventaja de poder calcularse analíticamente sus estados ligados, que resultan tener exactamente niveles de energía $E_v^{Morse}= \hbar \, \omega_0(v+1/2)- \hbar \, \omega_0\beta(v+1/2)^2$.

Como puede apreciarse, para $R=0$ el potencial de Morse no presenta una repulsión infinita, sino solamente un valor grande, lo cual no es una deficiencia significativa, ya que esa zona apenas influye en los resultados.

Este potencial solo incluye tres parámetros D_e, R_0 y α característicos de cada molécula. Los dos primeros son los ya conocidos, y el tercero determina la curvatura del fondo del pozo, estando relacionado con la constante elástica por $k_e=2D_e\alpha^2$, de modo que también determina la frecuencia característica $\omega_0=(k_e/\mu)^{1/2}=\alpha(2D_e/\mu)^{1/2}$. Del mismo modo, el resto de constantes de la molécula pueden expresarse para este potencial en función de sus tres parámetros. En particular los de anarmonicidad, interacción vibración-rotación y distorsión centrífuga resultan ser

$$a = \frac{3\hbar^3}{2\mu R_0^3 \sqrt{2\mu D_e}}\left(1-\frac{1}{\alpha R_0}\right)=\frac{3B_r\hbar\omega_0}{2D_e\alpha R_0}\left(1-\frac{1}{\alpha R_0}\right),$$

$$\beta = \frac{\hbar\alpha}{\sqrt{8\mu D_e}}=\frac{\hbar\omega_0}{4D_e}, \qquad\qquad b = \frac{\hbar^4}{4\mu^2\alpha^2 R_0^6 D_e}=\frac{B_r^2}{k_e R_0^2}$$

De este modo los niveles de energía $E_{n,v,N}$ para moléculas diatómicas pueden determinarse con bastante precisión mediante las expresiones anteriores (incluyendo las constantes de corrección a, b y β) a partir de tan solo tres parámetros. A la inversa, la determinación espectroscópica de esos niveles de energía (que estudiaremos más adelante) permite deducir los tres parámetros del potencial de Morse, y con ello una buena aproximación a su potencial internuclear.

Esos tres parámetros del potencial de Morse representan características de cada molécula diatómica fáciles de determinar experimentalmente por distintas técnicas, de modo que se conocen y pueden encontrarse tabulados para la mayoría de ellas. Así las distancias de enlace se pueden determinar con precisión mediante difracción de rayos X, las constantes D_e a partir de las energías de disociación, y las constantes α a partir de la determinación espectroscópica de las frecuencias características ω_0.

La tabla 8.1 muestra el valor de esos parámetros (y algunas otras constantes relacionadas con ellos) para algunas moléculas.

Molécula	R_0(Angs)	D_e(eV)	αR_0	$\hbar \omega_0$(cm^{-1})	B_r(cm^{-1})	β
H_2^+	1.06	2.79	1.40	2297	29.8	0.0255
H_2	0.742	4.75	1.44	4395	60.8	0.0287
I_2	2.66	1.56	4.95	215	0.04	0.0043
O_2	1.21	5.18	3.22	1580	1.45	0.0095
Cl_2	1.99	2.52	4.05	565	0.244	0.0070
N_2	1.09	9.90	2.93	2360	2.01	0.0074
CO	1.13	9.73	2.79	2170	1.93	0.0069
NO	1.15	5.42	3.49	1904	1.7	0.0109
LiH	1.6	2.59	1.78	1406	7.51	0.0169
HCl	1.27	4.62	2.38	2990	10.6	0.0201
NaCl	2.36	4.24	2.12	365	0.19	0.0027

Tabla 8.1 Datos para algunas moléculas diatómicas. Los parámetros con unidades de energía es habitual manejarlos en cm^{-1} que es la unidad práctica en espectroscopía. Recuérdese que 1 cm^{-1}=1.240 10^{-4}eV es la energía de un fotón con longitud de onda λ=1cm.

8.3 Función de ondas electrónica en moléculas diatómicas

Como vimos, en aproximación de Born-Oppenheimer, la ecuación de Schrödinger para los electrones en una molécula diatómica es similar a la de un átomo, salvo por la presencia de dos centros de fuerza que rompe la simetría esférica. Para esa ecuación se conocen soluciones analíticas solo en el caso más simple de un solo electrón, por lo que deberemos recurrir a diversas aproximaciones en el caso general.

Antes de acometer ese tratamiento será interesante analizar las simetrías del problema, que nos aportarán información interesante sobre las soluciones antes de siquiera plantearnos cómo obtenerlas.

8.3.1 Propiedades de simetría

En cualquier problema físico la existencia de simetrías es de la mayor importancia, no solo por la simplificación que puede suponer, sino por determinar en general muchas características de las soluciones. El apéndice A9, que se recomienda revisar ahora al lector, resume algunas consecuencias de las simetrías en los sistemas cuánticos, que nos serán útiles aquí.

La figura 8.12 ilustra las principales simetrías que presenta el problema de uno o varios electrones en presencia de dos centros de fuerza. Como veremos, por sí solas condicionan algunas características que deberán presentar las soluciones.

Para este problema conviene considerar el sistema de coordenadas con origen en el centro de masas, y eje z en la dirección que une ambos núcleos.

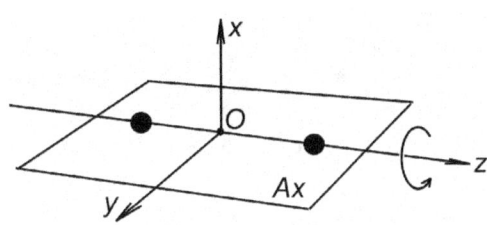

8.12 *Principales elementos de simetría de una molécula diatómica: rotación en torno al eje de enlace y reflexión A respecto a cualquier plano que lo contenga. En el caso de núcleos idénticos existirá además la simetría de inversión respecto al origen O (situado en su centro).*

Simetría de revolución en torno al eje internuclear

Tratándose de una simetría continua provoca que su generador L_z (la componente del momento angular en torno al eje de la simetría) sea conservado. Ello asegura que las soluciones deberán ser autoestados de L_z o L_z^2 cumpliendo[1] $L_z\Phi_n=\hbar\, M_L\Phi_n=\pm\hbar\, \Lambda\Phi_n$. En general cuando empleemos el número cuántico M_L supondremos que puede tomar valores 0, ±1, ±2, ... mientras que $\Lambda=|M_L|$ solo podrá tomar valores positivos $\Lambda=0, 1, 2, ...$ Ello supondrá una simple dependencia $e^{\pm i\Lambda\varphi}$ en el ángulo φ para las soluciones.

Por analogía con el caso atómico el convenio habitual es representar los valores de $\Lambda=0, 1, 2, ...$ con letras $\sigma,\pi,\delta,\phi,...$ para el caso de electrones individuales, y $\Sigma,\Pi,\Delta,\Phi,...$ para el momento angular de la molécula completa. Nótese que el paso de "*p*" a "π" no es solo un cambio de notación, en el primer caso nos referimos a $l=1$, en el segundo a $m_l=1$.

Simetría de reflexión en cualquier plano que contenga a los núcleos

Las reflexiones suponen un cambio de sentido de giro para cualquier rotación, y en particular para los giros en torno al eje *z*. Matemáticamente es fácil comprobar que aplicados sobre cualquier función, los operadores L_z y A *(reflexión respecto a cualquier plano conteniendo los núcleos)* cumplen[2] $L_zA=-AL_z$. Ello provoca que

---

[1] En algunos casos será interesante manejar soluciones que no cumplan $L_z\Phi_n=\hbar\, M_L\Phi_n$, pero sí $L_z^2\Phi_n=\hbar^2 M_L^2\Phi_n$, como ocurre con los armónicos esféricos en forma real. En tales casos se define Λ como la raíz cuadrada positiva del autovalor para L_z^2.

[2] Basta recordar que $L_z=-i\hbar\,(x\partial y-y\partial x)$ y considerar por ejemplo A_x que transforma $(x,y,z)\rightarrow(-x,y,z)$.

- Los estados con $\Lambda \neq 0$ deben ser degenerados

Efectivamente: como A es una simetría del hamiltoniano, si Φ_n es una solución (autoestado de L_z con $\Lambda \neq 0$), también debe serlo $A\Phi_n$ y con la misma energía. Pero por la anterior propiedad Φ_n y $A\Phi_n$ deben tener distinto signo[1] de M_L. Se denomina "degeneración Λ" a esta propiedad de los estados $\pm\Lambda$ de tener la misma energía. Puesto que este resultado se basa en considerar los núcleos inmóviles, depende de la validez de la aproximación Born-Oppenheimer, y en la práctica interacciones entre el movimiento electrónico y la rotación nuclear pueden romper ligeramente esta degeneración haciendo que estados con $\Lambda \neq 0$ se desdoblen en pares de niveles próximos con $\pm\Lambda$ (a ello se denomina "desdoblamiento Λ").

- Los estados con $\Lambda=0$ deben tener simetría bien definida respecto a A

Puesto que los estados con $\Lambda=0$ (estados Σ) son únicos, no puede existir degeneración y deben ser autoestados de A. Dado que $A^2=I$ el correspondiente autovalor solo puede ser ± 1, de modo que $A\Phi_\Sigma=\pm\Phi_\Sigma$. Habrá por tanto dos tipos de estados Σ^+ y Σ^- según su simetría bajo reflexiones A.

Nótese que los estados con $\Lambda \neq 0$ no tienen por qué tener simetría bien definida respecto a reflexiones en planos A que contengan al eje. De hecho parejas de autoestados de L_z de la forma $e^{\pm i\Lambda\varphi}$ no tienen tal simetría, sino que se intercambian entre sí bajo esas reflexiones. No obstante, mientras se mantenga la degeneración, cualquier combinación lineal de ellos es una descripción equivalente de la molécula y siempre pueden elegirse parejas[2] con simetría "+" y "-", que se denominan Π^+, Δ^-, etc. Esos estados son interesantes además por ser precisamente en los que se rompe la degeneración Λ.

Simetría de inversión en caso homonuclear

En caso de núcleos idénticos[3] (H_2, O_2, N_2, …) la inversión $r \leftrightarrow -r$ es también una simetría del problema. Al igual que en el caso anterior ello significa que las soluciones deben tener comportamiento bien definido

---

[1] El motivo es que si Φ_n cumple $L_z\Phi_n = \hbar M_L\Phi_n$, aplicando A sobre la igualdad resulta $L_z(A\Phi_n) = -\hbar M_L (A\Phi_n)$ al utilizar $L_zA=-AL_z$.

[2] Por ejemplo la pareja de funciones $\phi^\pm = e^{i\Lambda\varphi} \pm e^{-i\Lambda\varphi}$ tienen simetrías $\pm$ bajo un plano A_y que contenga los ejes x y z, aunque ya no son autoestados de L_z sino de L_z^2.

[3] En aproximación de Born-Oppenheimer las masas nucleares son irrelevantes para la función de onda electrónica, de modo que basta con que los núcleos tengan la misma carga aunque sean distintos isótopos.

(paridad) bajo ella, denominándose *"gerade"* a las pares $\Phi_g(-r_i)=\Phi_g(r_i)$ y *"ungerade"*[1] a las impares $\Phi_u(-r_i)=-\Phi_u(r_i)$.

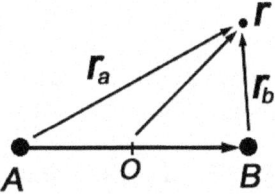

8.13 *Notación para el problema de un electrón en presencia de dos núcleos.* $r_a=r+R/2$ y $r_b=r-R/2$, con $R=R_B-R_A$.

Como consecuencia de lo anterior, las soluciones que encontremos a las funciones de onda electrónicas de una molécula diatómica, deberán ser clasificables en alguno de los tipos Σ^+, Σ^-, Π, Δ, Φ,... y en el caso de homonucleares además como Σ_g^+, Σ_u^+, Σ_g^-, Σ_u^-, Π_g, Π_u, Δ_g, Δ_u, Φ_g, Φ_u,...

8.3.2 Molécula con un solo electrón, H₂⁺

La molécula más sencilla posible consta de un único electrón y dos núcleos idénticos, y su prototipo es el ión H_2^+. Con la notación indicada en la figura 8.13, la ecuación de Schrödinger para ese electrón en aproximación de Born-Oppenheimer se reduce a

$$(-\tfrac{1}{2}\nabla_r^2-1/r_a-1/r_b)\phi_n(r)=\varepsilon_{n,R}\phi_n(r), \text{ o bien}$$
$$(-\tfrac{1}{2}\nabla_r^2-1/r_a-1/r_b+1/R)\phi_n(r)=\mathcal{V}_{n,R}\phi_n(r).$$

Donde en el segundo caso se ha incluido el término $1/R$ de repulsión nuclear, que se comporta como una simple constante sumada a la energía de los electrones, y con la cual los autovalores resultantes serán directamente el potencial en que se moverán los núcleos.

Este problema se puede resolver analíticamente. Podría parecer que ello contradice lo afirmado en su momento (que ni siquiera para esta molécula se conoce solución analítica) pero no es así. Nótese que allí nos referíamos al problema de las tres partículas moviéndose libremente, mientras que aquí ya se ha aplicado la aproximación de Born-Oppenheimer, y se trata únicamente del problema de un electrón en el potencial estático debido a los núcleos. Obtener la solución exacta pasa por escribir el problema en coordenadas elípticas $u=(r_a+r_b)/R$ y $v=(r_a-r_b)/R$, y buscar soluciones separadas en esas dos variables y el ángulo alrededor del eje.
De esa solución exacta podríamos decir que solo es una curiosidad matemática, puesto que no sirve para ninguna otra molécula, y en cualquier

---

[1] De *gerade*=par, *ungerade*=impar, en alemán, lengua de gran difusión en el ámbito científico cuando se desarrollaron estos conceptos.

otro caso necesariamente deben aplicarse métodos aproximados. No obstante sí hay un buen motivo que la hace interesante, y es el disponer de resultados exactos con que poder comparar los métodos aproximados, para evaluar su precisión antes de aplicarlos en otros casos.

En lo que sigue nos centraremos únicamente en los tratamientos aproximados básicamente por dos motivos. El primero es que serán aplicables a otros muchos casos, incluyendo moléculas poliatómicas. El segundo es que son físicamente más intuitivos y nos permiten entender el origen del enlace mejor que la mera solución de una ecuación diferencial. Desde luego animo a cualquiera que tenga curiosidad a consultar la solución analítica en cualquier texto que dedique más espacio a ello[1].

Las técnicas que describiremos serán en general variacionales, y en particular será interesante considerar combinaciones lineales de orbitales atómicos (CLOA) u otras funciones prueba. Por ello comenzaremos por repasar algunos resultados que nos serán útiles del denominado "método de Rayleigh-Ritz", que a continuación emplearemos para obtener algunos orbitales moleculares y analizar sus propiedades.

Método de Rayleigh- Ritz

Se trata de un procedimiento variacional propuesto en 1909 por Walter Ritz (1878-1909) para extremar expresiones de la forma $\langle v^*, Mv \rangle / \langle v^*, v \rangle$ (denominadas "cocientes de Rayleigh"), utilizando como funciones prueba combinaciones lineales de otras conocidas.

Supongamos que disponemos de un conjunto de funciones conocidas $\{\varphi_i\}$, y que deseamos buscar la combinación lineal de ellas $\varphi = \Sigma_i c_i \varphi_i$ que mejor aproxima las soluciones de cierto hamiltoniano $\mathbf{H}$. Utilizando un procedimiento variacional se trataría simplemente de extremar la cantidad $E(\varphi) = \langle \varphi | \mathbf{H} | \varphi \rangle / \langle \varphi | \varphi \rangle$, lo cual para funciones de la forma propuesta significa extremar la cantidad

$$E(c_i) = \Sigma_{ij} c_i c_j \langle \varphi_i | \mathbf{H} | \varphi_j \rangle / \Sigma_{ij} c_i c_j \langle \varphi_i | \varphi_j \rangle = \Sigma_{ij} c_i c_j H_{ij} / \Sigma_{ij} c_i c_j S_{ij}$$

En la segunda igualdad se han abreviado como H_{ij} los elementos de matriz del hamiltoniano entre cada par de funciones, y como S_{ij} las denominadas "integrales de solapamiento" entre ellas. Estas S_{ij} serían δ_{ij} si hubiésemos partido de un conjunto de estados ortonormales, pero en general no será el caso. Puesto que todas esas cantidades H_{ij} y S_{ij} son en principio conocidas, el problema se reduce al cálculo de extremos de la función $E(c_i)$ en las variables c_i. Es fácil mostrar que ello conduce a las condiciones

$$\det|H_{ij} - E\, S_{ij}| = 0, \text{ y } \Sigma_i c_i (H_{ij} - E\, S_{ij}) = 0$$

La primera de ellas da lugar a una ecuación polinómica que determina los valores extremos que alcanzan cantidades E, y (para cada uno de ellos) la segunda determina los coeficientes c_i que las generan. Claramente el

---

[1] Por ejemplo el de B.H.Bransden and C.J.Joachain, y en general casi todos los calificados como "nivel intermedio" en la bibliografía recomendada.

problema es prácticamente idéntico a uno de autovalores, salvo porque la matriz S_{ij} no será en general la matriz identidad δ_{ij}.

Determinación de un orbital molecular en aproximación CLOA

CLOA es un acrónimo de "Combinación Lineal de Orbitales Atómicos", que en literatura inglesa cambia de orden a LCAO. Es una técnica que consiste en generar orbitales moleculares como combinaciones lineales de los atómicos centrados en cada núcleo, optimizadas variacionalmente. El procedimiento se basa en dos ideas básicas.

Por una parte los orbitales atómicos, que nos son bien conocidos, son soluciones exactas en presencia de un solo núcleo. Eso significa que, para una molécula, deben ser excelentes aproximaciones en las cercanías de cada núcleo.

Por otra parte, en las regiones intermedias bajo la acción de ambos núcleos, desconocemos las soluciones pero sabemos que el método variacional nos proporciona la mejor descripción posible de entre cualquier familia de funciones dada, y tomaremos esa familia como las combinaciones lineales arbitrarias de orbitales atómicos centrados en cada núcleo.

Comencemos por considerar el orbital atómico más sencillo $\phi_{1s}(r)=e^{-r}/\sqrt{\pi}$ y centrarlo en los núcleos A y B. Ello significa escribirlo en las variables r_a y r_b, y por tanto considerar las dos funciones

$$\phi_a(r)=\phi_{1s}(r_a)=e^{-|r+R/2|}/\sqrt{\pi} \text{ y } \phi_b(r)=\phi_{1s}(r_b)=e^{-|r-R/2|}/\sqrt{\pi}$$

(ya sin simetría esférica respecto al origen).

Pues bien, consideremos como función prueba una combinación lineal arbitraria de ambos $\phi(r)=c_a\phi_a(r)+c_b\phi_b(r)$, y determinemos qué valores de los coeficientes nos proporcionan la mejor descripción posible del sistema, y qué energías le corresponden.

Según el método de Rayleigh-Ritz el primer paso será determinar todos los elementos de la matriz

$$\begin{pmatrix} H_{aa}-ES_{aa} & H_{ab}-ES_{ab} \\ H_{ba}-ES_{ba} & H_{bb}-ES_{bb} \end{pmatrix}$$

Puesto que conocemos explícitamente tanto el hamiltoniano como ambas funciones, ello es bastante directo:

$$S_{aa}=S_{bb}=\langle\phi_a|\phi_a\rangle=1$$

dado que hemos tomado ambas normalizadas.

$$S_{ab}=S_{ba}=\int\phi_a^*(r)\phi_b(r)\mathrm{d}^3r\equiv S(R)$$

El valor de esta integral "de solapamiento" dependerá, naturalmente, de la distancia R que separe ambas funciones. Se anularía si fuesen ortogonales, pero desde luego no es el caso. Utilizando la forma explícita de ambas no es difícil mostrar que vale $S(R)=(1+R+R^2/3)e^{-R}$.

$$\begin{aligned} H_{aa}=H_{bb}&=\int\phi_a^*(-\nabla^2/2-1/r_a-1/r_b+1/R)\phi_a= \\ &=\int\phi_a^*(-\nabla^2/2-1/r_a)\phi_a - \int\phi_a^*(1/r_b)\phi_a + 1/R\int\phi_a^*\phi_a = \\ &=E_{1s} - J(R) + 1/R. \end{aligned}$$

Nótese que la primera de esas tres integrales no es preciso hacerla, ya que se trata del valor esperado del hamiltoniano del átomo centrado en A en su propio orbital "1s", y por tanto es simplemente su energía E_{1s}. La segunda integral J se denomina "de Coulomb" y representa el efecto sobre el orbital de un átomo en A por aproximarle un núcleo B. Naturalmente también dependerá de distancia R a que se encuentre, y tampoco es difícil mostrar que vale exactamente $J(R)=1/R-(1+1/R)e^{-2R}$.

$$H_{ab} = \int \phi_a^* (-\nabla^2/2 - 1/r_a - 1/r_b + 1/R)\phi_b =$$
$$= \int \phi_a^* (-\nabla^2/2 - 1/r_a)\phi_b - \int \phi_a^*(1/r_b)\phi_b + 1/R \int \phi_a^* \phi_b =$$
$$= E_{1s} S(R) - K(R) + 1/R\, S(R).$$

En la primera de esas tres integrales se ha utilizado que $\phi_a^* H_a = E_{1s}\phi_a^*$ de modo que $\int \phi_a^* (-\nabla^2/2 - 1/r_a)\phi_b = E_{1s}\int \phi_a^* \phi_b$. La segunda integral se denomina "de resonancia" y viene a representar una energía debida a la presencia del núcleo B para un electrón que está en parte en A y en parte en B. De nuevo depende de la distancia R entre ambos núcleos, y evaluada explícitamente resulta ser $K(R)=(1+R)e^{-R}$.

Con todo ello la matriz que deberemos considerar para el tratamiento de Rayleigh-Ritz es

$$\begin{pmatrix} E_{1s} - J + 1/R - E & (E_{1s}+1/R)S - K - ES \\ (E_{1s}+1/R)S - K - ES & E_{1s} - J + 1/R - E \end{pmatrix}$$

Igualando su determinante a 0 es bastante simple mostrar que tiene dos soluciones para E, que son las energías electrónicas buscadas $\varepsilon_\pm = E_{1s} - (J \pm K)/(1 \pm S)$, o $\mathcal{V}_\pm = \varepsilon_\pm + 1/R = E_{1s} - (J \pm K)/(1 \pm S) + 1/R$. A continuación, obteniendo para cada uno de esos valores los correspondientes coeficientes c, estos resultan ser $c_a = c_b$ para ε_+ y $c_a = -c_b$ para ε_-.

Propiedades de los orbitales CLOA

Como resume la figura 8.14, los anteriores resultados indican dos soluciones para la función de ondas electrónica en presencia de ambos núcleos, que resultan ser (salvo normalización) $\phi_\pm = \phi_a \pm \phi_b$.

"-" para $c_a = -c_b \rightarrow \phi = \phi_a - \phi_b$

"+" para $c_a = c_b \rightarrow \phi = \phi_a + \phi_b$

8.14 *Soluciones electrónicas obtenidas por CLOA a partir de los orbitales atómicos 1s*

A la ϕ_- corresponde una energía ligeramente por encima de las atómicas $\varepsilon_- > E_{1s}$, por lo que representará un estado energéticamente desfavorable para el enlace molecular, que se denomina "antiligante" y se indica con "*". Por el contrario a la ϕ_+ se denomina "ligante" por corresponderle una energía $\varepsilon_+ < E_{1s}$ por debajo de la atómica, que sí podría permitir el enlace si una vez sumado el término $1/R$ siguiese siendo favorable (como efectivamente ocurre). Ello puede apreciarse al representar ambas cantidades $\mathcal{V}_\pm = \varepsilon_\pm + 1/R$ en función de la distancia como muestra la figura 8.15. La misma figura incluye también algunos de los resultados que se habrían obtenido considerando de partida orbitales 2s y 2p.

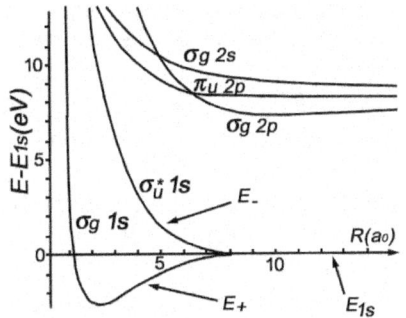

8.15 *Representación de las cantidades $\mathcal{V}_\pm = \varepsilon_\pm + 1/R$ en función de la distancia R para las soluciones $\psi_{1sa} \pm \psi_{1sb}$, y también para algunos de los resultados que se habrían obtenido considerando de partida orbitales 2s y 2p.*

8.16 *Tres representaciones de la densidad de probabilidad correspondiente a las soluciones $\phi_\pm$: un plot de $|\phi_\pm|^2$, curvas de nivel y aspecto tridimensional.*

En la figura 8.16 se ilustra también de tres formas distintas la densidad de probabilidad de ambas funciones $\phi_\pm$. Como puede verse para la ϕ_- antiligante la probabilidad de encontrar el electrón entre ambos núcleos es nula. Por el contrario para la ϕ_+ ligante es un factor 4 mayor de la que correspondería a un átomo (un factor x2^2 por ser allí $\phi_+ = 2\phi_{1s}$). Puesto que la probabilidad total debe ser unidad, el aumento/disminución de probabilidad entre ambos núcleos supone una disminución/aumento en el resto del espacio. De ese modo para ϕ_+ podemos decir que los electrones "se concentran" entre ambos núcleos favoreciendo su enlace, mientras que para ϕ_- evitan esa zona y se concentran en el exterior.

Se observa también que ambas soluciones tienen las propiedades de simetría que cabría esperar. En primer lugar, puesto que provienen de funciones de onda 1s, tienen simetría de revolución en torno al eje, por lo que se trata de estados "σ" con $\Lambda=0$. Para estados $\Lambda=0$ no esperaríamos degeneración, pero sí tener simetría bien definida bajo reflexiones en un plano que contenga al eje, y efectivamente en este caso se trata de estados "σ^+". Por último tratándose de núcleos idénticos las soluciones deberían ser gerade o ungerade, y es bastante inmediato ver que ϕ_+ es "σ_g^+" mientras que ϕ_- es "σ_u^+".

Algunas mejoras al método CLOA

Los anteriores resultados justifican cualitativamente la existencia de un estado electrónico que permite la ligadura de ambos núcleos. De hecho, el haber utilizado un tratamiento variacional garantiza que la solución exacta debe tener energías aún más bajas y por tanto esta garantizado su carácter ligante. Ahora bien, si comparamos las curvas de potencial así obtenidas con las analíticas (existentes en este caso) o las experimentales, los resultados son bastante pobres. En concreto el potencial obtenido $V_+(R)$ tiene un mínimo en $R_0=2.49$ a_0 tomando allí el valor $V_+(R_0)=-1.76$eV , mientras que experimentalmente (ver la tabla 8.1) la molécula real tiene su mínimo en $R_0=2.00$ a_0 tomando un valor de -2.79eV.

Mejorar esos resultados con un tratamiento variacional simplemente requiere permitir más grados de libertad a nuestras funciones de partida, y aunque ello pueda hacerse de infinidad de formas, lo mejor es hacerlo guiándose por argumentos de tipo físico. Veamos un par de ejemplos.

En primer lugar nótese que la solución ligante que hemos obtenido se llegaría a convertir en un orbital "1s" del hidrógeno si acercásemos los núcleos hasta unirlos $\phi_{+,R\rightarrow 0}(r)=e^{-r}/\sqrt{\pi}$, cuando en realidad debería aproximarse al orbital "1s" del helio que tiene la forma e^{-2r} correspondiente a una carga $Z=2$. Ello sugiere que podría ser interesante incluir un grado de libertad que representase la "carga efectiva vista por el electrón". Efectivamente, si se toma como función de partida una de la forma $\phi_0(r)=e^{-qr}$ centrada en cada núcleo (con "q" un parámetro adicional a optimizar para cada valor de R) se encuentra una curva de potencial $V(R)$ con un mínimo de -2.25eV en $R_0=2$ a_0. Como puede verse la mejora es considerable en el valor de la energía, y además resulta la distancia de enlace prácticamente exacta.

Podríamos argumentar también que la función de ondas de un electrón en un átomo de H dejará de tener simetría esférica cuando se encuentre el otro núcleo en sus proximidades, que seguramente la distorsionará en la dirección del eje z. Un grado de libertad adicional que represente ese tipo de distorsión podría ser $\phi_0(r)=(1+\alpha z)e^{-qr}$ (con α otro parámetro que optimizar para cada valor de R). Utilizando esa función de onda centrada en cada núcleo la curva de potencial $V(R)$ resultante tiene un mínimo de -2.65eV en $R_0=2$ a_0, es decir difiere solo un 5% del valor exacto en la energía.

8.3.3 Moléculas diatómicas con varios electrones

El procedimiento empleado en la molécula ionizada H_2^+ para generar orbitales moleculares a partir de los atómicos puede aplicarse a moléculas con más electrones, permitiendo generar suficientes orbitales en que colocarlos. No obstante, como discutiremos a continuación, ello requiere tener en cuenta algunas cuestiones sobre la compatibilidad de los orbitales atómicos involucrados, sobre los efectos de la interacción electrostática residual $1/r_{ij}$ entre pares de electrones, y sobre el orden energético de los estados resultantes.

Restricciones energéticas y de simetría para la formación de orbitales moleculares

La formación de orbitales moleculares como combinación de los atómicos no es arbitraria, sino que debe respetar varias condiciones que resumimos a continuación.

1. Suficiente solapamiento

Nótese que para la obtención de niveles de energía y orbitales moleculares es clave la existencia de integrales de solapamiento $S(R)$, $J(R)$ y $K(R)$ no nulas. Si dos orbitales atómicos no llegan a solaparse espacialmente, su producto será nulo en todos los puntos, de modo que todas esas integrales se anularán y las ecuaciones de Rayleigh-Ritz se reducirán a su parte diagonal. Eso significa que las soluciones del sistema serán simplemente los orbitales atómicos de partida. Esa falta de solapamiento entre orbitales atómicos ocurre desde luego cuando los átomos están muy alejados, pero también a las distancias típicas de enlace cuando los orbitales son muy pequeños. Para átomos polielectrónicos ese es el caso de los orbitales más internos, de modo que prácticamente solo contribuyen al enlace molecular las capas más externas de cada átomo. A todos los efectos, las funciones de onda más internas de un átomo pueden considerarse inalteradas por el enlace molecular.

2. Proximidad energética

Un análisis del método de Rayleigh-Ritz muestra que en general la combinación de cualquier par de orbitales atómicos genera dos moleculares, uno de ellos con energía por encima del mayor de los de partida y otro por debajo del menor de ellos. Como ilustra la figura 8.17, cuando los niveles de partida son iguales ese cambio es del orden de los elementos de matriz fuera de la diagonal (H_{12}). Por el contrario, cuando los niveles de energía de partida son diferentes $\lambda_1 \neq \lambda_2$ el cambio es mucho menor, quedando reducido en un factor del orden de $H_{12}/|\lambda_1 - \lambda_2|$. En general ello supone que los orbitales moleculares solo serán energéticamente viables si los orbitales atómicos de partida tienen energías próximas. Ello significa, por ejemplo, que podremos ignorar a todos efectos combinaciones entre orbitales 1s y 2s para átomos iguales. Para átomos diferentes ello supone que solo contribuyan al enlace molecular orbitales con niveles de energía similares en ambos átomos (lo cual de nuevo suele descartar la participación de los orbitales más internos).

$$\begin{pmatrix} \lambda & H_{12} \\ H_{12} & \lambda \end{pmatrix} \qquad \begin{pmatrix} \lambda_1 & H_{12} \\ H_{12} & \lambda_2 \end{pmatrix}$$

8.17 *El efecto de los elementos no diagonales sobre los autovalores de una matriz es muy pequeño cuando la separación de esos autovalores es grande comparada con ellos.*

3. Misma simetría en torno al eje de enlace

Los elementos de matriz no diagonales H_{ij} que intervienen en el tratamiento Rayleigh-Ritz involucran integrales del producto de funciones $\phi_i \phi_j$ de forma que todos ellos se anulan si ambas funciones tienen distinta simetría en torno a la dirección del enlace. Por tanto, tales parejas de orbitales atómicos no pueden formar orbitales moleculares[1]. Como ilustra la figura 8.18, ello supone una importante restricción, y da lugar a que los orbitales moleculares resultantes (cuando existen) tengan la misma simetría en torno al eje que los atómicos de partida.

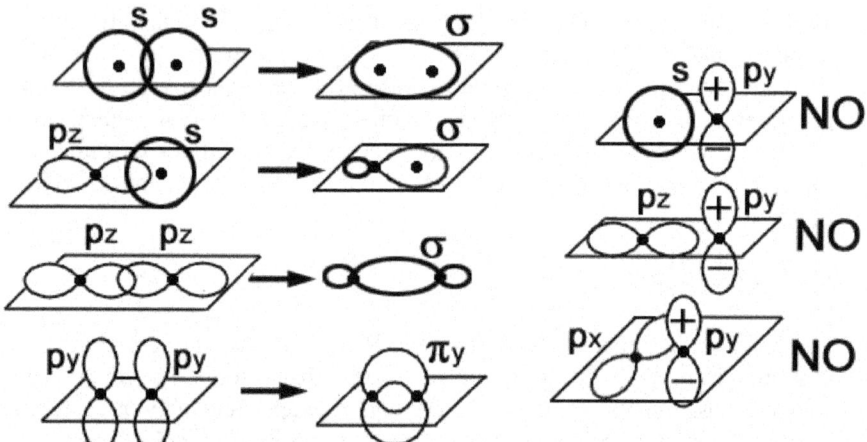

8.18 *Los cuatro casos de la izquierda ilustran combinaciones de orbitales atómicos con la misma simetría en torno al eje de la molécula (tomado aquí como eje z), que pueden generar orbitales moleculares. Los tres ejemplos de la derecha ilustran situaciones en que ello no es posible. Nótese que estamos mostrando las versiones reales de los armónicos esféricos, que son las que tienen simetrías bien definidas respecto a los ejes.*

En el caso de moléculas formadas por átomos diferentes, qué orbitales atómicos se emparejen para dar lugar al enlace molecular dependerá de todos los factores anteriores. Es decir, de qué orbitales (externos) tengan la simetría adecuada, con solapamientos apreciables y energías similares. Dado que los dos orbitales no serán iguales, muy probablemente entrarán en la

---

[1] Y si uno se empeña en utilizarlos el resultado son los estados atómicos de partida.

combinación lineal con pesos diferentes, lo que dará lugar a enlaces polares, es decir, con distinta probabilidad de que el electrón esté en uno y otro átomo. En algunos casos esa asimetría puede llegar al extremo de que el orbital "molecular" prácticamente coincida con uno de los atómicos, y el enlace sea completamente iónico.

Efectos de la interacción entre pares de electrones

Aunque para las moléculas no analizaremos en detalle el efecto de la interacción electrostática $\Sigma_{i<j}1/r_{ij}$, sí será interesante citar al menos sus principales consecuencias.

Una de ellas es la de provocar que la energía de los estados dependa del espín electrónico, debido a la correlación entre las partes espaciales y de espín de las funciones de onda multielectrónicas antisimétricas. Al igual que en los átomos, ello no suele llegar a alterar el orden de llenado estándar, pero sí rompe la degeneración según reglas de Hund que (a igualdad de otros factores) suelen hacer corresponder menor energía a los estados con mayor espín total.

Otro efecto más relevante tiene que ver con la distribución de los electrones entre ambos átomos, y es por tanto específico de las moléculas. Consideremos como ejemplo el orbital molecular de más baja energía obtenido por CLOA a partir de los dos orbitales atómicos 1s, que es básicamente $\sigma_g=\phi_a+\phi_b$, y en el cual el electrón tiene la misma probabilidad de encontrarse en el átomo a que en el b. Sería natural considerar para la molécula neutra H_2 los dos electrones en ese mismo orbital con diferente espín dando lugar al determinante de Slater

$$(\sigma_g^{\uparrow},\sigma_g^{\downarrow})=\frac{1}{\sqrt{2}}\begin{vmatrix} \sigma_g(1)\chi_+(1) & \sigma_g(1)\chi_-(1) \\ \sigma_g(2)\chi_+(2) & \sigma_g(2)\chi_-(2) \end{vmatrix}=\sigma_g(1)\sigma_g(2)\frac{1}{\sqrt{2}}[\chi_+(1)\chi_-(2)-\chi_+(2)\chi_-(1)]$$

Pero si desarrollamos la parte espacial de esa función de ondas, encontramos (salvo constantes de normalización)

$$\sigma_g(1)\sigma_g(2)=[\phi_a(1)+\phi_b(1)][\phi_a(2)+\phi_b(2)]=\phi_a(1)\phi_a(2)+\phi_b(1)\phi_b(2)+\phi_a(1)\phi_b(2)+\phi_a(2)\phi_b(1).$$

Nótese que eso representa un estado en que ambos electrones están con un 50% de probabilidad en el mismo átomo formando un enlace "iónico" (ya sea ambos en el a según el primer sumando, o ambos en el b según el segundo). Los otros dos sumandos asignan el 50% restante de probabilidad al reparto de un electrón en cada átomo, formando un enlace "covalente". Si los electrones no interaccionasen entre sí probablemente esa sería una descripción aceptable, pero su repulsión $1/r_{12}$ hace que ello sea energéticamente muy desfavorable. En efecto, un cálculo variacional utilizando esa función de ondas proporciona resultados mediocres, y en particular no reproduce los niveles de energía atómicos cuando ambos núcleos están muy separados, sino que proporciona un valor más alto debido a la repulsión de ambos electrones en un mismo átomo con 50% de probabilidad. Ello tampoco justifica lo observado experimentalmente cuando la molécula de H_2 se disocia, ya que raramente uno de los dos núcleos conserva ambos electrones.

Todo ello sugiere que una mejora al describir los dos electrones sería considerar como función de ondas prueba para el cálculo variacional una que siga siendo antisimétrica en ambos, pero que solo contenga los términos "covalentes", es decir de la forma

$$\phi_{cov}(1,2)=[\phi_a(1)\phi_b(2)+\phi_a(2)\phi_b(1)]\cdot[\chi_+(1)\chi_-(2)-\chi_+(2)\chi_-(1)].$$

Esa elección se denomina "método del enlace-valencia"[1] o de "Heitler–London" por sus autores y, efectivamente, emplearla en el cálculo variacional de dos electrones supone una considerable mejora respecto a la anterior basada en las funciones CLOA.

Aunque sea pequeña, la probabilidad de tener ambos electrones en torno al mismo núcleo no es nula, de modo que los mejores resultados se obtienen utilizando para la parte espacial una forma intermedia entre los dos tratamientos anteriores, como por ejemplo

$$\phi(1,2)=\lambda\ \phi_{ion}+\phi_{cov}=\lambda[\phi_a(1)\phi_a(2)+\phi_b(1)\phi_b(2)\ ]+[\phi_a(1)\phi_b(2)+\phi_a(2)\phi_b(1)].$$

donde "λ" determina el porcentaje de comportamiento iónico, constituyendo un grado de libertad adicional que ajustar variacionalmente. Naturalmente esta expresión incluye como casos particulares la forma de Heitler-London y la CLOA para los valores $\lambda=0$ y $\lambda=1$, y un tratamiento variacional proporcionará el valor óptimo de λ que será mejor que cualquiera de ellos.

Orden de llenado

Como hemos indicado, el mismo procedimiento empleado para generar un par de orbitales moleculares[2] σ_g^+ y σ_u^+ a partir de dos atómicos 1s, puede repetirse combinando parejas de orbitales atómicos más excitados 2s, $2p_x$, $2p_y$, $2p_z$, 3s, ... , con tal que se respeten las condiciones indicadas sobre simetría y similitud energética. La figura 8.19 ilustra el orden energético típico de los orbitales así obtenidos para el caso de dos núcleos iguales. Se ilustra también la distribución de probabilidad espacial para cada tipo de orbital.

---

[1] En literatura inglesa "valence bond method".

[2] Es habitual seguir nombrando 1s σ_g a esos orbitales moleculares, aunque las mejores funciones para el cálculo variacional no sean los simples orbitales 1s atómicos, sino modificaciones suyas (como las que se acaban de describir aquí, o al tratar el H_2^+). Los cálculos más precisos incluyen además combinaciones lineales de numerosos orbitales atómicos.

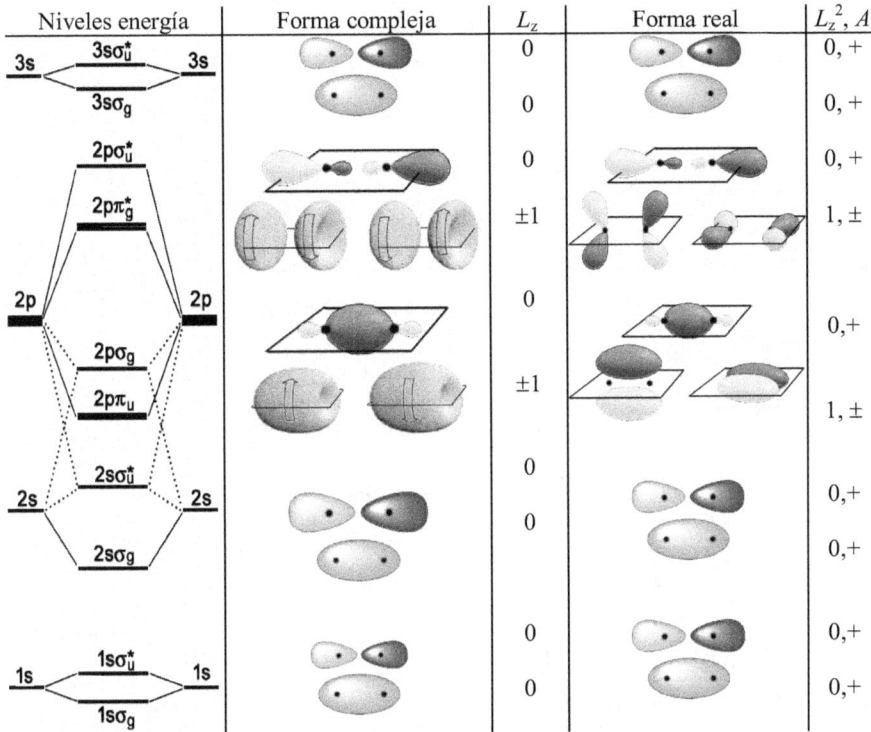

Niveles energía	Forma compleja	L_z	Forma real	L_z^2, A
3s ——3sσ*u—— 3s		0		0, +
3sσg		0		0, +
2pσ*u		0		0, +
2pπ*g		±1		1, ±
2p ———— 2p		0		0,+
2pσg				
2pπu		±1		1, ±
2sσ*u		0		0,+
2s ········ 2s		0		0,+
2sσg				
		0		0,+
1s ——1sσ*u—— 1s		0		0,+
1sσg				

8.19 *Esquema típico de niveles para una molécula homonuclear, y aspecto de los orbitales. Trazos gruesos en los niveles de energía indican la degeneración (de los tres orbitales 2p en cada átomo, y de los dos orbitales 2pπ en la molécula), y líneas punteadas indican orbitales moleculares en que puede participar más de una pareja de orbitales atómicos (en tales casos el nombre asignado es del que contribuye con mayor peso). En la representación espacial de los orbitales, los distintos tonos de gris indican distintos signos de la función. Se muestran las dos versiones "compleja/real" que corresponden a autoestados de L_z, o bien de L_z^2 y A con los autovalores indicados.*

En todos los casos, la combinación de cada par de orbitales atómicos genera dos moleculares, uno con energía ligeramente por encima de los atómicos (antiligante) y otro ligeramente por debajo (ligante). Se representan indicando los orbitales atómicos de origen y la simetría de los orbitales moleculares resultantes, por ejemplo 1s σ_g^*, 2p σ_u^*, etc.

Siguiendo ese esquema, la construcción de una molécula con varios electrones es fácilmente interpretable mediante un "principio de llenado" análogo al de los átomos. En el caso de ser homonuclear su estado fundamental se obtendría simplemente colocando los electrones por orden de energías en los niveles indicados en ese esquema, respetando el principio de exclusión (es decir, un máximo de dos electrones con distinto espín por cada nivel). La función de ondas electrónica completa se describiría por la secuencia de orbitales ocupados (que análogamente al caso atómico denominamos "configuración"), junto con los detalles de espín y simetría asignados a cada electrón para formar un determinante de Slater.

Este procedimiento tan simple permite explicar para muchas moléculas propiedades como su estabilidad o números cuánticos totales, y la tabla 8.2 ilustra algunos ejemplos.

Molécula	Configuración										Enlace			
	$1s\sigma_g$	$1s\sigma_u^*$	$2s\sigma_g$	$2s\sigma_u^*$	$2p\pi_u$		$2p\sigma_g$	$2p\pi_g^*$		$2p\sigma_u^*$	Energía (eV)	Distancia (Å)	Orden (n-n*)/2	Estado fundamental
$m_l=$	0	0	0	0	1	-1	0	1	-1	0				
H_2^+	↑										2.65	1.06		$^2\Sigma_g^+$
H_2	↑↓										4.48	0.74	1	$^1\Sigma_g^+$
He_2^+	↑↓	↑									2.5	1.09		$^2\Sigma_u^+$
He_2	↑↓	↑↓									-	-	0	$^1\Sigma_g^+$
Li_2	↑↓	↑↓	↑↓								1.03	2.67	1	$^1\Sigma_g^+$
Be_2	↑↓	↑↓	↑↓	↑↓							-	-	0	$^1\Sigma_g^+$
B_2	↑↓	↑↓	↑↓	↑↓	↑	↑					3.6	1.59	1	$^3\Sigma_g^-$
C_2	↑↓	↑↓	↑↓	↑↓	↑↓	↑↓	↑				3.6	1.31	2	$^3\Pi_u$
N_2	↑↓	↑↓	↑↓	↑↓	↑↓	↑↓	↑↓				7.37	1.09	3	$^1\Sigma_g^+$
O_2	↑↓	↑↓	↑↓	↑↓	↑↓	↑↓	↑↓	↑	↑		5.08	1.21	2	$^3\Sigma_g^-$

(Orden de llenado) →

Tabla 8.2 *Configuración electrónica para algunas moléculas diatómicas, detallando además los espines y simetría asignados a cada electrón para formar el determinante de Slater. Se indican también otros datos del enlace y la designación del estado fundamental.*

Así, la molécula de H_2 posee una pareja de electrones en un estado ligante $1s\,\sigma_g^+$, lo que la hace enormemente estable (con casi doble energía de disociación que la de H_2^+). Por el contrario la de He_2^+ tiene un electrón adicional que ocupa el estado antiligante $1s\,\sigma_u^*$, lo que la hace menos estable. En el caso del He_2 con otro electrón adicional, le correspondería una pareja de ellos ligantes y otra antiligantes, de modo que el balance neto impide su formación. De hecho, como ilustraba la figura 8.14, la energía (desfavorable al enlace) de los estados antiligantes suele ser mayor que la (favorable) de los ligantes, de modo que en caso de haber tantas parejas de electrones ligantes como antiligantes el enlace no es posible.

En general la estabilidad viene determinada por el número de electrones en estados ligantes que supere el número de ellos antiligantes. En concreto se denomina "orden de enlace" a la cantidad ($n^{\text{ligantes}}-n^{\text{antiligantes}}$)/2, es decir el número de parejas de un tipo que excede al del otro, y justifica los enlaces que en química denominamos simples, dobles, triples, etc.

Como se ha indicado, la interacción $\Sigma_{i<j}1/r_{ij}$ entre pares de electrones no llega a alterar el orden de llenado pero sí rompe la degeneración, dando lugar a reglas de Hund por la tendencia a asignar menor energía a estados con máximo espín total. De este modo, por ejemplo la molécula de B_2 en su estado fundamental tiene dos electrones en un orbital ligante 2p π_u que (como corresponde a todo estado con $\Lambda \neq 0$) es degenerado. Por ese motivo, si esos electrones fuesen independientes, tendrían la misma energía ya fuese tomando el mismo valor de m_l y distintos espines $(m_{l1}^{ms1},m_{l2}^{ms2})=(1^+,1^-)$, o tomando distintos valores de m_l en cuyo caso sus espines podrían o no coincidir $(m_{l1}^{ms1},m_{l2}^{ms2})=(1^+-1^+)$, o (1^+-1^-). Pero la interacción electrostática entre ellos hace que tenga más baja energía el estado con máximo espín[1] (1^+-1^+), y que por ello ese sea su estado fundamental, presentando números cuánticos $m_{l1}+m_{l2}=1-1=0$ y $m_{s1}+m_{s2}=\frac{1}{2}+\frac{1}{2}=1$, es decir, que sea un $^3\Sigma$.

Calcular esas correcciones por interacción electrostática supondría técnicas similares a las descritas para los átomos, aunque no nos ocuparemos aquí de ello. No obstante, es fácil determinar en estos casos el estado fundamental por el mismo procedimiento empleado para los átomos, es decir, localizando el determinante que genera máximo espín dentro de cada configuración. A partir de ese determinante se deducen inmediatamente los números cuánticos totales del estado: el espín total (por la suma de los m_s), la Λ total (por la suma de las m_l), la simetría g o u (por el producto de las simetrías de cada orbital involucrado), y la simetría $+/-$ en caso de estado Σ (un factor "-" por cada $m_l=-1$ que interviene). La tabla 8.2 muestra algunos de esos ejemplos que es instructivo comprobar siguiendo las anteriores "reglas".

---

[1] Porque espacialmente estarán algo más separados (recuérdese que en un determinante de Slater no pueden coincidir las posiciones de electrones con un mismo espín).

9 Espectroscopía de moléculas diatómicas

Para las moléculas, el análisis de su interacción con la radiación es más complejo que en el caso atómico, pero también aporta mayor cantidad de información sobre su estructura y condiciones. Como ejemplo, la figura 9.1 muestra una pequeña sección del llamado "segundo sistema positivo" de la molécula N_2 y "primer sistema negativo" de su ión N_2^+. El equivalente a todas las estructuras ahí observadas sería simplemente un par de líneas monocromáticas en caso de tratarse de átomos.

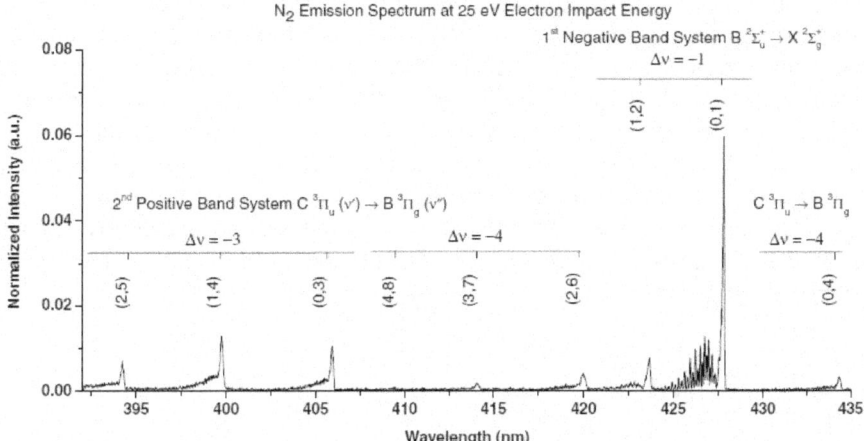

9.1 *Un fragmento del espectro de emisión del nitrógeno gaseoso, ejemplo de la estructura de bandas típica de los espectros moleculares, debida a sus estados discretos de vibración. En la banda más intensa (entre 425 y 428nm) se llegan a apreciar los estados de rotación discretos de la molécula, que muestran una peculiar alternancia causada por la indistinguibilidad y espín de los núcleos (descrita en el apéndice A12). R.S.Mangina et al. The Astrophysical Journal Supp. Ser. 196:13 (2011)*

Explicar la rica y compleja estructura de esos espectros fue un reto y un logro espectacular para la mecánica cuántica. Como veremos, estos objetos muestran de forma palpable los efectos cuánticos en sus estados de vibración o rotación y en sus simetrías. De hecho, los espectros moleculares proporcionan uno de los ejemplos más llamativos de consecuencias de la simetría e indistinguibilidad en partículas idénticas (la estadística de espín nuclear), que se describe en el apéndice A12 por salirse ligeramente del tema de este capítulo.

En este capítulo nos ocuparemos de las moléculas diatómicas descritas en el anterior. En primer lugar nos centraremos en su espectroscopía de emisión y absorción, y después comentaremos brevemente otras técnicas espectroscópicas, pero antes será preciso aclarar cómo se debe describir completamente cada estado de la molécula.

9.1 Composición de momentos angulares en moléculas diatómicas

En el capítulo anterior hemos descrito por separado el comportamiento y funciones de onda electrónicas y nucleares. Esa descripción, aun siendo válida en el marco de la aproximación Born-Oppenheimer, no es suficiente. Para describir la interacción de una molécula con la radiación, será esencial el análisis de su momento angular total, al cual contribuyen tanto los L y S de sus estados electrónicos como el N nuclear[1], que hasta ahora hemos considerado por separado. Al igual que ocurría para los átomos, la composición de esas distintas contribuciones al momento angular total (que denominaremos J) no es en absoluto trivial y, dependiendo de la intensidad relativa de las distintas interacciones, será preciso considerar distintos modelos de acoplamiento. Según describió Hund[2] son posibles cinco modelos de acoplamiento puros, que suelen denominarse "Casos a, b, c, d y e de Hund"[3]. Al igual que para los átomos, estos modelos de acoplamiento son situaciones límite que permiten aproximar en muchos casos los estados moleculares, aunque la descripción más exacta normalmente deba ser en acoplamiento intermedio.

Caso "a" de Hund

El caso "a" de Hund es el más habitual en moléculas diatómicas, así como el acoplamiento LS lo es para átomos.

---

[1] Es importante notar que el momento angular nuclear N es siempre perpendicular al eje de la molécula, ya que (considerados los núcleos como puntuales) su rotación no tiene componentes a lo largo del eje.

[2] Friedrich Hermann Hund, (1896-1997) Karlsruhe, Alemania.

[3] Brown, John M.; Carrington, Alan (2003). *Rotational Spectroscopy of Diatomic Molecules.* Cambridge University Press

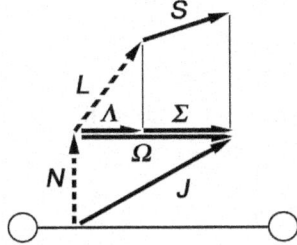

9.2 *Esquema de acoplamiento en el caso "a" de Hund. Las líneas de trazos indican momentos angulares **L** y **N** que no son conservados, aunque sí lo sean sus proyecciones paralela o perpendicular al eje de la molécula respectivamente.*

Este caso se presenta cuando la interacción más intensa ocurre entre el movimiento electrónico y el nuclear, de modo que ni L ni N son conservados. Sí que lo será la proyección de L sobre el eje que denominamos Λ y podrá tomar valores $\hbar\,\Lambda$ con $\Lambda=|M_L|$. El campo magnético generado por este momento angular hará precesionar a S en torno al eje, pudiendo (o no) ser conservado según la intensidad de dicha interacción. En cualquier caso sí que estará bien definido su módulo y su proyección Σ sobre el eje que tomará valores $\hbar\,\Sigma$ con $\Sigma=M_S=-S,...S$. La suma de esos dos vectores $\Omega=\Lambda+\Sigma$ estará por tanto bien definida (tomando valores $\hbar\,\Omega$ con $\Omega=|\Lambda+\Sigma|=|\Lambda-S|...|\Lambda+S|$), y representará el momento angular promedio electrónico. El estado electrónico podrá representarse por los tres números $^{2S+1}\Lambda_\Omega$ de modo totalmente análogo a como representábamos para los átomos $^{2S+1}L_J$, salvo que aquí se trata solo de las proyecciones sobre el eje molecular.

$$^3\Delta_1 \quad {}^3\Delta_2 \quad {}^3\Delta_3$$

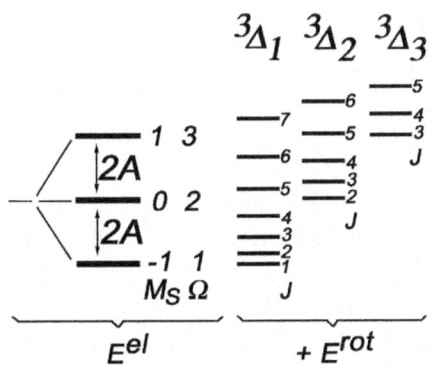

9.3 *Desdoblamiento espín-órbita equidistante en el caso "a" de Hund. Cada estado electrónico da lugar a una secuencia de niveles rotacionales (en general con separaciones pequeñas comparadas con la espín-órbita), cuyos valores J comienzan en su correspondiente valor de Ω.*

Al igual que la interacción espín-órbita separaba las componentes J en los átomos, aquí separará las componentes Ω. Por ser nulas en promedio todas las componentes salvo las proyecciones sobre el eje se tiene $\langle AL\cdot S\rangle=\hbar^2 A\Lambda\Sigma$, de modo que las separaciones entre componentes de estructura fina serán aquí equidistantes. En caso de estados S ($L=0$) no existirá desdoblamiento espín-órbita, pero en tal caso no tiene lugar este modelo de acoplamiento sino el "b" que describiremos más adelante.

Finalmente el momento angular total de la molécula, suma del electrónico y nuclear, será $J=\Omega+N$, tomando valores $\hbar J$ con $J=\Omega,\Omega+1,\Omega+2,\ldots$

La energía rotacional $E^{\text{rot}}=\langle N^2\rangle/2I$ es preciso expresarla en términos de cantidades bien definidas, de modo que tomando $N=J-\Omega$ obtenemos

$$E^{\text{rot}} = \langle(J-\Omega)^2\rangle/2I = [\langle J^2\rangle+\langle\Omega^2\rangle-2\langle J\cdot\Omega\rangle]/2I = B_r J(J+1) + \text{"}E^{\text{el}}\text{"},$$

donde en la última igualdad se ha usado[1] que $\langle J\cdot\Omega\rangle=\langle J_z\,\Omega_z\rangle=\langle\Omega_z^2\rangle$; por lo que toda la contribución $[\langle\Omega^2\rangle-2\langle J\cdot\Omega\rangle]/2I = \langle\Omega_z^2\rangle/2I = -B_r\Omega^2$ depende únicamente del estado electrónico, y puede por ello considerarse parte de la energía E^{el}. De este modo bastará cambiar en nuestras antiguas expresiones para la energía rotacional $B_r N(N+1)$ por $B_r J(J+1)$, aunque teniendo en cuenta que los posibles valores de J no siempre comienzan en 0, sino en Ω (que podrá ser semi-entero).

Conviene recordar que en este caso todos los niveles son doblemente degenerados, ya que para cada valor de Λ, los valores $M_L=\pm\Lambda$ corresponden a la misma energía. Como se recordará, este resultado proviene de la simetría de la función de ondas electrónica en torno al eje formado por los núcleos inmóviles, por lo que depende de la exactitud con que sea aplicable la aproximación Born-Oppenheimer. Pequeñas desviaciones de esa aproximación pueden interpretarse como interacciones entre el movimiento electrónico y el nuclear, y se manifiestan en la rotura de esa degeneración que hace desdoblarse finamente cada nivel en los dos con $\pm\Lambda$ ("Λ doubling").

Caso "b" de Hund

El caso "b" de Hund se presenta cuando la interacción espín-órbita es muy pequeña o nula, por ejemplo por tener $\Lambda=0$.

Al igual que en el caso "a" no estarán bien definidos N ni L pero sí Λ. Por ser pequeña la interacción con S, serán conservados este y $K=\Lambda+N$, que tomará valores $\hbar K$ con $K=\Lambda,\Lambda+1,\Lambda+2,\ldots$

Puesto que en este caso la interacción más pequeña es con el espín, este se acoplará en último lugar para proporcionar el momento angular total $J=K+S$, cuyo módulo tomará valores $\hbar J$ con $J=|K-S|\ldots|K+S|$. Dado el pequeño (o nulo) valor de esa interacción espín-órbita, esos niveles J se encontrarán muy próximos (o incluso degenerados).

De nuevo puede expresarse la energía rotacional en términos de cantidades bien definidas usando $N=K-\Lambda$, con lo que $E^{\text{rot}} = \langle(K-\Lambda)^2\rangle/2I = [\langle K^2\rangle+\langle\Lambda^2\rangle-2\langle K\cdot\Lambda\rangle]/2I = B_r K(K+1) + \text{"}E^{\text{el}}\text{"}$. Nótese que en este caso la energía rotacional no depende de J sino de K (que toma valores comenzando

---

[1] Naturalmente, además de la definición de $B_r=\hbar^2/2I$.

en Λ). De hecho, para cada valor de K tendremos varios valores de J (de $|K-S|$ a $|K+S|$) desdoblados por la pequeña interacción espín-órbita (si existe).

En el caso particular de $\Lambda=0$ obviamente $K=N$, de modo que $E^{rot} = B_r N(N+1)$, y $J=N+S$ tomará los valores $\hbar J$ con $J=|N-S|...|N+S|$ para cada estado de energía rotacional N.

Naturalmente en el caso $S=0$ (muy frecuente para el estado fundamental) los casos "a" y "b" coinciden, siendo entonces $K=J$ con $J=\Lambda,\Lambda+1, ...$ En el caso $^1\Sigma$ ($S=L=0$ frecuente también para el estado fundamental), además $K=J=N$, con $J=0,1, ...$

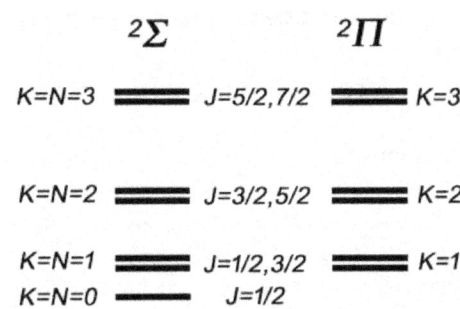

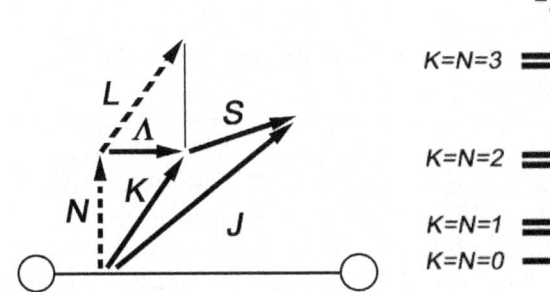

9.4 *Caso "b" de Hund.*

9.5 *Disposición típica de los niveles de energía en el caso "b" de Hund para situaciones $^2\Sigma$ y $^2\Pi$. Se ha exagerado la separación de las componentes J que habitualmente es muy pequeña o da lugar a niveles degenerados*

Casos "c", "d" y "e" de Hund

Son menos habituales.

El caso "c" se presenta cuando la interacción espín-órbita es tan intensa que no están bien definidos L ni S, pero sí podemos definir el momento angular total electrónico suma de ambos $J_e=L+S$. Este precesiona en torno al eje, de modo que el momento angular promedio electrónico es su proyección sobre el eje de la molécula Ω. El momento angular total será resultado de acoplar este último con el nuclear $J=\Omega+N$.

El caso "d" se presenta cuando la interacción predominante tiene lugar entre L y N, y la espín-órbita es muy pequeña. De este modo es conservada la suma $K=L+N$, y el momento angular total se obtiene acoplando S en último lugar $J=K+S$.

Finalmente el caso "e" es muy poco habitual. Se presenta cuando la interacción espín órbita es intensa y la interacción con los núcleos muy débil. De este modo es conservado $J_e=L+S$ y el momento angular total se obtiene acoplándolo con el nuclear $J=J_e+N$.

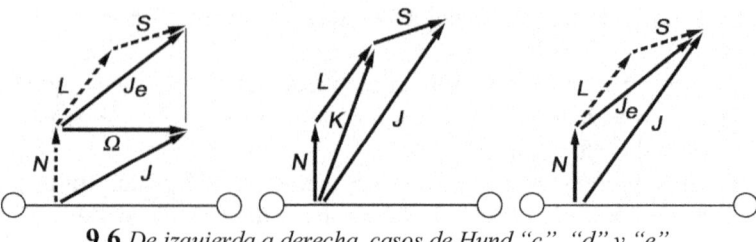

9.6 *De izquierda a derecha, casos de Hund "c", "d" y "e".*

9.2 Espectroscopía de emisión y absorción

9.2.1 Propiedades generales y regiones espectrales

Como hemos indicado, los espectros moleculares son más complejos que los atómicos, por intervenir los posibles estados de vibración – rotación nuclear, además de los electrónicos. En las expresiones obtenidas en el capítulo anterior para las energías de una molécula diatómica, distinguíamos entre las contribuciones electrónica, vibracional y rotacional, que suelen ser de órdenes de magnitud muy diferentes. Esa diferencia da lugar básicamente a tres tipos de espectros, con características y regiones espectrales distintas. Para entenderlos convendrá recordar, del capítulo anterior, el esquema típico de niveles en una molécula diatómica ilustrado en la figura 9.7.

Los espectros más simples corresponden a transiciones entre los distintos estados rotacionales de un mismo nivel vibracional (habitualmente el nivel $v=0$ del estado electrónico fundamental). Son los denominados "espectros rotacionales puros" que se observan habitualmente en la región de las microondas.

Cambios de estado vibracional dentro de un mismo estado electrónico (habitualmente el fundamental) dan lugar a los denominados "espectros vibro-rotacionales", que se observan en la región infrarroja.

9.7 *Disposición típica de los niveles de energía en una molécula diatómica, tipo de transiciones a que dan lugar, y órdenes de magnitud típicos para sus energías.*

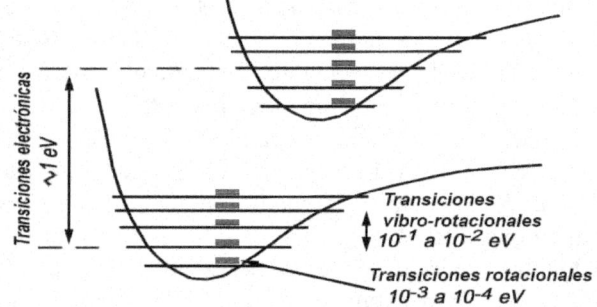

Transiciones electrónicas ~1 eV

Transiciones vibro-rotacionales 10^{-1} a 10^{-2} eV

Transiciones rotacionales 10^{-3} a 10^{-4} eV

Finalmente los espectros correspondientes a cambios en el estado electrónico de la molécula son los más complejos por intervenir también contribuciones vibracionales y rotacionales. Correspondiendo a energías de varios eV similares a las atómicas, se manifiestan en la región visible, aunque pudiéndose extender hasta el infrarrojo y ultravioleta. La tabla 9.1 resume el origen y energías características de estos tres tipos de espectro que estudiaremos por separado.

A temperatura ambiente las moléculas solo se encuentran en su estado electrónico fundamental, y dentro de él en su estado vibracional fundamental, pudiendo estar poblados varios de sus estados rotacionales. Por ello el tipo de espectro que podamos observar dependerá en cada caso del mecanismo de excitación que intervenga, ya sea óptico, bombardeo con electrones, reacciones químicas que han generado la molécula, etc.

Expresión aproximada $E_{n,v,N}=$	$\mathcal{V}_n(R_0)+$	$\hbar\,\omega_0(v+1/2)+$	$B_r N(N+1)$
Contribuciones	$E_n^{el}+$	$E_v^{vib}+$	E_N^{rot}
Separaciones típicas	$\approx$ eV o $10000\,cm^{-1}$	≈ 100 a $1000\ cm^{-1}$	≈ 1 a $100\ cm^{-1}$
Tipo de espectro	Electrónico	Vibro-rotacional	Puro rotacional
Región de observación	Visible	Infrarrojo	Microondas

Tabla **9.1** *Tipos de espectros característicos de una molécula diatómica*

Todos estos espectros se podrán observar tanto en emisión como en absorción, por lo que para hacer válido el análisis para ambos casos será preferible no hablar de "nivel de partida" o "nivel de llegada", sino mejor distinguir "nivel superior" y "nivel inferior". La notación estándar en la bibliografía es indicar con doble "prima" los estados superiores v'' y J'' y con una sencilla los inferiores v' y J'. Cuando hablemos de "cambio" de cualquier cantidad (ya sean energías o cualquier número cuántico) nos referiremos siempre a la diferencia "estado superior menos estado inferior". De ese modo las energías ΔE (absorbidas o emitidas) siempre serán positivas, y por ejemplo $\Delta v=v''-v'$, o $\Delta J=J''-J'$.

De modo similar, cuando indiquemos los números cuánticos de los estados entre los que se produce la transición, el primero será el superior y el segundo el inferior. De ese modo $(v'',v')=(3,2)$ indica una transición entre dos niveles, de los cuales el de más alta energía que tiene $v''=3$ y el más bajo tiene $v'=2$, sin importar de cuál a cuál ocurre (es decir, si es en absorción o emisión). Ese convenio se mantiene también para indicar los estados electrónicos involucrados, de modo que por ejemplo $^3\Sigma$-$^3\Pi$ indica una transición en que el estado de más alta energía es el $^3\Sigma$. En ocasiones se añade una flecha para indicar el sentido de la transición, de modo que por ejemplo $^3\Sigma\leftarrow\,^3\Pi$ indicaría que se observa en absorción.

9.2.2 Reglas de selección

Como vimos al definir los coeficientes de Einstein, la intensidad de una transición radiativa (ya sea de absorción o emisión) es proporcional a la población del nivel de partida y al coeficiente de Einstein de la transición. Esos coeficientes de Einstein, en aproximación dipolar eléctrica, son proporcionales al elemento de matriz $|\langle\phi''|\boldsymbol{D}|\phi'\rangle|^2$ donde $|\phi'\rangle$ y $|\phi''\rangle$ son las funciones de onda de los dos estados entre los que ocurre la transición, y $\boldsymbol{D}=\Sigma_i q_i \boldsymbol{r}_i$ el operador dipolar eléctrico que involucra a todas las partículas cargadas presentes. Aunque no calculemos estos elementos de matriz explícitamente, su análisis nos revelará varias propiedades interesantes; en particular algunas condiciones que deben cumplirse para no anularse, lo cual determinará varias reglas de selección. En lo que sigue obtendremos algunos de esos resultados, que no solo son aplicables a moléculas diatómicas.

En el caso de una molécula, el momento dipolar $\boldsymbol{D}$ podemos separarlo en el debido a las cargas electrónicas y el debido a las nucleares, de modo que

$$\boldsymbol{D} = -e\Sigma_i \boldsymbol{r}_i + e\Sigma_\alpha Z_\alpha \boldsymbol{R}_\alpha = \boldsymbol{D}_e + \boldsymbol{D}_n.$$

con todas las posiciones referidas al centro de masas. Por ejemplo, para una molécula diatómica $\boldsymbol{D}_n = e(Z_a\boldsymbol{R}_a + Z_b\boldsymbol{R}_b) = e(Z_aR_a/R - Z_bR_b/R)\boldsymbol{R} = e(Z_aM_a - Z_bM_b)/(M_a+M_b)\boldsymbol{R} = C\boldsymbol{R}$, teniendo en cuenta que $R_a/R = M_a/(M_a+M_b)$ y $R_b/R = M_b/(M_a+M_b)$. [1]

Por otra parte la aproximación de Born-Oppenheimer nos permite separar la función de ondas molecular en sus partes electrónica y nuclear $|\phi\rangle = |\phi_e\rangle|\phi_n\rangle$, de modo que el elemento de matriz anterior puede separarse

$$\langle\phi''|\boldsymbol{D}|\phi'\rangle_{\text{B.Opp}} = \langle\phi_e''\phi_n''|\boldsymbol{D}_e|\phi_e'\phi_n'\rangle + \langle\phi_e''\phi_n''|\boldsymbol{D}_n|\phi_e'\phi_n'\rangle =$$
$$= \langle\phi_e''|\boldsymbol{D}_e|\phi_e'\rangle\langle\phi_n''|\phi_n'\rangle + \langle\phi_e''|\phi_e'\rangle\langle\phi_n''|\boldsymbol{D}_n|\phi_n'\rangle;$$

donde se ha tenido en cuenta que las funciones de onda nucleares solo contienen coordenadas de los núcleos, y las electrónicas solo de los electrones. En realidad las funciones de onda electrónicas sí que tienen una ligera dependencia en las coordenadas nucleares, ignorada en el primer sumando de esa expresión. Cuando sea muy apreciable convendrá considerar el valor del "momento electrónico de transición" $M_e(\boldsymbol{R}_i)\equiv\langle\phi_e''|\boldsymbol{D}_e|\phi_e'\rangle$ en función de las distancias de enlace, lo cual para diatómicas resulta

$$\langle\phi_e''\phi_n''|\boldsymbol{D}_e|\phi_e'\phi_n'\rangle = \langle\phi_n''|M_e(R)|\phi_n'\rangle = M_e(R_0)\langle\phi_n''|\phi_n'\rangle + (dM_e/dR)\langle\phi_n''|R-R_0|\phi_n'\rangle + ...$$

Llegado a este punto conviene considerar las distintas posibilidades por separado.

---

[1] De ese modo para una molécula homonuclear $\boldsymbol{D}_n = eZ(M_a - M_b)/(M_a+M_b)\boldsymbol{R}$, que solo se anula si ambas masas son también iguales (mismo isótopo).

Transiciones sin cambio en la función de ondas electrónica

En tal caso, para moléculas diatómicas homonucleares $D_n=0$ (según nota al pié anterior) y $\langle\phi_e"|D_e|\phi_e'\rangle=\langle\phi_e|D_e|\phi_e\rangle=0$ (por ser un integrando impar), de modo que ese tipo de transiciones estarán prohibidas. En el resto de moléculas en general ambas contribuciones serán no nulas (incluso en diatómicas heteronucleares $\langle\phi_e|D_e|\phi_e\rangle\neq0$ por no tener ϕ_e paridad bien definida). Teniendo en cuenta que $\langle\phi_e"|\phi_e'\rangle=1$ por normalización, $\langle\phi"|D|\phi'\rangle=\langle\phi_n"|M_e+D_n|\phi_n'\rangle$ y la transición básicamente depende sólo de las funciones de onda nucleares. Ese elemento de matriz puede evaluarse recordando para ellas la separación en parte radial (vibracional) y angular (rotacional)[1] $\phi_{v,N}(R)=1/R \ \mathcal{F}_v(R)Y_{NM}(\theta\varphi)$, y escribiendo el vector momento dipolar en términos del armónico esférico Y_{1m}, $D=|D|Y_{1m}(\theta\varphi)$, con lo que

$$\langle\phi"|D|\phi'\rangle = \int \mathcal{F}_{v'}(R)|D|\mathcal{F}_v(R)\mathrm{d}R \cdot \int Y_{N"M"}{}^*(\theta\varphi)Y_{1m}(\theta\varphi)Y_{N'M'}(\theta\varphi)\mathrm{sen}\theta\mathrm{d}\theta\mathrm{d}\varphi.$$

En esa expresión la integral angular proporciona de inmediato las condiciones $\Delta N=0,\pm1(0\not\rightarrow0)$ y $\Delta M_N=0,\pm1$ (directamente por las propiedades de los armónicos esféricos, o mediante el teorema de Wigner-Eckart).

La integral radial (que para poliatómicas sería similar pero no tan simple) depende de los estados de vibración inicial y final, y del módulo del momento dipolar que en general dependerá del tipo de núcleos y sus separaciones $|D|=D(R_j)$ reduciéndose a $|D|=D(R)$ para diatómicas.

En caso de que no cambie el estado vibracional (transición rotacional pura), el valor de esa integral es aproximadamente el momento dipolar nuclear en la posición de equilibrio

$$\int \mathcal{F}_v(R)D(R)\mathcal{F}_v(R)\mathrm{d}R \approx D(R_0)\int \mathcal{F}_v(R)\mathcal{F}_v(R)\mathrm{d}R = D(R_0).$$

En caso de cambiar el estado de vibración, no importará si la molécula tiene momento dipolar permanente, pero será esencial que éste cambie al variar las posiciones nucleares $\mathrm{d}D_n/\mathrm{d}R\neq0$. En efecto, tomando[2]

$$D(R)\approx D(R_0)+(\mathrm{d}D/\mathrm{d}R)(R_0-R_0)$$

la integral radial resulta

$$\int \mathcal{F}_{v'}(R)D(R)\mathcal{F}_v(R)\mathrm{d}R\approx$$

$$\approx D(R_0)\int \mathcal{F}_{v'}(R)\mathcal{F}_v(R)\mathrm{d}R+(\mathrm{d}D/\mathrm{d}R)\int \mathcal{F}_{v'}(R)(R-R_0)\mathcal{F}_v(R)\mathrm{d}R,$$

donde la primera integral se anula por la ortogonalidad de $\mathcal{F}_{v"}$ y $\mathcal{F}_{v'}$ sin importar el valor de $D(R_0)$. Si como funciones $\mathcal{F}_{v"}$ se toman las de un oscilador armónico es fácil mostrar que la segunda integral requiere la condición $\Delta v=\pm1$ para no anularse también.

---

[1] Tras introducir correciones, $\mathcal{F}_v(R)$ podrá depender del estado de rotación N, pero seguirá sin depender de las variables angulares $(\theta\varphi)$.

[2] Como vimos, para una molécula diatómica $D_n=CR$, de modo que el desarrollo de Taylor de $D_n(R)$ hasta primer orden es exacto para ellas.

Transiciones con cambio del estado electrónico

En tal caso $\langle \phi_e"|\phi_e' \rangle = 0$ por ortogonalidad, de modo que el elemento de matriz dipolar se reduce a $\langle \phi"|D|\phi' \rangle = \langle \phi_e"|D_e|\phi_e' \rangle \langle \phi_n"|\phi_n' \rangle$.

Dado que ahora las funciones nucleares $\phi_n"$ y ϕ_n' corresponden a pozos de potencial $\mathcal{V}"$ y $\mathcal{V}'$ diferentes, en general el producto escalar $\langle \phi_n"|\phi_n' \rangle \neq 0$ y podrá evaluarse como antes separando partes angulares y radiales. De ese modo las intensidades de líneas resultarán proporcionales a

$$\left| \langle \phi"|D|\phi' \rangle \right|^2 = \left| \langle \phi_e"|D_e|\phi_e' \rangle \right|^2 \cdot \left| \langle \mathcal{F}_{v"}|\mathcal{F}_{v'} \rangle \right|^2 \cdot \left| \langle N"M_N"|N'M_N' \rangle \right|^2 = |M_e|^2 \cdot FFC \cdot FHL.$$

Se trata de tres factores que comentaremos más adelante (sección 9.2.5). El primero de ellos involucra únicamente la función de onda electrónica y dará lugar a reglas de selección sobre sus números cuánticos. El segundo, denominado "Factor de Franck-Condon" (FFC), es básicamente el solapamiento entre las funciones de onda vibracionales en ambos estados. El tercero, denominado "Factor de Hönl-London" (FHL), determinará la intensidad de cada componente rotacional.

Este último FHL dependerá del modelo de acoplamiento, es decir, del caso de Hund utilizado. Por ejemplo, para una transición $|N"M_N" \rangle \rightarrow |N'M_N' \rangle$ sería simplemente $\delta_{N"N'}\delta_{M_N"M_N'}$ pero, dependiendo del modelo de acoplamiento, un cambio $J"$-J' corresponderá a una combinación no trivial de elementos de matriz $\langle N"M_N"|N'M_N' \rangle$.

9.2.3 Espectros rotacionales puros

Los cambios en el estado de rotación nuclear (manteniendo el resto de características de la molécula) dan lugar a los denominados "espectros rotacionales puros".

Como hemos visto anteriormente, para que una molécula pueda emitir este tipo de espectro **debe tener momento dipolar permanente**, de modo que no tiene lugar en homonucleares. Este requisito es fácil de justificar intuitivamente: clásicamente la rotación de un dipolo emite radiación, pero la rotación de un objeto sin momento dipolar no puede hacerlo.

Como también vimos, la regla de selección sobre los estados rotacionales es $\Delta N = \pm 1$ ($\Delta M_N = 0, \pm 1$), que puede interpretarse como una conservación de momento angular y necesidad de cambio de paridad.

Para una molécula descrita según el caso "a" de Hund, lo anterior equivale a $\Delta J = \pm 1$, dado que la parte electrónica Ω no cambia. De ese modo, para una estructura de niveles $E_J^{rot} = B_r J(J+1)$, solo observaremos transiciones entre estados contiguos, que tendrán energías $E_{J+1}^{rot} - E_J^{rot} = ... = 2B_r(J+1)$. Se observarán por tanto como un conjunto de líneas equidistantes en energía, separadas la cantidad $2B_r$, según ilustra la figura 9.8. Sus posiciones serán múltiplos $2(J+1)$ de la constante rotacional B_r que, dependiendo de si J toma valores enteros o semienteros, serán múltiplos pares o impares. Nótese también que la primera línea corresponde al valor más bajo posible de J que en general será la Ω determinada por el estado electrónico de la molécula (=0 para estados electrónicos $^1\Sigma$).

Para estados Σ realmente se aplicará el caso "b" de Hund, de modo que se tratará de transiciones entre estados contiguos de energías E_N^{rot} $=B_r N(N+1)$, aunque coincidirá con lo anterior en estados $^1\Sigma$.

Para los valores típicos de las masas nucleares y distancias de enlace, habitualmente B_r toma valores entre 0.5 a 10cm^{-1}, por lo que esta emisión corresponde a frecuencias entre 15 y 300GHz en la región de las microondas. La figura 9.9 ilustra el correspondiente a la molécula HCl.

Las correcciones por distorsión centrífuga provocan que esas líneas no sean exactamente equidistantes, encontrándose ligeramente más próximas entre sí las correspondientes a valores altos de J, debido a que mayor velocidad de rotación provoca un R_0 y momento de inercia ligeramente mayores, y con ello un B_r ligeramente menor.

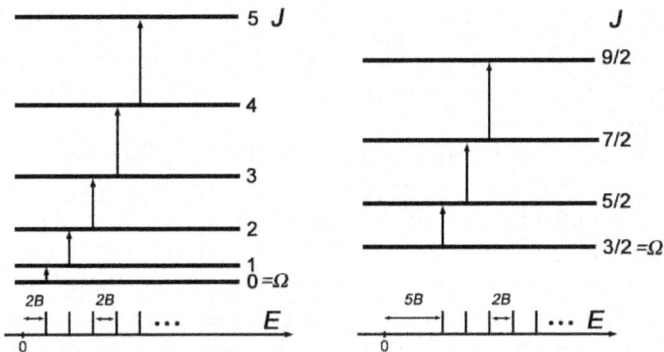

9.8 *Posibles transiciones entre estados rotacionales que darán lugar a un espectro rotacional puro. Nótese que la separación de energía entre esos niveles crece cuadráticamente, lo que da lugar a una secuencia de intervalos que crece linealmente. Se muestran dos ejemplos con Ω=0 y Ω=3/2 del estado electrónico, que determinan el valor de J en que comienza cada secuencia.*

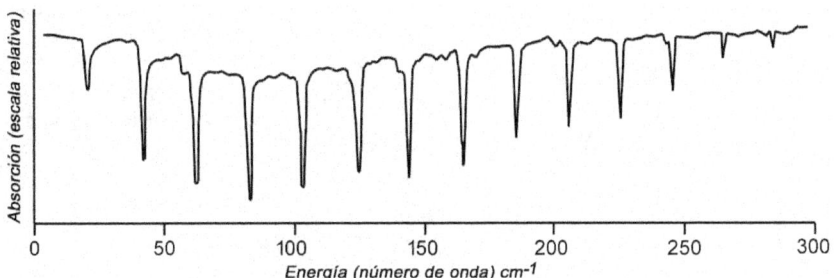

9.9 *Espectro rotacional de absorción del HCl*

9.2.4 Espectros vibro-rotacionales

Los cambios en el estado de vibración nuclear (manteniendo el estado electrónico) dan lugar a los denominados "espectros vibro-rotacionales" ya que habitualmente se manifiestan todas las transiciones posibles entre los estados rotacionales de ambos niveles vibracionales.

Como vimos, para que una molécula pueda emitir este tipo de espectro **es irrelevante que tenga momento dipolar permanente**, pero **es necesario que su momento dipolar cambie al deformarse**. Ello es fácil de justificar intuitivamente: clásicamente un dipolo debe oscilar para emitir radiación, de modo que la vibración de una molécula no puede emitir radiación si esta no hace variar su momento dipolar. Como consecuencia este tipo de espectro aparece **solo en moléculas heteronucleares**.

Una consecuencia importante de lo anterior es que la absorción en la región infrarroja, básicamente debida a espectros vibro-rotacionales, no es posible para los constituyentes mayoritarios de la atmósfera N_2 y O_2. Por ello la absorción de esa radiación emitida por la tierra depende completamente de la concentración de otras moléculas como CO_2 , H_2O o CH_4. Por ese motivo cambios en su concentración, por muy minoritarias que sean, tiene enormes consecuencias en el equilibrio térmico por efecto invernadero.

Aunque sea adelantarse al próximo capítulo, merece comentar aquí que las moléculas poliatómicas en general tienen varios modos posibles de vibración; de los cuales algunos pueden emitir este tipo de espectros (se denominan "modos ópticamente activos") y otros no, dependiendo de si hacen cambiar o no su momento dipolar. Como ejemplo, la figura 9.10 ilustra el caso de la molécula CO_2 que por su simetría (estructura lineal O=C=O) no tiene momento dipolar permanente. De los cuatro modos de vibración que posee, uno de ellos consiste en su "estiramiento" simétrico, que por mantener la simetría no es ópticamente activo. Los otros tres modos sí son ópticamente activos, ya que consisten en desplazamientos asimétricos del C respecto a los dos O, o en torsiones de la molécula, de modo que rompen su simetría haciendo variar su momento dipolar.

9.10 *Actividad óptica de los modos de vibración de la molécula CO_2. No es ópticamente activo el modo que mantiene su simetría y por tanto no cambia su momento dipolar al deformarse.*

Como vimos, los números cuánticos vibracionales en este caso deben cumplir la **regla de selección** $\Delta v = \pm 1$ dada por la aproximación armónica. La anarmonicidad del potencial permite también transiciones con $|\Delta v| > 1$ que se denominan "sobretonos", pero son mucho menos intensas.

Dado que las energías típicas de los estados vibracionales $\hbar \omega_0 (v + \tfrac{1}{2})$ son del orden de 100 a 1000 cm^{-1}, este tipo de transiciones se manifiestan en la región infrarroja. Como ilustra la figura 9.11, el conjunto de transiciones rotacionales que acompañan a cada cambio vibracional v''-v' da lugar a una "banda", similar a la del apartado anterior, pero ahora centrada en el salto de energía $\hbar \omega_0$. Las reglas de selección para las componentes rotacionales de esas bandas ($\Delta J = 0, \pm 1$ en caso "a" de Hund) permiten clasificarlas en tres grupos denominados "ramas":

rama P: Líneas con $\Delta J = -1$ y energías $E(v+1, J-1) - E(v, J) = \hbar \omega_0 - 2B_r J$

$\qquad$ $J = \Omega + 1,\ \Omega + 2,\ \Omega + 3,\ \ldots$ (=1,2,3, … para estados $^1\Sigma$)

rama Q: Líneas con $\Delta J = 0$ y energías $E(v+1, J) - E(v, J) = \hbar \omega_0$

$\qquad$ $J = \Omega,\ \Omega + 1,\ \Omega + 2,\ \ldots$ (**prohibidas[1] para estados con $\Omega = 0$ o $\Lambda = 0$**)

rama R: Líneas con $\Delta J = +1$ y energías $E(v+1, J+1) - E(v, J) = \hbar \omega_0 + 2B_r(J+1)$

$\qquad$ $J = \Omega,\ \Omega + 1,\ \Omega + 2,\ \ldots$ (=0,1,2, … para estados $^1\Sigma$)

Como puede verse, las ramas P y R constan de grupos de líneas equidistantes $2B_r$ en energía (igual que en los espectros rotacionales puros). Por el contrario todas las líneas de la rama Q tienen la misma energía $\hbar \omega_0$, por lo que aparecerán (cuando estén permitidas) superpuestas en una única línea en el centro del espectro. Naturalmente ni esas energías serán exactamente equidistantes, ni las líneas Q tendrán exactamente la misma energía, al incluir las correcciones al rotor rígido.

Nótese el convenio de etiquetar cada transición entre los estados J''-J' por la J del estado inferior. Así, por ejemplo, la línea $J=3$ de la rama P es la transición entre el nivel $J''=2$ (del estado vibracional superior) y el $J'=3$ (del estado vibracional inferior).

---

[1] Así transiciones como $^3\Pi_0$-$^3\Pi_0$, o $^1\Sigma$-$^1\Sigma$ son ejemplos con rama Q ausente en caso "a" de Hund por tener $\Omega = 0$. El motivo de estar prohibido $\Delta J = 0$ para ellas es similar al del efecto Zeeman, donde está prohibido $M_J = M_J' = 0$ con $\Delta J = 0$ (aquí Ω hace el papel de 3ª componente de J).

Para estados Σ ($\Lambda = 0$) con espín no nulo realmente se trata de un caso "b" de Hund, etiquetándose los niveles con K (quedando, como sabemos, casi degenerados en $J = |K - S| \ldots |K + S|$). En tal caso hablaremos de ramas P/R en función del cambio en $\Delta K = \pm 1$ (no hay rama Q para $\Delta K = 0$ dado que ahora es K quien determina la paridad que debe cambiar). En ese caso cada línea puede estar finamente desdoblada por la pequeña dependencia en J.

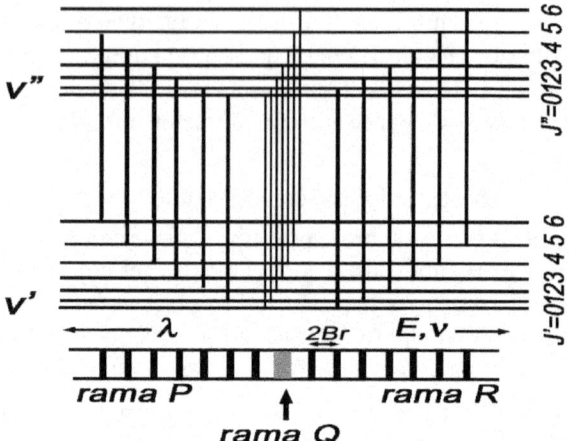

9.11 *Origen de las ramas P, Q y R en un espectro vibro-rotacional. La rama Q correspondería a una única línea si se ignoran las correcciones al rotor rígido, y no está presente en estados con $\Omega=0$ o $\Lambda=0$. Nótese que en general los valores permitidos de J comienzan en Ω, por lo que esta ilustración correspondería a un estado electrónico con $\Omega=0$.*

La figura 9.12 muestra un ejemplo para la molécula HCl entre los estados $v''=0$ y $v'=1$ de su estado electrónico fundamental $^1\Sigma$, por lo que no aparece la rama Q en el centro del espectro.

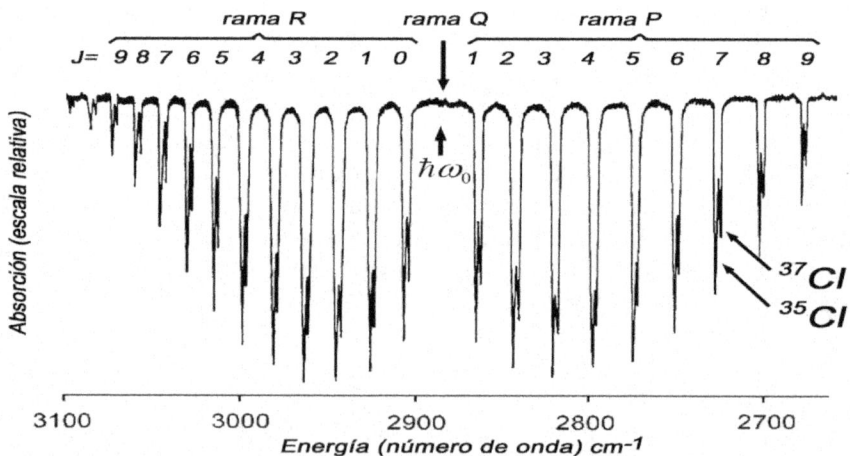

9.12 *Espectro de absorción del HCl entre sus estados $v''=0$ y $v'=1$, centrado en $\hbar\omega_0 =2886cm^{-1}$. Se distinguen las componentes debidas a los isótopos más abundantes del Cl en su proporción natural ^{35}Cl (75%) y ^{37}Cl (25%). La rama Q no se observa, indicando un estado Σ.*

En esa figura se aprecia claramente la no equidistancia de las líneas debida a la interacción vibración-rotación. Debido a ella las constantes rotacionales $B_{v=1}$ y $B_{v=0}$ son ligeramente distintas, por lo que las energías $B_1 J'(J'+1)-B_0 J'(J'+1)$ tienen una ligera dependencia cuadrática en J. En concreto sabemos que debe ser $B_{v=1}<B_{v=0}$, por lo que esa corrección cuadrática debe ser negativa, distorsionando las líneas con mayores J hacia energías bajas (hacia la derecha del espectro) como efectivamente se aprecia en ambas ramas.

La intensidad de las líneas en estos espectros es básicamente una combinación de dos factores que varían al aumentar J. Uno de ellos es el peso estadístico que crece como $2J+1$. El otro es la población, aproximadamente térmica, de los niveles que disminuye como e^{-EJ/k_BT} $=e^{-BJ(J+1)/k_BT}$. Ello permite utilizar estos espectros para determinar la temperatura de la muestra emisora.

En la misma figura se aprecia también cómo los espectros correspondientes a ambos isótopos se encuentran ligeramente desplazados. En concreto las masas reducidas de HCl para ^{35}Cl y ^{37}Cl, que son respectivamente 1x35/(1+35) y 1x37/(1+37), difieren solo en un $1.5^0/_{00}$, por lo que el centro de sus espectros $\hbar\omega_0$ debe diferir en un $0.75^0/_{00}$ que son 2.2cm^{-1}. La diferencia entre las constantes rotacionales B_r para ambos isótopos debe ser de un $1.5^0/_{00}$ que no resulta apreciable a esta escala.

9.2.5 Espectros electrónicos

Los cambios en el estado electrónico de la molécula suponen para los núcleos un cambio de los potenciales bajo los que deben moverse. Si los nuevos potenciales no tienen estados ligados, ello supone la disociación de la molécula. En caso contrario los núcleos pasarán a ocupar alguno de los estados vibracionales y rotacionales de la nueva curva de potencial. Por ello una transición electrónica da lugar a "un sistema de bandas", es decir, un conjunto de ellas similares a las vibro-rotacionales descritas en el apartado anterior, una por cada pareja de estados vibracionales del estado electrónico inicial y final. A diferencia de las anteriores, las energías de estas se superponen a las del salto electrónico, por lo que aparecen típicamente en las regiones del infrarrojo, visible y ultravioleta.

La figura con que comenzamos este capítulo y la 9.15 que finaliza esta sección ilustran ese tipo de espectros, de aspecto muy característico por la repetición de estructuras similares, que son cada una de esas bandas. Cada una de esas estructuras se etiqueta con los números cuánticos (v'',v') del par de estados vibracionales que la originan, manteniendo el convenio de que el primero corresponde al estado electrónico más excitado, y el segundo al inferior.

Como vimos en su momento, el coeficiente de Einstein para estas transiciones viene dado por tres factores que determinarán sus intensidades y reglas de selección.

El primero de ellos, el momento electrónico de transición $|M_e|^2 = |\langle \phi_e"|D_e|\phi_e' \rangle|^2$, determina la intensidad de todo el conjunto, e impone reglas de selección sobre los números cuánticos de los estados electrónicos involucrados. Aunque no las justificaremos aquí, su deducción es similar al caso atómico, y en los casos "a" y "b" las principales son:

- Sobre Λ, $\Delta\Lambda = 0, \pm 1$.
- Sobre la simetría "$\pm$" de los estados Σ, están permitidos $\Sigma^+ \leftrightarrow \Sigma^+$ y $\Sigma^- \leftrightarrow \Sigma^-$ pero prohibido $\Sigma^+ \not\leftrightarrow \Sigma^-$.
- En el caso de homonucleares debe cambiar su simetría de paridad estando permitido g$\leftrightarrow$u pero prohibidos g $\not\leftrightarrow$ g y u $\not\leftrightarrow$ u.
- Cuando la interacción espín-órbita no sea muy intensa el espín total S estará bien definido y no debe cambiar $\Delta S = 0$ (aplicable también al caso "d").

El segundo factor, de Franck-Condon $|\langle \mathcal{F}_v"|\mathcal{F}_v' \rangle|^2$, representa básicamente el solapamiento de las funciones de onda nucleares $\mathcal{F}_v$ antes y después de la transición, y no da lugar a ninguna regla de selección, ya que ambas corresponden a pozos electrónicos diferentes. Dentro del conjunto de bandas de una transición electrónica, este factor determina la intensidad relativa de cada una de ellas y tiene una interpretación intuitiva muy simple: Desde el "punto de vista" de los núcleos, el cambio electrónico es prácticamente instantáneo, de modo que sus posiciones antes y después de la transición deben ser compatibles, y cuanto más se solapen más favorecida estará la transición.

Como ilustra la figura 9.13, las funciones de onda de un oscilador presentan sus máximos más pronunciados en sus extremos (puntos clásicos de retroceso), excepto el estado fundamental que tiene un único máximo en R_0. Las bandas más favorecidas (con mayor factor de Franck-Condon) serán las correspondientes a pares de estados vibracionales con apreciable solapamiento de esos máximos. Sobre la figura, mostrando los distintos pozos, ello significa que sus puntos clásicos de retroceso (o R_0 si uno de ellos es el fundamental) se encuentren **en la misma vertical**. Este es el denominado "principio de Franck-Condon"[1], que permite predecir de forma cualitativa muy simple cuáles serán las bandas más intensas. Algunas de ellas se indican en esa misma figura tanto para procesos de absorción como de emisión.

Por último, dentro de cada banda, el factor de Hönl-London combinado con el $|M_e|^2$ (dependiendo del caso de Hund que corresponda) determinan las reglas de selección sobre sus componentes rotacionales. En el caso "a" estas son las mismas vistas para transiciones vibro-rotacionales: $\Delta J = 0, \pm 1$ $(0 \not\rightarrow 0)$,

---

[1] Este principio fue formulado en 1926, primero con argumentos clásicos por James Franck y poco después formalizado cuánticamente por Edward Condon.

estando prohibido $\Delta J=0$ si ambos estados tienen $\Omega=0$. Eso significa que dentro de cada banda podremos clasificar las mismas ramas[1] P, Q y R (con la Q ausente en los casos $\Omega=0$ o $\Lambda=0$).

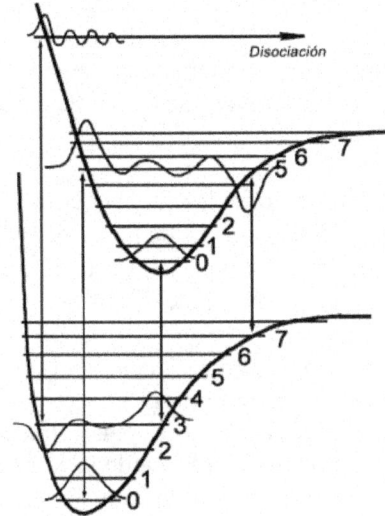

9.13 *Transiciones favorecidas según el principio de Franck-Condon por su alineación "en vertical" (misma distancia radial) de puntos clásicos de retroceso o posición de equilibrio.*

rama P: líneas $\Delta J=-1$ y energías $\Delta E_J^{\mathrm{P}}=\Delta E^{\mathrm{el}}+\Delta E^{\mathrm{vib}}+B_r"(J-1)J-B_r'J(J+1)$

rama Q: líneas $\Delta J=0$ y energías $\Delta E_J^{\mathrm{Q}}=\Delta E^{\mathrm{el}}+\Delta E^{\mathrm{vib}}+B_r"J(J+1)-B_r'J(J+1)$

rama R: líneas $\Delta J=1$ y energías $\Delta E_J^{\mathrm{R}}=\Delta E^{\mathrm{el}}+\Delta E^{\mathrm{vib}}+B_r"(J+1)(J+2)-B_r'J(J+1)$

Por convenio todas las transiciones se etiquetan con el valor J del estado inferior, y los valores que pueda recorrer dependerán de los niveles rotacionales existentes en cada estado electrónico en función de sus respectivos Ω.

En su momento será útil observar que las expresiones para las ramas P y R son la misma salvo un cambio $J\leftrightarrow-J-1$. Ello significa que pueden reunirse en una única $\Delta E_J^{\mathrm{P,R}}=\Delta E^{\mathrm{el}}+\Delta E^{\mathrm{vib}}+B_r"(m-1)m-B_r'm(m+1)$, usando el convenio de que valores positivos de la variable "m" representan "J" y los negativos "$-J-1$". Aparte de la utilidad práctica que tendrá este resultado más adelante, significa que P y R son realmente dos arcos de una misma parábola.

Aunque la naturaleza de cada una de estas bandas sea análoga a las vistas en el apartado anterior, su aspecto normalmente será muy distinto, por no ser en absoluto equidistantes sus componentes. Nótese que aquí las dos constantes rotacionales $B_r"$ y B_r' serán muy diferentes por proceder de

---

[1] En caso "b" de Hund será preferible hacer esta clasificación en función de $\Delta K=0,\pm1$, estando prohibido entonces $\Delta K=0$ si ambos estados tienen $\Lambda=0$.

distinto pozo, en general con diferentes distancias de enlace. Por ello las anteriores expresiones para las energías $\Delta E_J^{P,Q,R}$, al representarlas en función de J, serán las denominadas "parábolas de Fortrat", con una marcada dependencia cuadrática del tipo $(B_r"-B_r').J^2$. De ese modo el signo de $(B_r"-B_r')$ determinará la dirección en la que las líneas parezcan "amontonarse" formando una "cabeza de banda" en el vértice de la parábola, mientras se "estiran" en la dirección contraria denominada "sentido de degradación". La energía $\Delta(E_n^{el}+E_v^{vib})$ en que se encuentra centrada cada una se denomina "origen de banda".

En el ejemplo de la figura 9.14 se representan las parábolas de Fortrat para las tres ramas $\Delta E^{P,Q,R}(J)$, que determinan las líneas de la banda 0-0 en la transición $A^1\Pi-X^1\Sigma^+$ del AlH. En este caso el pozo excitado $A^1\Pi$ tiene distancia de enlace ligeramente mayor ($B_r"$ ligeramente menor) que el fundamental $X^1\Sigma^+$, por lo que la diferencia $(B_r"-B_r')J^2$ es negativa. Ello genera una banda que se "estira" hacia energías bajas ("degradada hacia el rojo"), con el vértice (cabeza de la banda) dado por la rama R.

Por el contrario, en los casos con $B_r"-B_r'>0$ las bandas aparecerán degradadas hacia el azul, con la cabeza dada por el vértice de la rama P. En los casos con $B_r"-B_r'\approx 0$ la dependencia cuadrática será muy pequeña, de modo que las líneas serán prácticamente equidistantes, con el mismo aspecto de las bandas vibro-rotacionales. Dado que las constantes B_r dependen ligeramente del estado vibracional, en el conjunto de bandas de un sistema pueden aparecer algunas con un sentido de degradación y otras con otro.

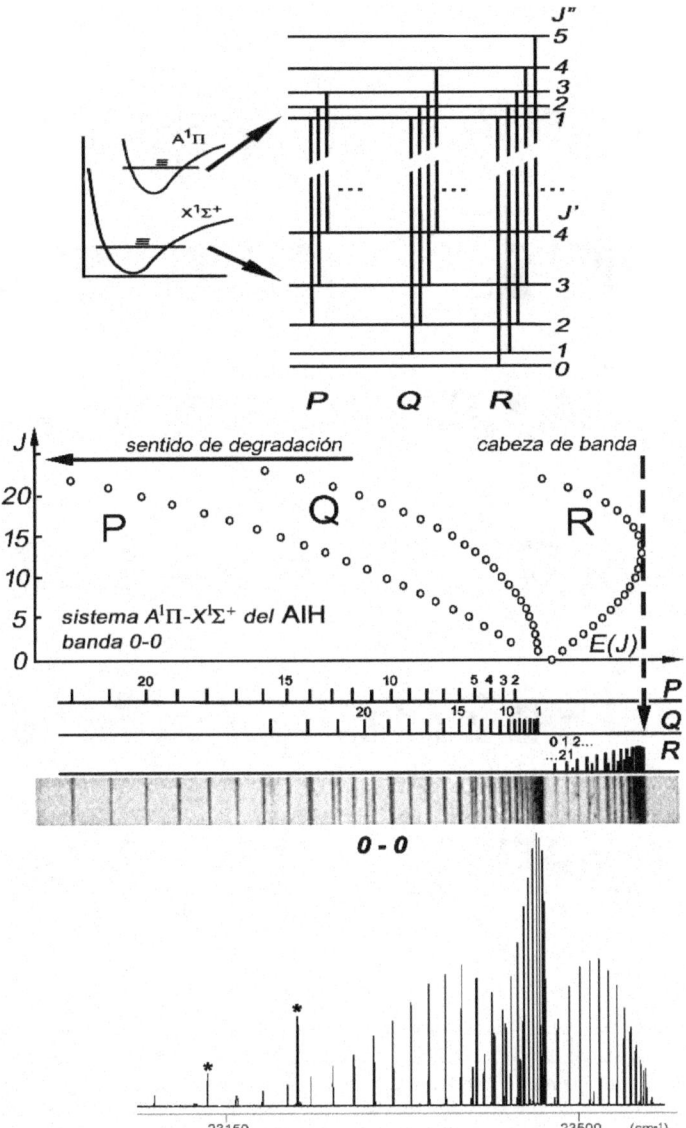

9.14 *Figura inferior: sección del espectro de emisión del AlH mostrando su banda 0-0 del sistema $A^1\Pi$-$X^1\Sigma^+$ (indicando con * algunas líneas atómicas), según W. Szajna and M. Zachwieja, Eur.Phys.J. D 55 (2009)549-555. La imagen superior muestra esquemáticamente el origen de las bandas en este sistema, donde se aprecia que los valores de J (inferior) comienzan en este caso respectivamente en 2,1 y 0 para las ramas P, Q y R. También se aprecia que el pozo excitado tiene mayor distancia de enlace, dando lugar a una banda degradada hacia el rojo. La imagen central muestra las parábolas de Fortrat que determinan la posición de cada línea y de la cabeza de la banda.*

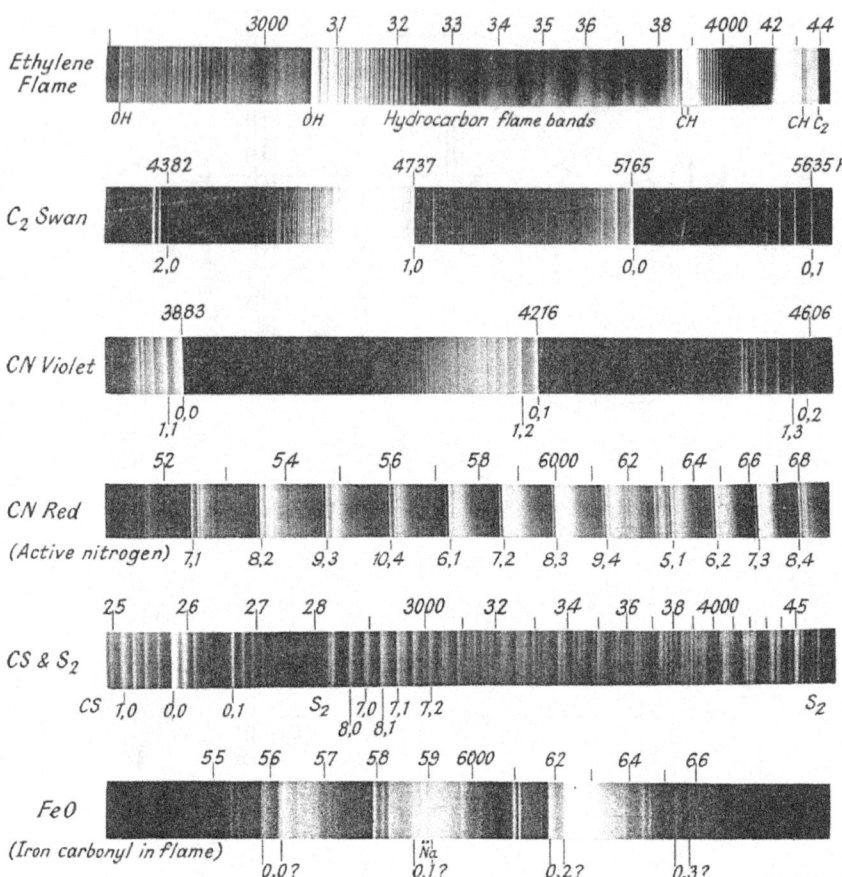

9.15 *Ejemplos de espectros electrónicos emitidos por algunas moléculas diatómicas. La mayoría de esos sistemas de bandas son debidos a una única transición electrónica (cosa que en caso de átomos daría lugar a una única línea monocromática). La parte superior de cada espectro indica las longitudes de onda en Ángstrom. (Salvo en el primero) cada banda se identifica en su parte inferior con los números cuánticos (v",v') del par de estados vibracionales que la originan. En algunos casos la resolución es suficiente para distinguir dentro de ellas las componentes rotacionales individuales.*
"The Identification of Molecular Spectra", R.W.B.Pearse y A.G.Gaydon, Chapman & Hall 1965

9.2.6 Predicción de espectros electrónicos, un ejemplo

A pesar de su complejidad, los espectros moleculares dependen realmente de pocos parámetros independientes. En concreto, los niveles de energía de un pozo electrónico quedan determinados en primera aproximación por tan solo tres datos espectroscópicos: E_n^{el}, $\hbar\,\omega_0$ y B_r. Dos parámetros adicionales (las constantes de interacción vibración –rotación y de anarmonicidad) permiten calcular en muchos casos esas energías con excelente precisión. De ese modo, esas cantidades pueden determinarse mediante un ajuste por mínimos cuadrados a partir de los espectros observados, y al contrario, conocidas permiten predecir los espectros emitidos.

Como ejemplo consideremos para la molécula de CO algunos datos sobre sus estados electrónicos $A^1\Pi$ y $X^1\Sigma^+$, y analicemos el tipo de predicciones que es posible hacer con ellos.

	$E_n^{el}(cm^{-1})$	$\hbar\,\omega_0(cm^{-1})$	$\hbar\,\beta\omega_0(cm^{-1})$
$A^1\Pi$	65 074.3	1 515.6	17.2
$X^1\Sigma^+$	0	2 156.0	13.3

Los anteriores datos no incluyen las constantes rotacionales, de modo que no podremos determinar la estructura de las bandas, pero sí su posición, que solo depende de los niveles vibracionales. En concreto la expresión $E_{n,v} = E_n^{el} + \hbar\,\omega_0(v+\frac{1}{2}) - \hbar\,\beta\omega_0(v+\frac{1}{2})^2$, nos permite determinar todos los estados vibracionales deseados para ambas bandas. Sustituyendo los anteriores valores en ella es inmediato obtener los resultados de la siguiente tabla.

v / Estado	0	1	2	3	4	…
$A^1\Pi$	65 827.8	67 309.0	68 755.8	70 168.2	71 546.2	…
$X^1\Sigma^+$	1 074.7	3 204.1	5 306.9	7 383.1	9 432.7	…

Cada par de esos niveles vibracionales podrá dar lugar a una banda rotacional, "centrada" en la correspondiente diferencia de energías. Una tabla como la siguiente, conteniendo esos posibles "orígenes" de cada banda del sistema, se denomina "Tabla de Deslandres"[1]. De las dos mostradas a continuación, la primera muestra las energías en que estará centrada cada banda, mientras que la segunda muestra las longitudes de onda[2].

---

[1] Por el físico francés Henri-Alexandre Deslandres (1853-1948), uno de los pioneros en la aplicación de la espectroscopía a la astrofísica.
[2] Simplemente la inversa de los valores de la primera, gracias al uso de cm^{-1} como unidades de energía.

$\Delta E(\text{cm}^{-1})$ $A^1\Pi$

$v'\backslash v''$	0	1	2	3	4	...
0	64 753	66 234	67 681	69 094	70 472	...
1	62 624	64 105	65 552	66 964	68 342	...
2	60 521	62 002	63 449	64 861	66 239	...
3	58 445	59 926	61 373	62 785	64 163	...
...	...	...	...	...	...	...

(fila izquierda etiquetada $X^1\Sigma^+$)

$\lambda(\text{nm})$ $A^1\Pi$

$v'\backslash v''$	0	1	2	3	4	...
0	154.43	150.98	147.75	144.73	141.90	...
1	159.68	155.99	152.55	149.33	146.32	...
2	165.23	161.28	157.61	154.18	150.97	...
3	171.10	166.87	162.94	159.27	155.85	...
...	...	...	...	...	...	...

(fila izquierda etiquetada $X^1\Sigma^+$)

Un fragmento del espectro resultante podría tener el aspecto de la figura 9.16, en que se indica la posición de algunas bandas en el intervalo 140 a 150nm. Nótese que en esa imagen solo son realistas las posiciones, pero no la estructura de líneas rotacionales (que aún no hemos determinado) ni sus intensidades (que dependerán de los factores de Franck-Condon, de momento desconocidos).

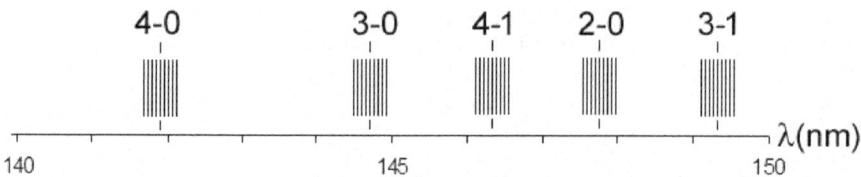

9.16 *Situación de algunas bandas, a la vista de la anterior tabla de Deslandres (Como se indica en el texto, solo es realista su posición, no su estructura).*

Supongamos que a continuación disponemos también de las constantes rotacional y de interacción vibración-rotación para cada estado electrónico, como indica la siguiente tabla. Con ellas podríamos determinar ya la estructura rotacional de cualquiera de las bandas anteriores.

	$E_n^{\text{el}}(\text{cm}^{-1})$	$\hbar\,\omega_0(\text{cm}^{-1})$	$\hbar\,\beta\omega_0(\text{cm}^{-1})$	$B_r(\text{cm}^{-1})$	$a(\text{cm}^{-1})$
$A^1\Pi$	65 074.3	1 515.6	17.2	1.6116	0.022
$X^1\Sigma^+$	0	2 156.0	13.3	1.9313	0.017

Vamos a ocuparnos como ejemplo de analizar la banda 2-0. Se tratará de considerar $\Delta E = \Delta(E_n^{\text{el}} + E_v^{\text{vib}} + E_J^{\text{rot}})$, donde $\Delta(E_n^{\text{el}} + E_v^{\text{vib}}) = 67681\text{cm}^{-1}$ ya se ha obtenido en la anterior tabla de Deslandres, y $\Delta E_J^{\text{rot}} = B_r''\,J'(J'+1)-$

$B_r'J'(J'+1)$. Puesto que conocemos las constantes "a" de corrección por interacción vibración-rotación, en lugar de las constantes rotacionales genéricas B_r será más preciso utilizar las específicas de cada nivel vibracional $B_v = B_r - a(v+1/2)$, lo cual resulta:
$B_2'' = B_r'' - a''(2+1/2) = 1.5566$, $B_0' = B_r' - a'(0+1/2) = 1.9228$ (ambas en cm^{-1}).

Dado que en este caso $B_2'' - B_0' < 0$, se tratará de una banda degradada hacia el rojo (energías bajas). En este sistema todas las bandas presentan rama Q, dado que uno de los estados tiene $\Omega \neq 0$ y $\Lambda \neq 0$, de modo que sus energías serán directamente[1]:

rama P: ($\Delta J = -1$) $\Delta E_J^P = \Delta(E^{el} + \Delta E^{vib}) + B_2''(J-1)J - B_0'J(J+1)$, con $J = 2,3,4\ldots$
rama Q: ($\Delta J = 0$) $\Delta E_J^Q = \Delta(E^{el} + \Delta E^{vib}) + B_2''J(J+1) - B_0'J(J+1)$, con $J = 1,2,3\ldots$
rama R: ($\Delta J = 1$) $\Delta E_J^R = \Delta(E^{el} + \Delta E^{vib}) + B_2''(J+1)(J+2) - B_0'J(J+1)$, con $J = 0,1,2\ldots$

Donde se indican los valores disponibles para la variable J en cada caso. Esas expresiones nos proporcionan explícitamente la posición de todas las líneas individuales de la banda, y su representación gráfica resulta muy similar a la vista en el apartado anterior para la molécula AlH.

Como sabemos, la cabeza de banda vendrá dada por el vértice de las ramas P o R dependiendo del sentido de degradación. Empleando la expresión común a ambas $B''(m-1)m - B'm(m+1)$ en la variable "m" no es preciso preocuparse por cuál de ellas la genera, siendo inmediato obtener para la línea que ocupa el vértice $m_c = (B'' + B')/2(B'' - B')$. Si esa cantidad es positiva, representará J_c y significará que la cabeza se genera en la rama P, mientras que cuando sea negativa representará $-J_c - 1$ y estará en la rama R. Sustituyendo valores para la banda 2-0 que estamos considerando, se encuentra $m_c = -4.75$, lo que indica que el vértice está en la línea con $J = 4$ (entero más próximo a 4.75-1) de la rama R. Su posición por tanto será
$\Delta E_{-5}^P = \Delta E_4^R = B_2''(4+1)(4+2) - B_0'4(4+1) = 8.24$ cm^{-1}
por encima del origen de la banda.

Es interesante notar que los datos disponibles contienen aún más información sobre los estados electrónicos, ya que utilizando las expresiones que los relacionan con los parámetros del potencial de Morse, es posible obtener estos. En concreto se trata de las relaciones $D_e = \hbar\omega/4\beta$, $D_0 = D_e - \hbar\omega/2$, $R_0 = \hbar/(2\mu B_r)^{1/2}$ y $\alpha = \omega(\mu/2D_e)^{1/2} = \hbar\omega/2R_0(B_rD_e)^{1/2}$. Teniendo en cuenta que para esta molécula
$\mu = M_C M_O/(M_C + M_O) = 12 \times 16/(12+16)$ uma $= 6.86 \cdot 10^{-27}$ kg

---

[1] Nótese que, cuando se investiga una nueva molécula con parámetros $\Delta E^{el}, \Delta E^{vib}$ y B desconocidos, son precisamente esas mismas expresiones las que permiten determinarlos ajustándolas por mínimos cuadrados a la posición experimental de las líneas observadas.

es fácil obtener los resultados de la tabla[1]:

	R_0 (nm)	D_e (cm^{-1})	D_0 (cm^{-1} / eV)	α (nm^{-1})
A$^1\Pi$	0.123	33 387	32 629 / 4.05	26.6
X$^1\Sigma^+$	0.112	87 375	86 297 / 10.7	2.34

La figura 9.17 muestra el aspecto de las curvas de potencial que corresponden a esos parámetros, y sobre ellas los niveles vibracionales calculados anteriormente, indicando la transición 2-0 que hemos analizado en detalle. Como puede verse, el punto clásico de retroceso del estado superior v''=2 está prácticamente en la misma vertical del punto de equilibrio para el estado fundamental, por lo que esa banda probablemente será muy intensa según el principio de Franck-Condon. Por el contrario bandas como la 3-0 o 4-0 serán más débiles. De hecho sería posible incluso un tratamiento cuantitativo: utilizando esas curvas de potencial para resolver en ellas la ecuación de Schrödinger, obteniendo numéricamente las funciones de onda vibracionales, y con ellas los factores de Franck-Condon. De ese modo podríamos determinar la intensidad relativa de cualquiera de las bandas encontradas en la tabla de Deslandres anterior.

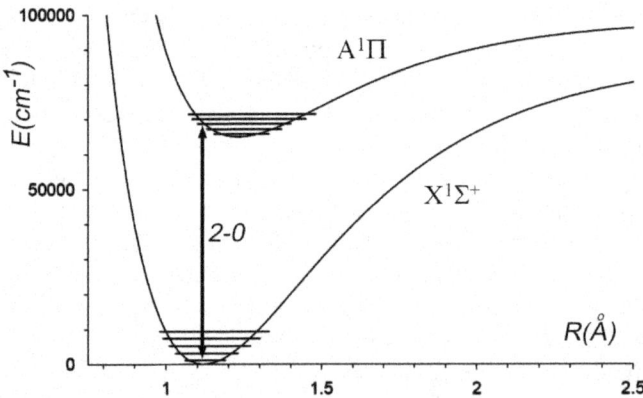

9.17 *Potenciales de Morse deducidos de los parámetros espectroscópicos dados para los estados $X^1\Sigma^+$ y $A^1\Pi$ de la molécula CO, indicando los primeros estados vibracionales de cada uno y la transición 2-0 que se ha analizado.*

---

[1] Para este tipo de cálculos es útil recordar que el factor $1.24 \cdot 10^{-4}$ permite pasar de cm^{-1} a eV.

9.3 Otras técnicas espectroscópicas

Los procesos de emisión / absorción que hemos descrito en el apartado 9.2 no son los únicos disponibles para el estudio de átomos y moléculas. Comentaremos a continuación brevemente otras técnicas que proporcionan también información valiosa sobre ellos, y en algunos casos suponen importantes aplicaciones prácticas.

Espectroscopía de dispersión

Cuando se ilumina un sistema, aparte de ser absorbida, la luz puede ser también dispersada.

Clásicamente el proceso puede describirse como la interacción $\Delta H_{int} = E \cdot D$ entre la radiación incidente $E = E_0 \text{sen}(\omega t - kx)$ y el momento dipolar inducido por ella misma en el medio $D = \alpha E$ (siendo α la polarizabilidad del átomo, molécula o medio en estudio). Ello supone que dicha interacción sea cuadrática en la intensidad del campo aplicado, y que para su observación no sea preciso que la especie en estudio tenga momento dipolar permanente.

Cuánticamente estos procesos se describen como transiciones a dos fotones pasando por un estado virtual intermedio, como ilustra la figura 9.18. Por lo que su cálculo requiere el tratamiento en segundo orden de la teoría de perturbaciones[1], y la intensidad de las transiciones depende fuertemente de la presencia de estados reales en la proximidad de los estados virtuales. Básicamente pueden distinguirse dos tipos de procesos de dispersión, Rayleigh (elásticos) y Raman (con cambio de energía).

Hablamos de "dispersión Rayleigh" o "elástica" cuando los fotones emitidos tienen la misma energía que los empleados como excitación. En tal caso el sistema queda finalmente en el mismo estado de partida, y simplemente el fotón emitido tendrá distinta dirección y polarización que el de partida.

---

[1] En las dispersiones Thompson y Compton, que no describimos aquí, la situación es ligeramente diferente y esos procesos surgen en primer orden de teoría de perturbaciones por causa del término A^2 de interacción con la radiación visto en la sección 7.3.

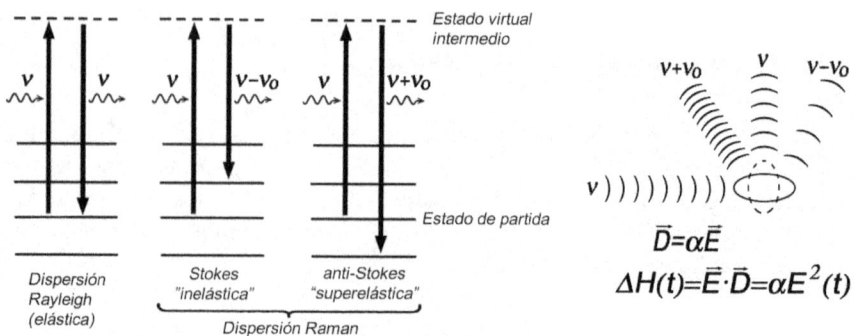

9.18 *Interpretaciones cuántica y clásica de los procesos de dispersión.*

Por el contrario hablaremos de "dispersión Raman" cuando los fotones emitidos tengan distinta energía que los absorbidos. Dichos procesos suelen ser mucho menos intensos que los Rayleigh en unos 6 o 7 órdenes de magnitud, y solo es posible detectarlos gracias a su separación espectral. En estos casos el átomo o molécula queda en un estado diferente tras la absorción y reemisión del par de fotones. Si este es más excitado, el fotón emitido tendrá esa energía menos que el absorbido y el proceso se denomina dispersión "Stokes" o "inelástica". Por el contrario, si el sistema acaba en un estado con menor energía que la de partida, el fotón emitido tendrá mayor energía que el absorbido y el proceso se denomina "anti-Stokes" o "super-elástico".

Consecuencia de todo lo anterior es que las reglas de selección para estos procesos sean diferentes de las seguidas por transiciones "a un fotón". Por ejemplo $\Delta J=0,\pm1,\pm2$ y no debe cambiar la paridad, debido a que básicamente se trata de "dos" transiciones.

Las condiciones para que una molécula presente espectro Raman son también diferentes y dependen básicamente del comportamiento de su polarizabilidad[1]. En concreto para presentar espectros rotacionales puros la condición es que su polarizabilidad sea anisótropa, y para presentar espectros vibro-rotacionales que su polarizabilidad cambie al deformar la molécula.

Esas diferencias hacen especialmente interesantes estas técnicas para moléculas como las homonucleares diatómicas, que no presentan espectros de absorción-emisión ordinarios, pero sí de dispersión.

---

[1] Átomos y moléculas se polarizan al ser sometidos a un campo eléctrico, apareciendo un momento dipolar D. Habitualmente ese momento dipolar es proporcional a la intensidad del campo aplicado $\mathcal{E}$, denominándose polarizabilidad a la constante de proporcionalidad $D=\alpha\mathcal{E}$. Dicha constante de proporcionalidad suele depender de la orientación de la molécula e incluso puede ser un tensor, de modo que D y $\mathcal{E}$ no sean paralelos.

Procesos de fluorescencia y fosforescencia

Se denomina fluorescencia a la emisión de luz tras una excitación debida a la absorción previa de radiación. Aunque esos procesos también se observan en átomos, son especialmente interesantes en el caso de moléculas por su mayor número de grados de libertad internos, y especialmente si no se encuentran aisladas (cosa muy frecuente) de modo que puedan intercambiar energía con el medio de forma no-radiativa.

Se denominan procesos no-radiativos a todos los que suponen transferencia de energía a otros átomos o moléculas del entorno sin intercambio de radiación electromagnética. Suelen denominarse también "colisionales" por ser ese el mecanismo más habitual, aunque existan otros como la interacción mediante fonones. Los procesos no radiativos son importantes en fase gaseosa pero más aún en fase condensada (líquido o sólido), por lo que son imprescindibles para entender algunas características de la fluorescencia y fosforescencia de moléculas en esas condiciones.

La probabilidad de que un átomo o molécula sufra una transición no radiativa depende de varios factores, entre los que están la naturaleza de las especies presentes en el medio, y si estas tienen niveles energéticos próximos a los suyos. También depende de la frecuencia de las colisiones, lo que hace que en fase gaseosa normalmente sea proporcional a la presión. Un factor importante es también la cantidad de energía transferida, siendo muy probable transferir energías del orden de las involucradas en las colisiones (algunos meV a temperatura ambiente), y muy poco probable transferir energías cinéticas grandes (del orden de los eV).

Los procesos colisionales suelen reducir la emisión óptica pero, por lo indicado antes, compiten especialmente con la emisión de espectros vibro-rotacionales y rotacionales. En esos casos llegan a suprimirlos por ser mucho más probables y rápidos que ellos (especialmente en fase condensada).

Lo anterior permite entender el comportamiento habitual ilustrado en la figura 9.19, en que se comparan los espectros típicos de absorción y emisión de una molécula. El de absorción corresponde a las bandas del estado electrónico excitado que (según el principio de Franck-Condon) sean accesibles desde el estado fundamental. Por el contrario su espectro de emisión de fluorescencia aparece en energías más bajas[1], y suele corresponder a las bandas accesibles desde el nivel $v=0$ del estado electrónico superior. El motivo es que, tras su excitación, todos los niveles vibro-rotacionales decaen rápidamente por procesos no radiativos, hasta llegar al más bajo ($v=0$) del pozo excitado. Decaer desde ese estado supone ya un salto energético demasiado grande como para transferirse colisionalmente, por lo que vuelve a observarse radiativamente. Las vidas

---

[1] Ese desplazamiento al rojo de las bandas de emisión respecto a las de absorción suele denominarse "corrimiento de Stokes".

medias para esas transiciones no radiativas son del orden de los ns o μs, por lo que la emisión de fluorescencia aparece y desaparece de forma prácticamente instantánea al iluminar o dejar de iluminar la muestra.

Cuando el retardo entre la absorción de luz y la emisión de fluorescencia es muy grande el proceso se denomina "fosforescencia". En tales casos el mecanismo es habitualmente el mismo, pero interviniendo transiciones ópticamente prohibidas. La figura 9.20 ilustra una situación típica, en que existen excitados singlete y triplete con curvas de potencial superpuestas. Como en el caso de la fluorescencia, los estados excitados ópticamente desde el fundamental decaerán rápidamente por procesos colisionales. Para dichos procesos el cambio de espín no supone ninguna limitación, por lo que continuarán decayendo hasta terminar todos en el estado $v=0$, pero ahora con distinto espín que el fundamental. Al igual que en el caso de la fluorescencia, la desexcitación colisional ya no puede continuar desde ese estado, pero ahora la radiativa también está prohibida por el cambio de espín. Dependiendo de lo perfecta que sea la conservación del número cuántico de espín, ello puede suponer que la transición ocurra con probabilidades extremadamente pequeñas, o lo que es lo mismo, con vidas medias muy largas. Como consecuencia el medio puede seguir emitiendo luz mucho tiempo después (ms o incluso minutos) de cesar la excitación que la provocó.

Ese tipo de procesos radiativos y no radiativos se suelen representar esquemáticamente por "diagramas de Jablonsky", mostrados a la derecha de las figuras 9.19 y 9.20. En ellos los estados electrónicos se disponen por orden de energía marcando con trazo más grueso el estado $v=0$ de cada uno y separados en distintas columnas según su espín. Transiciones no radiativas se representan por trazos ondulantes y las radiativas por trazos rectos (que corresponden a fosforescencia cuando ocurren en diagonal).

Los anteriores mecanismos presentan multitud de aplicaciones prácticas importantes, entre las que pueden destacarse:
- Su uso como medios emisores láser, dada la facilidad para obtener inversión de población entre estados electrónicos excitados y el fundamental.
- Su uso como "convertidores" de radiación. Ello incluye detectores de radiaciones ionizantes, pero sobre todo sistemas de iluminación. En concreto las habituales "lámparas fluorescentes" se basan en materiales capaces de convertir en radiación visible la emisión ultra-violeta de descargas conteniendo mercurio.
- Su uso analítico. La absorción/emisión en longitudes de onda características de un compuesto puede permitir su identificación inequívoca, incluso por la presencia de unas pocas moléculas en toda la muestra.
- Su uso para la tinción de muestras biológicas en su análisis microscópico.

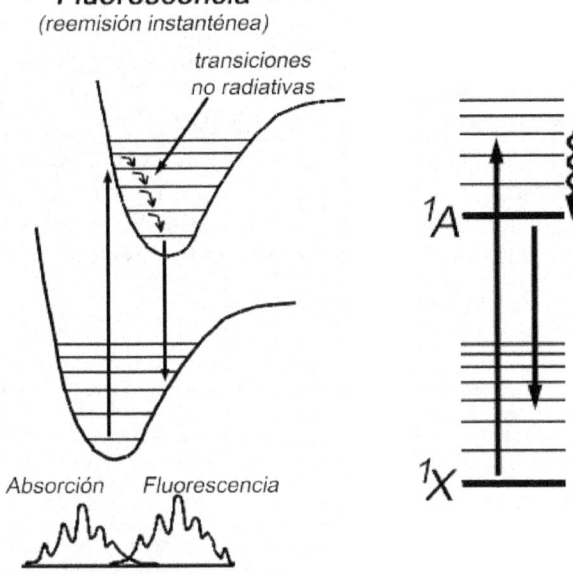

Fluorescencia
(reemisión instanténea)

transiciones
no radiativas

^1A

^1X

Absorción   Fluorescencia

Desplazamiento de Stokes

9.19 *Los procesos "colisionales" (no radiativos por interacción con otras moléculas o el medio) suelen ser muy rápidos para cantidades de energía en el rango "térmico" pero no en el "óptico". Por ello la fluorescencia no se emite desde los mismos niveles vibracionales que fueron excitados, sino desde el más bajo de ese estado electrónico.*

Fosforescencia
(emisión retardada)

^1A

^3B

^1X

^1A

^3B

^1X

9.20 *Los procesos no radiativos permiten el cambio de estado electrónico cuando poseen niveles vibracionales próximos. Cuando ello supone un cambio de espín, la molécula acaba en estados que solo pueden decaer ópticamente con vidas medias muy largas dando lugar a fosforescencia.*

Espectroscopía foto-electrónica

Como es bien sabido, el efecto foto-eléctrico permite la extracción de electrones de un material al iluminarlo con radiación suficientemente energética. En tal caso la energía cinética de los electrones extraídos es la diferencia[1] entre la aportada por el fotón y la de ligadura que el electrón tenía en la muestra $\frac{1}{2}m_e v^2 = h\nu - E_i$. De ese modo, conocida la energía de la radiación incidente y determinada la distribución de energías de los electrones emitidos, es inmediato determinar los niveles de energías E_i de la muestra.

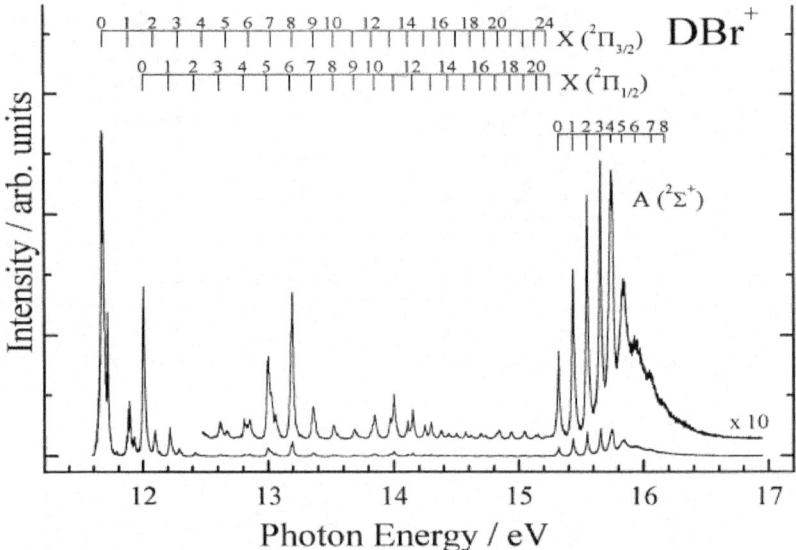

9.21 *Bandas obtenidas en un espectro fotoelectrónico para los estados $X^2\Pi_{1/2,3/2}$ y $A^2\Sigma^+$ de la molécula HBr^+ con el isótopo deuterio. La resolución en energías lograda en el experimento (entre 5 y 6 meV) permite separar e identificar los estados vibracionales. A.J.Yencha et al. Chem. Phys. 238 (1998) 133-151.*

La distribución de velocidades de los electrones puede determinarse fácilmente mediante analizadores electrostáticos, por lo que esta técnica permite obtener los niveles de energía de un material sin más limitación que la resolución del analizador electrostático empleado y la monocromaticidad de la fuente luminosa. La figura 9.21 ilustra un ejemplo de resultados obtenidos por estos procedimientos, y la figura 9.22 muestra una disposición experimental típica.

---

[1] Salvo por la energía de relajación del átomo o molécula tras la extracción del electrón, que según el teorema de Koopmans es en general pequeña.

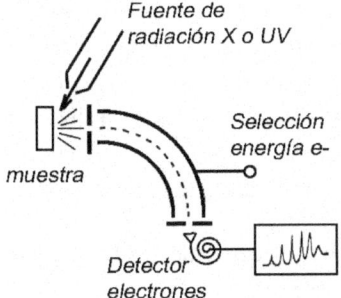

9.22 *La espectroscopía fotoelectrónica requiere una fuente de radiaciones ionizantes (rayos X o UV), un detector de electrones y algún sistema para determinar sus energías (típicamente un analizador electrostático)*

Problemas

9.1. La molécula HCl en su estado $X^1\Sigma^+(v=0)$ tiene un espectro rotacional puro formado por líneas aproximadamente equidistantes $21cm^{-1}$. Hallar su momento de inercia y distancia internuclear.

9.2. En aproximación de oscilador armónico, la misma molécula HCl tiene en su estado fundamental $\hbar\omega_0=2886cm^{-1}$. Determinar la estructura rotacional de la transición $v''=1 \rightarrow v'=0$ (primero ignorando otras correcciones, después incluyendo el acoplamiento vibración-rotación con $a=0.3cm^{-1}$).

9.3. Para la molécula de OH se conocen los datos espectroscópicos de la tabla (en cm^{-1}).

Estado	E_e	$\hbar\omega_0$	B	a	$\beta\hbar\omega_0$
$X\,^2\Pi_{3/2}$	0	3735.2	18.87	0.714	82.8
$A\,^2\Sigma^+$	32682.5	3184.3	17.36	0.807	97.8

a) Determinar la distancia internuclear del estado fundamental.

b) ¿Cuánto cambian E_e, $\hbar\omega_0$ y B si se sustituye el H por deuterio?

c) Para el espectro electrónico $X\,^2\Pi_{3/2}$ - $A\,^2\Sigma^+$, determinar los orígenes de sus bandas $v'',v'=0,1,2$.

d) ¿Qué ramas rotacionales presentan esas bandas? ¿Qué líneas rotacionales están presentes?

e) Para la banda $v''=0\rightarrow v'=1$, determinar la posición de su cabeza y sentido de degradación.

9.4. Los parámetros del potencial de Morse para la molécula I_2 en su estado fundamental son $D_e=1.56\text{eV}$, $R_0=2.66\text{Å}$ y $\alpha=1.86\ \text{Å}^{-1}$. Considerando el isótopo estable del I, de masa $= 127$ uma,

a) Obtener las constantes $\hbar\omega_0$ y B_r (expresadas en cm^{-1}) y la energía de disociación.

b) Calcular la separación que existiría entre las líneas de su espectro rotacional puro (despreciando correcciones).

c) Calcular la energía en que se encontraría centrada su banda vibro-rotacional 1-0 (despreciando correcciones).

d) ¿Es posible observar los espectros considerados en los dos anteriores apartados?

e) ¿En cuánto difieren D_e y energía de disociación de esta molécula de los valores para la formada por dos isótopos del I con peso atómico 131uma?

9.5. La figura adjunta muestra algunas bandas del CN en la región violeta del espectro, debidas a la transición electrónica entre sus estados $B^2\Sigma$ y $X^2\Sigma$.

a) ¿Cuál es el sentido de degradación de la banda 1-2?

b) Razonar si es mayor la distancia media de enlace en el estado electrónico excitado con v=1 o en el fundamental con v=2.

c) ¿Qué ramas presentan estas bandas?

d) Como es habitual, las líneas del espectro rotacional puro de esta molécula se encontrarán en energías múltiplo de su constante rotacional B. ¿Serán múltiplos pares o impares de ella?

9.6. Las separaciones de los niveles vibracionales observados para H_2^+ son (para transiciones $1\to0$, $2\to1$, ...) respectivamente: 2191, 2064, 1941, 1821, 1705, 1591, 1479, 1368, 1257, 1145, 1033, 918, 800, 677, 548, 411, 265 y 117 (cm^{-1}). Determinar la energía de disociación de la molécula.

¿Qué valor podría estimarse conociendo solo los 5 primeros valores? (extrapolando los desconocidos)

9.7. En el espectro de la figura se puede observar emisión de la molécula de $^{12}C^{16}O$ así como líneas del átomo O I. Las bandas moleculares corresponden a la transición electrónica $B^1\Sigma^+$-$A^1\Pi$ y forman parte del denominado "sistema de Angstrom". La tabla indica algunas constantes espectroscópicas para esos estados (en cm^{-1}).

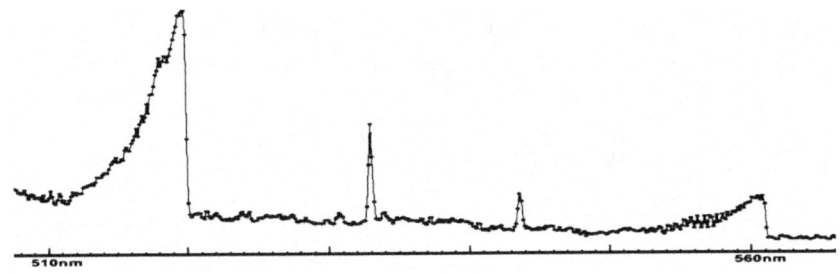

	E_e	$h\nu_e$	$\chi_e\, h\, \nu_e$	B_r	α_e
$B\,{}^1\Sigma^+$	86 948	2 082	35	1.9612	$26.1\cdot 10^{-3}$
$A\,{}^1\Pi$	65 047.8	1 515.6	17.25	1.6116	$22.3\cdot 10^{-3}$

a) Explicar el significado de los símbolos $B^1\Sigma^+$, $A^1\Pi$, E_e, $h\nu_e$, $\chi_e\, h\, \nu_e$, B_r y α_e.

b) Determinar la energía del estado vibracional $v=0$ en $B^1\Sigma^+$, y los $v=2,3$ en $A^1\Pi$.

c) Realizar una tabla de Deslandres con los valores del anterior apartado.

d) Con el resultado del apartado anterior, identificar sobre la figura la posición y los números cuánticos v'-v de las bandas observables.

e) Indicar el sentido de degradación de esas bandas, y explicar si es consistente con los valores de la tabla.

f) Determinar qué ramas están presentes en estas bandas y el valor de J en que comienza cada una de ellas.

g) A partir de los resultados del apartado (b), determinar el centro de la banda vibro-rotacional 3-2 del estado electrónico $A^1\Pi$.

h) Explicar si los valores E_e, $h\nu_e$ y B_r dados en la tabla serían iguales, mayores o menores para la molécula ${}^{14}C{}^{16}O$.

9.8. La tabla indica en cm^{-1} los parámetros espectroscópicos para dos estados de la molécula Hf S.

	E_e	$\hbar\omega_e$	$\hbar\chi_e\omega_e$	B_r	α_e
$X\,{}^1\Sigma$	0	526.85	1.23	0.1336	$4.05\cdot 10^{-4}$.
$E\,{}^1\Pi$	18 363.67	476.44	1.36	0.1275	$4.37\cdot 10^{-4}$.

a) Determinar la distancia de enlace de la molécula en el estado fundamental (Hf=178.5uma, S=32uma).

b) Explicar en cuál de los estados electrónicos X o E es mayor la distancia de enlace de la molécula.

c) Explicar cómo cambiaría dicha distancia de enlace al sustituir el átomo S por un isótopo más pesado.

d) Explicar si puede emitir esta molécula espectro rotacional puro en su estado electrónico fundamental.

e) Independientemente de la respuesta anterior, indicar qué apariencia tendría dicho espectro en caso de emitirse, y qué separación se observaría entre sus líneas.

Para su espectro vibro-rotacional en el estado X

f) Indicar en qué energía se encontrará centrado, y qué ramas presentará.

Para el espectro electrónico entre los estados X y E (una de cuyas bandas se muestra en la figura)

g) Indicar si cumple las reglas de selección electrónicas.
h) Calcular el origen de esa banda e indicar aproximadamente su posición sobre la figura.
i) Explicar si su sentido de degradación es el esperable a la vista de los datos de la tabla.
j) Explicar si las ramas observadas son las esperables a la vista de los datos de la tabla.
k) Explicar qué valores de J debe presentar la rama P.

(Nota: Ignórense las correcciones por anarmonicidad y por interacción vibración-rotación)

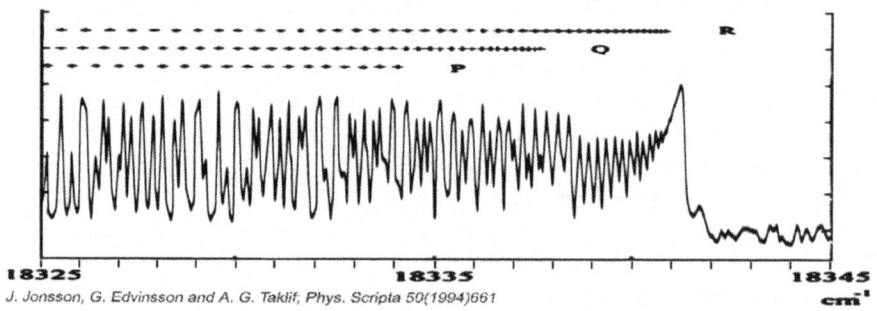

J. Jonsson, G. Edvinsson and A. G. Taklif; Phys. Scripta 50(1994)661

Banda 0-0 para la transición E-X en Hf S

10 Nociones sobre moléculas poliatómicas

Las moléculas poliatómicas son sistemas considerablemente más complejos que las diatómicas. Desde luego ello no significa que sean objetos "intratables" o "poco conocidos", solo significa que normalmente no es posible llegar a describirlas con el mismo nivel de detalle. Con las aproximaciones adecuadas es posible entender y predecir todas sus propiedades, de tremenda importancia tanto desde el punto de vista aplicado como básico. Siendo muy numerosos los textos dedicados a describir este tipo de moléculas, el objetivo de este capítulo será solo el ofrecer una primera visión general de algunos resultados básicos sobre ellas.

10.1 Estructura de moléculas poliatómicas

Como indicamos en su momento, la aproximación de Born-Oppenheimer permite separar para cualquier molécula las ecuaciones de movimiento de núcleos y electrones. Manteniendo esa estrategia, en lo que sigue describiremos por una parte la solución al problema electrónico en presencia de los núcleos considerados inmóviles, y por otra el movimiento nuclear. Al igual que en las diatómicas podremos separar este último en oscilaciones en torno a sus posiciones de equilibrio (en un potencial resultado del estado electrónico), y rotaciones de la molécula como un bloque.

10.1.1 Cálculo de funciones de onda electrónicas

En principio, no hay inconveniente en plantear para una molécula las ecuaciones de Hartree-Fock de sus electrones. No obstante, la ruptura de la simetría esférica que supone el tener varios centros de fuerza hace el problema difícil de tratar desde el punto de vista numérico, excepto para los casos más sencillos. Por ello la mayoría de los tratamientos se basan en las mismas técnicas CLOA que vimos para el caso diatómico. Es decir, obtener orbitales moleculares como combinación lineal de orbitales atómicos $\varphi=\Sigma_i c_i \varphi_i$, obteniendo los coeficientes mediante las ecuaciones de Rayleigh-Ritz. Al igual que vimos para las diatómicas ello requiere básicamente tres pasos.

1. Seleccionar qué orbitales atómicos combinar, basándose en criterios energéticos pero sobre todo de simetría.

Para moléculas poliatómicas los argumentos de simetría permiten decidir qué combinaciones de orbitales atómicos pueden intervenir en cada caso en función de las simetrías involucradas, hasta el punto de depender muchas veces de ello la viabilidad del cálculo numérico. Las simetrías permiten además caracterizar y clasificar las soluciones obtenidas, al igual que ocurría en las diatómicas, donde símbolos como "Σ", "$_g$" y "$^+$" no eran más que ese tipo de propiedades[1]. Para moléculas poliatómicas las consideraciones de simetría son más complejas que en el caso diatómico, por lo que es preciso su tratamiento sistemático mediante la teoría de grupos. Ello excedería los objetivos de este texto, por lo que recomendamos al lector interesado su consulta en cualquier otro más especializado[2].

2. Calcular integrales S_{ij}, J_{ij} y K_{ij} (de solapamiento, de Coulomb y de resonancia) entre los orbitales atómicos considerados.

Esa es la tarea que requiere más tiempo de cálculo numérico (típicamente más del 90% del total) por la falta de simetría esférica, de modo que la mayoría de paquetes de software existentes difieren en las estrategias empleadas para su evaluación. Las más frecuentes consisten en el empleo de orbitales atómicos aproximados, basándose las dos más extendidas en el uso de orbitales tipo Slater o gaussianos.

El uso de orbitales tipo Slater[3] (STO por "Slater type orbitals") consiste en reemplazar la parte radial de las funciones de onda atómicas por expresiones simplificadas de la forma $\phi_{nlm}(r)=Cr^{n-1}e^{-\zeta r}Y_{lm}(\theta\varphi)$, donde "$C$" es una constante de normalización y "ζ" representa una carga efectiva. Esas funciones ignoran la estructura detallada de los orbitales atómicos en las cercanías del núcleo, pero mantienen la forma asintótica correcta. Tienen la ventaja de ser mucho más sencillas de tratar numéricamente que los orbitales exactos $P_{nl}(r)$ sin suponer una pérdida apreciable de precisión. Ello es así

---

[1] En particular el "Σ" indicando su momento angular, que no es otra cosa que una clasificación de su comportamiento bajo el grupo de las rotaciones.

[2] No es preciso para ello recurrir a textos muy "técnicos". Por ejemplo, el popular *Molecular Quantum Mechanics* de P.W.Atkins contiene en cualquiera de sus ediciones un capítulo excelente sobre la aplicación de la teoría de grupos, en que esta se introduce sin necesidad de ningún conocimiento previo, y se muestra con enorme sencillez su aplicación a la estructura molecular.

[3] Introducidos en 1930 por John C. Slater.

porque esas integrales dependen mucho del comportamiento de los orbitales en la región de solapamiento (lejos de los núcleos atómicos) y muy poco de sus detalles en la cercanía de cada núcleo.

Los orbitales gaussianos[1] (GTO o "gaussians") utilizan exponenciales de la forma $\exp(-\alpha r^2)$ en lugar de las $\exp(-\zeta r)$ de los STO. Su gran ventaja es que las integrales de solapamiento entre ellos pueden calcularse de forma analítica, lo cual reduce considerablemente el tiempo de cálculo. No presentan el decaimiento exponencial "correcto" a grandes distancias, pero este se puede aproximar tanto como se desee combinando suficiente número de ellos. La reducción de tiempo cálculo que supone evitar las integrales numéricas compensa sobradamente la necesidad de manejar combinaciones de muchos más de ellos.

3. Resolver las ecuaciones de Rayleigh-Ritz.

Como sabemos ello supone la solución de un problema algebraico similar al de diagonalizar matrices, por lo que no suele consumir mucho tiempo de cálculo. El resultado son los coeficientes que determinan los orbitales moleculares como combinación lineal de los atómicos, y la energía de cada orbital molecular. Repitiendo el cálculo en cada posición fija de los núcleos se obtienen las correspondientes superficies de potencial, cuyos mínimos determinan la geometría de la molécula.

Incluso para moléculas de cierta complejidad, ese tipo de tratamientos permite obtener con buena aproximación distancias de enlace, energías de ligadura, distribuciones de carga (con las que determinar momentos dipolares) y superficies de potencial (con las que determinar geometrías y vibraciones moleculares).

La figura 10.1 ilustra los resultados para la molécula de H_2O. En ella se muestran los niveles de energía moleculares en que deben acomodarse todos los electrones participantes en el enlace, y la forma aproximada de los respectivos orbitales moleculares (indicando con tonos de gris sus regiones con distinto signo).

Merecerá comentar también algunos otros tratamientos menos exactos, pero también más sencillos, que resultan interesantes en algunas situaciones.

Uno de ellos es el denominado "método del funcional de la densidad". Ese procedimiento permite ocuparse únicamente de la densidad electrónica en cada punto (un escalar real $\rho(r)$ dependiente de solo tres coordenadas) en lugar de tratar con la función de ondas (una función espinorial compleja $\phi(r_1\sigma_1, r_1\sigma_1, \dots)$ en 4 variables por cada electrón y antisimétrica en todas ellas). Un conocido teorema enunciado en 1960 por Hohenberg y Kohn demuestra que teóricamente ambos tratamientos son equivalentes, y que la energía total del sistema depende únicamente de la densidad de carga como

---

[1] Introducidos en 1950 por el químico teórico británico S.F.Boys.

un funcional $E[\rho]$, cuyos extremos son los estados del sistema. Solo se conocen aproximaciones a esa dependencia funcional, por lo que la precisión del método es limitada y apenas se utiliza para átomos. Por el contrario para sistemas complejos como sólidos y moléculas, su mayor simplicidad lo hace muy atractivo, y permite obtener multitud de resultados interesantes. Para moléculas poliatómicas, habitualmente las distribuciones de carga y propiedades geométricas proporcionadas por este método son excelentes, aunque los niveles de energía son más pobres[1].

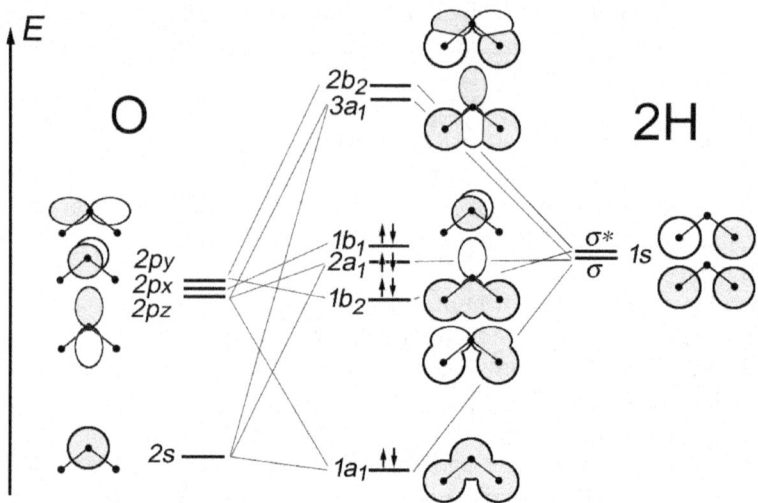

10.1 *Aspecto de los orbitales moleculares para la molécula de H_2O y sus respectivas energías. Para su comparación se muestra también la forma y energía de los orbitales atómicos de partida, y se indica con tonos de gris el signo en las distintas regiones de cada orbital. Las indicaciones "a_1", "b_1" y "b_2" se refieren a la simetría de cada orbital molecular, lo cual determina qué orbitales atómicos entran en su composición.*

Otro método aún más sencillo (a costa de también de mucha menor precisión) se basa en el empleo de potenciales aproximados para la interacción entre los átomos de una molécula. Por ejemplo, la energía de interacción entre un átomo de carbono y uno de oxígeno no depende solo de la distancia entre ellos, sino también de si forman parte de distintas moléculas o si les une un enlace doble o sencillo, y también de la presencia de otros átomos enlazados con cada uno de ellos. No obstante, se dispone de bases de datos sobre el comportamiento de esa interacción en multitud de situaciones, lo que ha permitido generar expresiones aproximadas a esos "campos de fuerzas" con diversos parámetros semiempíricos. De este modo algunos paquetes de software permiten generar de modo prácticamente

---

[1] Ver por ejemplo *Density-Functional Theory of Atoms and Molecules*, R.G. Parr y R.G. Yang Weitao; Oxford University Press (CY - New York)

instantáneo la estructura aproximada de cualquier molécula de tamaño mediano. Se suele hablar en tales casos de "mecánica molecular". Para macro-moléculas como polímeros y muchas de interés biológico, ello es en ocasiones casi el único tratamiento posible, y permite estudiar multitud de propiedades interesantes como el plegamiento de proteínas.

Por último es interesante comentar el método de Hückel[1], que podría considerarse la versión más simple del tratamiento de orbitales moleculares. Su aplicación está restringida al tratamiento de sistemas de hidrocarburos con enlaces π, lo que permite tratar algunas propiedades interesantes relacionadas con ese tipo de orbitales. El método se basa en algunas aproximaciones drásticas: considerar iguales todos los enlaces C-C, ignorar todas las interacciones excepto las de vecinos próximos, y considerar ortogonales todos los orbitales. Resultado de ello es que las integrales de solapamiento se reducen a $S_{ij}=\delta_{ij}$, y que solo existen dos tipos de términos de interacción $H_{ii}=\alpha$ y $H_{ij}=\beta$. Como consecuencia las ecuaciones de Rayleigh-Ritz se reducen a un problema de diagonalización de matrices tan simple que puede tratarse manualmente. Como ejemplo la figura muestra la situación para la molécula de benceno. Ello permitió obtener resultados interesantes sobre multitud de moléculas orgánicas, mucho antes de disponer de ordenadores para cálculos más detallados.

$$\det\left|H_{ij}-\varepsilon S_{ij}\right| \approx \begin{vmatrix} \alpha-\varepsilon & \beta & 0 & 0 & 0 & \beta \\ \beta & \alpha-\varepsilon & \beta & 0 & 0 & 0 \\ 0 & \beta & \alpha-\varepsilon & \beta & 0 & 0 \\ 0 & 0 & \beta & \alpha-\varepsilon & \beta & 0 \\ 0 & 0 & 0 & \beta & \alpha-\varepsilon & \beta \\ \beta & 0 & 0 & 0 & \beta & \alpha-\varepsilon \end{vmatrix} = 0$$

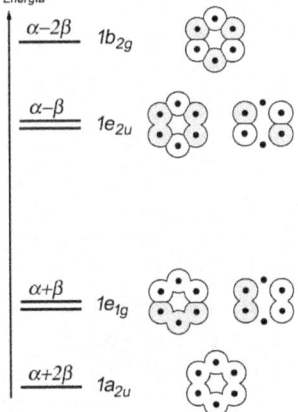

10.2 *En aproximación de Hückel los niveles de energía y coeficientes de la combinación lineal dependen de solo dos parámetros . Para una molécula como el benceno, las ecuaciones Rayleigh-Ritz correspondientes pueden tratarse manualmente, resultando los orbitales y niveles de energía ilustrados en la figura (tonos de gris indican los signos con que intervienen los distintos orbitales).*

10.1.2 Vibraciones nucleares

Las energías electrónicas determinadas para cada posición de los núcleos (considerados inmóviles) constituyen superficies de potencial a las que estos estarán sometidos. Al igual que en el caso diatómico, el mínimo de esas superficies determinará la posición de los núcleos en su estado de equilibrio,

---

[1] Propuesto en 1930 por el físico químico alemán Erich Hückel (1896-1980).

y por ello la geometría de la molécula[1]. En lo que sigue analizaremos la forma en que los núcleos pueden realizar pequeñas oscilaciones en torno a esas posiciones de equilibrio. Para simplificar la exposición partiremos de argumentos clásicos, pasando a la versión cuántica para obtener los resultados finales.

Consideremos una molécula formada por N átomos en cierto estado electrónico, en el que sus núcleos estén sometidos a cierta superficie de potencial $V(R_1, R_2,..., R_N)$, y para los que estemos interesados en analizar pequeñas oscilaciones en torno a sus posiciones de equilibrio. Será cómodo expresar su energía cinética total en la forma[2]

$$T = \tfrac{1}{2}\Sigma_{i=1...N} M_i \dot{R}_i^2 = \tfrac{1}{2}\Sigma_{i=1...3N} \dot{q}_i^2 \,,$$

donde se han introducido las $3N$ coordenadas reducidas q_i; definidas para cada núcleo como sus cartesianas divididas por su masa, esto es $q_1 = x_1/\sqrt{M_1}$, $q_2 = y_1/\sqrt{M_1}$ ... En ellas naturalmente también podremos expresar el potencial como

$$V(R_1,R_2,...,R_N) = V(x_1,y_1,z_1,...,x_N,y_N,z_N) = V(q_1,q_2,...,q_{3N}).$$

Puesto que estamos interesados en pequeños desplazamientos en torno a la posición donde ese potencial tiene un mínimo, el potencial podrá reemplazarse aproximadamente por su desarrollo de Taylor:

$$V(q_1...) = \underbrace{V_0}_{R_i = R_i^0} + \Sigma_i \underbrace{\frac{\partial V}{\partial q_i}}_{=0 \, equilibrio} q_i + \tfrac{1}{2}\Sigma_{ij} \underbrace{\frac{\partial^2 V}{\partial q_i \partial q_j}}_{\equiv V_{ij}} q_i q_j + \underbrace{...}_{anarmonicidades} \approx V_0 + \tfrac{1}{2}\Sigma_{ij} V_{ij} q_i q_j$$

donde, al igual que en el caso diatómico, ignoraremos en un primer paso los términos de orden superior que se denominan de "anarmonicidad".

La expresión $\Sigma_{ij}V_{ij}q_iq_j$ define una forma cuadrática positiva (dado que hemos supuesto encontrarnos en un mínimo). Puesto que la matriz V_{ij} es simétrica (por ser indiferente el orden de sus dos derivadas), será posible diagonalizarla mediante una transformación ortogonal. Ello garantiza la existencia de un conjunto de coordenadas generalizadas $Q_1,Q_2,...,Q_{3N}$ en las cuales podrá expresarse en la forma $\Sigma_{ij}V_{ij}q_iq_j = \Sigma_i w_i^2 Q_i^2$, donde w_i^2 son sus autovalores (todos positivos por tratarse de una forma positiva). Es interesante notar que el anterior cambio de variables $q_1,q_2,...,q_{3N} \rightarrow Q_1,Q_2,...,Q_{3N}$, no altera expresiones de la forma $\Sigma \dot{q}_i^2$ por tratarse de una transformación ortogonal, por lo que la energía cinética

---

[1] Como ya comentamos para las diatómicas, esos potenciales son puramente electrostáticos, de modo que (en aproximación de Born-Oppenheimer) un cambio de isótopos no afecta a la estructura de una molécula.
[2] En caso de intervenir isótopos de un mismo átomo con distintas masas, ya hemos indicado que el potencial será el mismo, pero no así sus energías cinéticas. Naturalmente sus movimientos y niveles de energía vibracionales dependerán de sus masas aunque el potencial en que se muevan sea el mismo.

mantendrá su misma expresión. De este modo el hamiltoniano del sistema puede expresarse en las nuevas coordenadas Q_i como

$$H=T+V=\tfrac{1}{2}\Sigma_i \dot{Q}_i^2 + \tfrac{1}{2}\Sigma_i w_i^2 Q_i^2.$$

En general 5 o 6 de esos autovalores serán nulos, correspondientes a grados de libertad de los núcleos de los que no dependa el potencial. En concreto tres de esos grados de libertad corresponden a las traslaciones de toda la molécula en bloque, y otros tres sus rotaciones en el espacio (que en el caso de una molécula lineal[1] serán solo 2). Esas 5 o 6 coordenadas contribuirán al hamiltoniano únicamente con energías cinéticas $T=\tfrac{1}{2}\Sigma_i \dot{Q}_i^2$ correspondientes a su movimiento (de traslación y rotación) sin deformarse, que podemos ignorar mientras estudiamos su estructura interna (en particular de las rotaciones nos ocuparemos más adelante).

Nótese que cada una de esas $3N-6$ (o $3N-5$) coordenadas generalizadas Q_i es una combinación lineal de las coordenadas individuales $\{q_i\}$, de modo que una oscilación de la coordenada Q_i supone un movimiento oscilatorio conjunto y coordinado de varios (quizá todos) los núcleos. Esas coordenadas generalizadas se denominan "modos normales" de la molécula, y su principal característica es que en ellas todas las oscilaciones son independientes unas de otras. En general no podremos poner a oscilar un núcleo en una de sus coordenadas cartesianas y pretender que el resto de la molécula permanezca inmóvil, por el contrario si podemos tener oscilando uno de los modos Q y en reposo todos los demás[2].

Pasar a un tratamiento cuántico simplemente supone reemplazar cada término de energía cinética por el operador $-\tfrac{1}{2}\hbar^2 \partial^2/\partial Q_i^2$, de modo que la versión cuántica del hamiltoniano resulta simplemente:

$$\mathbf{H}=T+V=\Sigma_{i=1\ldots 3N-6}[-\tfrac{1}{2}\hbar^2\,\partial^2/\partial Q_i^2 + \tfrac{1}{2}w_i^2 Q_i^2]= \Sigma_i H_i^{vib}.$$

Desde luego salta a la vista que el problema se reduce a un conjunto de $3N-6$ (o $3N-5$) osciladores armónicos independientes cuya solución es trivial: las energías son la suma de las de cada oscilador, y las funciones de onda el producto de las funciones de onda individuales de cada oscilador[3], es decir

$$E^{vib}=\Sigma_i \hbar\, w_i(v_i+\tfrac{1}{2}) \ \text{y}\ \Phi=\Phi_{v1}(Q_1)\cdot\Phi_{v2}(Q_2)\cdots$$

---

[1] La orientación de una recta en el espacio tiene únicamente dos grados de libertad, que pueden tomarse por ejemplo como los ángulos θ y φ de su vector director en coordenadas esféricas. La orientación de un objeto de forma arbitraria en general tiene tres grados de libertad: basta fijar sobre él cualquier eje (cuya orientación requerirá los dos grados de libertad antes indicados), y el tercer grado de libertad será su orientación en torno a dicho eje.

[2] Probablemente esto le recuerde al lector otra situación donde aparecen también oscilaciones colectivas independientes entre sí, los fonones en una red cristalina. Por ello los modos normales podrían considerarse micro-fonones

[3] Nótese que, por no aparecer las masas en ese hamiltoniano, los coeficientes w_i que acompañan a cada Q_i^2 son directamente la frecuencia de oscilación de cada modo.

Podría parecer que determinar los modos normales fuese en general una tarea formidable: determinar las superficies completas de potencial, calcular todas sus derivadas parciales, y diagonalizar la correspondiente matriz V_{ij}. En realidad la tarea es mucho más sencilla, pudiendo determinarse casi siempre los modos normales sin más que argumentos de simetría[1]. En particular, como hemos visto, determinar el número de ellos es trivial, bastando con contar grados de libertad "internos", es decir $3N$ grados de libertad de sus N núcleos descontados los 5 o 6 de sus traslaciones y rotaciones "en bloque".

La figura 10.3 muestra los tres modos normales que presenta la molécula de H_2O y los correspondientes niveles de energía, tanto de estados en que oscila un único modo, como de otros en que se excitan varios.

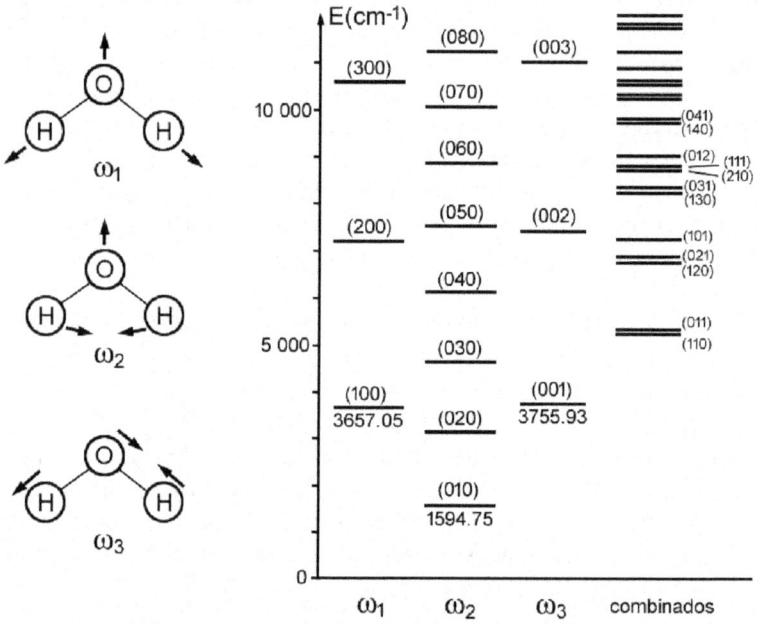

10.3 *La molécula de agua tiene los $3\cdot3-6=3$ modos normales de vibración indicados. Que estén desacoplados significa que la molécula puede vibrar en cualquiera de ellos sin por ello vibrar ninguno de las otros dos, cosa que no ocurre con ninguna de sus coordenadas cartesianas. Los niveles de energía (en cm^{-1}) corresponden a estados con números cuánticos vibracionales $(v_1 v_2 v_3)$. Los tres modos de vibración cambian el momento dipolar de la molécula, por lo que los tres son ópticamente activos.*

---

[1] Incluso obtener las derivadas parciales del potencial no requiere obtener dicho potencial, ni siquiera las soluciones explícitas de la función de ondas electrónica, sino que pueden obtenerse directamente a partir de las derivadas de las integrales de solapamiento respecto a las coordenadas nucleares.

La inclusión de términos superior al segundo, que hemos ignorado en el desarrollo de Taylor del potencial, da lugar a ligeras desviaciones respecto a la anterior descripción. Esos términos normalmente pueden tratarse por teoría de perturbaciones sobre la aproximación armónica. Sus principales efectos son anarmonicidades (dependencia ligeramente no lineal de las energías en el estado de vibración) y acoplamiento entre modos (contribuciones a la energía que dependen de más de un modo, y pérdida de la completa independencia de los modos entre sí).

10.1.3 Rotaciones moleculares

El análisis cuántico detallado de las rotaciones tiene cierta complejidad y no es aquí nuestro objetivo. Por ello, igual que hicimos con las vibraciones, simplificaremos la exposición considerando argumentos clásicos y tomando la versión cuántica de los resultados finales.

Como sabemos, el comportamiento bajo rotaciones de un cuerpo (rígido) arbitrario queda determinado por la familia de cantidades $I_{ij}=\Sigma_s m_s(\delta_{ij}r^2-x_ix_j)$ denominadas tensor de inercia. En términos de ese tensor el momento angular se expresa clásicamente $\boldsymbol{L}=\boldsymbol{I}\omega$ y la energía cinética $E_{rot}=\frac{1}{2}\omega^t\boldsymbol{I}\omega=\frac{1}{2}\boldsymbol{L}^t\boldsymbol{I}^{-1}\boldsymbol{L}$. Es interesante notar que durante el giro se conserva el momento angular $\boldsymbol{L}$ pero no necesariamente la velocidad angular ω, relacionada con él mediante el tensor $\boldsymbol{I}$ que acompaña al cuerpo (lo cual también significa que en general $\boldsymbol{L}$ y ω no son paralelos). El hecho de que el tensor $\boldsymbol{I}$ sea simétrico garantiza que sea diagonalizable mediante una transformación ortogonal, lo cual significa que para todo cuerpo existe un sistema de ejes perpendiculares en los que su tensor de inercia se reduce a tres números (I_x,I_y,I_z) y en los que las anteriores expresiones pasan a ser simplemente

$(L_xL_yL_z)=(I_x\omega_x,I_y\omega_y,I_z\omega_z)$ y
$E_{rot}=I_x\omega_x^2/2+I_y\omega_y^2/2+I_z\omega_z^2/2=L_x^2/2I_x+L_y^2/2I_y+L_z^2/2I_z.$

Ello también significa que solo cuando el cuerpo gira en torno a alguno de esos ejes, serán paralelos $\boldsymbol{L}$ y ω, y se mantendrá el eje de giro constante.

En función de la simetría de cada cuerpo se pueden presentar tres casos:

Trompo simétrico cuando dos de esas tres cantidades son iguales y la tercera diferente $I_x=I_y\neq I_z$. Es el caso de objetos con simetría de revolución en torno a un eje, como por ejemplo un cilindro o cono rectos, o una peonza corriente. En tal caso es habitual denominar $I_\parallel$ al momento de inercia en dirección paralela al eje, e $I_\perp$ a su valor en cualquiera de las direcciones perpendiculares al él (todas ellas equivalentes por la simetría). Puede demostrarse que no es preciso ser tan simétrico para encontrarnos en esa situación, sino que basta con tener un eje de simetría "de orden tres" o superior[1]. Es por ejemplo el caso de moléculas como el NH_3 o CH_3Cl de aspecto piramidal. En tales casos la energía cinética puede expresarse en términos del momento angular total y una de sus componentes:

$$E_{rot}=(L_x^2+L_y^2)/2I_\perp+L_z^2/2I_\parallel=(L^2-L_z^2)/2I_\perp+L_z^2/2I_\parallel=L^2/2I_\perp+(1/2I_\parallel-1/2I_\perp)L_z^2.$$

La correspondiente versión cuántica en términos del operador momento angular total J resulta ser

$$E_{rot}=\hbar^2/2I_\perp\, J(J+1)+\hbar^2\,(1/2I_\parallel-1/2I_\perp)K^2=BJ(J+1)+(A-B)K^2$$

donde A y B son las constantes rotacionales asociadas respectivamente a los momentos de inercia $I_\parallel$ e $I_\perp$, y K es la proyección del momento angular total J sobre el eje de simetría. Por tanto los estados rotacionales para ese tipo de moléculas quedan caracterizados por dos constantes rotacionales y dependen de los dos números cuánticos J y K. Normalmente los niveles de energía se distribuyen como una secuencia de valores J para cada valor de K (comenzando en $J_{min}=K$).

Trompo esférico cuando las tres cantidades $I_x=I_y=I_z=I$ son iguales. Es el caso de una esfera (de ahí su nombre). No obstante puede demostrarse que no es preciso para ello ser tan simétrico como una esfera, y que basta con tener dos ejes de orden tres o superior diferentes. Es por ejemplo el caso de moléculas como CH_4 o SF_6 que tienen forma de tetraedro y octaedro respectivamente. Para ellas el momento de inercia es el mismo en torno a cualquier eje, de modo que su energía cinética se expresa simplemente como $E_{rot}=L^2/2I$, o cuánticamente $E_{rot}=\hbar^2/2I_\perp\, J(J+1)=BJ(J+1)$, tan simple como encontrábamos en las moléculas diatómicas.

Trompo asimétrico cuando las tres cantidades I_x,I_y,I_z son diferentes, como es el caso de la mayoría de moléculas. Una muy sencilla de este tipo es el H_2O que solo tiene un eje de simetría de orden 2. En tales casos cuánticamente los estados rotacionales vienen determinados por tres constantes rotacionales A,B,C y tres números cuánticos J,K,K' , y la expresión de la energía tiene cierta complejidad obteniéndose como solución de una ecuación secular.

Como se ve, el espectro rotacional de moléculas poliatómicas puede ser complejo, aunque a cambio suele proporcionar información muy valiosa sobre su geometría. No obstante, en el caso de moléculas grandes lo más habitual es observar las bandas como estructuras continuas ensanchadas no distinguiéndose las líneas rotacionales individuales por estar muy próximas. El motivo es que moléculas medianamente pesadas tienen momentos grandes que dan lugar a constantes rotacionales muy pequeñas.

---

[1] Tener un eje de simetría de orden "n" significa que el cuerpo queda invariante tras un giro de $1/n$ de vuelta. Así, un triángulo equilátero tiene un eje de orden 3, y un polígono regular de "n" lados tiene un eje de orden "n" perpendicular al plano que lo contiene.

10.2 Espectroscopía de de moléculas poliatómicas

Para las moléculas poliatómicas son aplicables todas las técnicas espectroscópicas que ya hemos descrito (fotoionización, fluorescencia, Raman, etc.) Las principales diferencias respecto a las diatómicas son

- Una mayor complejidad, por la presencia de más estados electrónicos, modos vibracionales, e incluso constantes rotacionales.
- La estructura rotacional raramente se resuelve, observándose las bandas como estructuras continuas. Ello es en parte por la pequeñez de sus constantes rotacionales, y con frecuencia también por encontrarse a presiones altas o en fase condensada, en cuyo caso las interacciones ensanchan las líneas.
- Posibilidad de actividad óptica, o capacidad para rotar la polarización lineal de la luz que las atraviesa, que varía según su concentración en gases o disoluciones, y depende de su estructura molecular (pudiendo ser opuesta para distintos isómeros).
- Presencia de patrones en los espectros atribuibles a determinados fragmentos de la molécula denominados "grupos funcionales". Cuando se encuentran en la región visible se suelen denominar "cromóforos" por determinar su coloración. En la región infrarroja proporcionan gran cantidad de información sobre la estructura molecular.

Esas y multitud de otras propiedades/aplicaciones importantes escapan al objetivo de este texto, por lo que nos limitaremos a comentar algunos ejemplos interesantes.

10.2.1 Posibilidades analíticas de la espectroscopía infrarroja

Aunque en una molécula tanto el comportamiento electrónico como el nuclear dependa de toda ella en su conjunto, determinadas estructuras pueden tener comportamientos relativamente separables. Así, dobles enlaces $C=C$ o $C=O$, anillos similares al benceno, y varios radicales pueden tener frecuencias de oscilación más o menos independientes de la molécula en que se encuentren. Ello permite su reconocimiento espectroscópico por la presencia de bandas características de vibración en la región infrarroja. Además, esas estructuras se ven afectadas de forma predecible por la proximidad de otros átomos, enlaces o fragmentos, lo que supone una valiosa información para determinar la estructura de una especie desconocida. La tabla 10.1 ilustra algunos de esas frecuencias características.

Estiramiento

grupo	$\hbar\omega$	grupo	$\hbar\omega$	grupo	$\hbar\omega$	grupo	$\hbar\omega$
≡C–H	3300	–C≡C–	2050	–O–H	3600	>C=O	1700
=C⟨H	3020	>C=C<	1650	–C≡N	2100	O=C⟨H	2800

Flexión

grupo	$\hbar\omega$	grupo	$\hbar\omega$	grupo	$\hbar\omega$	grupo	$\hbar\omega$
≡C–H	700	=C⟨H⟩H	1100	C≡C–C	300	–C⟨H⟩(H)(H)	1000

Tabla 10.1 Energías vibracionales para algunos enlaces (todos los valores en cm^{-1})

Como ejemplo de espectros de absorción típicos, la figura 10.4 muestra un fragmento de tres de ellos para moléculas completamente diferentes en la región infrarroja. Como puede verse, algunas características se repiten en ellos permitiendo reconocer la presencia de distintas estructuras. En general cada molécula orgánica tiene su espectro característico en la región infrarroja que permite identificarla de modo inequívoco. Más aún, para una molécula no catalogada previamente, ese tipo de información puede ser suficiente en muchos casos para determinar por completo su estructura.

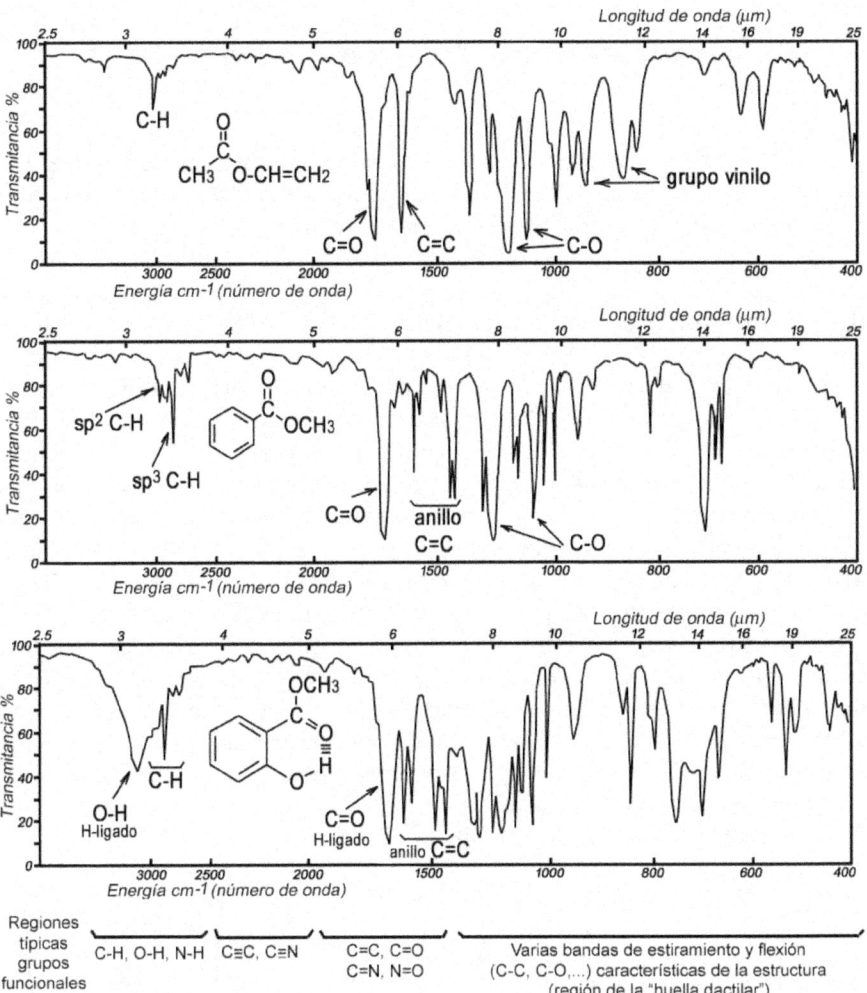

10.4 *Espectro de absorción de tres moléculas orgánicas muy diferentes en la región de 2.5 a 25μm. Se indican las estructuras típicas que presentan debidas a algunos grupos funcionales, y las regiones espectrales en que suelen manifestarse.*

10.2.2 Física interesante de dos ejemplos cotidianos: NH_3 y H_2O

Los fenómenos interesantes en moléculas poliatómicas son innumerables, incluso para las más sencillas. Como ejemplo mostraremos únicamente dos de ellas sumamente cotidianas, el amoniaco y el agua.

Radiación entre estados vibracionales de NH_3 (el primer máser)

La molécula de amoniaco, con forma piramidal, tiene 3x4-6=6 modos normales, de los cuales solo 4 son realmente diferentes entre sí. Uno de ellos consiste en el movimiento del N según la línea perpendicular al triángulo formado por los tres H. Aunque para pequeños desplazamientos el potencial correspondiente a ese modo sea aproximadamente armónico, no lo es para desplazamientos grandes, puesto que el nitrógeno puede llegar a cruzar el plano de los tres hidrógenos invirtiendo la molécula.

El correspondiente potencial tiene el aspecto ilustrado en la figura 10.5a, con dos mínimos y una barrera central. Conocida su forma detallada, un cálculo numérico permite determinar fácilmente y con gran precisión sus funciones de onda y niveles de energía (ilustrados también en la figura 10.5a), pero no responde a la pregunta de por qué son así las soluciones: los niveles más bajos parecen agruparse por parejas muy próximas, con paridades alternadas, mientras que los más excitados se distribuyen uniformemente manteniendo esas simetrías.

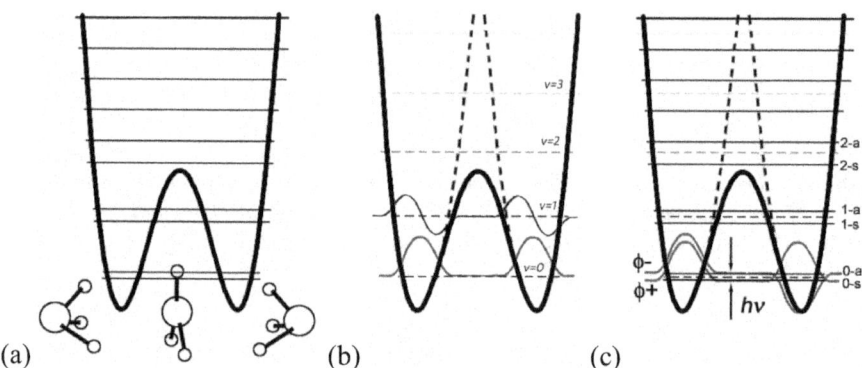

(a)   (b)   (c)

10.5 *Figura 1. (a) Pozo de potencial para la oscilación - inversión del átomo N en la molécula NH_3 y sus niveles de energía. (b) Niveles que corresponderían en aproximación de dos pozos separados. (c) Soluciones que se obtendrían por el método de Rayleigh-Ritz, que permiten justificar la simetría y disposición de las soluciones exactas.*

Como veremos, un tratamiento aproximado nos explica de forma muy simple esas características. Es una buena lección: en sistemas complejos las buenas aproximaciones no deben desecharse ni aunque logremos soluciones exactas, a riesgo de perder gran parte de la comprensión que nos brindan sobre el sistema.

Para ello, comencemos por aproximar el potencial por dos pozos independientes próximos. La figura 10.5b ilustra esa situación y los que serían sus primeras funciones de onda y niveles de energía por separado equidistantes $\varepsilon_{v=0}$, $\varepsilon_{v=1}$,... Supongamos que a continuación aplicamos el método de Rayleigh-Ritz para buscar soluciones al pozo real como combinación lineal de las soluciones de pozos independientes. Como sabemos, en estos casos el resultado será que cada par de soluciones independientes nos proporcionará un par de soluciones al pozo completo, que serán básicamente la suma y la diferencia de las de partida $\phi^{\pm} = \phi_1 \pm \phi_2$. Para empezar ello nos justifica que, en cada una de esas parejas, una debe ser simétrica (la de menos energía) y antisimétrica la otra. Además sus correspondientes energías serán pares de valores que se encuentren ligeramente por encima y por debajo de los niveles sin perturbar $\varepsilon_{0s} < \varepsilon_{v=0} < \varepsilon_{0a}$, $\varepsilon_{1s} < \varepsilon_{v=1} < \varepsilon_{1a}$, ...("s" y "a" indicando "simétrica y "antisimétrica"). La figura 10.5c muestra esos resultados.

El tratamiento aproximado nos permite predecir/explicar aún más propiedades: para los niveles más bajos esos desdoblamientos deberán ser muy pequeños por no solaparse apenas ambas soluciones, pero deberán ir aumentando para los niveles más excitados cuyas funciones de onda si solapan apreciablemente. Además, para los niveles elevados, la barrera de potencial debe pasar a ser irrelevante, de modo que sus soluciones se deberán aproximar de nuevo a las de un pozo único con niveles equidistantes.

El cálculo detallado muestra que el par de estados de más baja energía está separado por tan solo 0.793cm^{-1} y, puesto que sus dos funciones de onda ϕ^+ y ϕ^- son de distinta paridad, es posible la transición radiativa dipolar eléctrica entre ambas. Esa transición corresponde a una longitud de onda de 12.6mm y una frecuencia de 23.9GHz, que se encuentra en la región de las micro-ondas. Dicha transición puede interpretarse como debida a la alternancia de la molécula entre ambas configuraciones invertidas; lo que significa que, en el doblete fundamental, el átomo de N puede "oscilar" de un lado a otro del pozo atravesando por efecto túnel la barrera de potencial $23.9 \cdot 10^9$ veces por segundo[1] (aproximadamente cada 45 vibraciones).

Esa transición tiene considerable interés histórico por doble motivo. En primer lugar por ser en 1934 la primera espectroscopía de absorción de

---

[1] Clásicamente correspondería al comportamiento de dos osciladores idénticos débilmente acoplados. En ese caso, como aquí, el acoplamiento hace que las frecuencias de las oscilaciones relativas simétricas y antisimétricas sean ligeramente diferentes. Como es sabido, si en ese sistema se comienza con uno de ellos oscilando y el otro parado, al cabo de un tiempo es el otro el que oscila, y la frecuencia de esa alternancia es la diferencia de frecuencias entre los modos simétrico y antisimétrico.

microondas observada[1]. En segundo lugar por ser la utilizada por Charles H. Townes en 1954 para generar por primera vez amplificación por emisión estimulada de radiación que se denominó MASER[2]. El éxito del experimento fue clave para animar a intentar lo mismo en la región visible, cosa que logró Theodore Maiman en 1960 denominándose LASER.

Cómo de transparente es el agua

Como vimos en su momento, los estados vibracionales moleculares tienen energías de décimas de eV, por lo que las transiciones entre ellos dan lugar a absorción y emisión en la región infrarroja. Por el contrario las transiciones electrónicas con energías del orden de los eV lo hacen en la región visible-ultravioleta.

En el caso del agua, los niveles vibracionales que vimos en su momento dan lugar a una absorción que comienza en longitudes de onda de 0.7μm y se vuelve muy intensa hacia longitudes de onda más largas. Por otra parte sus estados electrónicos no pueden excitarse con energías menores a unos 3eV, por lo que su absorción comienza en la región de 400nm, aumentando hacia longitudes de onda más cortas.

Resultado de lo anterior, como muestra el espectro de absorción de la figura 10.6a, es que el agua tiene una región entre los 0.4μm y los 0.7μm en que es prácticamente transparente. Esa es precisamente la región visible, y por ese motivo parece transparente a nuestros ojos, aunque realmente es un líquido bastante "opaco" para casi todas las radiaciones. El eje vertical de la figura 10.6a está duplicado, mostrando en una escala el coeficiente de absorción "k" (el que describe cómo se atenúa la luz según $I(x)=I(0)e^{-kx}$ al avanzar en el medio), y su inversa o longitud de penetración $l=1/k$. Gracias a ello es fácil apreciar en la misma gráfica que el máximo de transparencia se encuentra hacia los 0.5μm (color verde) donde la longitud de penetración es de unos 50m, siendo mucho menos transparente en los extremos de la región visible. En particular en la región del rojo (unos 0.65μm) la longitud de penetración es de tan solo unos 3m. Consecuencia de ello es su color azul cuando se encuentra en grandes cantidades. Por el mismo motivo, como conoce bien cualquier submarinista, a unos pocos metros bajo el agua la única luz del sol que llega es fuertemente azulada.

Una sencilla constatación de la interpretación que acabamos de dar consiste en comparar el espectro de absorción del agua normal con el del agua pesada D_2O, es decir, moléculas en que el hidrógeno se haya reemplazado por deuterio.

Como sabemos las funciones de onda electrónicas (en aproximación de Born-Oppenheimer) son independientes de las masas nucleares, por lo que la

---

[1] C.E.Cleeton y N.H.Williams, *Physical Review* **45** (1934) 234.
[2] Como acrónimo de microwave amplification by stimulated emission of radiation.

región ultra-violeta de ese espectro de absorción debe ser prácticamente igual en ambas moléculas, como así se observa efectivamente. Por el contrario, vimos que las frecuencias de vibración de los átomos dentro de la molécula dependen de la masa de sus núcleos según expresiones del orden de $\omega_0=(k_e/\mu)^{1/2}$, donde k_e es la constante del pozo (independiente de las masas nucleares) y μ la masa reducida de los núcleos. De ese modo, en un mismo pozo (debido a los electrones) núcleos más pesados oscilan más lentamente y por ello con menores energías vibracionales. Efectivamente eso es lo que muestra la figura 10.6b al comparar los espectros de absorción del H_2O y D_2O, apreciándose claramente las mismas bandas vibracionales de absorción, pero desplazadas hacia energías menores para el agua pesada.

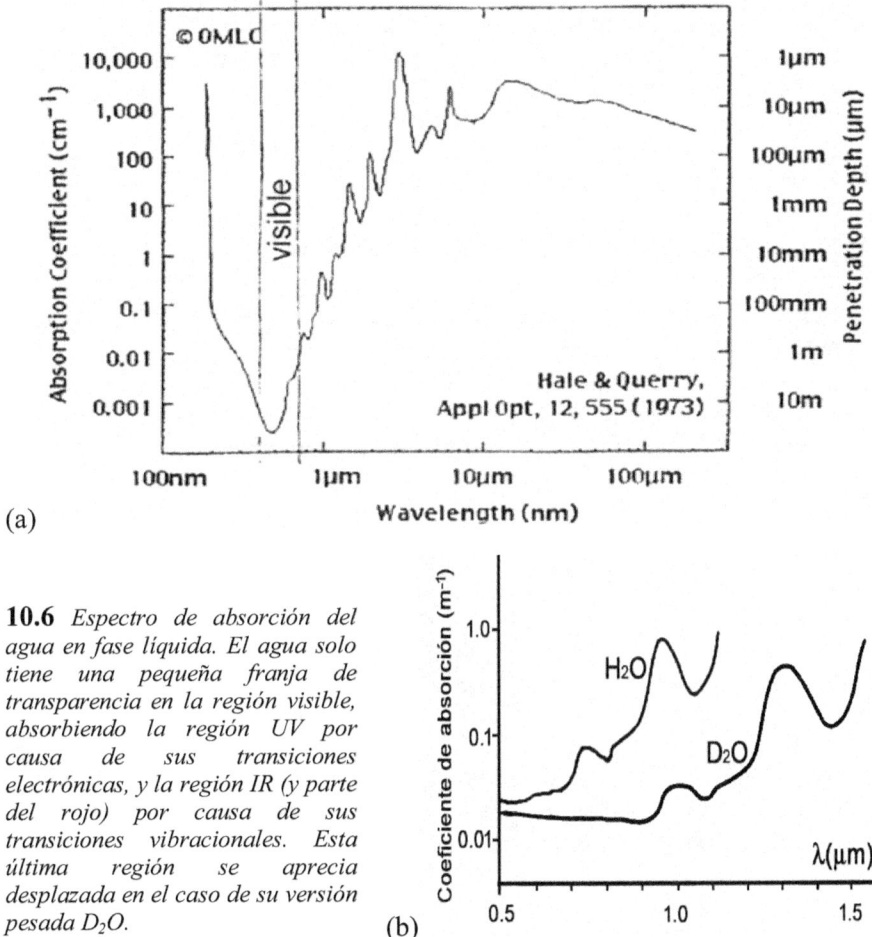

(a)

10.6 *Espectro de absorción del agua en fase líquida. El agua solo tiene una pequeña franja de transparencia en la región visible, absorbiendo la región UV por causa de sus transiciones electrónicas, y la región IR (y parte del rojo) por causa de sus transiciones vibracionales. Esta última región se aprecia desplazada en el caso de su versión pesada D_2O.*

(b)

Lo anterior hace que el agua pesada sea mucho más transparente en la región roja del espectro. Aunque la diferencia sea poco apreciable en cantidades pequeñas, en algunos museos pueden observarse tubos de algunos metros de longitud llenos con H_2O o con D_2O, siendo fácil apreciar la diferencia, y cómo el agua pesada es más transparente y el agua normal más azulada.

Problemas

10.1. Para la molécula de Benceno (C_6H_6 hexagonal), explicar
   a) Cuántas constantes rotacionales se necesitan para describir la energía de sus estados rotacionales.
   b) Cuántos modos normales de vibración tiene.
   c) ¿Es ópticamente activo el modo en que cada H se acerca a su C mientras el anillo de C se expande?

10.2. Para cada una de las moléculas FH, OH_2, NH_3 y CH_4 explicar cuántas constantes rotacionales son necesarias para describir sus niveles de energía rotacional. Indicar cuáles de ellas emiten espectros rotacionales puros.

10.3. En la molécula de ciclo-propano (C_3H_6) los tres carbonos forman un triángulo equilátero, con dos hidrógenos cada uno colocados según muestra la figura.

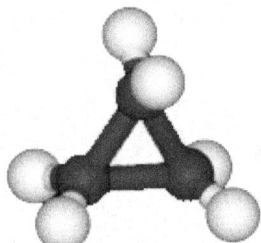

   a) Determinar cuántos modos normales de vibración tiene esta molécula.
   b) Determinar cuántas constantes rotacionales son necesarias para describir sus estados de rotación.

Apéndices

Addendum.

A1 Elementos de mecánica cuántica

Esbozaremos aquí algunas nociones elementales de mecánica cuántica. Intencionadamente el tratamiento será simplista, pues no se trata de exponer esa materia en detalle, sino de repasar los mínimos contenidos necesarios para el tratamiento de átomos y moléculas en el resto del texto.

Descripción Cuántica de un sistema

Espacios de Hilbert: La descripción cuántica de los sistemas físicos utiliza espacios vectoriales sobre el cuerpo complejo y con producto escalar. Este tipo de espacios se denominan espacios de Hilbert. Es habitual utilizar las notaciones $|\Phi\rangle$, $\langle\Phi|$ y $\langle\Phi|\Sigma\rangle$ para representar respectivamente los estados, sus conjugados complejos y los productos escalares entre ellos.

Cuando el efecto de un operador sobre cierto vector es simplemente multiplicarle por una constante $A\Phi = a\Phi$, se dice que ese es uno de sus autovectores, y la correspondiente constante "a" su autovalor.

Un tipo especialmente importante de operadores son los denominados "autoadjuntos" por tener la propiedad de que sus matrices no cambian tras tomar su conjugado complejo y trasponerlas. Ello significa que sus elementos de matriz cumplen $\langle\Phi|A|\Sigma\rangle = \langle\Sigma|A|\Phi\rangle$ y que en caso de ser matrices reales serán simétricas. Lo más característico de los operadores autoadjuntos es que todos sus autovalores son reales.

Cuando estos espacios vectoriales son de dimensión finita nos encontraremos manejando las habituales matrices sobre vectores de unas pocas coordenadas, en algunos casos utilizando herramientas puramente geométricas. Cuando la dimensión sea infinita nos encontraremos manejando vectores infinitos (sucesiones) o elementos típicos del análisis (series, transformadas de Fourier, ecuaciones diferenciales, …). Aun en los casos de dimensión infinita serán útiles algunos conceptos geométricos, o seguir considerando los vectores con sus infinitas coordenadas (sucesiones) multiplicados por matrices (también infinitas).

Estados: A todo sistema se le asocia un espacio de Hilbert, y sus vectores (convenientemente normalizados) describen todos los estados posibles en que pueda encontrarse el sistema.

Cantidades medibles: Cada cantidad medible A del sistema ("observable") se representa mediante un operador lineal autoadjunto $\mathbf{A}$ definido de modo que sus autovalores $\{a_1, a_2, \ldots\}$ sean precisamente los posibles resultados de su medida. La exigencia de ser autoadjunto proviene de que todos los resultados de una medida (sus autovalores) deban ser reales.

Evolución temporal del sistema: El operador que representa la energía total del sistema (llamado hamiltoniano) tiene especial relevancia, ya que él determina la evolución temporal de sus estados según la ecuación diferencial: $i\hbar\, \partial\Phi/\partial t = \mathbf{H}\Phi$.

Predicción de una medida: Como se ha indicado, en mecánica cuántica se asocia a cualquier cantidad medible A ("observable") un operador autoadjunto $\mathbf{A}$ con autovalores reales $\{a_1, a_2, \ldots\}$ que son los posibles resultados de la medida. Supongamos que llamamos $\{\Phi_1, \Phi_2, \ldots\}$ a los autovectores correspondientes a esos autovalores. En el caso de que el estado del sistema fuese uno de esos Φ_i, puede asegurarse que el resultado de la medida será su correspondiente a_i. Si el sistema se encuentra en cualquier otro estado arbitrario Φ entonces es impredecible cuál de los valores a_i resultará, y solo podemos afirmar que cada uno ocurrirá con una probabilidad $|\langle\Phi|\Phi_i\rangle|^2$.

De este modo, si del estado de partida supiésemos que puede escribirse como combinación lineal de los autovectores $\Phi = c_1\Phi_1 + c_2\Phi_2 + \ldots$, cada $|c_i|^2$ será[1] la probabilidad de que resulte el valor a_i al medir A. En tales casos no tendrá sentido preguntarse qué valor tenía "realmente" la cantidad A antes de su medida, como tampoco lo tendrá preguntarse "en cuál de los Φ_i realmente se encontraba el sistema".

Se denomina "valor esperado" de un observable A en el estado Φ al valor medio que se obtendría de él tras muchas medidas. Como cada resultado a_i se obtiene con probabilidad $|\langle\Phi|\Phi_i\rangle|^2$, el valor esperado puede obtenerse

$$\langle\mathbf{A}\rangle_\Phi = \Sigma_i a_i |\langle\Phi|\Phi_i\rangle|^2 = \Sigma_i a_i \langle\Phi|\Phi_i\rangle\langle\Phi_i|\Phi\rangle = \langle\Phi|\mathbf{A}|\Phi\rangle$$

tras usar la denominada "resolución espectral" de $\mathbf{A}$, es decir, su forma diagonal en base de sus autovalores $\mathbf{A} = \Sigma_i a_i |\Phi_i\rangle\langle\Phi_i|$.

Cabe notar que los operadores $\mathbf{A}$ pueden tener un número infinito de autovalores (en cuyo caso las sumas Σ_i serán realmente series) o, como veremos más adelante, incluso un continuo de ellos (en cuyo caso serán integrales).

---

[1] Como es bien sabido, si los $\{\Phi_i\}$ son ortogonales entre sí y normalizados (ortonormales), esos coeficientes son directamente $c_i = \langle\Phi|\Phi_i\rangle$.

La función de ondas

En general será conveniente manejar los vectores por sus coordenadas sobre bases adecuadas. Para el caso de una sola partícula en una dimensión la más frecuente será la formada por los autoestados $|x\rangle$ del operador posición $\mathbf{X}$. Nótese que, según lo indicado en el punto anterior, el que una partícula se encontrase en el autoestado $|x_0\rangle$ significaría que al medir su posición la encontraríamos con certeza en el punto x_0. Dado que las posiciones son un espectro de valores continuos, escribir su estado como combinación lineal de ellas significará una integral $|\Phi\rangle=\int\phi(x)|x\rangle\mathrm{d}x$. Nótese que en esta expresión tenemos un índice continuo x en vez del discreto i, y que se utiliza por ello una notación ligeramente distinta escribiendo los "coeficientes" de la combinación lineal como $\phi(x)$ en vez de como ϕ_x. Por lo demás, según el punto anterior ("predicción de una medida"), $|\phi(x)|^2$ representará la probabilidad[1] de encontrar la partícula en la posición x (en realidad entre x y $x+\mathrm{d}x$), y también aquí las "coordenadas" del vector Φ en la base $|x\rangle$ podrán obtenerse como $\phi(x)=\langle\Phi|x\rangle$.

Esta $\phi(x)$ es la llamada "función de ondas de la partícula en representación de posiciones" y es una forma muy práctica de manejar explícitamente los estados de una partícula[2].

Suele causar confusión al principiante la diferencia entre describir una partícula por su estado "abstracto" $|\Phi\rangle$ y por su función de onda $\phi(x)$, sobre todo porque de forma "coloquial" es habitual referirse a ambos objetos (bien distintos) como si fuesen la misma cosa. Con tal que uno sea consciente de la diferencia entre ambos no debería preocupar ese pequeño abuso del lenguaje, como tampoco preocupa demasiado distinguir en geometría entre vector posición r y sus coordenadas en una base $\{i,j,k\}$, es decir, el trío de números (x,y,z) obtenidos por $x=\langle i|r\rangle$, $y=\langle j|r\rangle$, $z=\langle k|r\rangle$.

Versión cuántica de las variables clásicas momento y posición

Para el caso de una partícula se denominan $\mathbf{P}$ y $\mathbf{X}$ a los operadores autoadjuntos asociados a sus propiedades de posición y momento. En general se mantienen entre los distintos operadores las mismas relaciones de la mecánica clásica, de modo que si la partícula se mueve en un potencial $V(x)$, el hamiltoniano será $\mathbf{H}=\mathbf{P}^2/2m+V(\mathbf{X})$. Nótese que ahora $\mathbf{P}$ y $\mathbf{X}$ son operadores, y que $\mathbf{P}^2$ significa el operador $\mathbf{P}$ actuando dos veces.

---

[1] Matemáticamente es lo que se denomina la función "densidad de probabilidad".

[2] Así por ejemplo, conocidas las funciones de onda $f(x)$ y $g(x)$ de dos estados $|F\rangle$ y $|G\rangle$, es sencillo demostrar que $\langle F|G\rangle=\int f^*(x)g(x)\mathrm{d}x$ o que el valor esperado del cuadrado de la posición en uno de ellos puede calcularse como $\langle F|\mathbf{X}^2|F\rangle=\int f^*(x)x^2f(x)\mathrm{d}x$.

Cuando se describe el estado de una partícula mediante su función de onda el efecto de los operadores **P** y **X** es el siguiente:
- El operador **X** simplemente multiplica la función de ondas por la variable x (o r en tres dimensiones).
- El operador **P** deriva la función de ondas en la variable x y luego la multiplica la constante $-i\hbar$. En tres dimensiones es habitual escribir $\mathbf{P} = -i\hbar\nabla$.

Esto último representa un pequeño abuso del lenguaje, puesto que el operador **P** actúa sobre el vector Φ del espacio vectorial, mientras que la operación de derivada es su efecto sobre las "coordenadas", esto es, sobre su función de ondas $\phi(x)$ en representación de posiciones.

Ecuación de Schrödinger y estados estacionarios del sistema

Cuando el hamiltoniano no depende explícitamente del tiempo son especialmente interesantes sus autovalores y autofunciones $\mathbf{H}|\Phi_i\rangle = \varepsilon_i|\Phi_i\rangle$ que se denominan "estados estacionarios del sistema". Aplicando la ecuación de evolución, es inmediato comprobar que para ellos su dependencia temporal es simplemente un cambio de fase $e^{-i\varepsilon_i t/\hbar}$. En representación de posiciones ello significa un comportamiento $\Psi_i(r,t) = \phi_i(r)e^{-i\varepsilon_i t/\hbar}$. El nombre de "estacionarios" es adecuado puesto que mantienen constante su distribución de probabilidades espaciales $|\phi(r)|^2$ y energía ε_i. Teniendo en cuenta todo lo anterior, es también inmediato comprobar que la ecuación de autovalores para los estados estacionarios de una partícula en un potencial $V(r)$ no es otra que la conocida ecuación de Schrödinger para su función de onda $-(\hbar^2/2m)\nabla^2\phi(r) + V(r)\phi(r) = \varepsilon\phi(r)$, pudiendo ser reales sus soluciones.

Compatibilidad de operadores y relaciones de incertidumbre

Al igual que en dimensión finita el producto de matrices no es conmutativo, en general el resultado de aplicar dos operadores a un estado depende del orden de actuación de estos. Un caso típico es el de los operadores posición y momento para los que $\mathbf{PX}|\Phi\rangle \neq \mathbf{XP}|\Phi\rangle$. En representación de posiciones (actuando sobre la función de ondas) ello simplemente significa que no es lo mismo derivar a una función en su variable x y luego multiplicar por x, que hacerlo en el orden contrario.

Este tipo de operadores que no conmutan se denominan "incompatibles" y tienen la importante propiedad de no tener autovectores comunes. Consecuencia de ello es que si la medida de uno de ellos es predecible por estar el sistema en uno de sus autovectores, entonces no puede ser autovector del otro, y por tanto la medida del otro no puede ser predecible. Es decir, la medida simultánea de ambos nunca es predecible, necesariamente estará limitada en precisión. Puede demostrarse que en tales casos las dispersiones en sus medidas cumplen

$\sigma_A \sigma_B \geq \frac{1}{2} | \langle [A,B] \rangle |$, donde $[A,B]=AB-BA$.

Quizá el ejemplo más famoso de operadores "incompatibles" sea el de los operadores posición y momento para los que $[\mathbf{X},\mathbf{P}]=i\hbar$, que da lugar a la conocida relación de incertidumbre $\sigma_P \sigma_X \geq \hbar /2$.

En el caso contrario, los operadores que conmutan entre sí se dicen "compatibles", y puede demostrarse que siempre tienen autovectores comunes (de hecho toda una base formada por esos autovectores comunes). La mejor descripción a que podemos aspirar para un sistema será el encontrar para él un conjunto de observables $\{A, B, C, ...\}$ compatibles dos a dos entre sí. Ello significará disponer de una base de autoestados común a todos, en que por tanto la medida de todos ellos sea predecible. En tal caso esos estados pueden etiquetarse sin ambigüedad por sus autovalores bajo cada operador y representarse $\{|a,b,c,...\rangle\}$. Se dirá en tal caso que se dispone de un "Conjunto Completo de Observables Compatibles" (CCOC).

A2 Unidades atómicas. Relaciones entre varios sistemas de unidades

Se denomina sistema de unidades atómicas (u.a. o "de Hartree") al elegido de forma que $\hbar=e=m_e=1$. La tabla muestra varias cantidades físicas en los sistemas u.a., CGS de Gauss y SI.

Cantidad	SI	CGS	Observaciones
ε_0	$10^7/4\pi c^2$	$1/4\pi$	$\varepsilon_0=1/4\pi$ en u.a.
μ_0	$4\pi/10^7$	$4\pi/c^2$	
α	$e^2/(4\pi\varepsilon_0\hbar c)$ $=e^2 c/(10^7\hbar)$	$e^2/(\hbar c)$ [1]	Constante de estructura fina $\approx 1/137.04$ adimensional
u.a. carga e	$1.602\ 10^{-19}$C	$4.803\ 10^{-10}$ues	Carga del electrón
u.a. masa m_e	$9.109\cdot10^{-31}$ kg	$9.109\cdot10^{-28}$ g	Masa del electrón
u.a. acción	$1.055\cdot10^{-34}$ J s	$1.055\cdot10^{-27}$ Erg s	Constante de Planck reducida
u.a. longitud a_0	$4\pi\varepsilon_0\hbar^2/m_e e^2$ $=\hbar/m_e\alpha c$	$\hbar^2/m_e e^2$ $=\hbar/m_e\alpha c$	0.5292 Ángstrom (radio de Bohr)
u.a. velocidad	αc		$c=1/\alpha\approx137$ en u.a.
u.a. tiempo	$a_0/\alpha c$		$2.42\ 10^{-17}$s
u.a. energía (Hartree)	$e^2/(4\pi\varepsilon_0 a_0)=$ $e^4 m_e/(4\pi\varepsilon_0\hbar)^2$	$e^2/a_0=e^4 m_e/\hbar^2$	27.212eV. Es la energía potencial de dos electrones separados a_0. 1Rydberg=1/2Hartree (13.606eV)
Magnetón Bohr	$\mu_B=e\hbar/2m_e$ $=5.788\cdot10^{-5}$eV/T=0.467cm^{-1}/T $\mu=(q/2m_e)\mathbf{L}$		$\mu_B=1/2$ en u.a. para partícula clásica girando.
r_e	$r_e/a_0=1$Hartree/$m_e c^2=\alpha^2\approx1/137^2$		Radio clásico del electrón (tamaño de la esfera de carga e cuya energía potencial es $m_e c^2$)
B	Tesla (=10^4Gauss)	Gauss (=10^{-4}Tesla)	
cm^{-1}	$1.240\cdot10^{-4}$eV [2] $1.9864\cdot10^{-23}$J		Unidad de energía habitual en espectroscopía (la correspondiente a un fotón de $\lambda=1$cm)

---

[1] Nótese que esa expresión tan simple para α solo es válida tomando e en *ues* (estatcoulomb o Franklin), $\hbar$ en erg.seg y c en cm/s.

[2] Es simplemente $hc/e\lambda$ para $\lambda=1$cm. Muy cómoda en espectroscopía porque dada una energía en cm^{-1} su inversa es directamente la longitud de onda en cm, y por ello la mayoría de niveles atómicos se tabulan con ella. Basada en esa cantidad resulta muy práctica la relación λ(nm)$=1240/E$(eV) para pasar de longitudes de onda (en nm) a energías (en eV).

Desde luego, cuando tratamos con moléculas, es importante no confundir la unidad de masa de este sistema de unidades atómicas (la masa del electrón $m_e=1$ u.a.) con las "unidades de masa atómica" (UMA o dalton) con que suelen expresarse los pesos atómicos (que son 1/12 de la masa de un átomo de ^{12}C).

La propiedad más importante de este sistema de "unidades atómicas" es la de estar "adaptado" a la escala típica atómica, por lo que cabe esperar que los valores típicos de muchos resultados para átomos y moléculas sean del orden de la unidad en dicho sistema. Este es el caso de los tamaños y distancias de enlace, que serán del orden del radio de Bohr. Será también el caso de las energías, cuya unidad es el hartree.

En particular es muy interesante observar que la unidad atómica de velocidad es un factor $\alpha \approx 1/137$ de la velocidad de la luz. Eso anticipa que los efectos relativistas serán relevantes en física atómica (un factor 100 más lento que la luz aún es mucha velocidad) pero no serán extremos. De ese modo tales efectos casi siempre podrán aproximarse introduciendo correcciones de primer orden.

También es interesante indicar cómo se expresa la energía potencial entre dos cargas en el sistema de unidades atómicas. Partiendo de su expresión en el sistema internacional $V=1/(4\pi\varepsilon_0)$ qq'/r (nótese que V representa una energía, no un potencial=energía/carga) es inmediato comprobar que en unidades atómicas se reduce a $V=qq'/r$. Para ello basta observar en la tabla las unidades de energía, longitud y carga. Esta forma tan sencilla coincide con la del sistema CGS, y es en parte el motivo por el que la citan en su introducción la mayoría de libros de física atómica antes de haber presentado las unidades atómicas.

Por todo lo anterior, el paso de distintas expresiones del SI a unidades atómicas, además de tomar $\hbar=e=m_e=1$, requiere los cambios $\varepsilon_0=1/4\pi$ y $c=1/\alpha$.

Estos cambios de algunas expresiones, al pasar de unos a otros sistemas de unidades son especialmente importantes para las ecuaciones de Maxwell, esenciales al estudiar la radiación. Por ello, a continuación resumimos el aspecto más habitual de dichas ecuaciones en los sistemas CGS e Internacional.

Sistema Internacional

$$\left.\begin{array}{l} \nabla B = 0 \\ \nabla \wedge E = -\partial_t B \end{array}\right\} \quad \begin{array}{l} B = \nabla \wedge A \\ E = -\nabla\phi - \partial_t A \end{array}$$

$$\left.\begin{array}{l} \nabla E = \rho / \varepsilon_0 \\ \nabla \wedge B = \frac{1}{c^2}\partial_t E + \mu_0 j \end{array}\right\} \quad \begin{array}{l} \nabla^2 A - \frac{1}{c^2}\partial_t^2 A = -\mu_0 j \\ \nabla^2 \phi - \frac{1}{c^2}\partial_t^2 \phi = -\rho / \varepsilon_0 \end{array}$$

(con gauge de Lorentz $\nabla A + \frac{1}{c^2}\partial_t\phi = 0$ *)*

$$F = q(E + v \wedge B)$$

$$|F| = \frac{1}{4\pi\varepsilon_0}\frac{qq'}{r^2} \approx 9 \cdot 10^9 \frac{qq'}{r^2}$$

$$\varepsilon_0 = \frac{10^7}{4\pi c^2}, \mu_0 = 4\pi \cdot 10^{-7}$$

$$S = \frac{1}{\mu_0} E \wedge B,$$

$$W = \frac{1}{2}\left(\varepsilon_0 E^2 + \frac{1}{\mu_0} B^2\right)$$

Aunque en medios materiales las últimas expresiones pasan a ser:

$$\left.\begin{array}{l} \nabla(\varepsilon_0 E + P) = \rho \\ \nabla \wedge \underbrace{(B/\mu_0 - M)}_{H} = j + \partial_t \underbrace{(\varepsilon_0 E + P)}_{D} \end{array}\right\}$$

$$S = E \wedge H,$$
$$W = \frac{1}{2}(E \cdot D + B \cdot H)$$

A continuación se muestran las mismas relaciones en el sistema CGS. Para obtenerlas, así como para pasar cualquier expresión del SI al CGS, basta realizar los cambios $\varepsilon_0 \rightarrow 1/4\pi$, $\mu_0 \rightarrow 4\pi/c^2$, $B \rightarrow B/c$, $A \rightarrow A/c$.

Sistema CGS

$$\left.\begin{array}{l} \nabla B = 0 \\ \nabla \wedge E = -\frac{1}{c}\partial_t B \end{array}\right\} \quad \begin{array}{l} B = \nabla \wedge A \\ E = -\nabla\phi - \frac{1}{c}\partial_t A \end{array}$$

$$\left.\begin{array}{l} \nabla E = 4\pi\rho \\ \nabla \wedge B = \frac{1}{c}\partial_t E + \frac{4\pi}{c} j \end{array}\right\} \quad \begin{array}{l} \nabla^2 A - \frac{1}{c^2}\partial_t^2 A = -\frac{4\pi}{c} j \\ \nabla^2 \phi - \frac{1}{c^2}\partial_t^2 \phi = -4\pi\rho \end{array}$$

(con gauge de Lorentz $\nabla A + \frac{1}{c}\partial_t\phi = 0$ *)*

$$F = q(E + \frac{1}{c}v \wedge B)$$

$$|F| = qq'/r^2$$

$$S = \frac{c}{4\pi} E \wedge B$$

$$W = \frac{1}{8\pi}(E^2 + B^2)$$

Cambiando en medios materiales:

$$\left.\begin{array}{l} \nabla(E + 4\pi P) = 4\pi\rho \\ \nabla \wedge \underbrace{(B - 4\pi M)}_{H} = \frac{4\pi}{c} j + \frac{1}{c}\partial_t \underbrace{(E + 4\pi P)}_{D} \end{array}\right\}$$

$$S = \frac{c}{4\pi} E \wedge H$$
$$W = \frac{1}{8\pi}(E \cdot D + B \cdot H)$$

A3 Armónicos esféricos

Los armónicos esféricos son una familia de auto-funciones del operador "momento angular al cuadrado", es decir soluciones de la ecuación diferencial $L^2\Omega(\theta,\varphi)=c\Omega(\theta,\varphi)$. Dado que este operador diferencial viene a ser la parte angular del operador ∇^2, estas funciones surgen de forma natural cada vez que se maneja el operador laplaciano en coordenadas esféricas; interviniendo en multitud de aplicaciones, muchas de ellas sin relación con la mecánica cuántica (de hecho se emplean en esos campos con notaciones y normalizaciones ligeramente diferentes). El autovalor "c" resulta ser de la forma $l(l+1)$ donde l es un número natural $l=0,1,2\ldots$).

Además de esa propiedad, pueden elegirse de modo que también sean auto-estados del operador L_z con autovalor m (en cuyo caso son complejos) o del operador L_z^2 con autovalor m^2 (en cuyo caso son reales). Para cada valor de l, el índice m puede tomar únicamente alguno de los $2l+1$ valores enteros $m=-l,\ldots,0,\ldots l$. La tabla muestra algunas de estas funciones.

Autofunciones de L^2 y L_z			Autofunciones de L^2 y L_z^2		
l	m	Función	l	$|m|$	Función
0	0	$Y_0^0=1/\sqrt{4\pi}$	0	0	$s=1/\sqrt{4\pi}$
1	0	$Y_1^0=\sqrt{3/4\pi}\,\cos\theta$	1	0	$p_z=\sqrt{3/4\pi}\,\cos\theta$
	± 1	$Y_1^{\pm 1}=\mp\sqrt{3/8\pi}sen\theta\,e^{\pm i\varphi}$		1	$p_x=\sqrt{3/4\pi}\,sen\theta\cos\varphi$
					$p_y=\sqrt{3/4\pi}\,sen\theta\,sen\varphi$
2	0	$Y_2^0=\frac{1}{2}\sqrt{5/4\pi}\,(3\cos^2\theta-1)$	2	0	$d_{3z^2-r^2}=\sqrt{5/16\pi}\,(3\cos^2\theta-1)$
	± 1	$Y_2^{\pm 1}=\mp\sqrt{15/8\pi}sen\theta\cos\theta\,e^{\pm i\varphi}$		1	$d_{xz}=\sqrt{15/4\pi}\,sen\theta\cos\theta\cos\varphi$
					$d_{yz}=\sqrt{15/4\pi}\,sen\theta\cos\theta\,sen\varphi$
	± 2	$Y_2^{\pm 2}=\frac{1}{4}\sqrt{15/2\pi}\,sen^2\theta\,e^{\pm 2i\varphi}$		2	$d_{x^2-y^2}=\sqrt{15/4\pi}\,sen^2\theta\cos2\varphi$
					$d_{xy}=\sqrt{15/4\pi}\,sen^2\theta\,sen2\varphi$

Nótese que las versiones reales son (salvo constantes) las partes real e imaginaria de las versiones complejas. Es interesante notar también, que las versiones reales pueden expresarse como polinomios en las variables x, y, z con $x^2+y^2+z^2=1$; y esos polinomios son los indicados como subíndice en el nombre de cada una.

En caso de tomarse como autoestados de L^2 y L_z su forma general es

$$Y_l^m(\theta\varphi) = \left[\frac{2l+1}{4\pi}\frac{(l-m)!}{(l+m)!}\right]^{1/2} P_l^m(\cos\theta)e^{im\varphi}, 0 \le \theta \le \pi, 0 \le \varphi \le 2\pi$$

donde las "Funciones Asociadas de Legendre" $P_l^m(z)$, que incluyen toda la dependencia en el ángulo θ, están relacionadas con los Polinomios de Legendre $P_l(z)$ y pueden generarse con

$$P_l^m(z) = \frac{(1-z^2)^{m/2}}{2^l l!}\frac{d^{l+m}}{dz^{l+m}}(z^2-1)^l = (1-z^2)^{m/2}\frac{d^m}{dz^m}P_l(z)$$

La figura muestra el aspecto espacial de algunos armónicos esféricos. Nótese que en el caso de las versiones complejas su dependencia en el ángulo φ es solo una fase $e^{im\varphi}$, de modo que el módulo cuadrado que se representa tiene en todos los casos simetría de revolución en torno al eje z. Esas imágenes por tanto deben interpretarse como secciones de figuras de revolución (el $p_{\pm 1}$ por ejemplo similar a un toroide).

Por el contrario, como puede verse, las versiones reales no tienen en general simetría de revolución, y sí presentan direcciones espaciales bien definidas, que resultan útiles al tratar el enlace molecular.

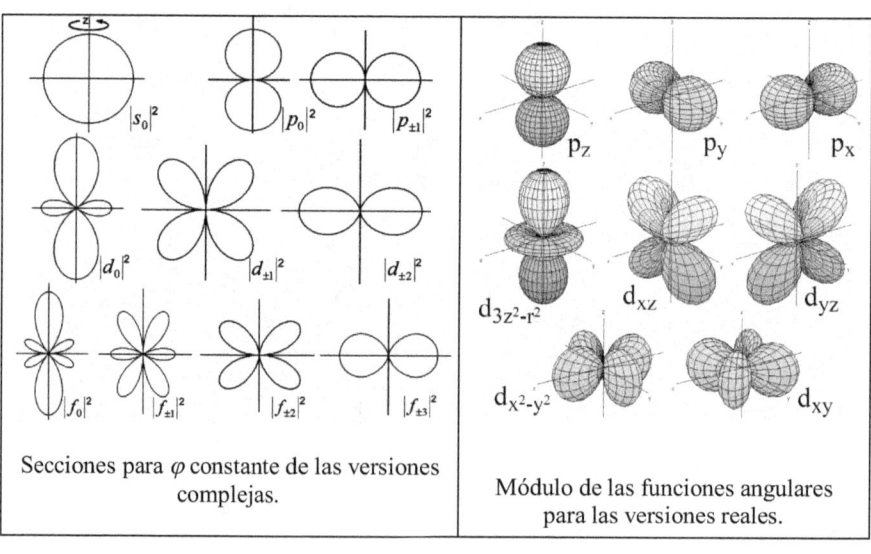

Secciones para φ constante de las versiones complejas.

Módulo de las funciones angulares para las versiones reales.

Entre sus propiedades más importantes se encuentran:

- Tienen paridad bien definida: cambian $(-1)^l$ al cambiar $r \rightarrow -r$ o $(\theta, \phi) \rightarrow (\pi - \theta, \pi + \phi)$ en coordenadas esféricas.

- Son una familia ortonormal (ortogonales y normalizados):

$$\int d\Omega Y_l^{m*}(\theta\varphi) Y_{l'}^{m'}(\theta\varphi) = \delta_{ll'} \delta_{mm'} \quad \text{(donde } d\Omega = \text{sen } \theta d\theta d\phi\text{)}$$

- Son un conjunto completo, es decir, pueden utilizarse como "base" para escribir cualquier función de 3 variables como combinación de ellas (análogamente a como el análisis de Fourier permite expresar cualquier función de una variable como combinación de funciones trigonométricas). Los siguientes son algunos ejemplos de ello muy útiles en física atómica.

$$e^{i\mathbf{kr}} = 4\pi \sum_{l=0}^{\infty} i^l j_l(kr) \sum_{m=-l}^{l} Y_l^{m*}(\hat{k}) Y_l^m(\hat{r})$$

$$\frac{1}{r_{12}} = \frac{1}{\sqrt{r_1^2 + r_2^2 - 2r_1 r_2 \cos\theta_{12}}} = \sum_{k=0}^{\infty} \frac{r_<^k}{r_>^{k+1}} P_k(\cos\theta_{12}) = \sum_{k=0}^{\infty} \frac{r_<^k}{r_>^{k+1}} \sum_{q=-k}^{k} \frac{4\pi}{2k+1} Y_k^{q*}(\Omega_1) Y_k^q(\Omega_2)$$

En esa expresión la primera igualdad se puede obtener de la relación de los polinomios de Legendre con la función generadora $1/(1-2sw+s^2)^{1/2}$, y la segunda es un teorema denominado de "suma de armónicos esféricos".

$$Y_{l_1}^{m_1}(\theta\phi) Y_{l_2}^{m_2}(\theta\phi) = \sum_{l=0}^{\infty} \left[\frac{(2l_1+1)(2l_2+1)}{4\pi(2l+1)} \right]^{1/2} C(l_1 l_2 l; m_1 m_2) C(l_1 l_2 l; 00) Y_l^{m_1+m_2}(\theta\phi)$$

En este caso los coeficientes $C(\ldots)$ son los llamados de "Clebsch Gordan", y la misma expresión en términos de coeficientes 3j es (ver apéndice A5)

$$Y_{l_1}^{m_1}(\theta\phi) Y_{l_2}^{m_2}(\theta\phi) = \sum_{l=0}^{\infty} (-1)^{m_1+m_2} \left[\frac{(2l_1+1)(2l_2+1)(2l+1)}{4\pi} \right]^{1/2} \begin{pmatrix} l_1 & l_2 & l \\ m_1 & m_2 & -m_1-m_2 \end{pmatrix} \begin{pmatrix} l_1 l_2 l \\ 0 \, 0 \, 0 \end{pmatrix} Y_l^{m_1+m_2}(\theta\phi)$$

A4 Espín, propiedades de sus funciones de onda y operadores

Las funciones de espín $\chi(\sigma)$ son funciones de onda extremadamente simples cuyo dominio incluye tan solo los dos valores $\sigma=\pm\frac{1}{2}$ y cuyo módulo cuadrado $|\chi(\sigma)|^2$ representa la probabilidad de encontrar al electrón con un estado de espín σ.

Dos de ellas, las llamadas $\chi_{\pm1/2}(\sigma)$ son los autoestados del operador S_z y representan estados de espín bien definidos. Así $\chi_+(\sigma)$ representa un estado en que la probabilidad de encontrar el espín "↑" es 1 y la probabilidad de encontrarlo "↓" es nula, es decir, toma los valores $\chi_+(\frac{1}{2})=1$ y $\chi_+(-\frac{1}{2})=0$ y su "gráfica" se muestra en la figura 1. Análogamente $\chi_-(\sigma)$ representa un estado con completa seguridad de encontrar el espín "↓", y por ello con sus valores intercambiados.

Dada su sencillez es obvio que cualquier otra función de espín puede escribirse como combinación lineal de las dos anteriores de forma trivial. Por ejemplo, una función de espín $\chi_{70\%\uparrow}(\sigma)$ que represente una probabilidad 70% de estar "↑" y 30% de estar "↓" puede escribirse $\chi_{70\%\uparrow}(\sigma)=0.84\chi_+(\sigma)+0.55\chi_-(\sigma)$, teniendo en cuenta que las probabilidades son los módulos cuadrados de las amplitudes. La figura ilustra las gráficas de algunas de esas funciones. Nótese que el eje vertical representa solo sus módulos, puesto que estas funciones en general toman valores complejos y representarlas completamente requeriría una dimensión adicional.

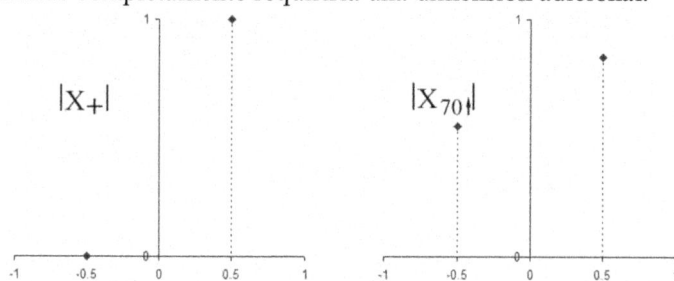

Resulta un ejercicio interesante (¡a muchos estudiantes les cuesta algún trabajo entenderlo de tan sencillo como es!) el demostrar que el conjunto $\{\chi_+(\sigma),\ \chi_-(\sigma)\}$ es ortonormal, es decir que $\Sigma_\sigma\chi_i(\sigma)^*\chi_j(\sigma)=\delta_{ij}$ para cualesquiera valores "+" o "-" de las variables i y j (y teniendo en cuenta que el índice σ solo recorre los valores $\frac{1}{2}$ y $-\frac{1}{2}$).

Es interesante también considerar las funciones $\{\chi_+(\sigma), \chi_-(\sigma)\}$ como una base y representar las demás por sus coordenadas. Las del ejemplo anterior serían:

$$\chi_+(\sigma) = \begin{pmatrix} 1 \\ 0 \end{pmatrix} \qquad \chi_-(\sigma) = \begin{pmatrix} 0 \\ 1 \end{pmatrix} \qquad \chi_{70\%}(\sigma) = \begin{pmatrix} 0.84 \\ 0.55 \end{pmatrix}.$$

Sobre estos vectores de dos dimensiones es sobre los que actúan los operadores de espín definidos como $S = \frac{\hbar}{2}\,\sigma$, donde las $\{\sigma_i\}$ son las tres matrices de Pauli que vimos aparecer al considerar la ecuación de Dirac

$$\sigma_x = \begin{pmatrix} 0 & 1 \\ 1 & 0 \end{pmatrix}, \quad \sigma_y = \begin{pmatrix} 0 & -i \\ i & 0 \end{pmatrix}, \quad \sigma_z = \begin{pmatrix} 1 & 0 \\ 0 & -1 \end{pmatrix}$$

Usando la forma explícita de esas matrices es trivial comprobar que cumplen $[\sigma_i, \sigma_j] = 2i\,\pi_{ijk}\sigma_k$, lo que garantiza $[S_i, S_j] = i\hbar\,\pi_{ijk}S_k$, y por tanto que los tres operadores S constituyan un momento angular (ver apéndice A5).

Nótese que, así como los $\chi_+ = (1,0)$ y $\chi_- = (0,1)$ son los autovectores de la matriz $S_z = \frac{\hbar}{2}\,\sigma_z$ (y por ello estados con espín bien definido "↑" o "↓" en dirección z; los dos autovectores $\chi_{+x} = (\sqrt{2}, \sqrt{2})$ y $\chi_{-x} = (\sqrt{2}, -\sqrt{2})$ de la matriz $S_x = \frac{\hbar}{2}\,\sigma_x$, representan estados con espín bien definido "↑" y "↓" en dirección x; y en general los de la matriz $n{\cdot}S = n_x S_x + n_y S_y + n_z S_z$ son los de espín bien definido en la dirección arbitraria $n = (n_x n_y n_z)$.

A5 Propiedades de los operadores momento angular

Es fácil comprobar que los tres operadores ($L_x L_y L_z$) que constituyen el momento angular orbital $\boldsymbol{L} = \boldsymbol{r}^\wedge \boldsymbol{p} = -i\hbar \boldsymbol{r} \wedge \nabla$ no conmutan entre sí, sino que satisfacen las relaciones $[L_i, L_j] = i\hbar \ \pi_{ijk} L_k$ y también $[\boldsymbol{L}^2, L_i] = 0$.

En esas expresiones [,] representa el conmutador $[A,B] = AB - BA$. El "símbolo de Levi-Civita" π_{ijk} vale +1 o -1 según la paridad de la permutación ijk, y es nulo si dos índices son iguales. En la expresión en que interviene se sobreentiende un sumatorio en el índice k repetido. Es una forma compacta de representar todas las combinaciones posibles de los tres L_i, como por ejemplo $[L_x, L_x] = 0$ o $[L_x, L_y] = i\hbar L_z$.

En mecánica cuántica se denomina "momento angular" a cualquier trío de operadores ($J_x J_y J_z$) que cumplan esas mismas relaciones[1]. El motivo es que de esas relaciones, en apariencia simples, se deduce un buen número de importantes consecuencias comunes a todo momento angular. Resumimos algunas de ellas a continuación:

1. Existe una base de autovectores comunes a los dos operadores J^2 y J_z que pueden etiquetarse por dos índices $\left| jm \right\rangle$:

$$J^2 \left| jm \right\rangle = \hbar^2 j(j+1) \left| jm \right\rangle, \ J_z \left| jm \right\rangle = \hbar m \left| jm \right\rangle.$$

donde j es alguno de los números 1/2 , 1, 3/2, 2, ... , y $m = -j, -j+1, -j+2, ..., j$.

2. Los operadores $J_\pm \equiv J_x \pm iJ_y$ cumplen

$$J_\pm \left| j, m \right\rangle = \hbar \sqrt{j(j+1) - m(m \pm 1)} \left| j, m \pm 1 \right\rangle.$$

3. Para cualquier valor de j puede encontrarse un juego de matrices que tengan las mismas relaciones de conmutación que los tres operadores (lo que se denomina una "representación matricial" suya). En el caso $j = \frac{1}{2}$

---

[1] Puesto que hablamos de "cualquier trío de objetos", sería más propio representarlos por ($J_1 \ J_2 \ J_3$). No obstante utilizaremos etiquetas "xyz" en lugar de "123" para evitar confusiones de notación, y dado que habitualmente se les asigna esa interpretación geométrica.

son especialmente "famosas" las matrices $\sigma_x = \begin{pmatrix} 0 & 1 \\ 1 & 0 \end{pmatrix}$, $\sigma_y = \begin{pmatrix} 0 & -i \\ i & 0 \end{pmatrix}$ y $\sigma_z = \begin{pmatrix} 1 & 0 \\ 0 & -1 \end{pmatrix}$, con las cuales pueden escribirse los operadores de espín como $S_i = \frac{\hbar}{2}\sigma_i$.

4. Si J_1 y J_2 son dos momentos angulares independientes entre sí ($[J_1, J_2]=0$) entonces

   a. $J=J_1+J_2$ también es un momento angular.

   b. El sistema puede describirse usando los números cuánticos de J_1 y J_2 para etiquetar los $\left| j_1 m_1 j_2 m_2 \right\rangle$ autoestados de $\left\{ J_1^2, J_{1z}, J_2^2, J_{2z} \right\}$, o los del nuevo J para etiquetar los $\left| j_1 j_2 jm \right\rangle$ autoestados de $\left\{ J_1^2, J_2^2, J^2, J_z \right\}$.

   c. Los coeficientes de cambio entre ambas bases
   $$\left| j_1 j_2 jm \right\rangle = \sum \left\langle j_1 m_1 j_2 m_2 \middle| j_1 j_2 jm \right\rangle \left| j_1 m_1 j_2 m_2 \right\rangle$$
   se denominan "Coeficientes de Clebsch Gordan"
   $$C(j_1 j_2 j, m_1 m_2 m) = \left\langle j_1 m_1 j_2 m_2 \middle| j_1 j_2 jm \right\rangle$$
   Existen expresiones explícitas para calcularlos y se encuentran tabulados.

   d. En general un $\left| j_1 j_2 jm \right\rangle$ es combinación lineal solo de los $\left| j_1 m_1 j_2 m_2 \right\rangle$ que tengan $m_1+m_2=m$ y $\left| j_1 - j_2 \right| \leq j \leq \left| j_1 + j_2 \right|$. Esta propiedad junto con el uso de los operadores $j_\pm = j_{1\pm} + j_{2\pm}$ evita en muchos casos el empleo de tablas de coeficientes Clebsch-Gordan.

En lugar de los coeficientes Clebsch Gordan es frecuente emplear los denominados "Coeficientes 3j" relacionados con ellos por.

$$C(j_1 j_2 j, m_1 m_2 m) = \left\langle j_1 m_1 j_2 m_2 \middle| j_1 j_2 jm \right\rangle = (-1)^{j_2 - j_1 - m}\sqrt{2j+1}\begin{pmatrix} j_1 & j_2 & j \\ m_1 & m_2 & -m \end{pmatrix}$$

El motivo es que estos tienen mejores propiedades de simetría, lo que supone una ventaja para su manejo y tabulación. En concreto un coeficiente $\begin{pmatrix} j_1 & j_2 & j_3 \\ m_1 & m_2 & m_3 \end{pmatrix}$ tiene las siguientes propiedades:

a. Cambia de signo en $(-1)^{j_1+j_2+j_3}$ por permutaciones impares de sus columnas, o cambio de signo en los tres "m".

b. Es nulo salvo que $m_1+m_2+m_3=0$.

c. Es nulo salvo que los tres números superiores estén en relación triangular, es decir, que cada uno se encuentre entre la suma y la diferencia de los otros dos, cosa que suele representarse por $\Delta(j_1 j_2 j_3)$

d.   Es trivial si uno de los "j" se anula: $\begin{pmatrix} j & j & 0 \\ m & -m & 0 \end{pmatrix} = (-1)^{j-m}/\sqrt{2j+1}$

A continuación se muestran tabulados algunos de esos coeficientes 3j. La tabla incluye todos los casos posibles hasta el acoplamiento de momentos angulares 2+2.

Tabla de coeficientes 3j

0 1/2 1/2
| 0 | 1/2 | -1/2 | 1/2 |

0 1 1
| 0 | 0 | 0 | -1/3 |
| 0 | 1 | -1 | 1/3 |

0 3/2 3/2
| 0 | 3/2 | -3/2 | 1/4 |
| 0 | 1/2 | -1/2 | -1/4 |

0 2 2
0	2	-2	1/5
0	1	-1	-1/5
0	0	0	1/5

1/2 1/2 1
| 1/2 | 1/2 | -1 | -1/3 |
| 1/2 | -1/2 | 0 | 1/6 |

1/2 1 3/2
1/2	1	-3/2	-1/4
1/2	0	-1/2	1/6
1/2	-1	1/2	-1/12

1/2 3/2 2
1/2	3/2	-2	-1/5
1/2	1/2	-1	3/20
1/2	-1/2	0	-1/10
1/2	-3/2	1	1/20

1/2 2 5/2
1/2	2	-5/2	-1/6
1/2	1	-3/2	2/15
1/2	0	-1/2	-1/10
1/2	-1	1/2	1/15
1/2	-2	3/2	-1/30

1 1 1
| 1 | 0 | -1 | -1/6 |
| 0 | 0 | 0 | 0 |

1 1 2
1	1	-2	1/5
1	0	-1	-1/10
1	-1	0	1/30
0	0	0	2/15

1 3/2 3/2
1	1/2	-3/2	-1/10
1	-1/2	-1/2	2/15
0	3/2	-3/2	3/20
0	1/2	-1/2	-1/60

1 3/2 5/2
1	3/2	-5/2	1/6
1	1/2	-3/2	-1/10
1	-1/2	-1/2	1/20
1	-3/2	1/2	-1/60
0	3/2	-3/2	-1/15
0	1/2	-1/2	1/10

1 2 2
1	1	-2	-1/15
1	0	-1	1/10
0	2	-2	2/15
0	1	-1	-1/30
0	0	0	0

1 2 3
1	2	-3	1/7
1	1	-2	-2/21
1	0	-1	2/35
1	-1	0	-1/35
1	-2	1	1/105
0	2	-2	-1/21
0	1	-1	8/105
0	0	0	-3/35

3/2 3/2 2
3/2	1/2	-2	1/10
3/2	-1/2	-1	-1/10
3/2	-3/2	0	1/20
1/2	-1/2	0	1/20

3/2 3/2 3
3/2	3/2	-3	-1/7
3/2	1/2	-2	1/14
3/2	-1/2	-1	-1/35
3/2	-3/2	0	1/140
1/2	1/2	-1	-3/35
1/2	-1/2	0	9/140

3/2 2 5/2
3/2	1	-5/2	1/14
3/2	0	-3/2	-3/35
3/2	-1	-1/2	9/140
3/2	-2	1/2	-1/35
1/2	2	-5/2	-2/21
1/2	1	-3/2	1/210
1/2	0	-1/2	1/70
1/2	-1	1/2	-5/84
1/2	-2	3/2	8/105

3/2 2 7/2
3/2	2	-7/2	-1/8
3/2	1	-5/2	1/14
3/2	0	-3/2	-1/28
3/2	-1	-1/2	1/70
3/2	-2	1/2	-1/280
1/2	2	-5/2	3/56
1/2	1	-3/2	-1/14
1/2	0	-1/2	9/140
1/2	-1	1/2	-3/70
1/2	-2	3/2	1/56

2 2 2
2	0	-2	2/35
2	-1	-1	-3/35
1	0	-1	1/70
0	0	0	-2/35

2 2 3
2	1	-3	-1/14
2	0	-2	1/14
2	-1	-1	-3/70
2	-2	0	1/70
1	0	-1	-1/35
1	-1	0	2/35

2 2 4
2	2	-4	1/9
2	1	-3	-1/18
2	0	-2	1/42
2	-1	-1	-1/126
2	-2	0	1/630
1	1	-2	4/63
1	0	-1	-1/21
1	-1	0	8/315
0	0	0	2/35

En cada columna los valores recuadrados representan $\boxed{j_1 j_2 j_3}$, seguidos de los posibles tríos de $m_1 m_2 m_3$ con el valor del coeficiente a la derecha de cada uno. En todos los casos se sobreentiende una raíz cuadrada para esos valores. Así, por ejemplo para el segundo de la tabla $\begin{pmatrix} 0 & 1 & 1 \\ 0 & 0 & 0 \end{pmatrix}$ el valor "-1/3" debe interpretarse como "$-\sqrt{1/3}$".

La siguiente tabla muestra coeficientes Clebsch-Gordan, y cubre los mismos casos de la anterior, aunque es más extensa, en parte debido a que esos coeficientes tienen muchas menos propiedades de simetría.

Review of Particle Physics. K. Nakamura *et al.* (Particle Data Group), J. Phys. G 37, 075021 (2010)

36. CLEBSCH-GORDAN COEFFICIENTS, SPHERICAL HARMONICS, AND d FUNCTIONS

Note: A square-root sign is to be understood over *every* coefficient, *e.g.*, for $-8/15$ read $-\sqrt{8/15}$.

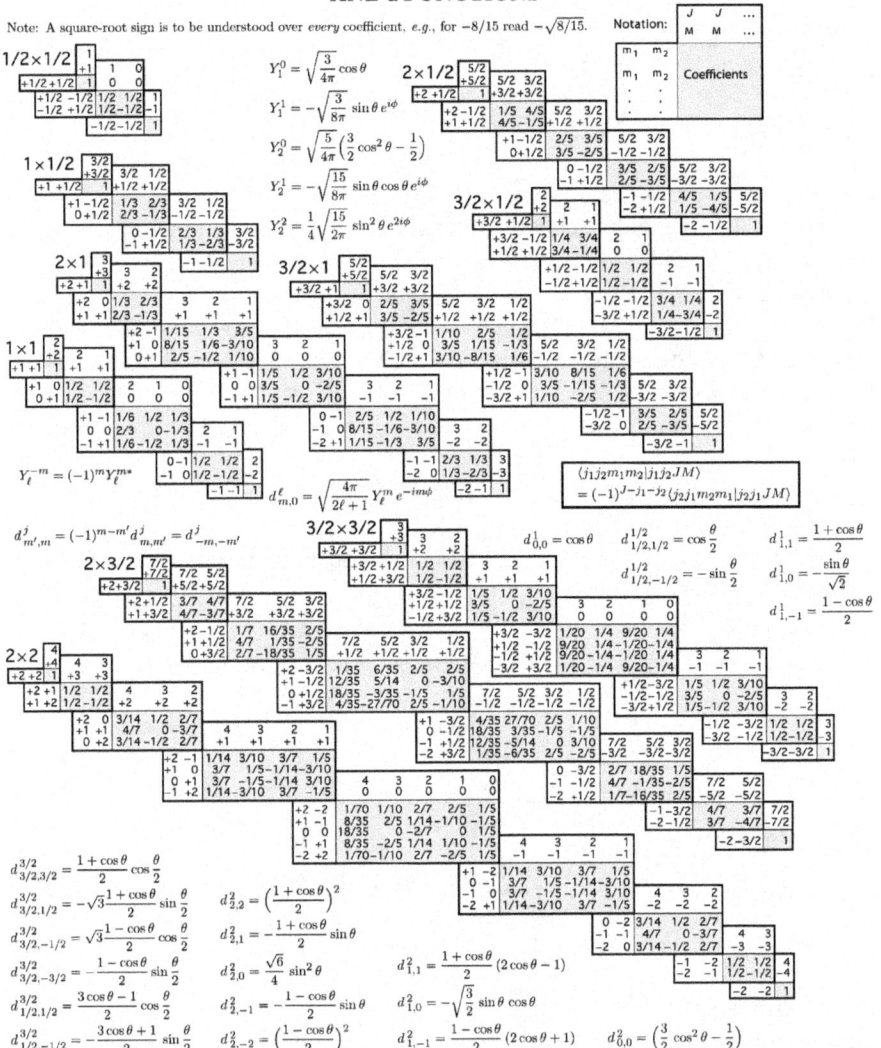

$$Y_1^0 = \sqrt{\frac{3}{4\pi}}\cos\theta$$

$$Y_1^1 = -\sqrt{\frac{3}{8\pi}}\sin\theta\,e^{i\phi}$$

$$Y_2^0 = \sqrt{\frac{5}{4\pi}}\left(\frac{3}{2}\cos^2\theta - \frac{1}{2}\right)$$

$$Y_2^1 = -\sqrt{\frac{15}{8\pi}}\sin\theta\cos\theta\,e^{i\phi}$$

$$Y_2^2 = \frac{1}{4}\sqrt{\frac{15}{2\pi}}\sin^2\theta\,e^{2i\phi}$$

$$Y_\ell^{-m} = (-1)^m Y_\ell^{m*}$$

$$d_{m,0}^\ell = \sqrt{\frac{4\pi}{2\ell+1}}\,Y_\ell^m\,e^{-im\phi}$$

$$\langle j_1 j_2 m_1 m_2 | j_1 j_2 J M \rangle = (-1)^{J-j_1-j_2}\langle j_2 j_1 m_2 m_1 | j_2 j_1 J M \rangle$$

$$d_{m',m}^j = (-1)^{m-m'} d_{m,m'}^j = d_{-m,-m'}^j$$

$$d_{0,0}^1 = \cos\theta \qquad d_{1/2,1/2}^{1/2} = \cos\frac{\theta}{2} \qquad d_{1,1}^1 = \frac{1+\cos\theta}{2}$$

$$d_{1/2,-1/2}^{1/2} = -\sin\frac{\theta}{2} \qquad d_{1,0}^1 = -\frac{\sin\theta}{\sqrt{2}}$$

$$d_{1,-1}^1 = \frac{1-\cos\theta}{2}$$

$$d_{3/2,3/2}^{3/2} = \frac{1+\cos\theta}{2}\cos\frac{\theta}{2}$$

$$d_{3/2,1/2}^{3/2} = -\sqrt{3}\,\frac{1+\cos\theta}{2}\sin\frac{\theta}{2}$$

$$d_{3/2,-1/2}^{3/2} = \sqrt{3}\,\frac{1-\cos\theta}{2}\cos\frac{\theta}{2}$$

$$d_{3/2,-3/2}^{3/2} = -\frac{1-\cos\theta}{2}\sin\frac{\theta}{2}$$

$$d_{1/2,1/2}^{3/2} = \frac{3\cos\theta-1}{2}\cos\frac{\theta}{2}$$

$$d_{1/2,-1/2}^{3/2} = -\frac{3\cos\theta+1}{2}\sin\frac{\theta}{2}$$

$$d_{2,2}^2 = \left(\frac{1+\cos\theta}{2}\right)^2$$

$$d_{2,1}^2 = -\frac{1+\cos\theta}{2}\sin\theta$$

$$d_{2,0}^2 = \frac{\sqrt{6}}{4}\sin^2\theta$$

$$d_{2,-1}^2 = -\frac{1-\cos\theta}{2}\sin\theta$$

$$d_{2,-2}^2 = \left(\frac{1-\cos\theta}{2}\right)^2$$

$$d_{1,1}^2 = \frac{1+\cos\theta}{2}(2\cos\theta-1)$$

$$d_{1,0}^2 = -\sqrt{\frac{3}{2}}\,\sin\theta\cos\theta$$

$$d_{1,-1}^2 = \frac{1-\cos\theta}{2}(2\cos\theta+1)$$

$$d_{0,0}^2 = \left(\frac{3}{2}\cos^2\theta - \frac{1}{2}\right)$$

Figure 36.1: The sign convention is that of Wigner (*Group Theory*, Academic Press, New York, 1959), also used by Condon and Shortley (*The Theory of Atomic Spectra*, Cambridge Univ. Press, New York, 1953), Rose (*Elementary Theory of Angular Momentum*, Wiley, New York, 1957), and Cohen (*Tables of the Clebsch-Gordan Coefficients*, North American Rockwell Science Center, Thousand Oaks, Calif., 1974).

Un ejemplo

Consideremos como ejemplo el acoplamiento de dos momentos angulares $l=1$ y $s=1/2$ (que podrían corresponder a un electrón "p" en el átomo de hidrógeno) utilizando las relaciones

$$\left| j_1 j_2 jm \right\rangle = \sum_{m_1 m_2} C(j_1 j_2 jm_1 m_2 m) \left| j_1 m_1 j_2 m_2 \right\rangle$$

en términos de Clebsch-Gordan, o

$$\left| j_1 j_2 jm \right\rangle = (-1)^{j_2 - j_1 - m} \sqrt{2j+1} \sum_{m_1 m_2} \begin{pmatrix} j_1 & j_2 & j \\ m_1 & m_2 & -m \end{pmatrix} \left| j_1 m_1 j_2 m_2 \right\rangle$$

en términos de símbolos 3j.

Para el caso del hidrógeno se trataría de pasar de las funciones de onda $\phi_{npmm_s}(r,\sigma) = R_{np}(r) Y_l^m(\theta\phi) X_{ms}(\sigma)$ (autoestados de L^2, L_z, S^2, S_z) a las ϕ_{npsjmj} (autoestados de L^2, S^2, J^2, J_z). Puesto que $s=1/2$, la limitación $|l-s| \leq j \leq |l+s|$ hará que solo resulten $j=1/2, 3/2$. Además, para cada valor de m_j solo contribuirán estados con $m+m_s=m_j$. Esto último supone que algunos estados de la nueva base solo puedan ser combinación lineal de uno de la antigua, haciendo trivial tales cambios de base. Este es el caso de los máximos valores de m_j:

$$\phi_{np,s,j=3/2,mj=3/2} = \phi_{np,m=1,ms=1/2} = R_{np} Y_1^1 X_+ \text{ , y}$$

$$\phi_{np,s,j=3/2,mj=-3/2} = \phi_{np,m=-1,ms=-1/2} = R_{np} Y_1^{-1} X_-.$$

Los demás casos se obtienen fácilmente con unas tablas de coeficientes Clesbsh-Gordan o 3j. Por ejemplo

$$\phi_{np,s,j=3/2,mj=1/2} =$$

$$= C(1,\tfrac{1}{2},\tfrac{3}{2},1,-\tfrac{1}{2},\tfrac{1}{2}) \phi_{np,m=1,ms=-1/2} + C(1,\tfrac{1}{2},\tfrac{3}{2},0,\tfrac{1}{2},\tfrac{1}{2}) \phi_{np,m=0,ms=1/2} =$$

$$= (-1)^1 \sqrt{2\tfrac{3}{2}+1} \, [\begin{pmatrix} 1 & \tfrac{1}{2} & \tfrac{3}{2} \\ 1 & -\tfrac{1}{2} & -\tfrac{1}{2} \end{pmatrix} \phi_{np,m=1,ms=-1/2} + \begin{pmatrix} 1 & \tfrac{1}{2} & \tfrac{3}{2} \\ 0 & \tfrac{1}{2} & -\tfrac{1}{2} \end{pmatrix} \phi_{np,m=0,ms=1/2}] =$$

$$= \tfrac{1}{\sqrt{3}} R_{np} Y_1^1 X_- + \sqrt{\tfrac{2}{3}} R_{np} Y_1^0 X_+$$

Y análogamente

$$\phi_{np,s,j=3/2,mj=-1/2} = \tfrac{1}{\sqrt{3}} R_{np} Y_1^{-1} X_+ + \sqrt{\tfrac{2}{3}} R_{np} Y_1^0 X_- = R_{np}(\tfrac{1}{\sqrt{3}} Y_1^{-1} X_+ + \sqrt{\tfrac{2}{3}} Y_1^0 X_-)$$

$$\phi_{np,s,j=1/2,mj=1/2} = R_{np}(\sqrt{\tfrac{2}{3}} Y_1^1 X_- - \tfrac{1}{\sqrt{3}} Y_1^0 X_+), \text{ y}$$

$$\phi_{np,s,j=1/2,mj=-1/2} = R_{np}(-\sqrt{\tfrac{2}{3}} Y_1^{-1} X_+ + \tfrac{1}{\sqrt{3}} Y_1^0 X_-).$$

En realidad todas esas relaciones se pueden obtener a partir de los dos primeros valores m_j extremos sin el uso de coeficientes Clesbsh-Gordan o 3j, utilizando los operadores subida y bajada $j_\pm$ junto con condiciones de ortonormalidad. Ese es el procedimiento utilizado en el capítulo 5 cuando acoplamos los momentos angulares de varios electrones para generar los términos electrostáticos.

A6 Potenciales atómicos con solución analítica

Los dos potenciales considerados en este apéndice tienen interés no solo por ser resolubles exactamente de forma analítica, sino por sus implicaciones físicas. El primero puede verse tratado con detalle en cualquier texto de mecánica cuántica, por lo que solo se darán algunas observaciones básicas. El segundo muestra la rotura de la degeneración accidental en un potencial no coulombiano.

Potencial hidrogenoide

Para el caso $V(r)=-Z/r$ las funciones radiales $P_{nl}(r)$ son las soluciones del problema

$$\begin{cases} -\tfrac{1}{2}P_l{}'' + \left[l(l+1)/2r^2 - Z/r \right]P_l = \varepsilon_l P_l \\ P \approx e^{-\sqrt{-2\varepsilon}r}\, si\ \mathrm{r} \to \infty,\ P \approx r^{l+1}\, si\ \mathrm{r} \to 0 \end{cases}$$

Las condiciones de contorno sugieren buscarlas como producto de una exponencial y una serie de potencias $P_l(r) = e^{-\sqrt{-2\varepsilon_l}\,r}Q_l(r)$ con $Q_l(r) = \sum_{k=l+1}^{\infty} A_k r^k$, comenzando en la potencia $l+1$ para garantizar la condición de contorno en el origen. Introduciendo en la ecuación esta expresión para P_l se encuentra para Q_l de inmediato $Q'' - 2\sqrt{-2\varepsilon_l}\,Q' + \left[2Z/r - l(l+1)/r^2 \right]Q = 0$. Substituyendo en ella la serie y comparando términos con la misma potencia de r se obtiene para los coeficientes la relación de recurrencia

$$A_{k+1} = A_k \frac{2\sqrt{-2\varepsilon_l}\,k - 2Z}{k(k+1) - l(l+1)}$$

A partir de esa relación es fácil darse cuenta de que los coeficientes se comportan para k>> como $A_{k+1}/A_k = 2\sqrt{-2\varepsilon_l}\,/(k+1)$, es decir, igual que los del desarrollo de Taylor para la función $e^{2\sqrt{-2er}}$. Ello asegura la existencia de soluciones (convergencia de la serie) para cualquier valor de ε<0, pero también que tales soluciones no cumplirán la primera condición de contorno, pues se comportarán para radios grandes como $P \approx e^{-\sqrt{-2\varepsilon r}}e^{2\sqrt{-2\varepsilon r}} \nrightarrow 0$. Este argumento que aparentemente descarta todo valor de ε no es aplicable en los (pocos) casos en que se anule algún coeficiente de la serie, pues entonces $Q(r)$ pasa a ser un polinomio y el comportamiento de $P(r)$ no tiene problemas para radios grandes. La condición para que $Q(r)$ sea un polinomio con coeficientes solo hasta r^n es que el coeficiente A_{n+1} sea nulo sin que lo sea el A_n, es decir, que $2\sqrt{-2\varepsilon_l}\,n - 2Z = 0$, o lo que es lo mismo, que ε_l sea únicamente alguno de los valores $\varepsilon_{ln} = -Z^2/2n^2$, que son los conocidos niveles de energía hidrogenoides.

Cabe destacar en primer lugar que son precisamente las condiciones de contorno las que restringen drásticamente las posibles soluciones, discretizando los valores permitidos de la energía. Exactamente la misma situación se encuentra al resolver (numéricamente) el problema con otros potenciales $V(r)$ en átomos polielectrónicos.

Nótese también que todos los estados con un mismo n comparten la misma energía, independientemente del valor de l en la ecuación. Esto no ocurrirá con ningún otro potencial, y es la que se denomina "degeneración accidental" del potencial coulombiano.

Por último, para cada valor de ε_{ln} permitido, es inmediato escribir las soluciones explícitas de $P_{nl}(r)$ sin más que dar un valor arbitrario al primer coeficiente A_{l+1} y obtener los demás hasta el A_n por recurrencia (el valor de la constante multiplicativa A_{l+1} se determina al final imponiendo que $P_{nl}(r)$ esté normalizada).

Los polinomios de cada solución que podemos escribir

$$Q_{nl}(r) = \sum_{k=l+1}^{n} A_k r^k = r^{l+1} \sum_{q=0}^{n-l-1} A_{q+l+1} r^q \quad (q=k-l-1)$$

quedan así etiquetados por los dos números (n,l) que claramente deben cumplir $n \geq l+1$. Puede demostrarse también que estos polinomios tienen $N_c = n-l$ ceros, de los cuales uno es el origen (debido al factor r^{l+1}) y los otros $n-l-1$ son debidos al polinomio del mismo grado en el segundo sumatorio[1].

Los polinomios Q_{nl} pueden expresarse explícitamente en términos de polinomios asociados de Laguerre[2] como $Q_{nl}(r) = (2Zr/n)^{l+1} L_{n+l}^{2l+1}(2Zr/n)$, dado que su ecuación diferencial puede convertirse en la correspondiente ecuación asociada de Laguerre. Ello es útil para obtener algunas propiedades de dichos polinomios como su ortogonalidad, o evaluar algunas integrales de ellos multiplicados con potencias de la variable que proporcionan expresiones de cierto interés[3].

---

[1] En este caso resulta natural utilizar el grado "n" de esos polinomios como número cuántico con que etiquetar las sucesivas soluciones. En el caso de potenciales centrales arbitrarios no existen tales soluciones polinómicas, y se elige por convenio "n" como el entero que cumple la relación $N_c = n-l$.

[2] Supuesto que definamos $L_n^m(x) = d^m/dx^m\, L_n(x)$, y $L_n(x) = e^x d^n/dx^n (e^{-x} x^n)$.

[3] Como $\langle r \rangle = [3n^2 - l(l+1)]/2Z$, $\langle 1/r \rangle = Z/n^2$, $\langle 1/r^2 \rangle = Z^2/[n^3(l+1/2)]$, $\langle 1/r^3 \rangle = Z^3/[n^3 l(l+1/2)(l+1)]$, útiles para escribir explícitamente las correcciones relativistas en el caso hidrogenoide.

Potencial $-Z/r-C/r^2$.

Este potencial puede también resolverse analíticamente. Si bien no pretende ser una buena descripción de ningún átomo concreto, representa la situación sumamente interesante de un potencial no coulombiano para el cual se rompe la degeneración accidental. De hecho, para pequeños valores de la constante C, representa un potencial que se comporta prácticamente como $-Z/r$ a grandes distancias y que se hace más atractivo que el coulombiano a medida que nos acercamos al origen. Nótese que este es precisamente el comportamiento cualitativo esperado para los potenciales centrales realistas $V(r)$ en átomos polielectrónicos.

La solución de este problema se basa en aprovechar que el término $-C/r^2$ tiene exactamente la misma dependencia radial que el centrífugo $l(l+1)/2r^2$, de forma que ambos pueden reunirse en uno solo $\mu(\mu+1)/2r^2$ con tal que el valor de la constante $\mu(l,C)$ sea solución de la relación $l(l+1)-2C=\mu(\mu+1)$. Aunque la ecuación resultante sea formalmente idéntica a la del caso hidrogenoide, debe notarse que ahora $P \approx r^{\mu+1}$ cerca del origen donde μ no es entero, por lo que conviene reescribir $Q(r) = r^{\mu+1}\sum_{q=0}^{q_{max}}A_q r^q = \sum_{\nu=l+1}^{q_{max}+\mu+1} A_q r^{\nu}$ (donde $\nu=q+\mu+1$). De este modo se llega ahora a la relación de recurrencia

$$A_{q+1} = A_q \frac{2\sqrt{-2\varepsilon\nu}-2Z}{\nu(\nu+1)-\mu(\mu+1)}.$$

Con argumentos similares a los del caso anterior la condición $A_{q_{max}} \neq 0$ y $A_{q_{max}+1} = 0$ para tener soluciones aceptables, lleva a exigir que $\varepsilon=-Z^2/2\nu_{max}^2=-Z^2/2(q_{max}+\mu+1)^2$.

Resulta preferible dejar el resultado en función del número de ceros de las soluciones N_c o, mejor aún, utilizar un número relacionado con N_c y l como en el caso hidrogenoide $n\equiv N_c+l$. Además, teniendo en cuenta que el anterior sumatorio en q es un polinomio de grado q_{max} que resulta tener q_{max} ceros, el número de ceros de las soluciones será $N_c=q_{max}+1$. De esta forma las energías de los estados ligados para este potencial pueden escribirse

$\varepsilon_{nl}= -Z^2/2(Nc+\mu)^2=-Z^2/2(n-l+\mu)^2$, con $\mu(l,C) = \sqrt{1/4 + l(l+1) - 2C} - 1/2$.

El resultado de que las energías difirieran de los valores hidrogenoides en función solo del momento angular l, puede interpretarse considerando que es el momento angular el que caracteriza la "proximidad" del electrón al núcleo, y con ello cuán distinto del coulombiano encuentra el electrón a dicho potencial.

Es interesante señalar que una disposición de niveles de energía como la aquí obtenida se encuentra aproximadamente en multitud de situaciones reales. De hecho se denomina "fórmula de Rydberg" a la expresión $\varepsilon_{nl}= -Z^2/2(n-\delta_l)^2$ donde la cantidad δ_l, que depende solo del número cuántico l, se denomina "defecto cuántico" (en el modelo aquí tratado esas cantidades serían consecuencia del término C según $\delta_l=l-\mu(l,C)$). Este es el caso de los estados excitados en átomos alcalinos neutros, de los alcalinotérreos ionizados y prácticamente en cualquier átomo con un electrón suficientemente excitado (lo que se denominan series de Rydberg).

A7 Teoría de perturbaciones no dependientes del tiempo

La teoría de perturbaciones describe diversas técnicas que permiten tratar de forma aproximada muchos problemas de mecánica cuántica para los que una solución exacta sería muy compleja o imposible. En general es aplicable cuando el hamiltoniano problema puede separarse como $H=H^0+\Delta H$ en uno más sencillo H^0 para el que se conoce la solución y otro ΔH que pueda considerarse una pequeña perturbación sobre el anterior. Veamos las distintas situaciones posibles.

Supongamos que para el operador H^0 conocemos sus autovectores $|\phi^0_i\rangle$ y autovalores ε^0_i (discretos aunque posiblemente degenerados g_i veces cada uno). En la base formada por estos $\{|\phi^0_i\rangle\}$, H^0 se comporta simplemente como la matriz diagonal de la figura. En ese mismo espacio vectorial la perturbación ΔH quedará representada por su matriz (en general no diagonal) de coeficientes $\Delta H_{ij}=\langle\phi^0_i|\Delta H|\phi^0_j\rangle$. La situación depende entonces de que sea o no posible diagonalizar esta segunda matriz.

$$H^0=\begin{pmatrix} \varepsilon^0_1 & & & \\ & \varepsilon^0_2 & & \\ & & \ddots & \end{pmatrix}$$

g_1 veces

g_2 veces

quizá ∞

Casos en que es posible la solución exacta del problema.

Estos casos se reducen básicamente a los dos siguientes:

a) Si el espacio es de dimensión finita, o la perturbación es diagonal por cajas de tamaño finito.

En tal caso el problema se reduce a la diagonalización de cada caja por separado, mediante las técnicas estándar del álgebra o cálculo numérico. Un ejemplo importante de este caso es el de perturbaciones que conmuten con el hamiltoniano, pues entonces

$$H^0[\Delta H|\phi^0_i\rangle]=\Delta H H^0|\phi^0_i\rangle=\Delta H\varepsilon^0_i|\phi^0_i\rangle=\varepsilon^0_i[\Delta H|\phi^0_i\rangle].$$

de modo que ΔH no mezcla estados de distintas energías y por tanto se reduce a una caja de tamaño $g_i\times g_i$ para cada energía ε^0_i.

b) Si somos capaces de encontrar una base en que la perturbación $\Delta\mathbf{H}$ sea diagonal.

En tal caso los vectores de esa nueva base serán directamente los nuevos autoestados, y los elementos de la matriz diagonal resultante los nuevos niveles de energía. Esto ocurre por ejemplo si conocemos suficientes cantidades conservadas y una base formada por autoestados de ellas.

Casos en que no es posible la solución exacta del problema

Este es el caso más habitual. Si los elementos ΔH_{ij} entre estados con distinto autovalor son pequeños frente a las diferencias entre pares $\varepsilon^0_i - \varepsilon^0_j$, entonces puede usarse un tratamiento aproximado, que hasta primer orden equivale a ignorar esos ΔH_{ij}.

Veamos primero el caso más simple que se presenta cuando no hay degeneración.

a) Tratamiento aproximado en estados no degenerados

Busquemos soluciones de la forma $|\phi_i\rangle = |\phi_i^0\rangle + \Delta|\phi_i\rangle$ y $\varepsilon_i = \varepsilon_i^0 + \Delta\varepsilon_i$ para el problema $\mathbf{H}|\phi_i\rangle = \varepsilon_i|\phi_i\rangle$ con $\mathbf{H} = \mathbf{H}^0 + \Delta\mathbf{H}$. Si en el desarrollo de la expresión resultante

$$[\mathbf{H}^0 + \Delta\mathbf{H}][|\phi_i^0\rangle + \Delta|\phi_i\rangle] = [\varepsilon_i^0 + \Delta\varepsilon_i][|\phi_i^0\rangle + \Delta|\phi_i\rangle]$$

nos quedamos únicamente con los términos de primer orden en "$\Delta's$" y multiplicamos a la izquierda por $\langle\phi_i^0|$, nos encontraremos de inmediato con la relación $\Delta\varepsilon_i = \langle\phi_i^0|\Delta\mathbf{H}|\phi_i^0\rangle$.

Un tratamiento más detallado (por ejemplo considerando un desarrollo de Taylor en la intensidad de la perturbación) permite obtener órdenes de corrección más altos para las energías y funciones de onda. Puede demostrarse que el resultado en tal caso es

$$\varepsilon_i = \varepsilon_i^0 + \left\langle\phi_i^0\left|\Delta\mathbf{H}\right|\phi_i^0\right\rangle + \sum_{j\neq i}\frac{\left|\left\langle\phi_i^0\left|\Delta\mathbf{H}\right|\phi_j^0\right\rangle\right|^2}{\varepsilon_i^0 - \varepsilon_j^0} + ...$$

$$|\phi_i\rangle = |\phi_i^0\rangle \qquad + \sum_{j\neq i}\frac{\left\langle\phi_i^0\left|\Delta\mathbf{H}\right|\phi_j^0\right\rangle}{\varepsilon_i^0 - \varepsilon_j^0}|\phi_j^0\rangle + ...\ (salvo\ normalización)$$

Nótese que las correcciones en primer orden equivalen simplemente a ignorar los términos no diagonales, como habíamos indicado. Nótese también que, en caso de que la perturbación sea diagonal en la base en que estemos trabajando, la expresión para el primer orden es directamente el valor exacto.

b) Tratamiento aproximado en estados con degeneración

Consideremos conocidas todas las soluciones $|\phi^0_i\rangle$ (i=1...g) del problema $H^0|\phi^0_i\rangle=\varepsilon^0|\phi^0_i\rangle$ para un determinado autovalor de la energía ε^0 con degeneración g.[1]

Nótese que, en estos casos, cualquier combinación lineal $\Sigma\alpha_i|\phi^0_i\rangle$ también es autoestado de H^0 con el mismo autovalor ε^0 y (antes de introducir la perturbación) cualquiera de ellas será una descripción igualmente válida del sistema para el estado de energía ε^0. Supondremos en lo que sigue que estos $|\phi^0_i\rangle$ se han elegido de forma que sean ortogonales entre sí[2].

Como en el caso no degenerado, busquemos al hamiltoniano completo $H^0+\Delta H$ soluciones de la forma $\varepsilon=\varepsilon^0+\Delta\varepsilon$ y $|\phi\rangle=\Sigma\alpha_i|\phi^0_i\rangle+\Delta|\phi_i\rangle$. Nótese que no existían preferencias entre cualquiera de las combinaciones $\Sigma\alpha_i|\phi^0_i\rangle$ antes de introducir la perturbación, pero podrían aparecer al introducir esta.

Como en el caso no degenerado, la expresión resultante puede desarrollarse, ignorando términos en órdenes superiores al primero, y multiplicarse a la izquierda por funciones $\langle\phi^0_i|$. El resultado que se obtiene así es algo más complejo que en el caso no degenerado, ya que resulta una ecuación distinta por cada una de las funciones $\langle\phi^0_i|$ por las que se haya multiplicado. Es fácil ver que el conjunto de esas g_i ecuaciones sobre los coeficientes α_i desconocidos puede escribirse en forma matricial como

$$\begin{pmatrix} \Delta H_{11} & ... & \Delta H_{1g} \\ ... & & ... \\ \Delta H_{g1} & ... & \Delta H_{gg} \end{pmatrix}\begin{pmatrix} \alpha_1 \\ ... \\ \alpha_g \end{pmatrix} = \Delta\varepsilon\begin{pmatrix} \alpha_1 \\ ... \\ \alpha_g \end{pmatrix}$$

Esta expresión no es más que la ecuación de autovalores y autovectores para la matriz $\Delta H_{ij}=\langle\phi^0_i|\Delta H|\phi^0_j\rangle$. De este modo, de nuevo, el tratamiento hasta primer orden equivale a considerar que no se mezclan subespacios con distinta energía (ignorando posibles elementos de matriz ΔH_{ij} entre ellos).

Por tanto, para cada valor degenerado de la energía, el procedimiento se reduce a:

1. Calcúlense los elementos de matriz de la perturbación en la base de partida $\Delta H_{ij}=\langle\phi^0_i|\Delta H|\phi^0_j\rangle$.

2. Calcúlense los autovalores de la matriz ΔH_{ij}. Ellos serán las correcciones a la energía en primer orden. Para esto basta resolver la ecuación secular $|\langle\Delta H\rangle-\Delta\varepsilon I|=0$, es decir, son las raíces del polinomio de grado g que resulta al desarrollar el determinante $|\langle\Delta H\rangle-\lambda I|$.

---

[1] Nos centraremos únicamente en los estados para ese autovalor. Ello equivale a suponer que no existen, o pueden ignorarse, elementos de matriz entre estados con distintos autovalores.

[2] Téngase en cuenta que, por corresponder a un mismo autovalor, no necesariamente lo serán de antemano, pero la libertad de elegir arbitrarias combinaciones lineales de ellos permite utilizar algún método como el de Gram-Schmidt para garantizarlo.

3. Para cada autovalor, calcúlese su correspondiente autovector. Esa será la descripción más correcta del sistema en presencia de la perturbación. Una vez introducida $\Delta \mathbf{H}$ el sistema ya no puede describirse por cualquier combinación lineal de los estados antes degenerados sino por el autovector de la matriz ΔH_{ij} que corresponda a cada autovalor $\Delta \varepsilon_i$.

Convienen dos observaciones importantes.

La primera es que, si la matriz ΔH_{ij} no tenía contribuciones fuera de cada caja ε^0, la anterior solución no sería una aproximación, sino el resultado exacto (estaríamos en el caso de perturbación diagonal por cajas de tamaño finito). Por ello la precisión de esta aproximación dependerá de la importancia de esos elementos "entre cajas" ignorados.

.La segunda es que, cuando se conozca de antemano una base $\{|\phi_i\rangle\}$ en que la perturbación sea diagonal, todo el problema queda resuelto sin necesidad de cálculo alguno: la mejor descripción del sistema son los estados de esa base, y las correcciones a la energía son directamente los elementos diagonales $\Delta \varepsilon_i = \langle \phi_i | \Delta \mathbf{H} | \phi_i \rangle$ en ella (como si se tratase del caso no degenerado). Este es un caso muy importante en física atómica, como comentaremos en los siguientes ejemplos.

Ejemplos importantes en átomos polielectrónicos

Un ejemplo importante de los anteriores resultados se encuentra al tratar los átomos polielectrónicos.

Para ellos la aproximación de potencial central (de electrones independientes) suele constituir la aproximación de orden cero $\{\mathbf{H}^0, |\phi^0_i\rangle, \varepsilon^0_i.\}$. Esta aproximación proporciona una energía para cada estado de ocupación de los orbitales atómicos $|\phi^0_i\rangle = (n_1 l_1^{v1}, n_2 l_2^{v2}, ...)$ denominada *"configuración electrónica"*. Dicha descripción deja una alta degeneración al no distinguir entre las muchas posibles orientaciones espaciales de los orbitales (m_l) o espines (m_s). Esa degeneración se rompe en parte al introducir las interacciones espín-órbita y de repulsión electrostática electrón-electrón.

La principal perturbación suele provenir de los efectos de repulsión entre pares de electrones, la denominada "interacción electrostática" $\Delta \mathbf{H}_{el} \propto \Sigma 1/r_{ij}$. Puesto que los momentos angulares totales $L = \Sigma l_i$ y $S = \Sigma s_i$ se conservan bajo esta perturbación, esta resulta diagonal en la base de funciones $|^S L\rangle$ o *"Términos Electrostáticos"*. Por ese motivo estas funciones $|^S L\rangle$ suelen ser una excelente descripción de las funciones de onda atómicas, y las correspondientes correcciones a la energía se obtienen entonces sencillamente de los elementos de matriz diagonales $\langle ^S L | \Sigma 1/r_{ij} |^S L\rangle$ sin tener que resolver ninguna ecuación secular.

Nótese que este tratamiento sería exacto de no ser porque el operador ΔH_{el} no conmuta con el hamiltoniano H^0. La consecuencia de ello es la existencia de algunos elementos de matriz no diagonales entre estados de distinta ε^0 (distintas configuraciones), que dan lugar a efectos casi siempre difíciles de tratar denominados de "*mezcla*" o "*interacción*" de configuraciones".

Un segundo ejemplo surge al tratar la interacción espín-órbita. En tales casos el conocimiento de que $\Delta H_{SO} \propto L \cdot S$ conserva el momento angular total $J=L+S$, permite usar sus autoestados $|^{S}L_J\rangle$ (obtenidos al acoplar los momentos angulares L y S) para reducir la perturbación ΔH_{SO} a una forma diagonal por cajas de cada J dado. La diagonalización de cada una de estas cajas es lo que se conoce por *tratamiento en acoplamiento intermedio* y constituye la solución prácticamente exacta del problema (salvo por los efectos de mezcla de configuraciones antes indicados). Cada estado atómico se describe entonces por funciones de onda que son combinación lineal de varios $|^{S}L_J\rangle$.

En los casos en que la perturbación ΔH_{SO} es pequeña frente a la ΔH_{el} se tiene una buena aproximación ignorando los elementos no diagonales ΔH_{SO}. Esto significa describir los estados por las funciones de onda puras $|^{S}L_J\rangle$, y sus energías por las correcciones diagonales $\langle^{S}L_J|\Delta H_{SO}|^{S}L_J\rangle$. Es lo que se denomina aproximación "de Russell-Saunders".

A8 Teoría de perturbaciones dependientes del tiempo

En la mayoría de situaciones que se nos han presentado el hamiltoniano no depende del tiempo. Gracias a ello, al aplicar el método de separación de variables a la ecuación de Schrödinger

$$i\hbar \frac{\partial}{\partial t} \Psi(x,t) = \mathbf{H}\Psi(x,t)$$

encontramos soluciones de la forma $\alpha_n(t)\psi_n(x)$ donde la dependencia temporal resulta ser simplemente una fase $e^{-i\varepsilon_n t/\hbar}$ que solemos ignorar, y la parte espacial debe cumplir $\mathbf{H}\psi_n=\varepsilon_n\psi_n$, siendo estos ψ_n los habituales estados estacionarios.

Cuando el hamiltoniano tiene una dependencia explícita en el tiempo es especialmente interesante el caso en que esa dependencia provenga de una pequeña perturbación, de modo que el hamiltoniano se pueda separar en la forma $\mathbf{H}=\mathbf{H}_0(x)+V(x,t)$. En estos casos, si para el hamiltoniano sin perturbar $\mathbf{H}_0$ conocemos ya sus soluciones, será muy fácil deducir el efecto de la perturbación en primera aproximación.

Para ello, supuestas ya conocidas las soluciones estacionarias del $\mathbf{H}_0$, podemos tomarlas como base en que escribir la solución al hamiltoniano completo $\mathbf{H}$ según

$$\Psi(x,t) = \Sigma_n c_n(t)e^{-i\varepsilon_n t/\hbar}\psi_n(x).$$

Sustituyendo directamente esa expresión en la ecuación de Schrödinger resulta

$$i\hbar\Sigma_n(c_n' - ic_n\varepsilon_n/\hbar)e^{-i\varepsilon_n t/\hbar}\psi_n = \Sigma_n(\varepsilon_n + V)c_n e^{-i\varepsilon_n t/\hbar}\psi_n$$

Tras simplificar en ambos miembros $\Sigma\varepsilon_n$, y multiplicar escalarmente a la izquierda por cada ψ_m resulta el sistema de condiciones

$$i\hbar c_m' e^{-i\varepsilon_m t/\hbar} = \Sigma_n\langle\psi_m|V|\psi_n\rangle c_n e^{-i\varepsilon_n t/\hbar}$$

que podemos escribir

$$c_m' = \frac{-i}{\hbar}\Sigma_n\langle\psi_m|V|\psi_n\rangle e^{-i(\varepsilon_n-\varepsilon_m)t/\hbar}c_n$$

Se trata de un sistema de ecuaciones diferenciales lineales en los coeficientes $c_n(t)$. Escrito en forma matricial tendría la forma $c'=\mathbf{M}c$, cuya solución sabemos que es formalmente $c(t)=e^{\int_0^t \mathbf{M}(\tau)d\tau}c(0)$, donde la exponencial representa una serie de integrales iteradas en sucesivas potencias[1] de **M**.

En caso de que el intervalo de tiempo "t" sea pequeño (aproximación súbita) o que los elementos de la matriz **M** lo sean (perturbación V pequeña), podremos quedarnos con el primer término del desarrollo $e^{\int M(t)dt} \approx I + \int M(t)dt$, obteniendo las soluciones aproximadas

$$c_m(t) \approx c_m(0) + \sum_n c_n(0) \int_0^t \frac{-i}{\hbar} \left\langle \psi_m |V(\tau)| \psi_n \right\rangle e^{-i(\varepsilon_n - \varepsilon_m)\tau/\hbar} d\tau$$

La anterior expresión toma una forma especialmente sencilla en el caso de que inicialmente el sistema se encontrase en uno solo de los estados estacionarios ψ_i, porque entonces son nulos todos los valores iniciales de los coeficientes $c_n(0)=0$ excepto el $c_i(0)=1$, y la expresión se reduce a

$$c_f(t) \approx \frac{-i}{\hbar} \int_0^t \left\langle \psi_f |V(\tau)| \psi_i \right\rangle e^{-i(\varepsilon_i - \varepsilon_f)\tau/\hbar} d\tau \quad \text{(para todos los } f \neq i\text{)}.$$

Recordando que en la solución buscada $\Psi(x,t) = \Sigma_n c_n(t) e^{-i\varepsilon_n t/\hbar} \psi_n(x)$, cada coeficiente c_n representa una probabilidad $|c_n|^2$ de encontrar al sistema en el estado ψ_n, la anterior expresión admite una interpretación muy interesante: si el sistema se encontraba inicialmente en el estado ψ_i, tras un tiempo "t" de actuar la perturbación es posible que ya no lo encontremos en ese estado sino en el "f", y ello con probabilidad

$$P_{i \to f}(t) \approx \frac{1}{\hbar^2} \left| \int_0^t \left\langle \psi_f |V(\tau)| \psi_i \right\rangle e^{-i(\varepsilon_i - \varepsilon_f)\tau/\hbar} d\tau \right|^2$$

Es la denominada "Regla de oro de Fermi". Como curiosidad, puede mencionarse que dicha expresión fue obtenida en 1927 por Paul Dirac, pero recibe ese nombre debido a que E. Fermi la solía denominar "Regla de oro" por su enorme utilidad.

En caso de incluirse el segundo orden del desarrollo en la exponencial, su contribución sería la siguiente, que es el denominado "segundo orden" del tratamiento perturbativo:

$$c_f(t) \approx \frac{-1}{\hbar^2} \Sigma_s \int_0^t d\tau \left\langle \psi_f |V(\tau)| \psi_s \right\rangle e^{-i(\varepsilon_s - \varepsilon_f)\tau/\hbar} \int_0^\tau d\tau' \left\langle \psi_s |V(\tau')| \psi_i \right\rangle e^{-i(\varepsilon_i - \varepsilon_s)\tau'/\hbar}$$

(para $f \neq i$). Nótese que en tal caso, en la probabilidad de transición del estado i al f intervienen todos los demás estados s del sistema.

---

[1] En caso de **M** constante, la serie es simplemente $e^{\int Mdt} = I + Mt + M^2 t^2/2! + \ldots$

A9 Simetrías en Mecánica Cuántica

En cualquier situación física las simetrías son una importante fuente de información y simplificación de los problemas. En Mecánica Cuántica es el hamiltoniano el que determina los estados y evolución del sistema, de modo que su estructura debe reflejar las simetrías. Una simetría del hamiltoniano consiste en su invariancia bajo alguna operación, y tiene consecuencias inmediatas importantes.

En concreto, si un hamiltoniano **H** es invariante bajo la acción de cierto operador **A**, se tienen los siguientes resultados:

1. Si ϕ es autoestado de **H**, entonces también **A**ϕ debe serlo, y con la misma energía.
   Nótese que los estados ϕ no tienen por qué tener la misma simetría del hamiltoniano. Por ello si **A**ϕ y ϕ son estados diferentes, lo anterior significa la existencia de degeneración[1].

2. Ambos operadores conmutarán [**H**,**A**]=0, y por tanto tendrán autoestados comunes. Ello permite utilizar los autovalores o autofunciones de **A** para caracterizar los de **H**, es decir, para clasificar las soluciones del problema.
   Ello puede ser una gran ventaja, ya que el operador **A** puede ser mucho más sencillo de tratar o analizar que el operador **H**.
   En realidad la noción de que un operador (como **H**) sea "invariante bajo otro operador **A**" es un tanto confusa, y realmente es preferible limitarse a constatar si conmutan o no. Conmutar suele significar que cada uno actúa sobre variables distintas, de modo que da igual en qué orden se apliquen.
   Un buen ejemplo de esta situación se tiene para un potencial central. En tal caso el operador L (que solo actúa sobre ángulos) conmuta con el hamiltoniano (que solo involucra distancias). Aunque a veces expresemos esto diciendo que "**H** es invariante bajo rotaciones", realmente la propiedad que estamos usando es que **H** conmuta con cualquier rotación. En el caso del momento angular, es directamente la propiedad [**H**,L]=0 la que asegura que las soluciones deban ser autoestados comunes de ambos.

---

[1] Esta situación no es algo particular de la mecánica cuántica. En general las soluciones de un problema no tienen porqué tener la misma simetría que el problema de partida, aunque la simetría del problema siempre condicionará las posibles soluciones y la relación que exista entre ellas.

De ese modo los índices l y m de los armónicos esféricos (autovalores de operadores L) sirven para etiquetar las soluciones de **H**.

En el lenguaje la teoría de grupos, los armónicos esféricos son base de una representación irreducible de las rotaciones con simetría esférica. Para otras simetrías necesitaremos otras funciones base adaptadas a ellas, y ese es por ejemplo el caso de átomos dentro de una red cristalina. En tal caso la simetría del hamiltoniano debido al potencial electrostático de la red ya no será esférica, sino la del grupo puntual de dicha red. Sus soluciones tendrán que ser funciones adaptadas a dicha simetría, y etiquetarse como las bases de sus correspondientes representaciones irreducibles.

3. Si **A** representa una simetría continua, su generador será una cantidad conservada.

   Ejemplos importantes de este último resultado son:
   - La conservación del momento lineal P cuando hay homogeneidad (simetría de traslación)
   - La conservación del momento angular L cuando hay isotropía (simetría bajo rotación)
   - La conservación de la energía cuando **H** es constante (invariancia temporal)

A10 Espectro del átomo de hidrógeno

El espectro del hidrógeno fue el primero en ser interpretado como una secuencia de transiciones entre niveles de energía gracias a su simplicidad.

Sobre la primera afirmación conviene matizar que esa "interpretación" fue un largo proceso, ya que inicialmente no estaba claro el concepto de "nivel de energía" ni de "transiciones entre ellos". Una vez hubo disponibles suficientes datos experimentales, el primer paso comenzó en 1885 con el descubrimiento empírico por Balmer[1] de que las longitudes de onda conocidas seguían para el hidrógeno la relación[2] $1/\lambda = R_y(1/n^2 - 1/n'^2)$. Ello predecía líneas adicionales que fueron luego observadas. Posteriormente fueron Rydberg[3] y Ritz[4] los que comprendieron que esa expresión representaba diferencias de energías entre distintos estados del átomo $\Delta E = Z^2 R_y(1/n^2 - 1/n'^2)$, resultado que denominaron "principio de combinación" y permitió interpretar otros espectros.

Sobre su "simplicidad" cabe observar que tampoco es tal cuando se observa con elevada resolución, dado que entonces puede apreciarse su "estructura fina" debido al desdoblamiento de cada nivel n en varias energías diferentes; por efectos relativistas, Lamb e incluso de estructura hiperfina.

Conviene notar también que la obtención experimental de esos espectros no es simple ni mucho menos. Para empezar el hidrógeno solo emite en la región visible tres líneas, de modo que requiere detectores, espectroscopios y óptica adaptados al ultravioleta e infrarrojo para su registro completo. Además el hidrógeno forma con enorme facilidad moléculas H_2, y no es nada trivial lograr condiciones en que se emita mayoritariamente el espectro atómico. Puede considerarse una verdadera hazaña haber sido capaces de registrar esos espectros con los medios disponibles entre finales del siglo XIX y principios del XX.

---

[1] Jakob Balmer (1825-1898)
[2] Siendo R_y=109737.3cm^{-1} la denominada "constante de Rydberg" que hoy entendemos como una energía elemental, ½ unidad atómica de energía o 13.606eV.
[3] Johannes Robert Rydberg (1854–1919)
[4] Walther Ritz (1878-1909)

La figura muestra las regiones espectrales en que se emiten las principales series:

- Lyman (en el ultravioleta), por transiciones hacia el nivel $n=1$
- Balmer (la única con tres líneas visibles, decayendo a n=2
- Paschen y Brackett (ambas en el infrarrojo) decayendo a $n=3$ y $n=4$.

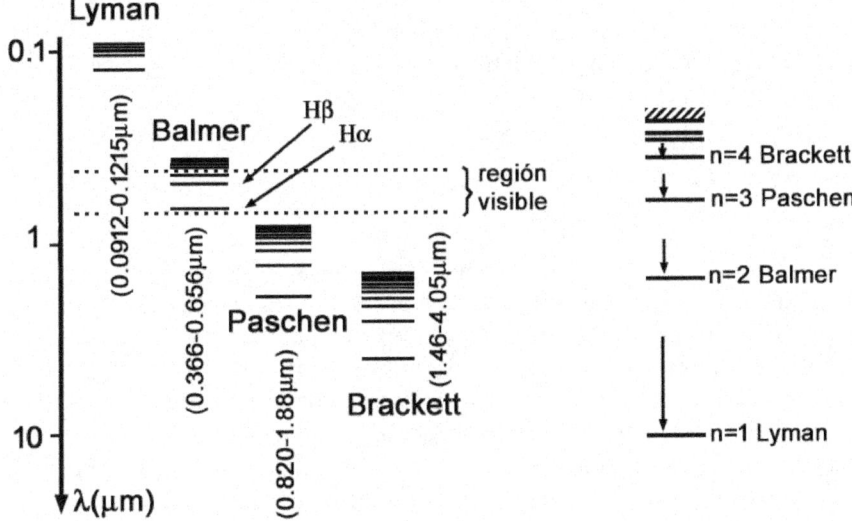

Regiones espectrales y origen de las principales líneas emitidas por el átomo de H.

A11 Elementos de matriz entre determinantes de Slater

Los elementos de matriz de operadores $\Sigma_i f(x_i)$ y $\Sigma_{i<j} g(x_i, x_j)$ entre determinantes de Slater resultan particularmente simples gracias a su simetría. Son directamente:

$$\left\langle \Psi \middle| \Sigma_i f(x_i) \middle| \Psi \right\rangle = \sum_i \left\langle \varphi_i(x) \middle| f(x) \middle| \varphi_i(x) \right\rangle$$

$$\left\langle \Psi \middle| \Sigma_{i<j} g(x_i, y_j) \middle| \Psi \right\rangle = \sum_{i<j} \left\langle \varphi_i(x)\varphi_j(y) \middle| g(x,y) \middle| \varphi_i(x)\varphi_j(y) \right\rangle - \sum_{i<j} \left\langle \varphi_i(x)\varphi_j(y) \middle| g(x,y) \middle| \varphi_j(x)\varphi_i(y) \right\rangle$$

Nótese que en el primer miembro de esas igualdades intervienen determinantes de Slater, mientras que en el segundo intervienen funciones de onda mono-electrónicas, lo cual puede suponer una enorme diferencia. Por ejemplo en la primera el término de la izquierda contiene $N!$ x N x $N!$ sumandos (en caso de N electrones), mientras que el término de la derecha solo contiene N sumandos. La demostración detallada de estos resultados no tiene más dificultad que el desarrollar algunos sumatorios y coeficientes δ_{ij}. Mostraremos aquí solo un esbozo de ella, indicando los argumentos básicos.

Operadores simétricos de un solo electrón

Teniendo en cuenta la linealidad del producto $\langle \cdot | \cdot \rangle$, y el hecho de que los determinantes son sumas de funciones producto, el elemento de matriz $\langle \Psi | \Sigma\, f_i | \Psi \rangle$ es realmente una suma de muchos elementos relativamente sencillos. Mostrando como ejemplo un sumando típico el cálculo podría ilustrarse así

$$\left\langle \Psi \middle| \Sigma_i f_i \middle| \Psi \right\rangle = \overbrace{\left\langle \varphi_2(x_1)\varphi_5(x_2)...\varphi_3(\underline{x_7})...\varphi_9(x_N) \right.}^{\frac{1}{\sqrt{N!}}\sum_\Pi \varepsilon \cdot} \overbrace{\middle| f(\underline{x_7}) \middle|}^{\sum_i} \overbrace{\left. \varphi_7(x_1)\varphi_2(x_2)...\varphi_1(\underline{x_7})...\varphi_4(x_N) \right\rangle}^{\frac{1}{\sqrt{N!}}\sum_{\Pi'} \varepsilon' \cdot}$$

Donde $\frac{1}{\sqrt{N!}}\sum_\Pi \varepsilon\cdot$ indica la suma para todas sus permutaciones Π del vector $\langle \cdot |$ incluidos los signos ε correspondientes, y análogamente se indican las sumas en la variable del operador $f()$ y en las permutaciones Π' del vector $|\cdot\rangle$. Nótese que en un determinante de Slater es equivalente considerar permutaciones de las variables manteniendo las funciones ordenadas, o permutaciones de las funciones manteniendo ordenadas las variables $x_1x_2...x_N$, como estamos considerando aquí.

En el elemento de matriz mostrado la única integral no trivial es la que involucra a la variable (subrayada) presente en el operador f, que en este ejemplo es $\langle \varphi_3(x_7)|f(x_7)|\varphi_1(x_7)\rangle$. La integración en el resto de variables supone simples productos escalares $\langle \varphi_2(x_1)|\varphi_7(x_1)\rangle$, $\langle \varphi_5(x_2)|\varphi_2(x_2)\rangle$ ... $\langle \varphi_9(x_N)|\varphi_4(x_N)\rangle$. La ortogonalidad de las φ_i hace nulo tanto este sumando usado de ejemplo, como cualquier otro que contenga una permutación Π' distinta de la Π. Por este motivo ambas permutaciones deben ser la misma, los signos ε y ε' coincidirán ($\varepsilon\varepsilon'=1$), y el sumatorio de la derecha debe suprimirse.

Tras esta simplificación el elemento de matriz se reduce a sumas del tipo

$$\langle \Psi|\Sigma_i f_i|\Psi\rangle = \tfrac{1}{N!}\Sigma_\Pi \langle \varphi_2(x_1)\varphi_5(x_2)..\varphi_3(x_7)..\varphi_9(x_N)|\Sigma_i f(x_i)|\varphi_2(x_1)\varphi_5(x_2)..\varphi_3(x_7)..\varphi_9(x_N)\rangle$$

donde el sumando Σ_Π contiene todas las permutaciones de las funciones, pero manteniendo la misma en $\langle|$ y en $|\rangle$, por lo que ya no se anula ninguno de los productos escalares del tipo $\langle \varphi_i|\varphi_i\rangle=1$. Por ello mismo, en el elemento $\langle \varphi\varphi...|\Sigma_i f(x_i)|\varphi\varphi...\rangle$, cada operador de la suma $f(x_1)+$ $f(x_2)+...$ proporciona un elemento de matriz no trivial en su única coordenada, resultando $\langle \varphi_2(x)|f(x)|\varphi_2(x)\rangle+\langle \varphi_5(x)|f(x)|\varphi_5(x)\rangle+...$, donde hemos llamado x a la única variable integración (muda) que cada uno contiene. Claramente en esta suma aparecen una vez todas las funciones de onda φ_i independientemente de la permutación Π de la que provenga. Por ello la suma en permutaciones $\tfrac{1}{N!}\sum_\Pi$ consiste simplemente en $N!$ sumandos iguales y puede suprimirse quedando el resultado anunciado:

$$\tfrac{1}{N!}\sum_\Pi \Sigma_i \langle \varphi_i|f(x)|\varphi_i\rangle = \Sigma_i \langle \varphi_i|f(x)|\varphi_i\rangle .$$

Operadores simétricos de dos electrones

Los elementos de matriz $\langle \Psi|\Sigma g_{ij}|\Psi\rangle$ pueden analizarse de forma muy similar a los de un solo electrón. De nuevo considerando un sumando típico el cálculo se ilustraría:

$$\langle \Psi|\Sigma_{i<j}g_{ij}|\Psi\rangle = \overbrace{\langle \varphi_2(x_1)..\varphi_9(\underline{x_4})..\varphi_3(\underline{x_7})...}^{\tfrac{1}{\sqrt{N!}}\sum_\Pi \varepsilon\cdot}\overbrace{|g(\underline{x_4}\underline{x_7})|}^{\sum_{i<j}}\overbrace{\varphi_7(x_1)..\varphi_1(\underline{x_4})..\varphi_5(\underline{x_7})...\rangle}^{\tfrac{1}{\sqrt{N!}}\sum_{\Pi'}\varepsilon'\cdot}$$

Para cada uno de estos sumandos la única integral no trivial involucra a las dos variables subrayadas presentes en el operador g, lo que para el sumando mostrado significaría $\langle \varphi_9(x)\varphi_3(y)|g(x,y)|\varphi_1(x)\varphi_5(y)\rangle$. Como en el caso anterior, el nombre de estas variables de integración es irrelevante, y la integración en el resto de variables supone simples productos escalares que anulan el sumando mostrado como ejemplo y otros muchos. La principal diferencia es que ahora hay dos permutaciones Π' del vector $|\cdot\rangle$ que no anulan el resultado: una es la misma Π que presente el vector $\langle\cdot|$, y otra es la que difiere de ella solo en el intercambio de las dos funciones $9\leftrightarrow 3$ en ese ejemplo. Por este intercambio extra esa segunda permutación no nula tendrá ε' de signo opuesto a la primera.

El resto del razonamiento es idéntico al del caso de $\langle\cdot|\Sigma f_i|\cdot\rangle$ salvo por la presencia ahora de una contribución extra por cada sumando, que difiere en un signo y en un intercambio de las dos funciones de la derecha.

Este es precisamente el resultado anunciado para el caso de operadores de dos electrones.

A12 Estadística de espín nuclear en moléculas

En su momento comentamos los efectos (en general muy pequeños) del espín nuclear sobre los niveles atómicos. Así, al hablar de efectos isotópicos, describimos los pequeñísimos desdoblamientos de "estructura hiperfina" debidos a la (generalmente débil) interacción entre el campo magnético electrónico y el momento dipolar magnético del núcleo.

Sorprendentemente en las moléculas esos espines nucleares puede tener consecuencias drásticas únicamente por motivos de simetría, incluso aunque sea despreciable la interacción entre electrones y núcleos.

Para entenderlo debe recordarse que las partículas idénticas están sometidas a la denominada relación "espín - estadística", lo que exige que la función de ondas de un sistema que las contenga debe ser simétrica o antisimétrica bajo su intercambio dependiendo de que sean bosones o fermiones (esto es, que tengan espín entero o semi-entero). En el caso de moléculas homonucleares esto será aplicable a sus núcleos cuando ambos sean el mismo isótopo, y la siguiente tabla lista los espines I de algunos de los más ligeros[1].

Núcleo	Espín I	Núcleo	Espín I	Núcleo	Espín I	Núcleo	Espín I
^1H	1/2	^7Li	3/2	^{12}C	0	^{16}O	0
^2H	1	^9Be	3/2	^{13}C	1/2	^{17}O	5/2
^3H	1/2	^{10}B	3	^{14}N	1	^{18}O	0
^4He	0	^{11}B	3/2	^{15}N	1/2	^{19}F	1/2
^6Li	1						

Momento angular total de algunos núcleos (espín nuclear). Valores enteros/semienteros suponen comportamiento respectivamente bosónico/fermiónico, lo que afecta a los espectros moleculares únicamente por motivos de simetría.

Comencemos por ilustrar la situación para un caso sencillo, el estado fundamental $^3\Sigma_g^-$ de la molécula de O_2 en el caso de que sus dos núcleos sean el isótopo estable más abundante ^{16}O con espín $I=0$. Consideremos la función de ondas molecular completa escrita como $\Psi=\Psi_{el}\Psi_{rot}\Psi_{vib}\Psi_{nuc}$, y analicemos el efecto que tiene para ella el intercambio de sus dos núcleos.

En primer lugar la parte nuclear de la función de ondas, al no tener dependencia en espines, será simplemente el producto de las funciones de

---

[1] Esos espines no son otra cosa que sus momentos angulares nucleares totales, resultado del acoplamiento de los espines y momentos angulares orbitales de los nucleones que los componen.

ambos núcleos $\Psi_{nuc}=\psi_1\psi_2$, y siendo idénticos será trivialmente invariante bajo su intercambio. Denotando Ψ' las funciones tras el intercambio, $\Psi_{nuc}'=\Psi_{nuc}$.

Para analizar el efecto sobre la parte electrónica de la función de ondas, basta observar que el intercambio de núcleos es equivalente a girar media vuelta toda la molécula perpendicularmente a su eje, seguida de una reflexión respecto al plano en que se ha girado, y finalmente una inversión de todas las coordenadas electrónicas. Nótese que las dos primeras operaciones equivalen a una inversión de toda la molécula respecto al origen, mientras que la última operación "deshace" esa inversión para los electrones; por lo que el efecto neto de las tres es la inversión únicamente de los núcleos. Basta pues, analizar cómo afecta cada una de esas operaciones a las distintas partes de la función de ondas.

En primer lugar la parte electrónica no se ve afectada por el giro (está definida con relación a la posición de los núcleos que en esa operación giran con ella), tampoco cambia en este caso por la inversión al tener simetría "g", pero sí por la reflexión debido a su simetría "-", de modo que $\Psi_{el}'=(+)(-)\Psi_{el}$. La parte vibracional Ψ_{vib} depende únicamente de la distancia internuclear $|\boldsymbol{R}|$, de modo que no se ve afectada por ninguna de esas operaciones $\Psi_{vib}'=\Psi_{vib}$. Finalmente la parte rotacional consiste en un armónico esférico $\Psi_{rot}=Y_{NM}$ en los ángulos del vector $\boldsymbol{R}$, para el que la inversión supone un cambio $\Psi_{rot}'=(-1)^N\Psi_{rot}$ según la paridad de los armónicos esféricos. Por todo ello el intercambio de núcleos cambia la función de ondas molecular total según

$$\Psi'=(+)(-)\Psi_{el}\cdot(-1)^N\Psi_{rot}\cdot(+1)\Psi_{vib}\cdot(+1)\Psi_{nuc} = (-1)^{N+1}\Psi.$$

Ahora bien, siendo bosones idénticos los núcleos, la función de onda completa no debería cambiar, por lo que necesariamente N debe ser impar. Eso significa que la molécula de O_2 en este estado no puede girar con momento angular N par. En particular está prohibido para ella el estado rotacional con $N=0$, de modo que su estado fundamental es el $N=1$. De este modo el espectro de una molécula de O_2 puede ser radicalmente distinto dependiendo de si sus dos núcleos son o no isótopos diferentes (^{16}O y ^{17}O por ejemplo), únicamente por motivos de simetría.

En caso de núcleos con espín $I\neq0$ la función de ondas de cada uno incluirá una parte de espín $\chi_{I,M}$ donde M podrá tomar los $2I+1$ valores $-I,-I+1,\ldots,I$. Ello supondrá varias posibilidades para la función de ondas conjunta de ambos núcleos, que podrá ser de tres tipos:

- Estados simétricos de la forma $\chi_{I,M}(1)\chi_{I,M}(2)$, de los que hay $2I+1$ (uno por cada posible valor de M).
- Estados simétricos de la forma $[\chi_{I,M}(1)\chi_{I,M'}(2)+\chi_{I,M}(2)\chi_{I,M'}(1)]/\sqrt{2}$, de los que hay $I(2I+1)$ (uno por cada posible par de valores $M\neq M'$).
- Estados antisimétricos de la forma $[\chi_{I,M}(1)\chi_{I,M'}(2)-\chi_{I,M}(2)\chi_{I,M'}(1)]/\sqrt{2}$, de los que hay $I(2I+1)$ (uno por cada posible par de valores $M\neq M'$).

Nótese que para un sistema formado únicamente por los dos núcleos, solo estarían permitidos los estados simétricos o antisimétricos dependiendo de que se tratase de bosones o fermiones, pero en una molécula ambos tipos de estados son posibles, dado que el requisito de simetría o antisimetría bajo su intercambio se refiere a la función de ondas completa, no a la parte nuclear. Un simple recuento de los anteriores estados indica una proporción $I/(I+1)$ entre el número de ellos antisimétricos/simétricos.

Para ilustrar su efecto consideremos el caso de la molécula de H_2 en su estado fundamental $^1\Sigma_g^+$, con dos protones (^1H con $I=1/2$). Repitiendo los argumentos anteriores, en este caso el intercambio de los dos núcleos supondrá para la función de ondas molecular total los cambios $\Psi'=(+)(+)\Psi_{el}(-1)^N\Psi_{rot}(+1)\Psi_{vib}(S)\Psi_{nuc} = (-1)^N S\Psi$, habiendo representado la simetría de la función de ondas nuclear por "S" ($=\pm1$). Puesto que ahora los núcleos son fermiones, debe cumplirse $\Psi'=-\Psi$, de modo que estados nucleares antisimétricos/simétricos ($S=-1/+1$) restringirán los estados rotacionales a momentos angulares N respectivamente pares/impares. Teniendo en cuenta la proporción vista antes entre número de estados nucleares de uno y otro tipo, en una muestra al azar las moléculas con estados rotacionales N pares/impares[1] tendrán que encontrarse en este caso en la proporción $I/(I+1)=1/3$.

Una situación similar se tiene para la molécula del N_2 en su estado fundamental que es también $^1\Sigma_g^+$. Para el isótopo estable más abundante del nitrógeno (^{14}N) $I=1$, por lo que la proporción entre moléculas con estados rotacionales impares/pares resulta ser $1/(1+1)=1/2$. Esa alternancia de intensidades en líneas rotacionales sucesivas se aprecia en la figura 9.1 y en el detalle de ella mostrado a continuación. El espectro de una molécula de N_2 con distinto isótopo en cada núcleo es prácticamente idéntico, pero no muestra esa alternancia. El análisis de este tipo de proporciones en espectros moleculares ha sido importante para el descubrimiento de algunos isótopos y la determinación de muchos espines nucleares.

En moléculas poliatómicas se manifiestan también estas y otras situaciones interesantes. Por ejemplo para una molécula triatómica del tipo X-Y-X surgirían las mismas restricciones sobre sus estados rotacionales cuando los dos núcleos "X" sean del mismo isótopo. Por el contrario una molécula formada por los mismos átomos pero enlazados según X-X-Y no tendría esas restricciones al carecer de simetría de inversión (aunque

---

[1] Puesto que la interacción entre electrones y espines nucleares es muy pequeña, el estado nuclear habitualmente no cambia ni aunque la molécula sufra transiciones ópticas o colisiones. En el caso del H_2 ello da lugar a que moléculas con estados nucleares antisimétricos (para-hidrógeno) y simétricos (orto-hidrógeno), puedan considerarse como dos especies de hidrógeno diferentes, que pueden distinguirse y almacenarse por separado durante meses.

entonces los distintos estados nucleares provocarán la existencia de estados degenerados de la molécula).

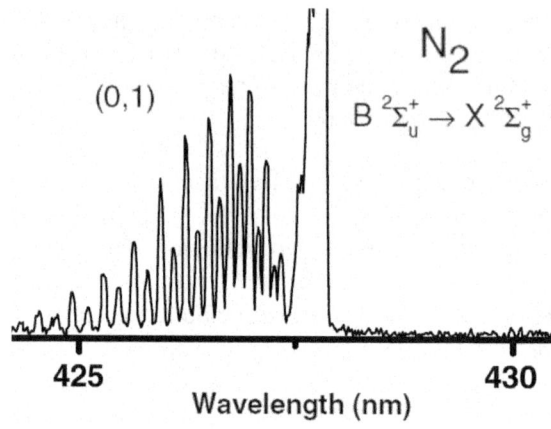

Detalle de la figura 9.1 mostrando la alternancia de intensidades en la secuencia de líneas rotacionales para la banda (0,1) de la molécula ionizada N_2^+ con núcleos ^{14}N idénticos.

Otro ejemplo interesante de este tipo se presenta en la molécula de benceno C_6H_6. Para ella el cambio de uno de los ^{12}C por un ^{13}C no afecta a su estructura y supone una variación mínima (poco más del 1%) en su masa y constantes vibracionales o rotacionales, pero la pérdida de simetría provoca un espectro de fotoionización radicalmente distinto, como muestra la siguiente figura.

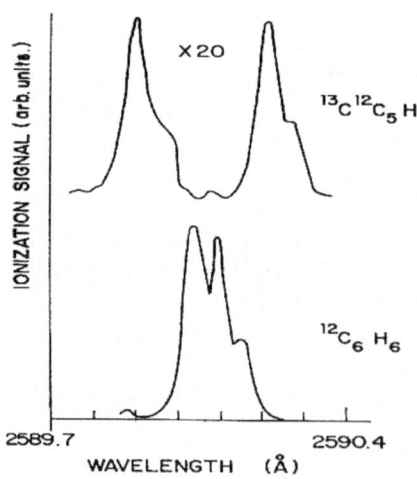

*Espectro típico de fotoionización obtenido por excitación a dos fotones para benceno "pesado" y "ligero"
A. de la Cruz et al. Int. J of Mass Spectr. and Ion Proc. 133 (1994) 3*

Bibliografía

La bibliografía sobre esta materia es muy abundante, pero no es fácil encontrar un texto que cubra física atómica y molecular al nivel de una asignatura breve para un curso de grado.

Textos tipo *"Estructura atómica y molecular"* o *"Química física"* o *"Fisicoquímica"* son abundantes y cubren ambos temas, pero la mayoría consideran la física atómica como poco más que un paso previo para el estudio de moléculas. En otros casos, estando pensados para alumnos de otras titulaciones, dedican bastante de su contenido a una larga introducción a la mecánica cuántica.

También abundan los textos especializados de física atómica o molecular, aunque en ellos es frecuente un nivel demasiado avanzado para un curso de grado.

Distinguiendo textos más avanzados, similares o más básicos que el presente, se podría recomendar la siguiente bibliografía.

Bibliografía específica sobre átomos

Nivel introductorio:
J.Morcillo y J.M.Orza *Espectroscopía* (Ed. Alhambra).
P.Atkins y J. De Paula *Química Física* (Ed. Panamericana, 8ª ed).
B.H.Bransden and C.J.Joachain *Physics of atoms and molecules* (Longman 1994)
  En los tres buena parte del texto se dedica a introducir los conceptos cuánticos y a describir procesos en átomos con un solo electrón. El tercero trata con más detalle los átomos multielectrónicos. El segundo y tercero se recomiendan más adelante por su contenido en física molecular.
C.Sanchez del Río *Introducción a la teoría del átomo* (Ed. Alhambra)

Nivel intermedio:
G.K.Woodgate *Elementary atomic structure* (McGraw Hill).
W.Demtröder *Atoms, Molecules and Photons* (Springer 2006)
  Este último es bastante extenso. Dedica una larga introducción a la física cuántica y termina con gran cantidad de información sobre muchos procesos interesantes (láseres, técnicas experimentales, etc.) También se recomendará para la parte de moléculas.

Nivel avanzado:

H.G.Kuhn *Atomic Spectroscopy* (Academic Press 1969)

Anne P.Thorne *Spectrophysics* (Chapman and Hall)

B.W.Shore and D.H.Menzel *Principles of Atomic Spectra* (John wiley 1968).

R.D.Cowan *The theory of atomic structure and spectra* (Univ. California Press)

I.I.Sobelman *Atomic Spectra and Radiative Transitions* (Springer Verlag).

En todos estos el nivel es más avanzado que el de este texto, si bien varias secciones de cada uno son muy similares. Los dos primeros contienen una presentación más cercana a las aplicaciones espectroscópicas, y por tanto a la física atómica aplicada y experimental. Presentan abundantes datos y descripciones claras de multitud de fenómenos sin entrar en formalismos matemáticos. Los dos últimos, de contenido más teórico, detallan las técnicas de cálculo habituales en física atómica. El tercero sigue una línea intermedia entre ambos grupos.

M. Weissbluth *Atoms and Molecules* (Academic Press 1978).

Excelente tratamiento de las cuestiones de simetría y momento angular. Interesante tanto como libro de texto por la claridad de su exposición, como para consulta por la cantidad de tablas y resultados recogidos.

Bibliografía específica sobre moléculas

Nivel introductorio:

G.M.Barrow *Química Física I* (Reverté 1985)

P.W.Atkins *Fisicoquímica* (Addison Wesley Iberoamericana 1986)

R.Alberty *Physical Chemistry* (John Wiley and Sons 1987, 1992)

Aunque la temática de estos textos no es la física molecular, los tres incluyen capítulos sobre la materia muy interesantes por la claridad con que presentan a nivel descriptivo muchos de los resultados.

Nivel intermedio:

B.H.Bransden and C.J.Joachain *Physics of atoms and molecules* (Longman 1994)

Describe con detalle las moléculas diatómicas aunque apenas trata poliatómicas.

Atkins, P.W. and Friedman R.S. *Molecular Quantum Mechanics* (3ª ed. Oxford Univ. Press 2000)

Haken Wolf. *Molecular Physics and Elements of Quantum Chemistry, introduction to experiments and theory.* (Springer Verlag 1995)

Tres textos excelentes por su contenido y presentación moderna. Tratan a un nivel muy interesante la Teoría de Grupos, centrándose en su aplicación práctica al estudio de moléculas poliatómicas. Presentan de forma muy clara la mayoría de los fenómenos de interés en moléculas diatómicas o poliatómicas. El primero contiene pocos detalles sobre técnicas de cálculo. En el tercero dedica una buena parte a describir técnicas experimentales.

Lowe, J.P. *Quantum Chemistry* (Academic Press, 1978)
    Interesante sobre la estructura molecular, y con una introducción a la teoría de grupos para ella (No trata la espectroscopía).

Levine, Ira N. *Química cuántica* (Madrid : Editorial AC, D.L. 1986)

Levine, Ira N. *Espectroscopía molecular* (Madrid : Editorial AC, D.L. 1980)
    En una edición más antiguos eran volúmenes I y II. En el primero es recomendable su descripción sobre la teoría del enlace. El segundo es también muy interesante aunque bastante avanzado en la parte de espectroscopía.

W.Demtröder *Atoms, Molecules and Photons* (Springer 2006)
    Ya recomendado también para la parte de átomos.

Nivel avanzado:

Doggett, G. *The electronic Structure of molecules. -The Int. Encyclopedia of Physical Chemistry 3-.* (Pergamon Press 1972)
    Adecuado para el estudio de la estructura electrónica (no trata procesos radiativos).

P.Bordewitz *Spectroscopie Moléculaire (II)* (Masson et cie. Paris 1971)

J.Michael Hollas *Modern Spectroscopy* (Willey 2005, 4ª ed.)
    Además de ocuparse de la estructura y espectros moleculares, incluye una parte introductoria sobre mecánica cuántica y una final sobre láseres. Se centra especialmente en la espectroscopía y sus aplicaciones, más que en el tratamiento teórico.

Índice de contenidos